工业机器人从入门到应用

龚仲华　编　著

机械工业出版社

本书介绍了工业机器人的产生、发展和分类概况，工业机器人的组成、特点和技术性能等入门知识；全面系统地阐述了工业机器人本体的机械结构及安装维护要求；对谐波减速器、RV减速器等核心部件的结构原理和装配调整方法，进行了深入具体的介绍；对工业机器人的电气控制系统和各组成部件的安装连接技术，以及工业机器人的手动操作、示教编程、再现运行等操作编程技术，进行了完整详细的说明。

本书选材典型、内容先进、案例丰富，理论联系实际，面向工程应用，是工业机器人设计、使用、维修人员和高等学校师生的优秀参考书。

图书在版编目（CIP）数据

工业机器人从入门到应用/龚仲华编著. —北京：机械工业出版社，2016.3（2020.9重印）

ISBN 978-7-111-52847-0

Ⅰ.①工… Ⅱ.①龚… Ⅲ.①工业机器人 Ⅳ.①TP242.2

中国版本图书馆CIP数据核字（2016）第021376号

机械工业出版社（北京市百万庄大街22号 邮政编码100037）
策划编辑：徐明煜 责任编辑：闾洪庆
责任校对：纪 敬 封面设计：陈 沛
责任印制：常天培
北京捷迅佳彩印刷有限公司印刷
2020年9月第1版第5次印刷
184mm×260mm · 21印张 · 519千字
标准书号：ISBN 978-7-111-52847-0
定价：59.90元

前　言

PREFACE

工业机器人是集机械、电子、控制、计算机、传感器、人工智能等多学科先进技术于一体的机电一体化设备，被称为工业自动化的三大支持技术之一。随着社会的进步和劳动力成本的增加，工业机器人在我国的应用已越来越广。

工业机器人是一种功能完整、可独立运行的自动化设备，它有自身的控制系统，能依靠自身的控制能力来完成规定的作业任务。工业机器人的操作、调试、维修人员需要熟悉机器人的结构，掌握其操作和编程技术，才能充分发挥机器人的功能，确保其正常可靠运行。

本书不仅介绍了工业机器人的产生、发展和分类概况，工业机器人的组成、特点和技术性能等入门知识，而且重点针对工业机器人的操作、编程、调试、维修人员的实际需求，全面、系统地阐述了工业机器人本体的机械结构及安装维护要求；对谐波减速器、RV 减速器等核心部件的结构原理和装配调整要求，进行了深入具体的介绍；对工业机器人的电气控制系统和各组成部件的安装连接技术，以及工业机器人的手动操作、示教编程、再现运行等操作编程技术，进行了完整详细的说明。本书可为企业工业机器人设计、使用、维修人员及高校师生提供参考。

第 1 ~2 章介绍了机器人的产生、发展、分类及工业机器人的产品与应用情况；对工业机器人的组成、特点和技术性能进行了具体说明。

第 3 章详细阐述了工业机器人的结构形式及各部分的机械结构，并以典型产品为例，系统介绍了机械部件的安装要求和维修方法。

第 4 章对工业机器人常用的交叉滚子轴承、同步带、滚珠丝杠、直线导轨等基础部件的结构原理、安装维护要求进行了详细的介绍。

第 5 ~6 章对工业机器人的机械核心部件——谐波减速器和 RV 减速器的结构原理、产品分类、安装维护要求进行了深入具体的介绍。

第 7 章介绍了工业机器人电气控制系统的结构与组成，并以典型产品为例，全面介绍了电气控制系统各组成部件的功能和安装、连接要求。

第 8 章以典型系统为例，具体介绍了工业机器人的安全操作、点动操作及示教编程、命令编辑、再现运行的基本方法和步骤。

由于编著者水平有限，书中难免存在疏漏和错误，殷切期望广大读者提出批评、指正，以便进一步提高本书的质量。

本书编写参阅了安川公司、Harmonic Drive System 公司、Nabtesco Corporation 及其他相关公司的技术资料，并得到了安川公司技术人员的大力支持与帮助，在此表示衷心的感谢！

编著者

目录

CONTENTS

1

第1章 绪论

1.1 机器人的产生和定义

1.1.1 机器人的产生

1. 概念的出现

机器人（Robot）自从1959年问世以来，由于它能够协助人类完成那些单调、频繁和重复的长时间工作，或取代人类从事危险、恶劣环境下的作业，因此其发展较迅速。随着人们对机器人研究的不断深入，已逐步形成了Robotics（机器人学）这一新兴的综合性学科，有人将机器人与数控、PLC（可编程序控制器）并称为工业自动化的三大支持技术。

机器人的英文Robot一词，源自于捷克著名剧作家Karel Čapek（卡雷尔·恰佩克，1890—1938）1921年创作的剧本《Rossumovi univerzální roboti（简称R. U. R，罗萨姆的万能机器人）》，由于R. U. R剧中的人造机器被取名为Robota（捷克语，本意为奴隶、苦力），因此，英文Robot一词开始代表机器人。

机器人概念一出现，首先引起了科幻小说家的广泛关注，自20世纪20年代起，机器人成为了很多科幻小说与电影的主人公，如星球大战中的C3P等。

科幻小说家的想象力是无限的。为了预防机器人的出现可能引发的人类灾难，1942年，美国的科幻小说家Isaac Asimov（艾萨克·阿西莫夫，1920—1992）在《I，Robot（我，机器人）》的第4个短篇《Runaround（转圈圈）》中，首次提出了“机器人学三原则”，它被称为“现代机器人学的基石”，这也是“机器人学（Robotics）”这个名词在人类历史上的首度亮相。

机器人学三原则的主要内容如下：

原则1：机器人不能伤害人类，或因其不作为而使人类受到伤害。

原则2：机器人必须执行人类的命令，除非这些命令与原则1相抵触。

原则3：在不违背原则1、原则2的前提下，机器人应保护自身不受伤害。

到了1985年，Isaac Asimov在机器人系列最后作品《Robots and Empire（机器人与帝国）》中，又补充了凌驾于“机器人学三原则”之上的“原则0”，即

原则0：机器人必须保护人类的整体利益不受伤害，其他3条原则都必须在这一前提下才能成立。

继Isaac Asimov之后，其他科幻作家还不断提出了对“机器人学三原则”的补充、修正意见。例如，1974年，保加利亚科幻作家Lyuben Dilov在小说《 Icarus's Way》中提出了

第4原则："机器人在任何情况下都必须确认自己是机器人"；1989年，美国科幻作家Harry Harrison在《Foundation's Friends》中所提出的原则4是"机器人必须进行繁殖，只要进行繁殖不违反原则1～3"；1983年，保加利亚科幻作家Nikola Kesarovski提出的原则5是"机器人必须知道自己是机器人"等。

以上原则的提出，多半是出于小说情节的需要，而不是针对机器人学三原则本身的内容。为此，人们也对机器人学三原则的内容，进行过严肃的讨论、补充和完善。例如，Roger Clarke（罗杰·克拉克）所构思的机器人学原则如下：

总原则：机器人不得实施除符合机器人原则以外的行为。

原则0：机器人不得伤害人类整体，或者因其不作为，致使人类整体受到伤害。

原则1：除非违反上级原则，否则，机器人不得伤害人类个体，或者因其不作为致使人类个体受到伤害。

原则2：机器人必须服从人类的命令，除非该命令与上级原则抵触。

原则3：如不与上级原则抵触，机器人必须保护上级机器人和自己的存在。

原则4：除非违反上级原则，机器人必须执行内置程序赋予的职能。

原则5：机器人不得参与机器人设计和制造，除非新机器人的行为符合机器人原则。

以上原则大都是科幻小说家对想象中机器人所施加的限制，实际上，"人类的整体利益"等概念本身就是模糊的。因此，目前人类的认识和科学技术，实际上还远未达到制造科幻片中的机器人的水平，能制造出具有类似人类智慧、感情、思维的机器人，仍属于科学家的梦想和追求。

2. 机器人的产生过程

现代机器人的研究起源于20世纪中叶的美国，它从工业机器人的研究开始。

第二次世界大战期间，由于军事、核工业的发展需要，需要有操作机械来代替人类，在原子能实验室的恶劣环境下，进行放射性物质的处理。为此，美国的Argonne National Laboratory（阿贡国家实验室）开发了一种可用于放射性物质生产和处理的遥控机械手（Teleoperator)。接着，又在1947年，开发出了一种伺服控制的主从机械手（Master－Slave Manipulator)，这些可说是工业机器人的雏形。

工业机器人的概念由美国发明家George Devol（乔治·德沃尔，1912—2011）最早提出，他在1954年申请了专利，并在1961年获得授权。

1958年，美国著名的机器人专家Joseph F. Engelberger（约瑟夫·恩盖尔柏格，1925—2015）建立了Unimation公司，并利用George Devol（乔治·德沃尔）的专利技术，于1959年研制出了世界上第一台真正意义上的工业机器人Unimate（见图1.1-1)，开创了机器人发展的新纪元。

图1.1-1　工业机器人Unimate

Joseph F. Engelberger（约瑟夫·恩盖尔柏格）对世界机器人工业的发展做出了杰出的贡

献，被称为“机器人之父”。1983年，就在工业机器人销售日渐增长的情况下，他又毅然地将Unimation公司出让给了美国Westinghouse Electric Corporation（西屋电气公司，又译威斯汀豪斯公司），并创建了TRC公司，前瞻性地开始了服务机器人的研发。

从1968年起，Unimation公司先后将机器人的制造技术转让给了日本KAWASAKI（川崎）公司和英国GKN公司，机器人开始在日本和欧洲得到了快速发展。

据有关方面的统计，目前世界上至少有48个国家在发展机器人，其中，有25个国家已在进行智能机器人的开发，美国、日本、德国、法国等都是机器人的研发制造大国，这些国家无论在基础研究或是产品研发制造等方面都居世界领先水平。

1.1.2 机器人的定义

1. 标准化组织

随着机器人技术的快速发展，在发达国家，机器人及其零部件的生产已形成产业，为此，世界各国相继成立了相应的行业协会，以宣传、引导和规范机器人产业的发展。目前，世界主要机器人生产与使用国的机器人行业协会如下。

1）International Federation of Robotics（IFR，国际机器人联合会）。该联合会成立于1987年第17届国际机器人学术研讨会期间，目前已有25个成员国，是世界公认的机器人行业代表，已被联合国列为正式的非政府组织。

2）Japan Robot Association（JRA，日本机器人协会）。该协会原名Japan Robot Industrial Robot Association（JIRA，日本工业机器人协会），它是全世界最早的机器人行业协会之一。JIRA成立于1971年3月，最初称为“工业机器人恳谈会”；1972年10月更名为Japan Robot Industrial Robot Association（JIRA）；1973年10月成为正式法人团体；1994年更名为Japan Robot Association（JRA）。

3）Robotics Industries Association（RIA，美国机器人协会）。该协会成立于1974年，是美国机器人行业的专门协会。

4）Verband Deutscher Maschinen Und Anlagebau（VDMA，德国机械设备制造业联合会）。VDMA拥有3100多家会员企业、400余名专家，下设37个专业协会，并拥有一系列跨专业的技术论坛、委员会及工作组，它是目前欧洲最大的工业联合会和工业投资品领域中最大、最重要的组织机构。自2000年起，VDMA专门设立了Deutschen Gesellschaft Association für Robotik（DGR，德国机器人协会）。

5）French Research Group in Robotics（FRGR，法国机器人协会）。该协会原名Association Francaise de Robotique Industrielle（AFR，法国工业机器人协会），2007年更名。

6）Korea Association of Robotics（KAR，韩国机器人协会），成立于1999年。

2. 机器人的定义

由于现代机器人的应用领域众多、发展速度快，加上它又涉及有关人类的概念，因此，对于机器人，世界各国标准化机构，甚至同一国家的不同标准化机构，至今尚未形成一个统一、准确、世所公认的严格定义。

例如，欧美国家一般认为，机器人是一种“由计算机控制、可通过编程改变动作的多功能、自动化机械”。而作为机器人大国的日本，则将机器人分为“能够执行人体上肢（手和臂）类似动作”的工业机器人和“具有感觉和识别能力，并能够控制自身行为”的智能机器人两大类。客观地说，欧美国家的机器人定义侧重其控制和功能，其定义和工业机器人较接近；而日本的机器人定义更关注机器人的结构和行为特性，并且已经考虑到了现代智能机器人的发展需要。

目前，使用较多的机器人定义主要有以下几种。

1）International Organization for Standardization（ISO，国际标准化组织）定义：机器人是一种“自动的、位置可控的、具有编程能力的多功能机械手，这种机械手具有几个轴，能够借助可编程序操作来处理各种材料、零件、工具和专用装置，执行各种任务”。

2）Japan Robot Association（JRA，日本机器人协会）将机器人分为了工业机器人和智能机器人两大类：工业机器人是一种“能够执行人体上肢（手和臂）类似动作的多功能机器”；智能机器人是一种“具有感觉和识别能力，并能够控制自身行为的机器”。

3）NBS（美国国家标准局）定义：机器人是一种“能够进行编程，并在自动控制下执行某些操作和移动作业任务的机械装置”。

4）Robotics Industries Association（RIA，美国机器人协会）定义：机器人是一种“用于移动各种材料、零件、工具或专用装置的，通过可编程的动作来执行各种任务的，具有编程能力的多功能机械手”。

5）我国 GB/T 12643—2013 标准定义：工业机器人是一种“能够自动定位控制，可重复编程的、多功能的、多自由度的操作机，能搬运材料、零件或操持工具，用于完成各种作业”。

以上标准化机构和专门组织对机器人的定义，都是在特定环境、特定时间所得到的结论，且偏重于工业机器人。但科学技术对未来是无限开放的，最新研发的现代智能机器人无论在外观，还是功能和智能化程度等方面，都已远超出了传统的工业机器人范畴。机器人正在源源不断地向人类活动的各个领域渗透，它所涵盖的内容越来越丰富，其应用领域和发展空间正在不断延伸和扩大，这是机器人与其他自动化设备的重要区别。

可以想象，未来的机器人不但可接受人类指挥、运行预先编制的程序，而且也可以根据人工智能技术所制定的原则纲领，选择自身的行动，甚至可能像科幻片所描述的那样，脱离人们的意志而自行其是。

1.2 机器人的发展

1.2.1 技术发展水平

机器人最早应用于工业自动化领域，主要用来协助人类完成单调、频繁和重复的长时间工作，或进行高温、粉尘、有毒、易燃、易爆等恶劣、危险环境下的作业。但是，随着社会进步、科学技术发展和机器人智能化技术研究的深入，各式各样具有感知、决策、行动和交互能力，可适应不同领域特殊要求的智能机器人相继被研发，机器人已在某些领域逐步取代人类，独立从事相关作业。

根据机器人现有的技术水平，人们一般将机器人产品分为如下三代。

1. 第一代机器人

第一代机器人一般是指可进行编程，并能通过示教操作再现动作的机器人。第一代机器人以工业机器人为主，它主要用来协助人类完成图 1. 2-1 所示的单调、频繁和重复长时间搬运、装卸等作业，或取代人类进行危险、恶劣环境下的作业。

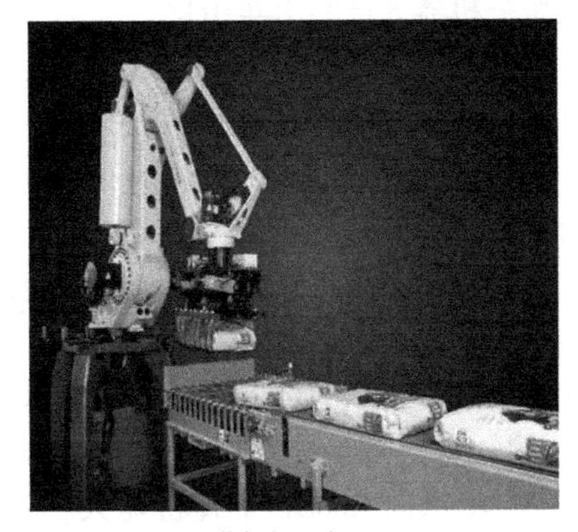

a) 搬运机器人

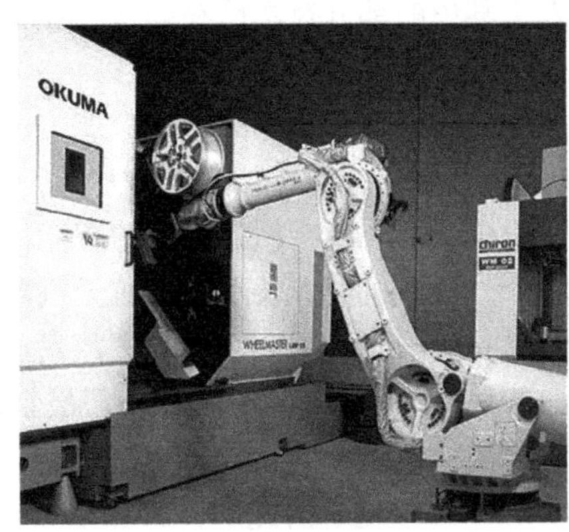

b) 装卸机器人

图 1. 2-1　第一代机器人

第一代机器人的技术和数控机床十分相似，它既可通过离线编制的程序控制机器人的运动，也可通过手动示教操作（数控机床称为 Teach in 操作）记录运动过程并生成程序，从而再现动作。第一代机器人的全部行为完全由人控制，它没有分析和推理能力，不具备智能性，但可通过示教操作再现动作，故又称为示教再现机器人。

第一代机器人现已实用化、商品化、普及化，当前使用的绝大多数工业机器人都属于第一代机器人。

2. 第二代机器人

第二代机器人装备有一定数量的传感器，它能够获取作业环境、操作对象等的简单信息，并通过计算机的分析与处理，做出简单的推理，并适当调整自身的动作和行为。

例如，在图 1. 2-2 所示的焊接机器人或探测机器人上，通过所安装的摄像头等视觉传感

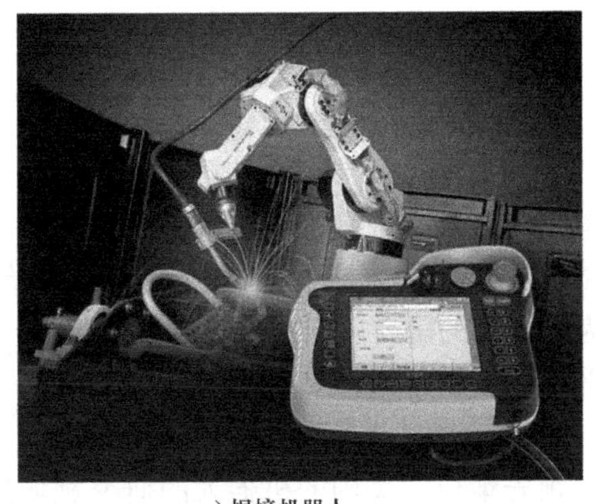

a) 焊接机器人

b) 探测机器人

图 1. 2-2　第二代机器人

系统，机器人能通过图像的识别，来判断、规划焊接加工或探测车的运动轨迹，它对外部环

境具有了一定的适应能力。

第二代机器人已具备一定的感知能力和简单的推理能力，故又称为感知机器人或低级智能机器人，其中的部分技术已在焊接工业机器人及服务机器人产品上实用化。

3. 第三代机器人

第三代机器人具有高度的自适应能力，它具有多种感知机能，可通过复杂的推理，做出判断和决策，自主决定机器人的行为。

第三代机器人应具有相当程度的智能，故称为智能机器人。第三代机器人技术目前多用于家庭、个人服务机器人及军事、航天机器人，总体而言，它尚处于实验和研究阶段，截至目前，还只有美国、日本和欧洲的少数发达国家能掌握和应用。

例如，日本HONDA（本田）公司最新研发的图1.2-3a所示的Asimo机器人，不仅能实现跑步、爬楼梯、跳舞等动作，且还能进行踢球、倒饮料、打手语等简单智能动作。日本Riken Institute（理化学研究所）最新研发的图1.2-3b所示的Robear护理机器人，其肩部、关节等部位都安装有测力感应系统，可模拟人的怀抱感，它能够像人一样，柔和地将卧床者从床上扶起，或将坐着的人抱起，其样子亲切可爱、充满活力。

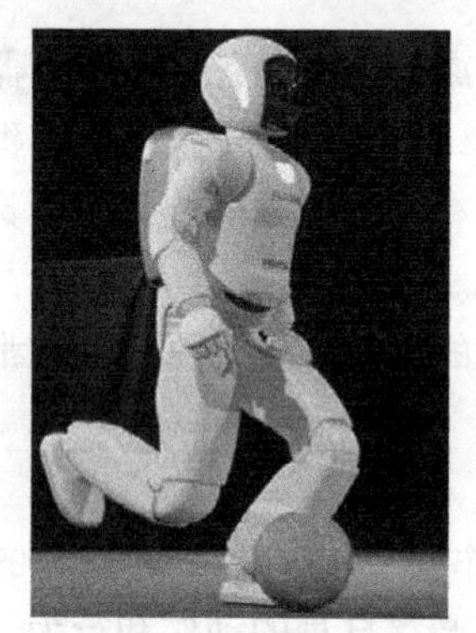

a) Asimo机器人

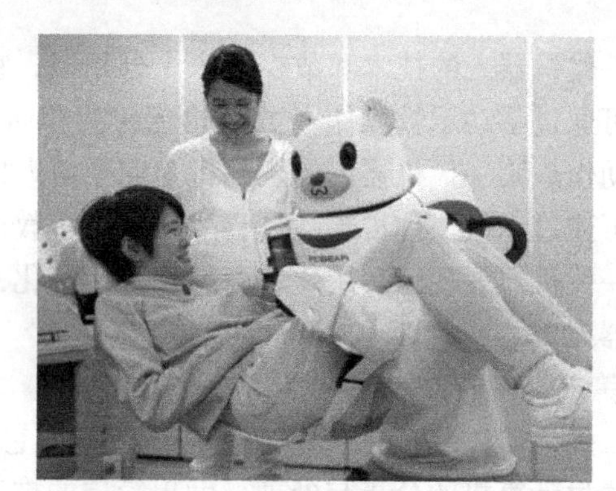

b) Robear机器人

图1.2-3 第三代机器人

1.2.2 研发与应用情况

机器人问世以来，由于它不仅能够协助人类完成那些单调、频繁和重复的长时间工作，而且还能够取代人类从事危险、恶劣环境下的作业，因此得到了世界各国的广泛重视。据有关方面的统计，目前世界上至少有48个国家在发展机器人，其中，有25个国家已开始或正在进行智能机器人的研发。美国、日本和德国为机器人的研究、制造和应用大国，此外，英国、法国、意大利、瑞士等国的机器人研发水平也居世界前列。

1. 美国

美国是机器人的发源地，各方面技术均处于领先地位。美国的机器人的研究领域广泛，产品技术全面、先进，其机器人的研究实力和产品技术水平在全世界占有绝对优势。Adept Technology、American Robot、Emerson Industrial Automation、S－T Robotics、iRobot、Remotec等都是美国著名的机器人生产企业。

美国的机器人研究最初从工业机器人开始，但目前已更多地转向军用、医疗、家用服务等高层次、智能机器人的研发。据统计，美国的智能机器人占据了全球约60%的市场，iRobot、Remotec等公司的服务机器人水平领先世界。

美国在军事机器人（Military Robot）、场地机器人（Field Robot）等方面的研究水平更是遥遥领先于其他国家，无论在基础技术研究、系统开发、生产配套方面，或是在技术转化、实战应用方面都具有优势。

美国的军事机器人、场地机器人的开发与应用已涵盖陆、海、空、天等诸多兵种。Boston Dynamics（波士顿动力，现已被Google并购）、Lockheed Martin（洛克希德马丁）、iRobot等公司，均为世界闻名的军事机器人研发制造企业。

美国现有的军事机器人产品包括用于监视和勘察的无人驾驶飞行器、用于深入危险领域获取信息的无人地面车、用来承担补充作战物资的多功能后勤保障机器人、武装机器人战车等多种，其技术水平、应用范围均远远领先于其他国家。

例如，美国的“哨兵”机器人不但能识别声音、烟雾、风速、火等数据，而且还可说300多个单词，并向可疑目标发出口令，如目标不能正确回答，便会迅速、准确地瞄准和射

a) BigDog-LS3

b) WildCat

c) Atlas

图1.2-4 美国的军事机器人

击。再如，Boston Dynamics（波士顿动力）公司研制的、BigDog（大狗）系列机器人的军用产品LS3（Legged Squad Support Systems，又名阿尔法狗），重达1250lb（约570kg），可在搭载400lb（约181kg）重物情况下，连续行走20mile（约32km），其负载能力相当于一个班，并能穿过复杂地形、应答士官指令；研发的WildCat（野猫）机器人则能在各种地形

上，以 25km/h 以上的速度奔跑跳跃；该公司最新研发的人形机器人 Atlas（阿特拉斯），其四肢共拥有 28 个自由度，灵活性已接近于人类。

美国的场地机器人研究水平同样令其他各国望尘莫及，其研究遍及空间、陆地、水下，并已经用于月球、火星等天体的探测。

早在 1967 年，National Aeronautics and Space Administration（NASA，美国国家航空与航天局）所发射的“海盗”号火星探测器已着落火星，并对土壤等进行了采集和分析，以寻找生命迹象；同年，还发射了“观察者”3 号月球探测器，对月球土壤进行了分析和处理。到了 2003 年，NASA 又接连发射了 Spirit，MER－A（勇气号）和 Opportunity，MER－B（机遇号）两个火星探测器，并于 2004 年 1 月先后着落火星表面，它们可在地面的遥控下，在火星上自由行走，通过它们对火星岩石和土壤的分析，收集到了表明火星上曾经有水流动的强有力证据，发现了形成于酸性湖泊的岩石、陨石等。2011 年 11 月，又成功发射了图 1. 2-5a 所示的 Curiosity（好奇号）核动力驱动的火星探测器，并于 2012 年 8 月 6 日安全着落火星，开启了人类探寻火星生命元素的历程。最近，Google 公司又研发了图 1. 2-5b 所示的最新一代、以机器人项目负责人 Andy Rubin 命名的 Andy（安迪号）月球车，以便进行新一轮探月。

a) Curiosity火星车

b) Andy月球车

图 1. 2-5　美国的场地机器人

2. 日本

日本目前在工业机器人及家用服务、护理、医疗等智能机器人的研发上具有世界领先水平。

日本在工业机器人的生产、应用及主要零部件供给、研究等方面居世界领先地位。20 世纪 90 年代，日本就开始普及第一代和第二代工业机器人，截至目前，它仍保持工业机器人产量、安装数量世界第一的地位。据统计，日本的工业机器人产量约占全球的 50%；安装数量约占全球的 23%；机器人的主要零部件（精密减速机、伺服电机、传感器等）占全球市场的 90% 以上。日本 FANUC（发那科）、YASKAWA（安川）、KAWASAKI（川崎）、NACHI（不二越）等都是著名的工业机器人生产企业。

日本在发展第三代智能机器人上，同样取得了举世瞩目的成就。为了攻克智能机器人的关键技术，自 2006 年起，日本政府每年都投入巨资，用于智能服务机器人的研发；近年来，为了满足老年护理的市场需求，很多企业已开始大量研发小型家用服务机器人。例如，前述的 HONDA（本田）公司 Asimo 机器人，已能实现跑步、爬楼梯、跳舞、踢球、倒饮料、打手语等简单动作；日本 Riken Institute（理化学研究所）最新研发的 Robear 护理机器人，能够像人一样，柔和地将卧床者从床上扶起，或将坐着的人抱起等。

3. 德国

德国的机器人研发稍晚于日本，但其发展十分迅速。在 20 世纪 70 年代中后期，德国政府在“改善劳动条件计划”中，强制规定了部分有危险、有毒、有害的工作岗位必须用机器人来代替人工的要求，它为机器人的应用开辟了广大的市场。据 VDMA（德国机械设备制造业联合会）统计，目前德国的工业机器人密度已在法国的 2 倍和英国的 4 倍以上。

德国的工业机器人以及军事机器人中的地面无人作战平台、水下无人航行体的研究和应用水平，居世界领先地位。德国的 KUKA（库卡）、REIS（徕斯，现为 KUKA 成员）、Carl - Cloos（卡尔 - 克鲁斯）等都是全球著名的工业机器人生产企业；德国宇航中心、德国机器人技术商业集团、karcher 公司、Fraunhofer Institute for Manufacturing Engineering and Automatic（弗劳恩霍夫制造技术和自动化研究所）及 STN 公司、HDW 公司等都是有名的服务机器人及军事机器人研发企业。

德国在智能服务机器人的研究和应用上，同样具有世界公认的领先水平。例如，图 1.2-6 所示的弗劳恩霍夫制造技术和自动化研究所最新研发的服务机器人 Care - O - Bot4，其全身遍布各类传感器、立体彩色照相机、激光扫描仪和三维立体摄像头，它不但能够识别日常的生活用品，而且还能听懂语音命令和看懂手势命令，按声控或手势控制的要求，进行自我学习。

4. 中国

2013 年，中国的工业机器人销量接近 3.7 万台，占全球销售量（17.7 万台）的 1/5；2014 年，总销量达到了 5.7 万台，占全球销售量（22.5 万台）的 1/4。

图 1.2-6 Care - O - Bot4

我国的机器人研发起始于 20 世纪 70 年代初期，到了 20 世纪 90 年代，先后研制出了点焊、弧焊、装配、喷漆、切割、搬运、包装码垛等工业机器人，在工业机器人及零部件研发等方面取得了一定的成绩。上海交通大学、哈尔滨工业大学、天津大学、南开大学、北京航空航天大学等高校都设立了机器人研究所或实验室，进行工业机器人和服务机器人的基础研究；广州数控、南京埃斯顿、沈阳新松等企业也开发了部分机器人产品。但是，总体而言，我国的机器人研发目前还处于初级阶段，和先进国家的差距依旧十分明显，产品以低档工业机器人为主，核心技术尚未掌握，关键部件几乎完全依赖进口，国产机器人的市场占有率十分有限，目前还没有真正意义上的完全自主机器人生产商。

高端装备制造业是国家重点支持的战略性新兴产业，工业机器人作为高端装备制造业的重要组成部分，有望在此今后一段时期得到快速发展。

1.3 机器人的分类

1.3.1 专业分类法和应用分类法

机器人的分类方法很多，但是，由于人们观察问题的角度有所不同，直到今天，还没有一种分类方法能够满意地对机器人进行世所公认的分类。总体而言，常用的机器人分类方法主要有专业分类法和应用分类法两种，简介如下。

1. 专业分类法

专业分类法通常是机器人设计、制造和使用厂家技术人员所使用的分类方法，其技术性较强，业外人士较少使用。目前，专业分类可按机器人的控制系统技术水平、机械结构形态和运动控制方式3种方式进行分类。

1）按控制系统技术水平分类。根据机器人目前的控制系统技术水平，一般可分为前述的示教再现机器人（第一代）、感知机器人（第二代）、智能机器人（第三代）三类。第一代机器人已实用和普及，绝大多数工业机器人都属于第一代机器人；第二代机器人的技术已部分实用化；第三代机器人尚处于实验和研究阶段。

2）按机械结构形态分类。根据机器人现有的机械结构形态，有人将其分为圆柱坐标（Cylindrical Coordinate）、球坐标（Polar Coordinate）、直角坐标（Cartesian Coordinate）及关节型（Articulated）、并联结构型（Parallel）等，以关节型机器人为常用。不同形态机器人在外观、机械结构、控制要求、工作空间等方面均有较大的区别。例如，关节型机器人的动作和功能则类似人类的手臂；而直角坐标、并联结构型机器人的外形和控制要求与数控机床十分类似，有关内容可参见第2章。

3）按运动控制方式分类。根据机器人的控制方式，一般可分为顺序控制型、轨迹控制型、远程控制型、智能控制型等。顺序控制型又称点位控制型，这种机器人只需要规定动作次序和移动速度，而不需要考虑移动轨迹；轨迹控制型需要同时控制移动轨迹和移动速度，故可用于焊接、喷漆等连续移动作业；远程控制型可实现无线遥控，它多用于特定行业，如军事机器人、空间机器人、水下机器人等；智能控制型机器人就是前述的第三代机器人，多用于服务、军事等行业，这种机器人目前尚处于实验和研究阶段。

2. 应用分类法

应用分类法是根据机器人应用环境（用途）进行分类的大众分类方法，其定义通俗，易为公众所接受。

应用分类的方法同样较多。例如，日本分为工业机器人和智能机器人两类；我国分为工业机器人和特种机器人两类等。然而，由于对机器人的智能性判别尚缺乏科学、严格的标准，加上工业机器人和特种机器人的界线较难划分，因此，在通常情况下，公众较易接受的是参照国际机器人联合会（IFR）的分类方法，将机器人分为工业机器人和服务机器人两类；如进一步细分，目前常用的机器人基本上可分为图1.3-1所示的几类。

（1）工业机器人

工业机器人（Industrial Robot，IR）是指在工业环境下应用的机器人，它是一种可编程的多用途、自动化设备。当前实用化的工业机器人以第一代示教再现机器人居多，但部分工

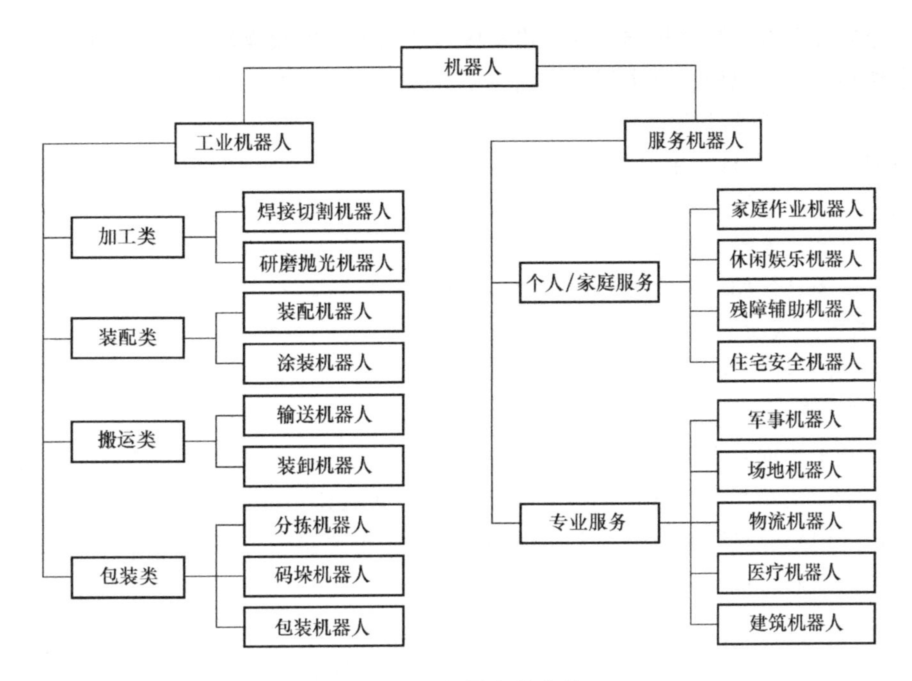

图 1.3-1 机器人的分类

业机器人（如焊接、装配等）已能通过图像来识别、判断、规划或探测途径，对外部环境具有了一定的适应能力，初步具备了第二代感知机器人的一些功能。

工业机器人的涵盖范围同样很广，根据其用途和功能，又可分为加工、装配、搬运、包装 4 大类；在此基础上，还可对每类进行细分。有关工业机器人的内容，在本书后述的章节中将进行详细阐述。

（2）服务机器人

服务机器人（Personal Robot，PR）是除工业机器人之外服务于人类非生产性活动的机器人总称。根据国际机器人联合会（IFR）的定义，服务机器人是一种半自主或全自主工作的机械设备，它能完成有益于人类健康的服务工作，但不直接从事工业品的生产。

服务机器人的涵盖范围更广，简言之，除工业生产用的机器人外，其他所有的机器人均属于服务机器人的范畴。因此，人们根据其用途，将服务机器人分为个人/家庭服务机器人（Personal/Domestic Robot）和专业服务机器人（Professional Service Robot）两类，在此基础上还可对每类进行细分。

有关工业机器人的具体内容将在本书后述章节将详细介绍。为了便于对读者机器人有较全面的了解，现将服务机器人的主要情况简要介绍如下。

1.3.2 服务机器人简介

1. 基本特点

服务机器人是服务于人类非生产性活动的机器人总称。从控制要求、功能、特点等方面看，服务机器人与工业机器人的本质区别在于：工业机器人所处的工作环境在大多数情况下是已知的，因此，利用第一代机器人技术已可满足其要求；然而，服务机器人所面临的工作环境在绝大多数场合是未知的，故都需要使用第二代、第三代机器人技术。

从行为方式上看，服务机器人一般没有固定的活动范围和规定的动作行为，它需要有良好的自主感知、自主规划、自主行动和自主协同等方面的能力，因此，服务机器人较多地采用仿人或生物、车辆等结构形态。

早在1967年，在日本举办的第一届机器人学术会议上，人们就提出了两种描述服务技术人特点的代表性意见。一种意见认为服务机器人是一种“具有自动性、个体性、智能性、通用性、半机械半人性、移动性、作业性、信息性、柔性、有限性等特征的自动化机器”；另一种意见认为具备如下3个条件的机器，可称为服务机器人：

1）具有类似人类的脑、手、脚等功能要素。

2）具有非接触和接触传感器。

3）具有平衡觉和固有觉的传感器。

当然，鉴于当时的情况，以上定义都强调了服务机器人的“类人”含义，突出了由“脑”统一指挥、靠“手”进行作业、靠“脚”实现移动；通过非接触传感器和接触传感器，使机器人识别外界环境；利用平衡觉和固有觉等传感器感知本身状态等基本属性，但它对服务机器人的研发仍具有参考价值。

2. 发展简况

服务机器人的出现晚于工业机器人。但由于它与人类进步、社会发展、公共安全等诸多重大问题息息相关，应用领域众多，市场广阔，因此，其发展非常迅速、潜力巨大。有国外专家预测，在不久的将来，服务机器人产业可能成为继汽车、计算机后的另一新兴产业。

在各类服务机器人中，个人/家用服务机器人（Personal/Domestic Robot）为大众化、低价位产品，其市场最大。在专业服务机器人中，则以涉及公共安全的军事机器人（Military Robot）、场地机器人（Field Robot）、医疗机器人的产量较大。

据国际机器人联合会（IFR）2013年世界服务机器人统计报告等有关统计资料显示，目前已有20多个国家在进行服务型机器人的研发，有40余种服务型机器人已进入商业化应用或试用阶段。2012年全球服务机器人的总销量约为301.6万台，约为工业机器人（15.9万台）的20倍；其中，个人/家用服务机器人的销量约为300万台，销售额约为12亿美元；专业服务机器人的销量为1.6万台，销售额为34.2亿美元。

图1.3-2为近年个人/家用服务机器人及专业服务机器人中各类产品的销售统计图。

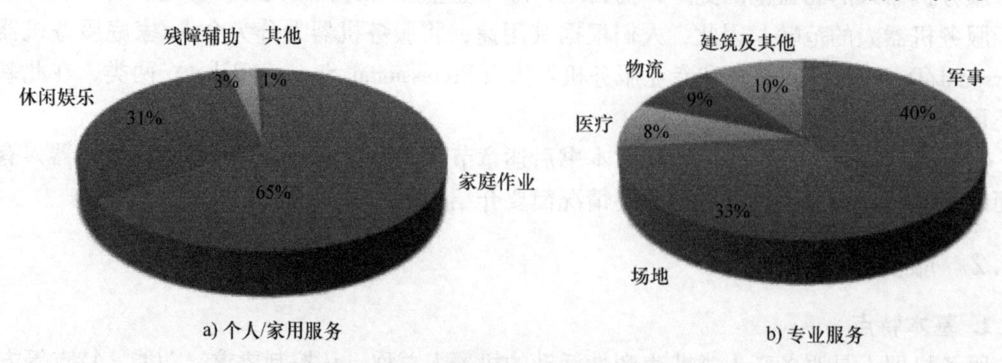

图1.3-2　服务机器人销售统计图

在服务机器人研发领域，美国不但在军事、场地、医疗等高科技专业服务机器人的研究上遥遥领先于其他国家，而且在个人/家用服务机器人的研发上，同样占有绝对的优势。美国的服务机器人总量约占全球服务机器人市场的60%。此外，欧洲的德国、法国也是服务机器人的研发和使用大国。

日本和韩国的服务机器人研发、应用重点是在个人/家用服务机器人上。日本的个人/家用服务机器人产量约占全球市场的50%；韩国近年也在积极开发家用机器人，韩国政府计划在2020年，让每个家庭都拥有一个能做家务的机器人。

我国在服务机器人领域的研发起步较晚，直到2005年才开始初具市场规模，总体水平与发达国家相比存在很大的差距。目前，我国的个人/家用服务机器人主要有吸尘、教育娱乐、保安、智能玩具等；专用服务机器人主要有医疗及部分军事、场地机器人等。

3. 个人/家用机器人

个人/家用服务机器人（Personal/Domestic Robot）泛指为人们日常生活服务的机器人，包括家庭作业机器人、娱乐休闲机器人、残障辅助机器人、住宅安全机器人等。个人/家用服务机器人产业是被人们普遍看好的未来最具发展潜力的新兴产业之一。

在个人/家用服务机器人中，以家庭作业机器人和娱乐休闲机器人的产量最大，两者占个人/家用服务机器人总量的90%以上；残障辅助机器人、住宅安全机器人的普及率目前还较低，但市场前景被人们普遍看好。

家用清洁机器人是家庭作业机器人中最早被实用化和最成熟的产品之一。早在20世纪80年代，美国已经开始吸尘机器人的研究，iRobot公司是目前家用服务机器人行业公认的领先企业，其产品包括吸尘、擦地、地面清洗、泳池清洗、水槽清洗等五大系列，技术先进、市场占有率为全球最大。德国的Karcher公司也是著名的家庭作业机器人生产商，它在2006年研发的Rc3000家用清洁机器人集吸尘、吸水、吹风等功能于一体，是世界上第一台能够自行完成所有家庭地面清洁工作的家用清洁机器人。此外，美国的Neato、Mint，日本的SHINK、PANASONIC（松下），韩国的LG、三星等公司也都是全球较著名的家用清洁机器人研发、制造企业。

在我国，由于家庭经济收入和发达国家的差距巨大，加上传统文化的影响，大多数家庭的作业服务还是由自己或家政服务人员承担，所使用的设备以传统工具和普通吸尘器、洗碗机等简单设备为主，家庭作业服务机器人的使用率非常低。

4. 专业服务机器人

专业服务机器人（Professional Service Robot）的涵盖范围非常广，简言之，除工业生产用的工业机器人和为人们日常生活服务的个人/家用机器人外，其他所有的机器人均属于专业服务机器人。在专业服务机器人中，军事、场地和医疗机器人，是应用最广的产品。

（1）军事机器人

军事机器人（Military Robot）是为了军事目的而研制的自主式、半自主式或遥控的智能化武器装备，它可用来帮助或替代军人，完成战术或战略任务。

军事机器人具备全方位、全天候的作战能力和极强的战场生存能力，可在超过人类承受能力的恶劣环境，或在遭到毒气、冲击波、热辐射等袭击时，继续进行工作。此外，军事机器人也不存在人类的恐惧心理，可严格地服从命令、听从指挥，有利于战局的掌控。在未来战争中，机器士兵完全可能成为军事行动中的主力。

军事机器人研制早在20世纪60年代就开始，产品已从第一代的遥控操作器，发展到了现在的第三代智能机器人。目前，世界各国的军事机器人已达上百个品种，其应用涵盖侦察、排雷、防化、进攻、防御及后勤保障等各方面。用于监视、勘察、获取危险领域信息的无人驾驶飞行器（UAV）和地面车（UGV）、具有强大运输功能和精密侦查设备的机器人武装战车（ARV）、在战斗中担任补充作战物资的多功能后勤保障机器人（MULE）是军事机器人的主要产品。

美国的军事机器人研究无论在基础技术研究、系统开发、生产配套，还是技术转化、实战应用等方面都处于领先地位，其应用已涵盖陆、海、空、天等诸兵种。据报道，美军已装配了超过7500架无人机和15000个地面机器人，目前正在大量研制和应用无人作战系统、智能机器人集成作战系统，以系统提升陆、海、空军事实力。Boston Dynamics（波士顿动力）公司、Lockheed Martin（洛克希德马丁）公司、iRobot公司等均为著名的军事机器人研发制造企业。

此外，德国的智能地面无人作战平台、反水雷及反潜水下无人航行体的研究和应用，英国的战斗工程牵引车（CET）、工程坦克（FET）、排爆机器人的研究和应用，法国的警戒机器人和低空防御机器人、无人侦察车、野外快速巡逻机器人的研究和应用，以色列的机器人自主导航车、“守护者（Guardium）”监视与巡逻系统、步兵城市作战用的手携式机器人的研究和应用等，都已达到世界领先水平。

（2）场地机器人

场地机器人（Field Robot）是除军事机器人外，其他可大范围运动的服务机器人的总称。场地机器人多用于科学研究和公共事业服务，如太空探测、水下作业、危险作业（如防爆、排雷）、消防救援、园林作业等。

美国的场地机器人研究始于20世纪60年代，其水平令其他国家望尘莫及，产品已遍及空间、陆地和水下。从1967年的海盗号火星探测器，到2003年的Spirit，MER－A（勇气号）和Opportunity，MER－B（机遇号）火星探测器，2011年的Curiosity（好奇号）核动力驱动的火星探测器，直至Google公司最新研发的Andy（安迪号）月球车，这些产品都无一例外地代表了全球空间机器人研究的最高水平。图1.3-3所示为美国雪佛莱Boos（老板号）跟踪车和Carnegie Mellon（卡内基梅隆）大学正在研制的新一代Red Rover（红色漫游号）月球车。

a) Boos跟踪车

b) Red Rover月球车

图1.3-3　美国的场地机器人

俄罗斯和欧盟在太空探测机器人等方面的研究和应用也居世界领先水平。例如，俄罗斯早期的空间站飞行器对接、燃料加注机器人，德国在1993年研制、由哥伦比亚号航天飞机携带升空的ROTEX远距离遥控机器人等，都代表了当时的空间机器人技术水平。我国在探月、水下机器人方面的研究也取得了较大的进展。

（3）医疗机器人

医疗机器人是今后专业服务机器人的重点发展领域之一。医疗机器人主要用于伤病员的手术、救援、转运和康复，包括诊断机器人、外科手术辅助机器人、康复机器人等。例如，通过外科手术机器人，医生可利用其精准性和微创性，大面积减小手术伤口，迅速恢复正常生活。据统计，目前全世界已有30个国家、近千家医院成功开展了数十万例机器人手术，手术种类涵盖泌尿外科、妇产科、心脏外科、胸外科、肝胆外科、胃肠外科、耳鼻喉科等学科。

当前，医疗机器人的研发与应用大部分都集中于美国、欧洲、日本等发达国家，发展中国家的普及率还很低。美国的Intuitive Surgical（直觉外科）公司是全球领先的医疗机器人研发、制造企业，该公司研发的达芬奇机器人是目前世界上最先进的手术机器人系统，该系统由控制台、病人车和高性能视觉系统等部件组成，具有外科手术操作中的直观控制运动、精细组织操作和三维高清晰度视觉能力，它可模仿外科医生的手部动作，进行微创手术，目前，该机器人手术系统已经成功用于普通外科、胸外科、泌尿外科、妇产科、头颈外科及心脏外科等手术。

1.4 工业机器人及应用

1.4.1 发展简史

工业机器人（Industrial Robot，IR）是用于工业生产环境的机器人总称。我国的GB/T 12643—2013标准参照ISO（国际标准化组织）、RIA（美国机器人协会）的相关标准，将其定义为：工业机器人是一种“能够自动定位控制，可重复编程的、多功能的、多自由度的操作机，能搬运材料、零件或操持工具，用于完成各种作业”。

用工业机器人替代人工操作，不仅可保障人身安全、改善劳动环境、减轻劳动强度、提高劳动生产率，而且还能够起到提高产品质量、节约原材料消耗及降低生产成本等多方面作用，因而，它在工业生产各领域的应用也越来越广泛。

工业机器人自1959年问世以来，经过50多年的发展，在性能和用途等方面都有了很大的变化；现代工业机器人的结构越来越合理、控制越来越先进、功能越来越强大、应用越来越广泛。

世界工业机器人的简要发展历程、重大事件和重要产品研制的简况如下。

1959年：Joseph F·Engelberger（约瑟夫·恩盖尔柏格）利用George Devol（乔治·德沃尔）的专利技术，研制出了世界上第一台真正意义上的工业机器人Unimate。该机器人采用液压驱动的球面坐标（Polar Coordinate）轴控制，具有水平回转、上下摆动和手臂伸缩3个自由度，可用于点对点搬运。

1961年：美国GM（通用汽车）公司首次将Unimate工业机器人应用于生产线，机器人承担了压铸件叠放等部分工序。

1962 年：美国 AMF 公司（机床与铸造公司）研发了首台柱面坐标（Cylindrical Coordinate）工业机器人 Versatran。该机器人具有水平回转、上下移动和手臂伸缩 3 个自由度，可用于固定轨迹移动和点对点搬运，并被用于福特汽车厂。

1968 年：Unimation 公司将机器人的制造技术转让给了日本 KAWASAKI（川崎）公司，日本开始研制、生产机器人。

同年，美国斯坦福大学研制出了首台具有感知功能的第二代机器人 Shakey。

1969 年：美国 GM（通用汽车）公司在汽车生产线上装备了首台点焊机器人，使 90% 的车身焊接任务实现了自动化。同年，瑞典的 ASEA 公司（阿西亚公司，现为 ABB 集团）研制出首台喷涂机器人，并在挪威投入使用；日本的 NACHI（不二越）公司也开始进入工业机器人研发生产领域。

1972 年：日本 KAWASAKI（川崎）公司研制出了日本首台工业机器人“Kawasaki – Unimate2000”。

1973 年：日本 HITACHI（日立）公司研制出了世界首台装备有动态视觉传感器的工业机器人，该机器人能识别模具上的螺栓位置，并可通过模具运动实现螺栓拧紧、松开等操作。同年，德国 KUKA（库卡）公司研制出了世界首台 6 轴工业机器人 Famulus。

1974 年：美国 Cincinnati Milacron（辛辛那提 · 米拉克隆，著名的数控机床生产企业）公司研制出了首台微机控制的商用工业机器人 Tomorrow Tool（T3）。同年，瑞典的 ASEA 公司研制出了世界首台微机控制、全电气驱动的 5 轴涂装机器人 IRB6，该机器人可用于钢管的打磨、抛光和上蜡。

同年，日本 KAWASAKI（川崎）公司在美国引进的 Unimate 机器人基础上，研制出了世界首台用于摩托车车身焊接的弧焊机器人；此外，川崎公司还研制出了带接触传感器和力传感器的机器人 Hi – T – Hand，它可对间隙为 0.01mm 的零件，进行每秒 1 次的插入操作。

当年，全球最著名的数控系统（CNC）生产商日本 FANUC（发那科）公司开始研发、制造工业机器人。

1975 年：意大利 Olivetti（奥利维蒂，著名的打印机生产商）公司研制出了用于部件组装的直角坐标（Cartesian Coordinate）装配机器人 Olivetti SIGAM。

1977 年：日本 YASKAWA（安川）公司开始工业机器人研发生产，并研制出了日本首台采用全电气驱动的机器人 MOTOMAN – L10（MOTOMAN 1 号）。

1978 年：美国 Unimate 公司和 GM（通用汽车）公司联合研制出了用于汽车生产线的垂直串联型（Vertical Series）可编程通用装配机器人 PUMA（Programmable Universal Manipulator for Assembly）；日本山梨大学研制出了水平串联型（Horizontal Series）自动选料、装配机器人 SCARA（Selective Compliance Assembly Robot Arm，平面关节型机器人）。

同年，德国 REIS（徕斯，现为 KUKA 成员）公司研制出了世界首台具有独立控制系统、用于压铸生产线的工件装卸的 6 轴机器人 RE15。

1979 年：日本 NACHI（不二越）公司研制出了世界首台电机驱动多关节焊接机器人。

1981 年：美国 PaR Systems 公司研制出了世界首台直角坐标（Cartesian Coordinate）龙门式机器人。

1983 年：日本 DAIHEN（大阪变压器集团 Osaka Transformer Co.，Ltd 所属，国内称 OTC 或欧希地）公司研发了世界首台具有示教编程功能的焊接机器人。

同年，美国著名的 Westinghouse Electric Corporation（西屋电气公司，又译威斯汀豪斯公司）并购了 Unimation 公司，随后，又将其并入了瑞士 Staubli（史陶比尔）公司。

1984 年：美国 Adept Technology（娴熟技术）公司研制出了世界首台电机直接驱动、无传动齿轮和铰链的 SCARA 机器人 Adept One。

1985 年：德国 KUKA（库卡）公司研制出了世界首台具有 3 个平移自由度和 3 个转动自由度的 Z 型 6 自由度机器人。

1988 年：总部位于瑞典的 ASEA 公司和总部位于瑞士的 Brown. Boveri & Co. , Ltd（布朗勃法瑞，即 BBC）公司合并，成立了集团总部位于瑞士苏黎世的 ABB 公司。

1991 年：日本 DAIHEN（欧希地）公司研发了世界首个多工业机器人协同作业的夹具焊接系统。

1992 年：瑞士 Demaurex 公司研制出了世界首台采用 3 轴并联结构（Parallel）的包装机器人 Delta。

1998 年：ABB 公司在 Delta 机器人的基础上，研制出了 Flex Picker 柔性手指，该机器人装备有识别物体的图像处理系统，每分钟能够拾取 120 个物体。同时，还研发了 Robot Studio 机器人离线编程和仿真软件。

2004 年：日本 YASKAWA（安川）公司推出了 NX100 机器人控制系统，该系统最大可控制 4 通道、38 轴。

2005 年：日本 YASKAWA（安川）公司推出了新一代、双腕 7 轴工业机器人。

2006 年：意大利 COMAU（柯马，菲亚特成员、著名的数控机床生产企业）公司推出了首款 WiTP 无线示教器。

2008 年：日本 FANUC（发那科）公司、YASKAWA（安川）公司的工业机器人累计销量相继突破 20 万台，成为全球工业机器人累计销量最大的企业。

2009 年：ABB 公司研制出全球精度最高、速度最快的 6 轴小型机器人 IRB 120。

2011 年：ABB 公司研制出全球最快码垛机器人 IRB 460。

2013 年：日本 NACHI（不二越）公司研制出了世界最快的轻量机器人 MZ07。

同年，Google 公司开始大规模并购机器人公司，至今已相继并购了 Autofuss、Boston Dynamics（波士顿动力）、Bot & Dolly、DeepMind（英）、Holomni、Industrial Perception、Meka、Redwood Robotics、Schaft（日）、Nest Labs、Spree、Savioke 等多家公司。

2014 年：ABB 公司研制出世界上首台真正实现人机协作的机器人 YuMi。

同年，德国 REIS（徕斯）公司并入 KUKA（库卡）公司。

1.4.2 产品分类与应用

1. 产品分类

根据工业机器人的功能与用途，其主要产品大致可分为图 1.3-1 所示的加工、装配、搬运、包装 4 大类。

(1) 加工类

加工机器人是直接用于工业产品加工作业的工业机器人，目前主要有焊接、切割、折弯、冲压、研磨、抛光等。此外，也有部分用于建筑、木材、石材、玻璃等行业切割、研磨、抛光的加工机器人。

焊接、切割、研磨、抛光加工的环境恶劣，加工时所产生的强弧光、高温、烟尘、飞溅、电磁干扰等都有害于人体健康。这些行业采用机器人自动作业，不仅可改善工作环境，避免加工对人体的伤害，而且还可自动连续工作，提高工作效率和改善加工质量。

焊接机器人（Welding Robot）是目前工业机器人中产量最大、应用最广的产品，被广泛用于汽车、铁路、航空航天、军工、冶金、电器等行业。自 1969 年美国 GM（通用汽车）公司在美国 Lordstown 汽车组装生产线上装备首台汽车点焊机器人以来，机器人焊接技术已日臻成熟，通过机器人的自动化焊接作业，可提高生产率、确保焊接质量、改善劳动环境，它是当前工业机器人应用的重要方向之一。

材料切割是工业生产不可缺少的加工方式，从传统的金属材料火焰切割、等离子切割到可用于多种材料的激光切割加工都可通过机器人完成。目前，薄板类材料的切割大多采用数控火焰切割机、数控等离子切割机和数控激光切割机等数控机床加工，但异形、大型材料或船舶、车辆等大型废旧设备的切割已开始逐步使用工业机器人。

研磨、抛光机器人主要用于汽车、摩托车、工程机械、家具建材、电子电气、陶瓷卫浴等行业的表面处理。使用研磨、抛光机器人不仅能使操作者远离高温、粉尘、有毒、易燃、易爆的工作环境，而且能够提高加工质量和生产效率。

（2）装配类

装配机器人（Assembly Robot）是将不同零件组合成部件或成品的工业机器人，常用的主要有装配和涂装两大类。

计算机（Computer）、通信（Communication）和消费性电子（Consumer Electronic）行业（简称 3C 行业）是目前装配机器人最大的应用市场。3C 行业是典型的劳动密集型产业，采用人工装配，不仅需要使用大量的员工，而且操作工人的工作高度重复、频繁，劳动强度极大，致使人工难以承受；此外，随着电子产品不断向轻薄化、精细化方向发展，产品对零部件装配的精细程度在日益提高，部分作业已是人工无法完成。

涂装类机器人用于部件或成品的油漆、喷涂等表面处理，这类处理通常含有影响人体健康的有害、有毒气体，采用机器人自动作业后，不仅可改善工作环境，避免有害、有毒气体的危害，而且还可自动连续工作，提高工作效率和改善加工质量。

（3）搬运类

搬运机器人（Transfer Robot）是从事物体移动作业的工业机器人的总称，常用的主要有输送机器人和装卸机器人两大类。

工业生产中的输送机器人以无人搬运车（Automated Guided Vehicle，AGV）为主。AGV 具有自身的计算机控制系统和路径识别传感器，能够自动行走和定位停止，可广泛应用于机械、电子、纺织、卷烟、医疗、食品、造纸等行业的物品搬运和输送。在机械加工行业，AGV 大多用于无人化工厂、柔性制造系统（Flexible Manufacturing System，FMS）的工件、刀具搬运、输送，它通常需要与自动化仓库、刀具中心及数控加工设备、柔性加工单元（Flexible Manufacturing Cell，FMC）的控制系统互连，以构成无人化工厂、柔性制造系统的自动化物流系统。

装卸机器人多用于机械加工设备的工件装卸（上下料），它常和数控机床组合，以构成柔性加工单元（FMC），成为无人化工厂、柔性制造系统（FMS）的一部分。装卸机器人还经常用于冲剪、锻压、铸造等设备的上下料，以替代人工完成高风险、高温等恶劣环境下的危险作业或繁重作业。

(4) 包装机器人

包装机器人（Packaging Robot）是用于物品分类、成品包装、码垛的工业机器人，常用的主要有分拣、包装和码垛3类。

计算机、通信和消费性电子行业（3C行业）和化工、食品、饮料、药品工业是包装机器人的主要应用领域。3C行业的产品产量大、周转速度快，成品包装任务繁重；化工、食品、饮料、药品包装由于行业特殊性，人工作业涉及安全、卫生、清洁、防水、防菌等方面的问题，因此，都需要利用装配机器人，来完成物品的分拣、包装和码垛作业。

2. 产品产量

根据国际机器人联合会（IFR）公布的统计数据，最近10年（2005～2014年）的全球工业机器人的生产销售情况如图1.4-1所示。

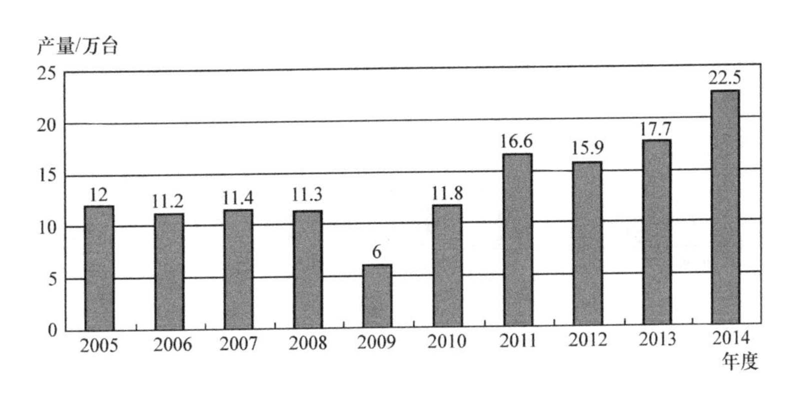

图1.4-1 2005～2014年全球工业机器人产量

统计数据反映，自2010年以来，全球工业机器人的生产销售基本呈逐年增长的趋势，以2014年的增长幅度为最大。据美国《华尔街日报》网站2015年4月的报道，2014年全球工业机器人的销量较2013年增长54%，达到了22.5万台。

全球工业机器人的销售增长，在很大程度上得益于中国市场的成长。图1.4-2为中国机器人产业联盟发布及来自美国《华尔街日报》报道的统计数据，统计表明，2013年中国市场的工业机器人销售接近3.7万台，约占全球销量（17.7万台）的1/5；到了2014年，年销售更是达到了5.7万台，占全球销售量（22.5万台）的1/4。

3. 应用领域

根据国际机器人联合会（IFR）等部门的最新统计，当前工业机器人的应用行业分布情况大致如图1.4-3所示。其中，汽车制造业、电子电气工业、金属制品及加工业是目前工业机器人的主要应用领域。

汽车及汽车零部件制造业历来是工业机器人用量最大的行业，其使用量长期保持在工业机器人总量的40%以上，使用的产品以加工、装配类机器人为主，是焊接、研磨、抛光及装配、涂装机器人的主要应用领域。

电子电气（包括计算机、通信、家电、仪器仪表等）是工业机器人应用的另一主要行业，其使用量也保持在工业机器人总量的20%以上，使用的主要产品为装配、包装类机器人。

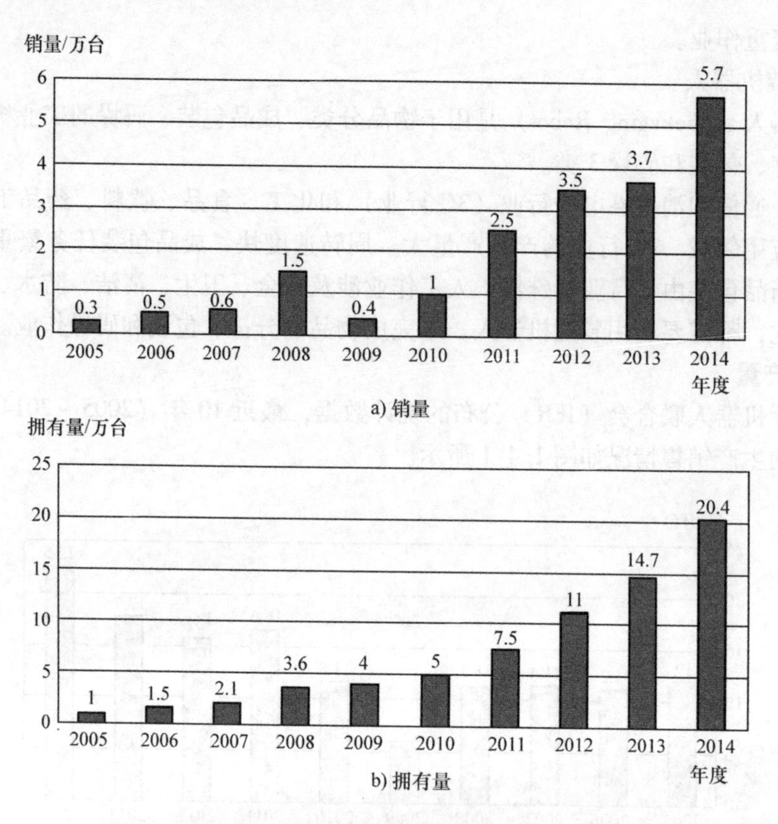

图 1.4-2　2005～2014 年中国工业机器人销量和拥有量

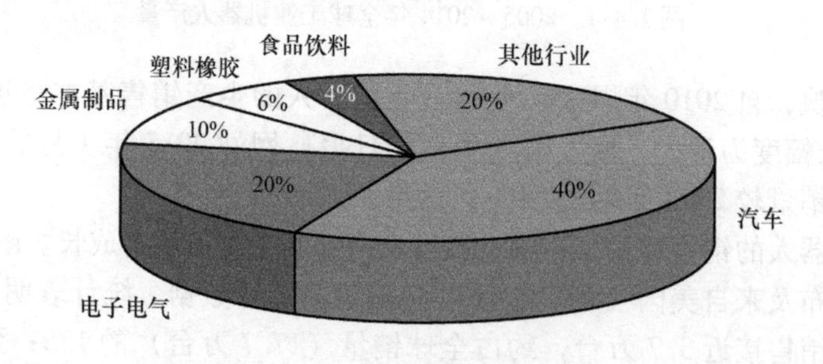

图 1.4-3　工业机器人的应用

金属制品及加工业的机器人用量大致在工业机器人总量的 10% 左右，使用的产品主要为搬运类的输送机器人和装卸机器人。

建筑、化工、橡胶、塑料以及食品、饮料、药品等其他行业的机器人用量都在工业机器人总量的 10% 以下，橡胶、塑料、化工、建筑行业使用的机器人种类较多；食品、饮料、药品行业使用的机器人通常以加工、包装类为主。

1.4.3　主要生产企业

目前，国际著名的工业机器人生产厂家主要有日本的 FANUC（发那科）、YASKAWA（安川）、KAWASAKI（川崎）、NACHI（不二越）、DAIHEN（国内称 OTC 或欧希地）、PA-

NASONIC（松下），以及瑞士的 ABB 等，德国的 KUKA（库卡）和 REIS（徕斯，现为 KUKA 成员）、Carl－Cloos（卡尔－克鲁斯），意大利的 COMAU（柯马），奥地利的 IGM（艾捷默）等，此外，韩国的 HYUDAI（现代）等公司近年来的发展速度也较快。

就工业机器人产量而言，目前以 FANUC（发那科）、YASKAWA（安川）、ABB、KUKA（库卡）为最大，4 家公司是目前国际著名的工业机器人代表性企业，其产品规格齐全、生产量大，也是我国目前工业机器人的主要供应商。

日本是工业机器人的生产大国，除 FANUC（发那科）、YASKAWA（安川）外，日本的 KAWASAKI（川崎）、NACHI（不二越）是最早从事工业机器人研发生产的企业；其焊接机器人、搬运机器人的技术具有领先水平；DAIHEN（欧希地）焊接机器人也是国际著名品牌。这些企业生产的工业机器人在我国的应用也较广泛。

国际著名的工业机器人生产企业通常都有较长的产品研发生产历史，积累了丰富的产品研发制造经验。以上著名企业进入工业机器人领域的时间，基本上可分为图 1.4-4 所示的 20 世纪 60 年代末、70 年代中、70 年代末 3 个时期。

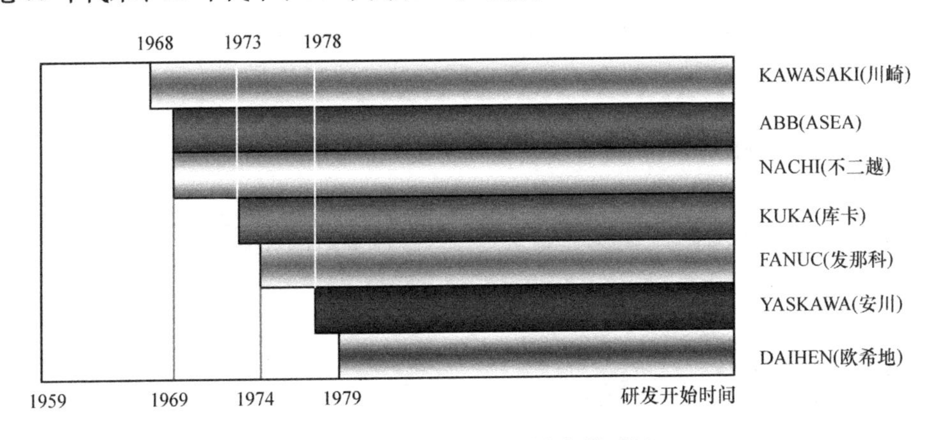

图 1.4-4　工业机器人研发起始时间

KAWASAKI（川崎）、NACHI（不二越）、ABB（ASEA）是全球从事工业机器人研发生产最早的企业，它们都在 20 世纪 60 年代末就开始研发生产工业机器人；FANUC（发那科）、KUKA（库卡）等公司在 20 世纪 70 年代中期进入工业机器人研发生产行列；而 YASKAWA（安川）、DAIHEN（欧希地）等公司则在 20 世纪 70 年代末开始研发生产工业机器人。

根据从事工业机器人研发的时间及产品生产国，以上公司与工业机器人相关的主要产品研发情况简介如下。

1. KAWASAKI（川崎）公司

KAWASAKI（川崎）公司成立于 1878 年，是具有悠久历史的日本著名大型企业集团，集团公司以川崎重工业株式会社（KAWASAKI）为核心，下辖有车辆、航空宇宙、燃气轮机、机械、通用机、船舶等公司和部门及上百家分公司和企业。KAWASAKI（川崎）公司的业务范围涵盖航空、航天、军事、电力、铁路、造船、工程机械、钢结构、发动机、摩托车、机器人等众多领域，产品代表了日本科技的先进水平。

KAWASAKI（川崎）公司的主营业务为机械成套设备，产品包括飞机（特别是直升飞机)、坦克、桥梁、电气机车及火力发电、金属冶炼设备等。日本第一台蒸汽机车、东京的山手线、中央线和新干线的电气机车等大都由 KAWASAKI（川崎）公司制造，显示了该公司在装备制造业的强劲实力。

KAWASAKI（川崎）公司是日本仅次于三菱重工的著名军工企业，是日本自卫队飞机和潜艇的主要生产商。日本第一艘潜艇、“榛名”号战列舰、“加贺”号航空母舰、“飞燕”战斗机、“五式”战斗机、“一式”运输机等著名军用产品也都由 KAWASAKI（川崎）公司参与建造。

KAWASAKI（川崎）公司同时也是世界著名的摩托车和体育运动器材生产厂家。KAWASAKI（川崎）公司的摩托车产品主要为运动车、赛车、越野赛车、美式车及四轮全地形摩托车等高档车，它是世界首家批量生产 DOHC 并列四缸式发动机摩托车的厂家，所生产的中量级摩托车曾连续四年获得世界冠军。KAWASAKI（川崎）公司所生产的羽毛球拍是世界两大品牌之一，此外其球鞋、服装等体育运动产品也很著名。

KAWASAKI（川崎）公司的工业机器人研发始于 1968 年，是日本最早研发、生产工业机器人的著名企业，曾研制出了日本首台工业机器人“Kawasaki－Unimation2000”和全球首台用于摩托车车身焊接的弧焊机器人等标志性产品，在焊接机器人技术方面居世界领先水平。

图 1.4-5 为 KAWASAKI（川崎）的公司商标及工业机器人的代表性产品。

Kawasaki

a) 商标

b) Unimation2000机器人

c) 焊接机器人

图 1.4-5　KAWASAKI 公司代表性产品

2. NACHI（不二越）公司

NACHI（不二越）公司是日本著名的机床企业集团，其主要产品有轴承、液压元件、刀具、机床、工业机器人等。

NACHI（不二越）公司从 1925 年的锯条研发起步，1928 年正式成立 NACHI（不二越）公司。1934 年，公司产品拓展到综合刀具生产；1939 年开始批量生产轴承；1958 年开始进入液压件生产；1969 年开始研发生产机床和工业机器人。

NACHI（不二越）公司的工业机器人研发始于 1969 年，是日本最早研发生产和世界著名的工业机器人生产厂家之一，其焊接机器、搬运机器人技术居世界领先水平。

图 1.4-6 为 NACHI（不二越）公司的商标及工业机器人的代表性产品。

在工业机器人研发方面，不二越（NACHI）公司曾在 1979 年成功研制出了世界首台电机驱动多关节焊接机器人；2013 年，成功研制出 300mm 往复时间达 0.31s 的世界最快轻量机器人 MZ07。这些产品都代表了当时工业机器人在某一方面的最高技术水平。

NACHI（不二越）公司的中国机器人商业中心成立于 2010 年，进入中国市场较晚。

NACHi

a) 商标

b) 首台电动多关节焊接机器人

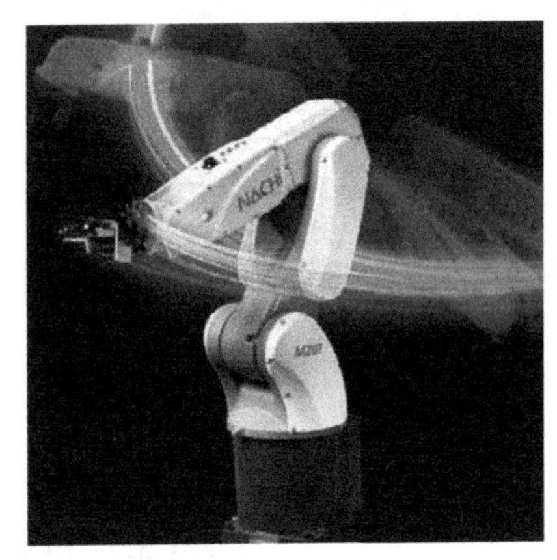

c) MZ07机器人

图 1.4-6 NACHI 公司代表性产品

3. FANUC（发那科）公司

FANUC（发那科）公司是著名的数控系统（CNC）生产厂家和全球产量较大的工业机器人生产厂家，其产品的技术水平居世界领先地位。

FANUC（发那科）公司从 1956 年起就开始从事数控和伺服的民间研究，1972 年正式成立 FANUC 公司；1974 年开始研发、生产工业机器人。

FANUC（发那科）公司的商标及工业机器人的代表性产品如图 1.4-7 所示，工业机器人及关键部件的研发、生产简况如下。

1972 年：FANUC 公司正式成立。

1974 年：开始进入工业机器人的研发、生产领域，并从美国 GETTYS 公司引进了直流伺服电机的制造技术，进行商品化与产业化生产。

1977 年：开始批量生产、销售 ROBOT－MODEL1 工业机器人。

1982 年：FANUC 公司和 GM 公司合资，在美国成立了 GM Fanuc 机器人公司（GM Fanuc Robotics Corporation），专门从事工业机器人的研发、生产；同年，还成功研发了交流伺服电机产品。

1992 年：FANUC 公司在美国成立了全资子公司 GE Fanuc 机器人公司（GE Fanuc Robotics Corporation）；同年，和我国原机械电子工业部北京机床研究所合资，成立了北京发那科（FANUC）机电有限公司。

1997 年：和上海电气集团合资，成立了上海发那科（FANUC）机器人有限公司，成为最早进入我国市场的国外工业机器人企业之一。

2003 年：图 1.4-7b 所示的智能工业机器人研发成功，并开始批量生产。

FANUC

a) 商标

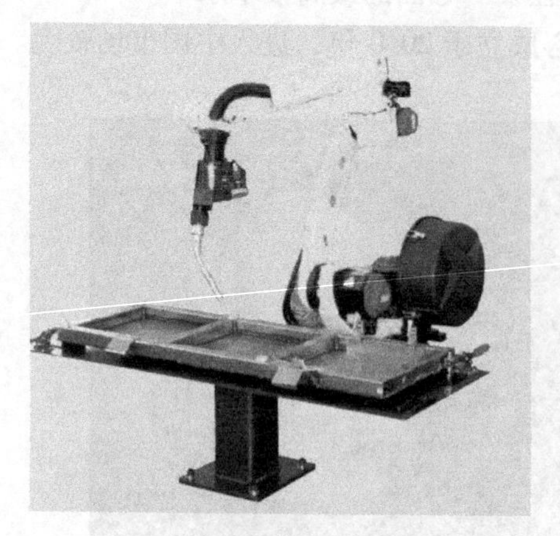

b) 智能焊接机器人

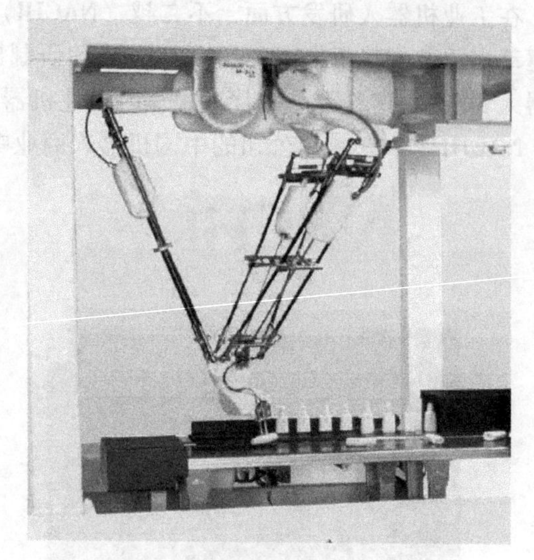

c) 并联结构机器人

图 1.4-7　FANUC 公司代表性产品

2008 年：成为突破 20 万台工业机器人的生产企业。

2009 年：图 1.4-7c 所示的并联结构工业机器人研发成功，并开始批量生产。

2011 年：成为突破 25 万台工业机器人的生产企业。

4. YASKAWA（安川）公司

YASKAWA（安川）公司成立于 1915 年，是全球著名的伺服电机、伺服驱动器、变频器和工业机器人生产厂家，主要产品的技术水平居世界领先地位。

YASKAWA（安川）公司的商标及工业机器人的代表性产品如图 1.4-8 所示，工业机器人及关键部件的研发、生产简况如下。

YASKAWA

a) 商标

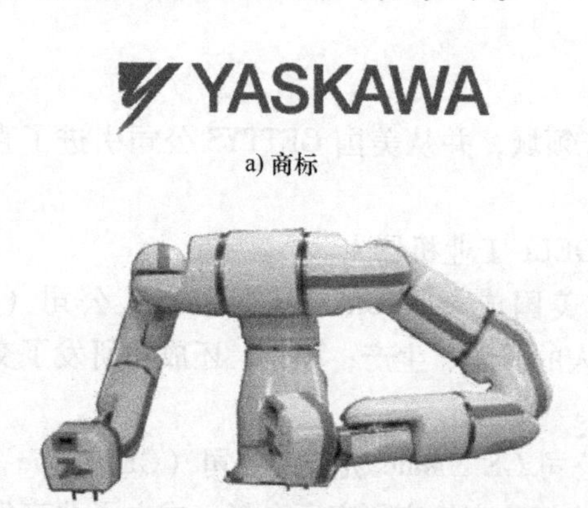

b) 双腕、6自由度机器人

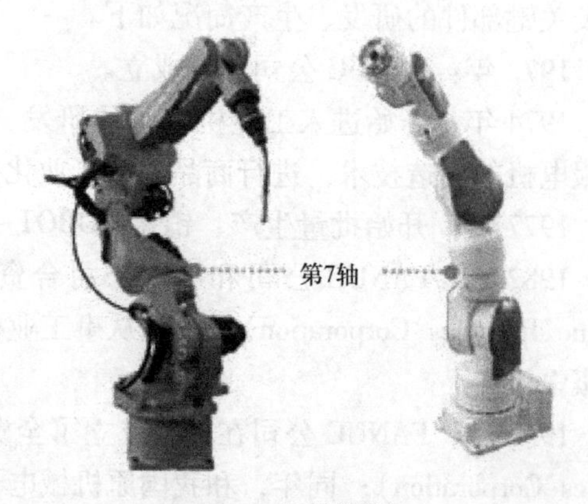

c) 7轴机器人

图 1.4-8　YASKAWA 公司代表性产品

1915 年：YASKAWA（安川）公司正式成立。

1954 年：与 BBC（Brown. Boveri & Co.，Ltd）德国公司合作，开始研发直流电机产品。

1958 年：发明直流伺服电机。

1977 年：垂直多关节工业机器人 MOTOMAN－L10 研发成功，创立了 MOTOMAN 工业机器人品牌。

1983 年：开始产业化生产交流伺服驱动产品。

1988 年：真空机器人研发成功。

1990 年：带电作业机器人研发成功，MOTOMAN 机器人中心成立。

1996 年：北京工业机器人合资公司正式成立。

2003 年：MOTOMAN 机器人总销量突破 10 万台。

2005 年：推出新一代双腕、7 轴工业机器人，并批量生产。

2006 年：安川 MOTOMAN 机器人总销量突破 15 万台，继续保持工业机器人产量全球领先地位。

2008 年：安川 MOTOMAN 机器人总销量突破 20 万台，与 FANUC 公司同时成为全球工业机器人总产量超 20 万台的企业。

2014 年：安川 MOTOMAN 机器人总销量突破 30 万台。

5. DAIHEN（欧希地）公司

DAIHEN 公司为日本大阪变压器集团（Osaka Transformer Co.，Ltd，OTC）所属企业，因此，国内称为“欧希地（OTC）”公司。

DAIHEN 公司是日本著名的焊接机器人生产企业。公司自 1979 年起开始从事焊接机器人生产；在 1983 年，研发了图 1.4-9b 所示的具有示教编程功能的焊接机器人；在 1991 年，研发了图 1.4-9c 所示的协同作业机器人焊接系统。这些产品的研发，都对工业机器人的技术进步和行业发展起到了重大的促进作用。

DAIHEN 公司自 2001 年起开始和 NACHI（不二越）公司合作研发工业机器人。自 2002 年起，先后在我国成立了欧希地机电（上海）有限公司、欧希地机电（青岛）有限公司及欧希地机电（上海）有限公司广州、重庆、天津分公司，进行工业机器人产品的生产和销售。

6. ABB 公司

ABB（Asea Brown Boveri）集团公司是由原总部位于瑞典的 ASEA（阿西亚）公司和总部位于瑞士的 Brown. Boveri & Co.，Ltd（布朗勃法瑞，简称 BBC）公司两个具有百年历史的著名电气公司于 1988 年合并而成。ABB 的集团总部位于瑞士苏黎世；低压交流传动研发中心位于芬兰赫尔辛基；中压传动研发中心位于瑞士；直流传动及传统低压电器等产品的研发中心位于德国法兰克福。

在组建 ABB 集团公司前，ASEA 公司和 BBC 公司都是全球著名的电力和自动化技术设备大型生产企业。

ASEA 公司成立于 1890 年。在 1942 年，研发制造了世界首台 120MVA/220kV 变压器；1954 年，建造了世界首条 100kV 高压直流输电线路等重大产品和工程；1969 年，ASEA 公司研发出全球第一台喷涂机器人，开始进入工业机器人的研发制造领域。

BBC 公司成立于 1891 年。在 1891 年，成为全球首家高压输电设备生产供应商；在 1901 年，研发制造了欧洲首台蒸汽涡轮机等重大产品。BBC 又是著名的低压电器和电气传

a) 商标

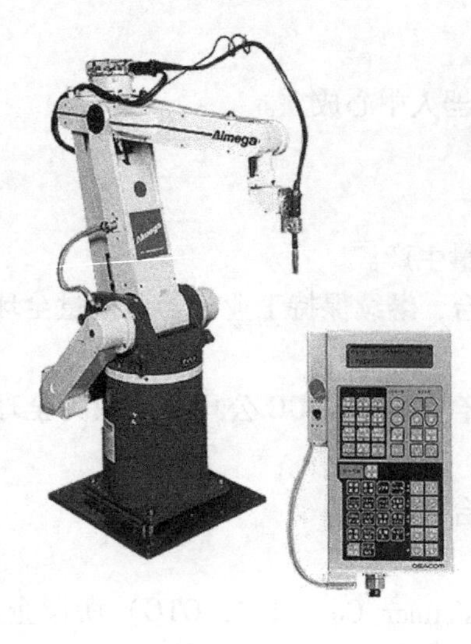

b) 示教机器人

c) 协同作业焊接系统

图 1.4-9　DAIHEN 公司代表性产品

动设备生产企业，其产品遍及工商业、民用建筑配电、各类自动化设备和大型基础设施工程。

组建后的 ABB 公司业务范围更广，是世界电力和自动化技术领域的领导厂商之一。ABB 公司负责建造了我国第一艘采用电力推进装置的科学考察船、第一座自主设计的半潜式钻井平台、第一条全自动重型卡车冲压生产线等重大装备，并承担了以下重大工程建设：四川锦屏至江苏苏南的 2090km、7200MW/800kV 输电线路；全长 1068km、350km/h 的武广高铁；江苏如东海上风电基地；上海罗泾港码头；江苏沙钢集团等。

ABB 公司的工业机器人研发始于 1969 年的瑞典 ASEA 公司，它是全球最早从事工业机器人研发制造的企业之一。

ABB 公司的工业机器人累计销量已超过 20 万台，其产品规格全、产量大，是世界著名的工业机器人制造商和我国工业机器人的主要供应商。ABB 公司的商标及工业机器人的代表性产品如图 1.4-10 所示，工业机器人及关键部件的研发、生产简况如下。

1969 年：ASEA 公司研制出全球首台喷涂机器人，并在挪威投入使用。

1974 年：ASEA 公司研制出了世界首台微机控制、全电气驱动的 5 轴涂装机器人 IRB6。

1998 年：ABB 公司研制出了 Flex Picker 柔性手指和 Robot Studio 离线编程和仿真软件。

2005 年：ABB 公司在上海成立机器人研发中心，并建成了机器人生产线。

2009 年：研制出图 1.4-10b 所示当时全球精度最高、速度最快、质量为 25kg 的 6 轴小型工业机器人 IRB 120。

2010 年：ABB 公司最大的工业机器人生产基地和唯一的喷涂机器人生产基地——中国

ABB

a) 商标

b) IRB120机器人

c) YuMi机器人

图 1.4-10　ABB 公司代表性产品

机器人整车喷涂实验中心建成。

2011 年：ABB 公司研制出全球最快码垛机器人 IRB 460。

2014 年：ABB 公司研制出图 1.4-10c 所示当前全球首台真正意义上可实现人机协作的机器人 YuMi。

7. KUKA（库卡）公司

KUKA（库卡）公司的创始人为 Johann Josef Keller 和 Jakob Knappich，公司于 1898 年在德国巴伐利亚州的奥格斯堡（Augsburg）正式成立，取名为 Keller und Knappich Augsburg（KUKA）。KUKA（库卡）公司最初的主要业务为室内及城市照明；后开始从事焊接设备、大型容器、市政车辆的研发生产；1966 年，成为欧洲市政车辆的主要生产商。

KUKA（库卡）公司的工业机器人研发始于 1973 年；1995 年，其机器人事业部与焊接设备事业部分离，成立 KUKA 机器人有限公司。KUKA（库卡）公司是世界著名的工业机器人制造商之一，其产品规格全、产量大，是我国目前工业机器人的主要供应商。

KUKA（库卡）公司的商标及工业机器人的代表性产品如图 1.4-11 所示，工业机器人及关键部件的研发、生产简况如下。

1973 年：研发出世界首台 6 轴工业机器人 FAMULUS。

1976 年：研发出新一代 6 轴工业机器人 IR 6/60。

1985 年：研制出世界首台具有 3 个平移和 3 个转动自由度的 Z 型 6 自由度机器人。

1989 年：研发出交流伺服驱动的工业机器人产品。

2007 年："KUKA titan" 6 轴工业机器人研发成功，产品被收入吉尼斯纪录。

2010 年：研发出工作范围 3100mm、载重 300kg 的 KR Quantec 系列大型工业机器人。

2012 年：研发出小型工业机器人产品系列 KR Agilus。

2013 年：研发出图 1.4-11b 所示的概念机器车 moiros，并获 2013 年汉诺威工业展机器人应用方案冠军和 Robotics Award 大奖。

2014 年：德国 REIS（徕斯）公司并入 KUKA（库卡）公司。

a) 商标

b) moiros概念机器车

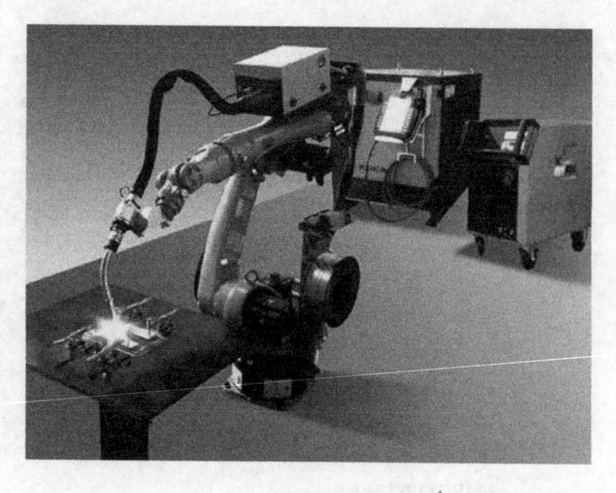

c) 机器人焊接系统

图 1.4-11　KUKA 公司代表性产品

第2章 工业机器人的基本特性

2

2.1 工业机器人的组成

2.1.1 工业机器人及系统

1. 工业机器人系统

工业机器人是一种功能完整、可独立运行的典型机电一体化设备，它有自身的控制器、驱动系统和操作界面，可对其进行手动、自动操作及编程，它能依靠自身的控制能力来实现所需要的功能。

广义上的工业机器人是由如图2.1-1所示的机器人及相关附加设备组成的完整系统，系统总体可分为机械部件和电气控制系统两大部分。

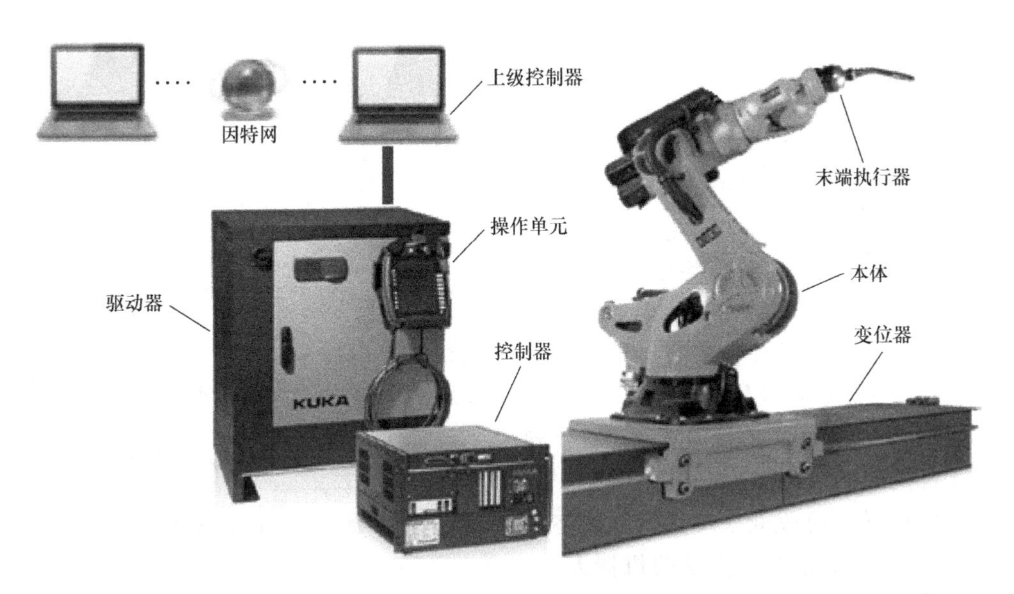

图2.1-1 工业机器人系统的组成

工业机器人（以下简称机器人）的机械部件主要包括机器人本体、变位器、末端执行器等部分；控制系统主要包括控制器、驱动器、操作单元、上级控制器等。其中，机器人本体、控制器、驱动器、操作单元是机器人的基本组件，所有机器人都必须配备，其他属于选配部件，可由机器人生产厂家提供或用户自行设计、制造与集成。

在选配部件中，变位器是用于机器人或工件的整体移动或进行系统协同作业的附加装置，它可根据需要选配；末端执行器又称为工具，它是安装在机器人手腕上的操作机构，与机器人的作业对象、作业要求密切相关；末端执行器的种类繁多，一般需要由机器人制造厂和用户共同设计、制造与集成。

在电气控制系统中，上级控制器是用于机器人系统协同控制、管理的附加设备，既可用于机器人与机器人、机器人与变位器的协同作业控制，也可用于机器人和数控机床、机器人和自动生产线其他机电一体化设备的集中控制，此外，还可用于机器人的编程与调试。上级控制器同样可根据实际系统的需要选配，在柔性加工单元（FMC）、自动生产线等自动化设备上，上级控制器的功能也可直接由数控机床所配套的数控系统（CNC）、生产线控制用的PLC等承担。

2. 机器人本体

机器人本体又称为操作机，它是用来完成各种作业的执行机构，包括机械部件及安装在机械部件上的驱动电机、传感器等。

机器人本体的形态各异，但绝大多数都是由若干关节（Joint）和连杆（Link）连接而成。以常用的6轴垂直串联型（Vertical Articulated）工业机器人为例，本体的典型结构如图2.1-2所示。

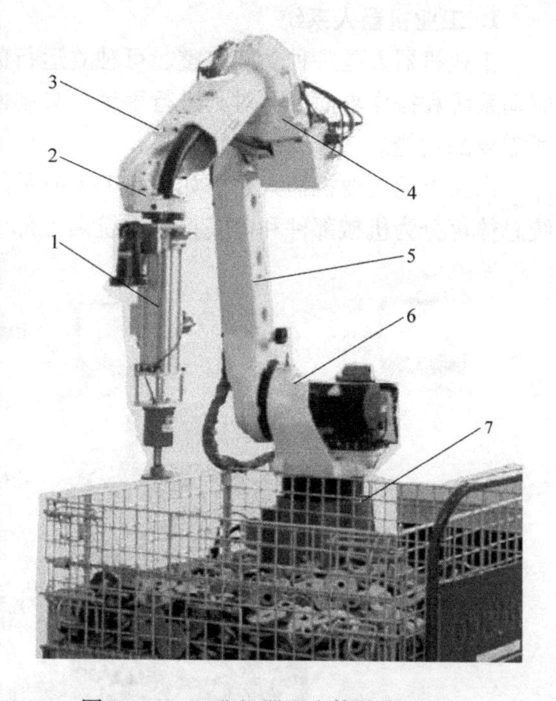

图2.1-2　工业机器人本体的典型结构
1—末端执行器　2—手部　3—腕部
4—上臂　5—下臂　6—腰部　7—基座

6轴垂直串联型工业机器人本体的主要组成部件包括手部、腕部、上臂、下臂、腰部、基座等，末端执行器需要用户根据具体作业要求设计、制造，通常不属于机器人本体的范围。机器人的运动主要包括整体回转（腰关节）、下臂摆动（肩关节）、上臂摆动（肘关节）、腕回转和弯曲（腕关节）等。

1）手部。机器人的手部用来安装末端执行器，它既可以安装类似人类的手爪，也可以安装吸盘或其他各种作业工具。手部是决定机器人作业灵活性的关键部件。

2）腕部。腕部用来连接手部和手臂，起到支撑手部的作用。腕部一般采用回转关节，通过腕部的回转，可改变末端执行器的姿态（作业方向）；在作业方向固定的机器人上，有时可省略腕部，用上臂直接连接手部。

3）上臂。上臂用来连接腕部和下臂。上臂可在下臂上摆动，以实现手腕大范围的上下（俯仰）运动。

4）下臂。下臂用来连接上臂和腰部。下臂可在腰部上摆动，以实现手腕大范围的前后运动。

5）腰部。腰部用来连接下臂和基座。腰部可以在基座上回转，以改变整个机器人的作业方向。腰部是机器人的关键部件，其结构刚性、回转范围、定位精度等都直接决定了机器人的技术性能。

6）基座。基座是整个机器人的支持部分，它必须有足够的刚性，以保证机器人运动平稳、固定牢固。

一般而言，同类机器人的基座、腰、下臂、上臂结构基本统一，习惯上将其称为机身；机器人的腕部和手部结构，与机器人的末端执行器安装和作业要求密切相关，其形式多样，习惯上将其通称为手腕。

2.1.2 常用的附件

工业机器人常用的机械附件主要有变位器、末端执行器两大类。变位器主要用于机器人整体移动或协同作业，它既可选配机器人生产厂家的标准部件，也可由用户根据需要设计、制作；末端执行器是安装在机器人手部的操作机构，它与机器人的作业要求、作业对象密切相关，一般需要由机器人制造厂和用户共同设计与制造。

1. 变位器

变位器是用于机器人或工件整体移动，进行协同作业的附加装置，它可根据需要选配。变位器的作用和功能如图 2. 1-3 所示。

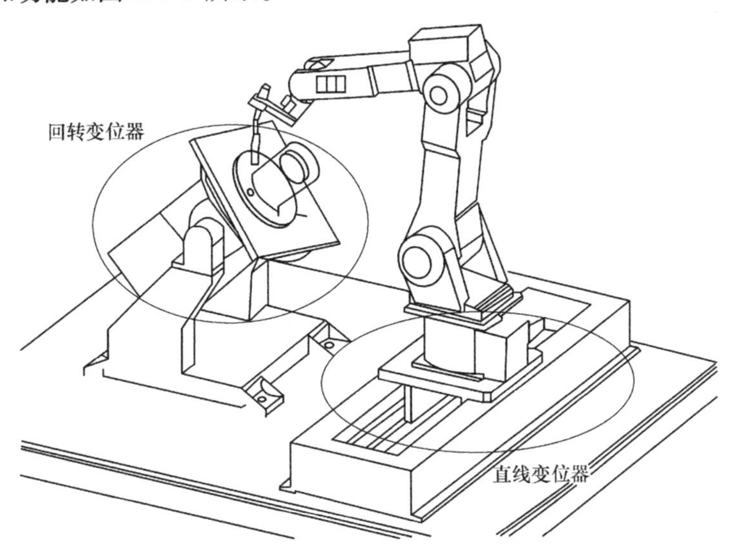

图 2. 1-3 变位器的作用

通过选配变位器，可增加机器人的自由度和作业空间；此外，还可实现作业对象或其他机器人的协同运动，增强机器人的功能和作业能力。简单机器人系统的变位器一般由机器人控制器进行控制，多机器人复杂系统的变位器需要由上级控制器进行集中控制。

根据用途，机器人变位器可分通用型和专用型两类。专用型变位器一般用于作业对象的移动，其结构各异、种类较多，难以尽述。通用型变位器既可用于机器人移动，也可用于作业对象移动，它是机器人常用的附件。根据运动特性，通用型变位器可分回转变位器、直线变位器两类，根据控制轴数又可分单轴、双轴、3 轴变位器，简介如下。

（1）回转变位器

通用型回转变位器与数控机床的回转工作台类似，常用的有图 2.1-4 所示的单轴和双轴两类（4 种）。

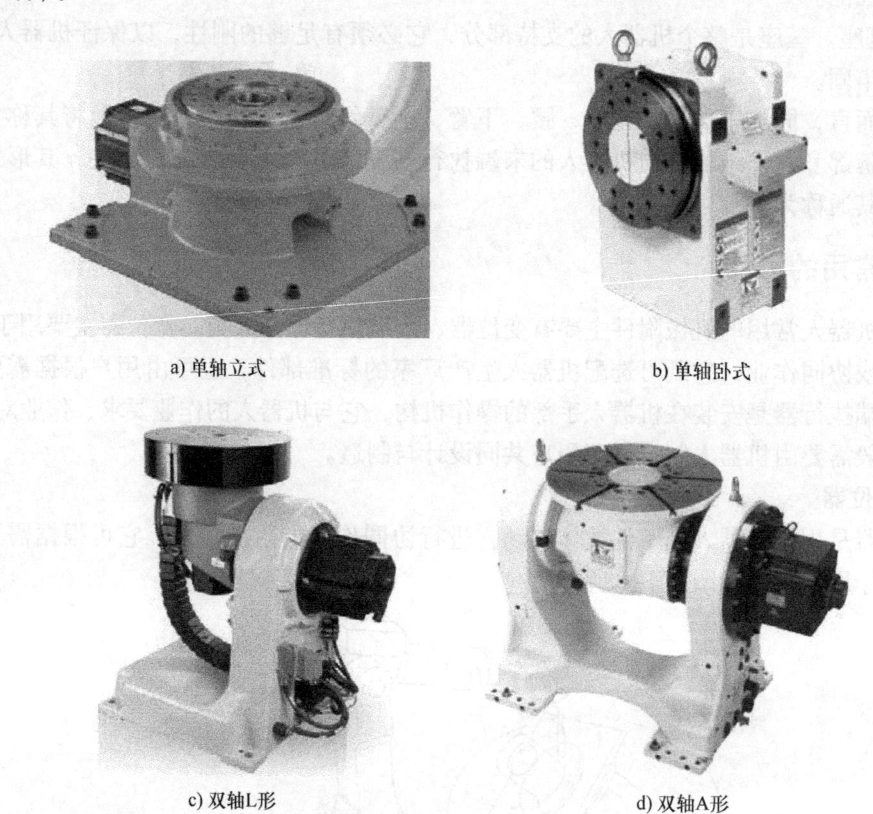

a) 单轴立式　b) 单轴卧式　c) 双轴L形　d) 双轴A形

图 2.1-4　通用回转变位器

单轴变位器可用于机器人或作业对象的垂直（立式）或水平（卧式）360°回转，配置单轴变位器后，机器人可以增加 1 个自由度。

双轴变位器可实现一个方向的 360°回转和另一方向的局部摆动，其结构有 L 形和 A 形两种。配置双轴变位器后，机器人可以增加 2 个自由度。

此外，在焊接机器人上，还经常使用图 2.1-5 所示的 3 轴 R 形变位器，这种变位器有 2 个水平（卧式）360°回转轴和 1 个垂直方向（立式）回转轴，可用于回转类工件的多方位焊接或工件的自动交换。

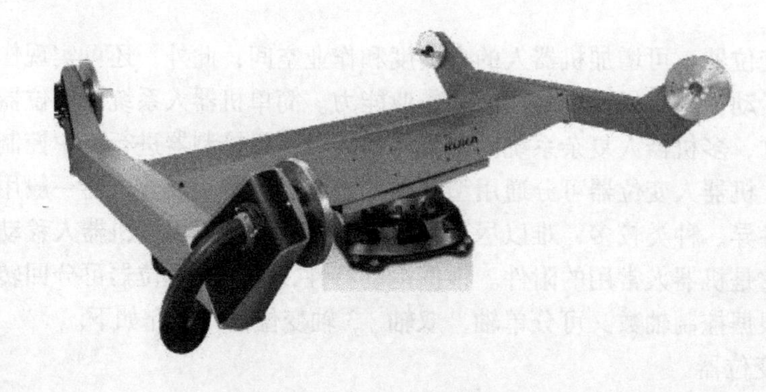

图 2.1-5　3 轴 R 形回转变位器

（2）直线变位器

通用型回转变位器与数控机床的移动工作台类似，以图 2.1-6 所示的水平移动直线变位器为常用，但也有垂直方向移动的变位器和 2 轴十字运动变位器。

图 2.1-6　水平移动直线变位器

2. 末端执行器

末端执行器又称工具，它是安装在机器人手腕上的操作机构。末端执行器与机器人的作业要求、作业对象密切相关，一般需要由机器人制造厂和用户共同设计与制造。例如，用于装配、搬运、包装的机器人则需要配置图 2.1-7 所示的吸盘、手爪等用来抓取零件、物品

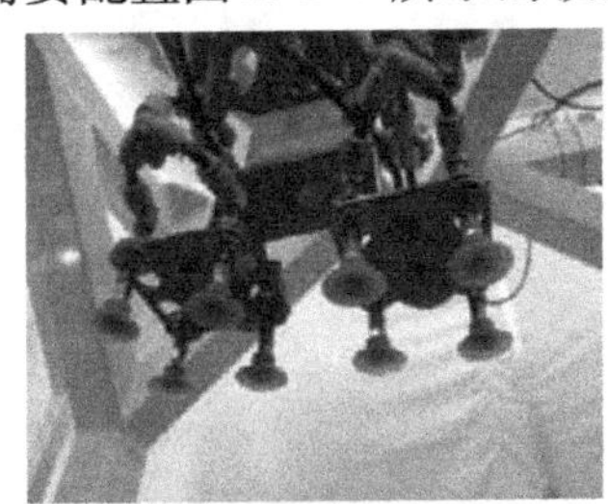

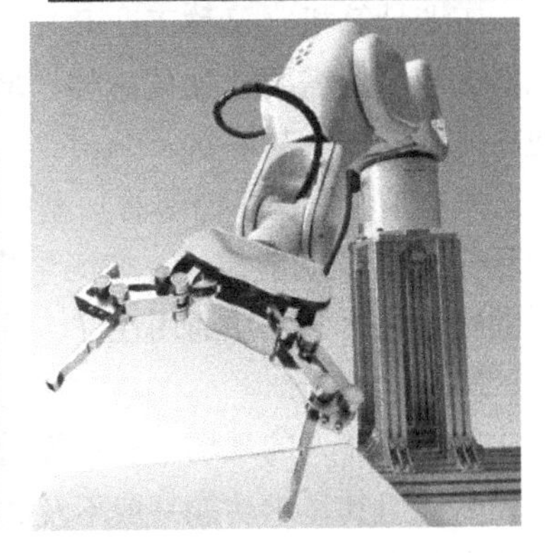

图 2.1-7　夹持器

的夹持器；而加工类机器人需要配置图 2. 1-8 所示的用于焊接、切割、打磨等加工的焊枪、割枪、铣头、磨头等各种工具或刀具。

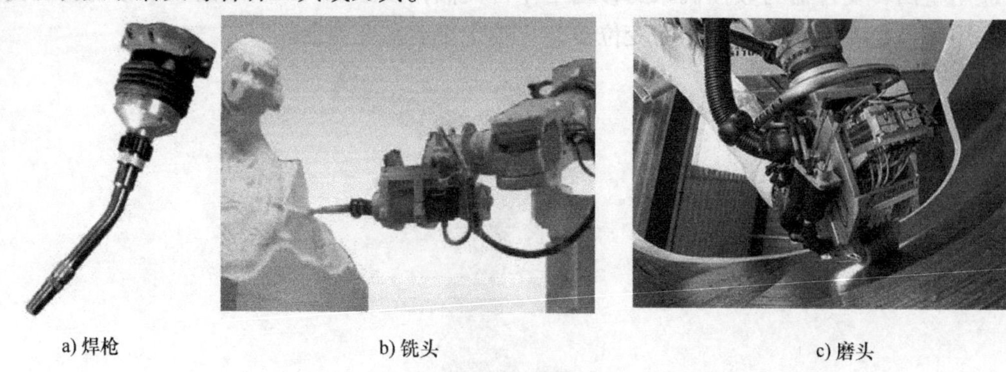

a) 焊枪　　b) 铣头　　c) 磨头

图 2. 1-8　工具或刀具

2. 1. 3　电气控制系统

1. 控制器

控制器是用于机器人坐标轴位置和运动轨迹控制的装置，输出运动轴的插补脉冲，其功能与数控系统（CNC）非常类似，控制器的常用结构有图 2. 1-9 所示的两种。

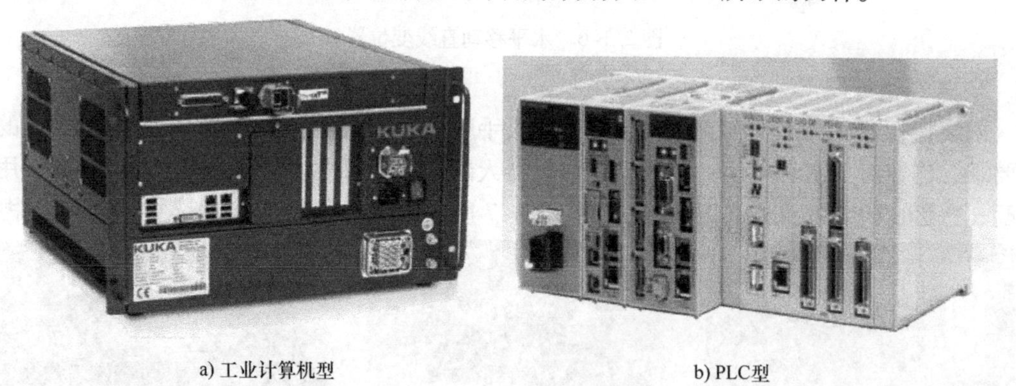

a) 工业计算机型　　b) PLC型

图 2. 1-9　机器人控制器

工业计算机（又称工业 PC）型机器人控制器的主机和通用计算机并无本质的区别，但机器人控制器需要增加传感器、驱动器接口等硬件，这种控制器的兼容性好、软件安装方便、网络通信容易。

PLC（可编程序控制器）型控制器以类似 PLC 的 CPU 模块作为中央处理器，然后通过选配各种 PLC 功能模块，如测量模块、轴控制模块等，来实现对机器人的控制，这种控制器的配置灵活，模块通用性好、可靠性高。

2. 操作单元

工业机器人的现场编程一般通过示教操作实现，对操作单元的移动性能和手动性能的要求较高，但其显示功能一般不及数控系统，因此，机器人的操作单元以手持式为主，其常见形式有图 2. 1-10 所示的 3 种。

图2.1-10a为传统的操作单元，它由显示器和按键组成，操作者可通过按键直接输入命令和进行所需的操作，其使用简单，但显示器较小。这种操作单元多用于早期的工业机器人操作和编程。

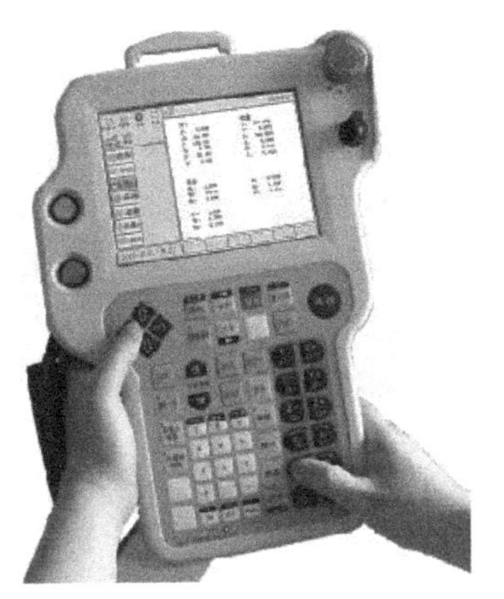

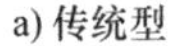

a) 传统型

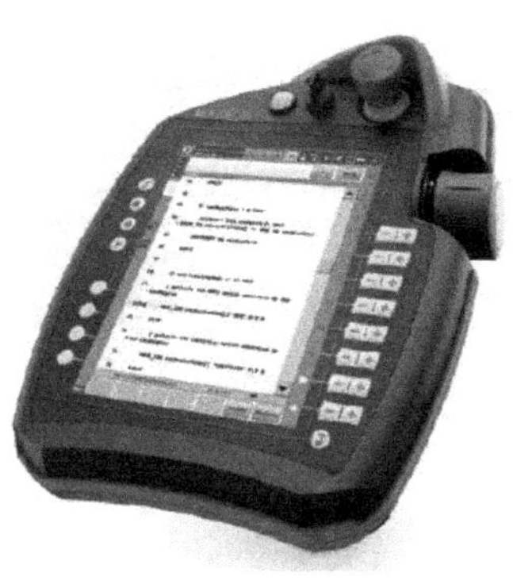

b) 菜单式

c) 智能手机型

图2.1-10 操作单元

图2.1-10b为目前常用的菜单式操作单元，它由显示器和操作菜单键组成，操作者可通过操作菜单选择需要的操作。这种操作单元的显示器大，目前使用较普遍，但部分操作不及传统单元简便直观，

图2.1-10c为智能手机型操作单元，它使用了目前智能手机同样的触摸屏和图标界面，这种操作单元的最大优点是可直接通过WiFi连接控制器和网络，从而省略了操作单元和控制器间的连接电缆。智能手机型操作单元的使用灵活、方便，是适合网络环境下使用的新型操作单元。

3. 驱动器

驱动器实际上是用于控制器的插补脉冲功率放大的装置，实现驱动电机位置、速度、转矩控制，驱动器通常安装在控制柜内。驱动器的形式决定于驱动电机的类型，伺服电机需要配套伺服驱动器，步进电机则需要使用步进驱动器。

机器人目前常用的驱动器以交流伺服驱动器为主，它有图2.1-11所示的集成式、模块式和独立型3种基本结构形式。

集成式驱动器的全部驱动模块集成一体，电源模块可以独立或集成，这种驱动器的结构紧凑、生产成本低，是目前使用较为广泛的结构形式。模块式驱动器的电源模块为公用，驱动模块独立，驱动器需要统一安装。集成式、模块式驱动器不同控制轴间的关联性强，调试、维修和更换相对比较麻烦。

独立型驱动器的电源和驱动电路集成一体，每一轴的驱动器可独立安装和使用，因此，其安装使用灵活、通用性好，其调试、维修和更换也较方便。

4. 上级控制器

上级控制器是用于机器人系统协同控制、管理的附加设备，它既可用于机器人与机器人、机器人与变位器的协同作业控制，也可用于机器人与数控机床、机器人与其他机电一体

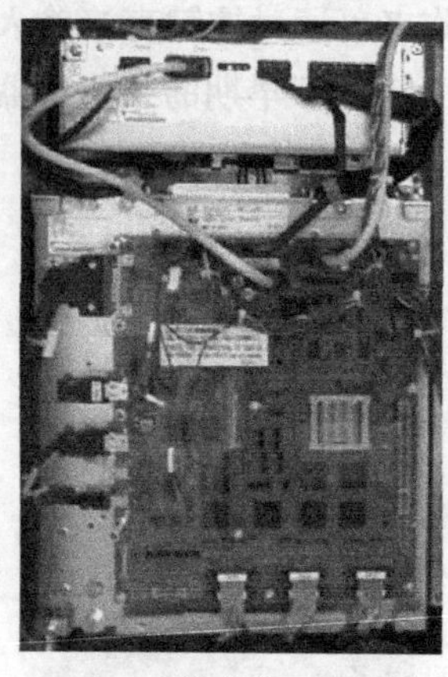

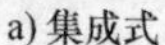

a) 集成式　　b) 模块式　　c) 独立型

图 2. 1-11　伺服驱动器

化设备的集中控制，此外，还可用于机器人的调试、编程。

工业机器人常用的上级控制器有图 2. 1-12 所示的 3 种。

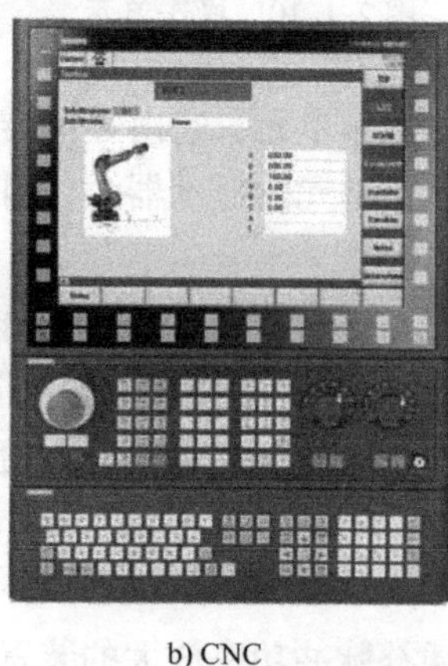

a) PC　　b) CNC　　c) PLC

图 2. 1-12　上级控制器

对于一般的机器人编程、调试和网络连接操作，上级控制器一般直接使用计算机（PC）或工作站。当机器人和数控机床结合，组成柔性加工单元（FMC）时，上级控制器的功能一般直接由数控机床配套的数控系统（CNC）承担，机器人可在 CNC 的统一控制下协调工作。在自动生产线等自动化设备上，上级控制器的功能一般直接由生产线控制用的可编程序控制器（PLC）承担，机器人可在 PLC 的统一控制下协调工作。

2. 2　工业机器人的特点

2. 2. 1　基本特点

工业机器人是集机械、电子、控制、检测、计算机、人工智能等多学科先进技术于一体的典型机电一体化设备，是制造业自动化的重要基础，机器人技术和数控技术、PLC 技术并称为工业自动化的三大支持技术。总体而言，工业机器的基本技术特点有以下几点。

1. 柔性

工业机器人一般有完整、独立的控制系统，它可通过编程来改变其动作和行为，以适应工作环境变化；此外，工业机器人还可通过安装不同的末端执行器，来改变其用途，以满足不同的应用要求，因此，它具有适应对象变化的柔性。

2. 拟人

在机械结构上，大多数工业机器人的本体有类似人类的腰转、大臂、小臂、手腕、手爪等部件，并接受其控制器（计算机）的控制。在部分智能工业机器人上，还安装有模拟人类等生物的传感器，如模拟感官的接触传感器、力传感器、负载传感器、光传感器；模拟视觉的图像识别传感器；模拟听觉的声传感器、语音传感器等。这样的工业机器人具有类似人类的环境自适应能力。

3. 通用

除了部分专用工业机器人外，大多数工业机器人都可通过更换工业机器人手部的末端执行器，如更换手爪、夹具、工具等，来完成不同的作业。因此，它具有一定的执行不同作业任务的通用性。

工业机器人、数控机床、机械手三者在结构组成、控制方式、行为动作等方面有许多相似之处，以至于非专业人士很难区分，有时引起误解。以下通过三者的比较，来介绍相互间的区别。

2.2.2 工业机器人与数控机床

世界首台数控机床出现于 1952 年，它由美国麻省理工学院率先研发成功，其诞生比工业机器人早 7 年，因此，工业机器人的很多技术都来自于数控机床。

George Devol（乔治·德沃尔）最初设想的机器人实际就是工业机器人，他所申请的专利就是利用数控机床的伺服轴驱动连杆机构动作，然后通过操纵、控制器对伺服轴的控制，来实现机器人的功能。按照相关标准的定义，工业机器人是“能够自动定位控制，可重复编程的、多功能的、多自由度的操作机”，这点也与数控机床十分类似。

因此，工业机器人和数控机床的控制系统类似，它们都有控制面板、控制器、伺服驱动器等基本部件，操作者可如图 2.2-1 所示利用控制面板对它们进行手动操作或进行程序自动运行、程序输入与编辑等操作控制。

但是，由于工业机器人和数控机床的研发目的有着本质的区别，因此，其地位、用途、结构、性能等各方面均存在较大的差异。

1. 作用和地位

机床是用来加工机器零件的设备，是制造机器的机器，故称为工作母机；没有机床就几乎不能制造机器，没有机器就不能生产工业产品。因此，机床被称为国民经济基础的基础，在现有的制造模式中，它仍然处于制造业的核心地位。

工业机器人尽管发展速度很快，但目前绝大多数还只是用于零件搬运、装卸、包装、装配的生产辅助设备，或是进行焊接、切割、打磨、抛光等简单粗加工的生产设备，它在机械加工自动生产线上（焊接、涂装生产线除外）所占的价值一般只有 15% 左右。

因此，除非现有的制造模式发生颠覆性变革，否则，工业机器人的体量很难超越机床；

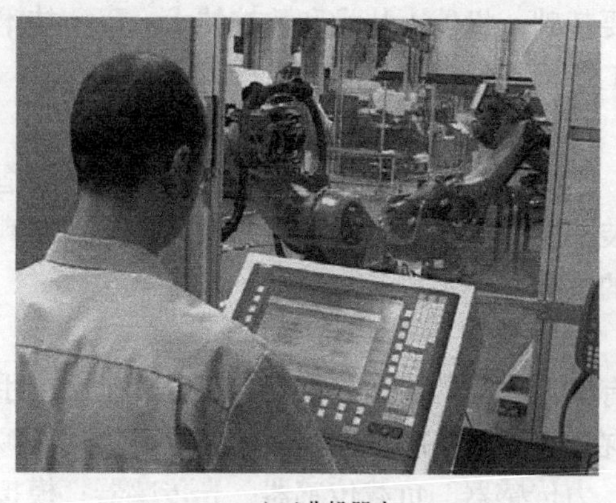

a) 工业机器人

b) 数控机床

图 2. 2-1　工业机器人与数控机床

所以，那些认为“随着自动化大趋势的发展，机器人将取代机床成为新一代工业生产的基础”的观点，至少在目前看来是有待商榷的。

2. 目的和用途

数控机床和工业机器人的典型用途如图 2. 2-2 所示。

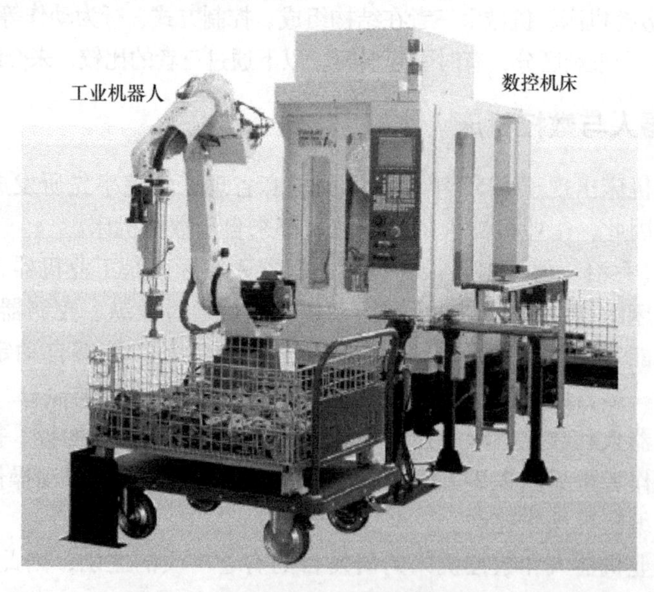

图 2. 2-2　工业机器人与数控机床用途区别

研发数控机床的根本目的是解决机床在轮廓加工时的刀具运动轨迹控制问题；而研发工业机器人的根本目的是用来协助或代替人类完成那些单调、重复、频繁或长时间、繁重的工作，或进行高温、粉尘、有毒、易燃、易爆等危险环境下的作业。由于两者的研发目的不同，因此，其用途也有本质的区别。

简言之，数控机床是直接用来加工零件的生产设备；而大部分工业机器人则是用来替代或部分替代操作者进行零件搬运、装卸、装配、包装等作业的生产辅助设备；因此，两者目前尚无法相互完全替代。

3. 结构形态

工业机器人需要模拟人的动作和行为，其结构形态丰富，经常采用图2.2-3a所示的串联多关节及柱坐标、球坐标、并联轴等结构形态，部分机器人（如无人搬运车等）的作业空间也是开放的。

数控机床的结构形态单一，绝大多数都采用图2.2-3b所示的直角坐标结构，在此基础上，可利用回转、摆动的坐标轴扩大轮廓加工能力，但其作业空间（加工范围）都局限于设备本身的范围。

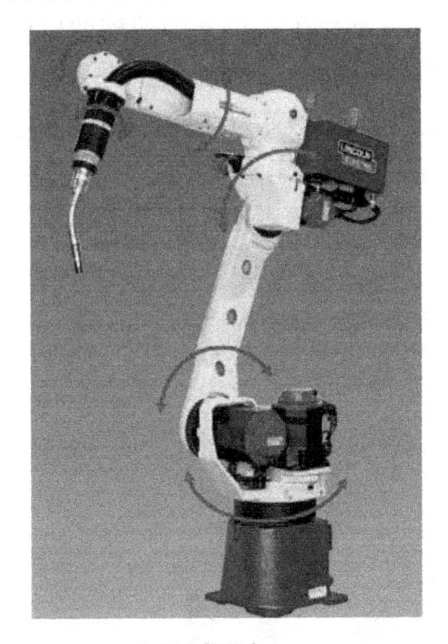

a) 工业机器人

b) 数控机床

图2.2-3　工业机器人与数控机床结构区别

然而，随着技术的发展，两者的结构形态也在逐步融合，例如，机器人有时也采用直角坐标结构布局，同样，采用并联虚拟轴结构的数控机床也已有实用化的产品。此外，为提高效率，加工中心和车削中心等数控机床需要配备自动换刀装置、上下料机械手等类似机器人的辅助装置；而用于焊接、切割、打磨、抛光等加工的工业机器人，也需要像数控焊接、切割、磨削机床那样配备焊枪、割枪或其他刀具。

4. 性能指标

数控机床是用来加工零件的精密加工设备，其轮廓加工能力、定位精度和加工精度等是衡量数控机床性能最重要的技术指标。高精度数控机床的定位精度和加工精度通常需要达到0.01mm或0.001mm的数量级，甚至更高，而且精度检测和计算标准的要求高于机器人。数控机床的轮廓加工能力决定于工件要求和机床结构，通常而言，能同时控制5轴（5轴联动）的机床，就可满足几乎所有零件的轮廓加工要求。

工业机器人是用于零件搬运、装卸、码垛、装配的生产辅助设备，或是进行焊接、切割、打磨、抛光等粗加工的设备，强调的是动作灵活性、作业空间、承载能力和感知能力。因此，除少数用于精密加工或装配的机器人外，其余大多数工业机器人对定位精度和轨迹精度的要求并不高，通常只需要达到1mm或0.1mm的数量级便可满足要求，且精度检测和计算标准低于数控机床。但是，工业机器人的控制轴数将直接决定自由度、动作灵活性等关键指标，其要求很高。理论上说，需要工业机器人有6个自由度（6轴控制），才能完全描述一个物体在三维空间的位姿，如需要避障，还需要有更多的自由度。

此外，智能工业机器人还需要有一定的感知能力，故需要配备位置、触觉、视觉、听觉等多种传感器，而数控机床一般只需要检测速度与位置，因此，工业机器人对检测技术的要求高于数控机床。

2.2.3　工业机器人与机械手

用于零件搬运、装卸、码垛、装配的工业机器人功能和自动化生产设备中的辅助机械手类似。例如，国际标准化组织（ISO）将工业机器人定义为“自动的、位置可控的、具有编程能力的多功能机械手”；日本机器人协会（JRA）将工业机器人定义为“能够执行人体上肢（手和臂）类似动作的多功能机器”，表明两者的功能存在很大的相似之处。

工业机器人与生产设备中的辅助机械手区别如图2.2-4所示，两者的控制系统、操作编程、驱动系统均有明显的不同。

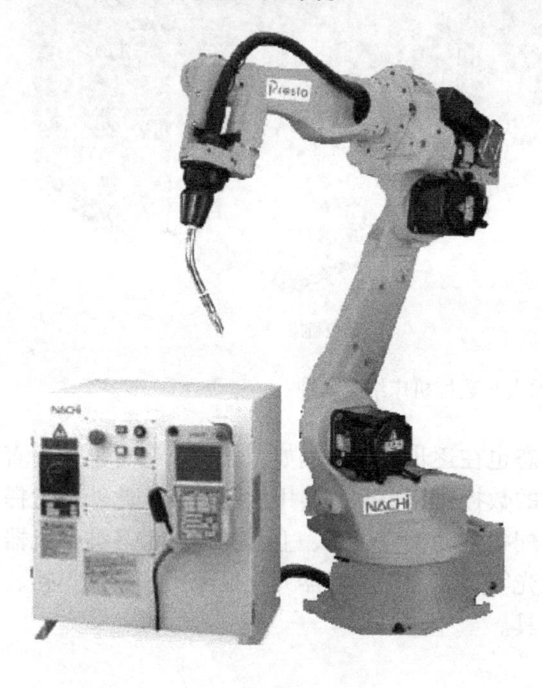

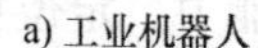

a) 工业机器人

b) 机械手

图2.2-4　工业机器人与机械手的区别

1. 控制系统

工业机器人通常都需要有图2.2-4a所示的独立控制器、驱动系统、操作界面等，可对其进行手动、自动操作和编程，因此，它是一种可独立运行的完整设备，能依靠自身的控制能力来实现所需要的功能。

机械手只是用来实现图2.2-4b所示的加工中心换刀或工件装卸等操作的辅助装置，其控制一般需要通过设备的控制器（如CNC、PLC等）实现，它没有自身的控制系统和操作界面，故不能独立运行。

2. 操作编程

工业机器人具有适应动作和对象变化的柔性，其动作是可变的，如需要，最终用户可随时通过手动操作或编程来改变其动作，现代工业机器人还可根据人工智能技术所制定的原则纲领自主行动。但是，辅助机械手的动作和对象是固定的，其控制程序通常由设备生产厂家编制；即使在调整和维修时，用户通常也只能按照设备生产厂家的规定进行操作，而不能改变其动作的位置与次序。

3. 驱动系统

工业机器人需要灵活改变位姿，绝大多数运动轴都需要有任意位置定位功能，需要使用伺服驱动系统；在无人搬运车（Automated Guided Vehicle，AGV）等输送机器人上，还需要配备相应的行走机构及相应的驱动系统。而辅助机械手的安装位置、定位点和动作次序样板都是固定不变的，大多数运动部件只需要控制起点和终点，故较多地采用气动、液压驱动系统。

2.3 工业机器人的结构形态

从运动学原理上说，绝大多数机器人的本体都是由若干关节（Joint）和连杆（Link）组成的运动链。根据关节间的连接形式，多关节工业机器人的典型结构形态主要有垂直串联、水平串联（或SCARA）和并联3大类。

2.3.1 垂直串联型

1. 基本结构与特点

垂直串联（Vertical Articulated）是工业机器人最常用的结构形式，可用于加工、搬运、装配、包装等各种场合。

垂直串联结构机器人的本体部分，一般由5~7个关节在垂直方向依次串联而成，典型结构为图2.3-1所示的6关节串联。

为了便于区分，在机器人上，通常将能够在4象限进行360°或接近360°回转的旋转轴（图中用实线表示的轴），称为回转轴（Roll）；将只能在3象限进行小于270°回转的旋转轴（图中用虚线表示的轴），称摆动轴（Bend）。

图2.3-1所示的6轴垂直串联结构的机器人可以模拟人类从腰部到手腕的运动。其6个运动轴分别为腰部回转轴S（Swing）、下臂摆动轴L（Lower Arm Wiggle）、上臂摆动轴U（Upper Arm Wiggle）、腕回转轴R（Wrist Rotation）、腕弯曲轴B（Wrist Bending）、手回转轴T（Turning）。

垂直串联结构机器人的末端执行器的作业点

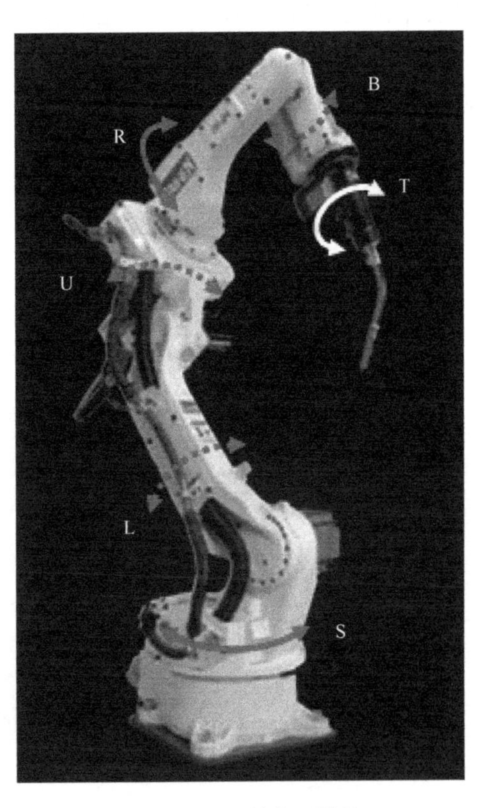

图2.3-1 6轴典型结构

运动，由手臂和手腕、手的运动合成。6 轴典型结构机器人的手臂部分有腰、肩、肘 3 个关节，它用来改变手腕基准点（参考点）的位置，称为定位机构；手腕部分有腕回转、弯曲和手回转 3 个关节，它用来改变末端执行器的姿态，称为定向机构。

在垂直串联结构的机器人中，回转轴 S 称为腰关节，它可使得机器人中除基座外的所有后端部件，绕固定基座的垂直轴线，进行 4 象限 360°或接近 360°回转，以改变机器人的作业面方向。摆动轴 L 称为肩关节，它可使机器人下臂及后端部件，进行垂直方向的偏摆，实现参考点的前后运动。摆动轴 U 称为肘关节，它可使机器人上臂及后端部件，进行水平方向的偏摆，实现参考点的上下运动（俯仰）。

腕回转轴 R、弯曲轴 B、手回转轴 T 通称腕关节，它用来改变末端执行器的姿态。回转轴 R 用于机器人手腕及后端部件的 4 象限、360°或接近 360°回转运动；弯曲轴 B 用于手部及末端执行器的上下或前后、左右摆动运动；手回转轴 T 可实现末端执行器的 4 象限、360°或接近 360°回转运动。

6 轴垂直串联结构机器人通过以上定位机构和定向机构的串联，较好地实现了三维空间内的任意位置和姿态控制，它对于各种作业都有良好的适应性，因此，可用于加工、搬运、装配、包装等各种场合。

但是，6 轴垂直串联结构机器人也存在固有的缺点。首先，末端执行器在笛卡儿坐标系上的三维运动（X、Y、Z 轴），需要通过多个回转、摆动轴的运动合成，且运动轨迹不具备唯一性，X、Y、Z 轴的坐标计算和运动控制比较复杂，加上 X、Y、Z 轴位置无法直接检测，因此，要实现高精度的位置控制非常困难。第二，由于结构所限，这种机器人存在运动干涉区域，限制了作业范围。第三，在图 2. 3-1 所示的典型结构上，所有轴的运动驱动机构都安装在相应的关节部位，机器人上部的质量大、重心高，高速运动时的稳定性较差，承载能力也受到一定的限制等。

2. 简化结构

机器人末端执行器的姿态与作业对象和要求有关，在部分作业场合，有时可省略 1 ~ 2 个运动轴，简化为 4 ~ 5 轴垂直串联结构的机器人；或者以直线轴代替回转摆动轴。图2. 3-2 为机器人的几种简化结构。

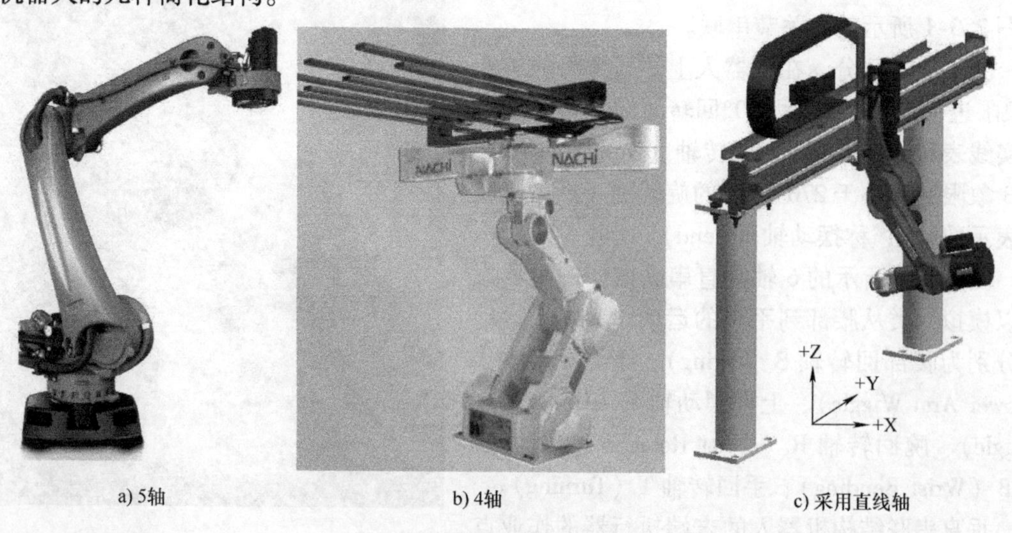

a) 5轴　　b) 4轴　　c) 采用直线轴

图 2. 3-2　简化结构

例如，对于以水平面作业为主的大型机器人，可省略腕回转轴 R，直接采用图 2.3-2a 所示的 5 轴结构；对于搬运、码垛作业的重载机器人，可采用图 2.3-2b 所示的 4 轴结构，省略腰回转轴 S 和腕回转轴 R，直接通过手回转轴 T 来实现执行器的回转运动，以简化结构、增加刚性、方便控制等。

如机器人对位置精度的要求较高，则可通过图 2.3-2c 所示的框架结构，用上下、左右运动的直线轴 Y、Z 来代替腰部回转轴 S 和下臂摆动轴 L，使得上下、左右运动的位置控制更简单，定位精度更高，操作编程更直观和方便。

3. 7 轴结构

6 轴垂直串联结构的机器人，由于结构限制，作业时存在运动干涉区域，使得部分区域的作业无法进行。为此，工业机器人生产厂家又研发了图 2.3-3 所示的 7 轴垂直串联结构的机器人。

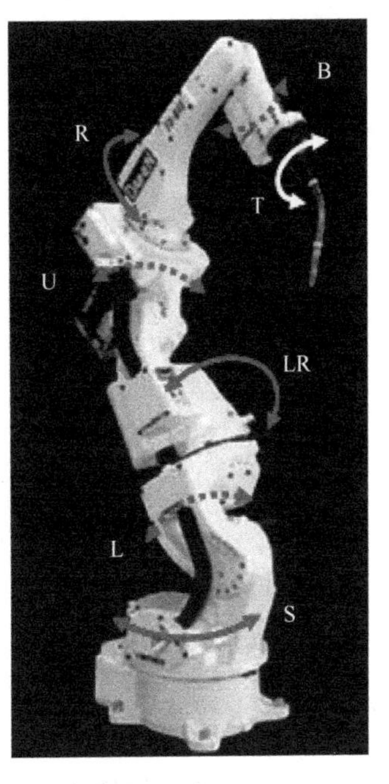

图 2.3-3 7 轴结构

7 轴垂直串联结构的机器人在 6 轴机器人的基础上，增加了下臂回转轴 LR（Lower Arm Rotation），使得手臂部分的定位机构扩大到腰回转、下臂摆动、下臂回转、上臂摆动 4 个关节，手腕基准点（参考点）的定位更加灵活。

例如，当机器人上部的运动受到限制时，它仍然能够通过下臂的回转，避让上部的干涉区，从而完成图 2.3-4a 所示的下部作业。此外，它还可在正面运动受到限制时，通过下臂的回转，避让正面的干涉区，进行图 2.3-4b 所示的反向作业。

4. 连杆驱动结构

在图 2.3-1 所示的 6 轴垂直串联结构的机器人上，所有轴的运动驱动机构都依次安装在相应的关节部位，因此，不可避免地造成了机器人上部的质量大、重心高，从而影响到高速运动时的稳定性和负载能力。为此，在大型、重载的搬运、码垛机器人上，经常采用图 2.3-5 所示的平行四边形连杆机构，来驱动机器人的上臂摆动和腕弯曲。

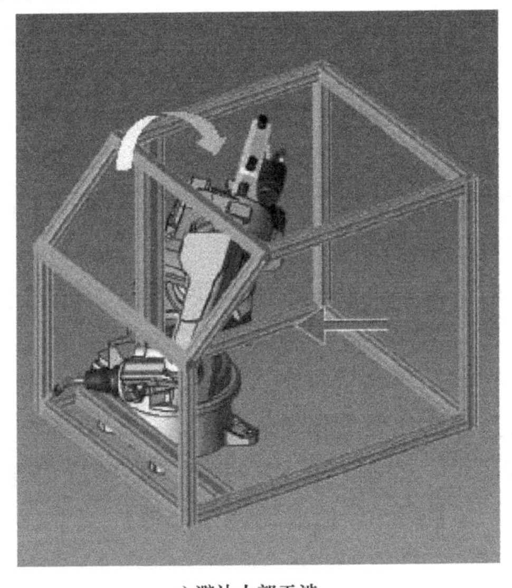
a) 避让上部干涉

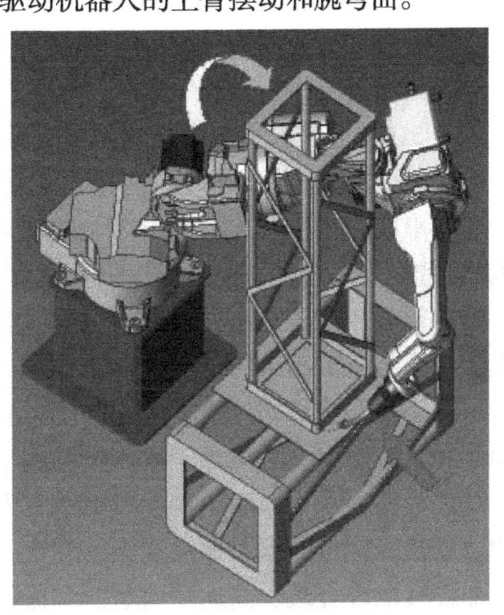
b) 反向作业

图 2.3-4 7 轴机器人的应用

采用平行四边形连杆机构驱动方式后，不仅可以通过连杆机构加长力臂，放大电机驱动力矩、提高负载能力，而且还可以将相应的驱动机构安装位置移至腰部，以降低机器人的重心，增加运动稳定性。

采用平行四边形连杆机构驱动的机器人结构刚性高、负载能力强，它是大型、重载搬运机器人的常用结构形式。

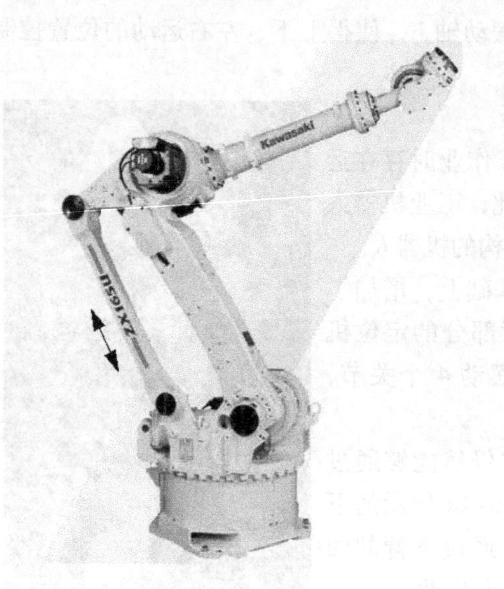

图 2.3-5　平行四边形连杆驱动

2.3.2　水平串联型

1. 基本结构与特点

水平串联（Horizontal Articulated）结构机器人是日本山梨大学在 1978 年发明的一种机器人结构形式，又称 SCARA（Selective Compliance Assembly Robot Arm，平面关节型机器人）结构。这种机器人为 3C 行业的电子元器件安装等操作而研制，适合于中小型零件的平面装配、焊接或搬运等作业。

用于 3C 行业的水平串联结构机器人的典型结构如图 2.3-6 所示，这种机器人的结构紧凑、质量轻，因此，其本体一般采用平放或壁挂两种安装方式。

水平串联结构机器人一般有 3 个臂和 4 个控制轴。机器人的 3 个手臂依次沿水平方向串联延伸布置，各关节的轴线相互平行，每一臂都可绕垂直轴线回转。

垂直轴 Z 用于 3 个手臂的整体升降。为了减轻升降部件质量、提高快速性，也有部分机器人使用图 2.3-7 所示的手腕升降结构。

采用手腕升降结构的机器人增加了 Z 轴升降行程，减轻了升降运动部件质量，提高了手臂刚性和负载能力，故可用于机械产品的平面搬运和部件装配作业。

总体而言，水平串联结构的机器人具有结构简单、控制容易，垂直方向的定位精度高、运动速度快等优点，但其作业局限性较大，因此，多用于 3C 行业的电子元器件安装、小型机械部件装配等轻载、高速平面装配和搬运作业。

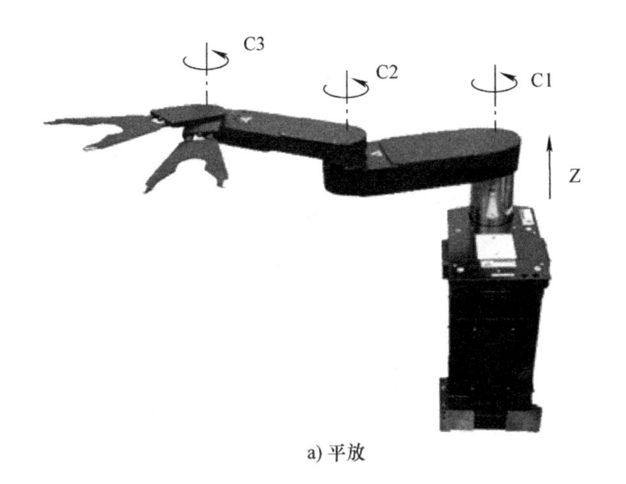

a) 平放

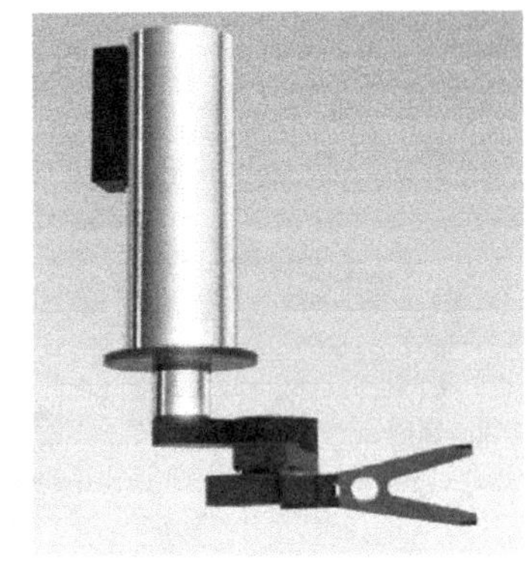

b) 壁挂

图 2. 3-6　水平串联结构机器人

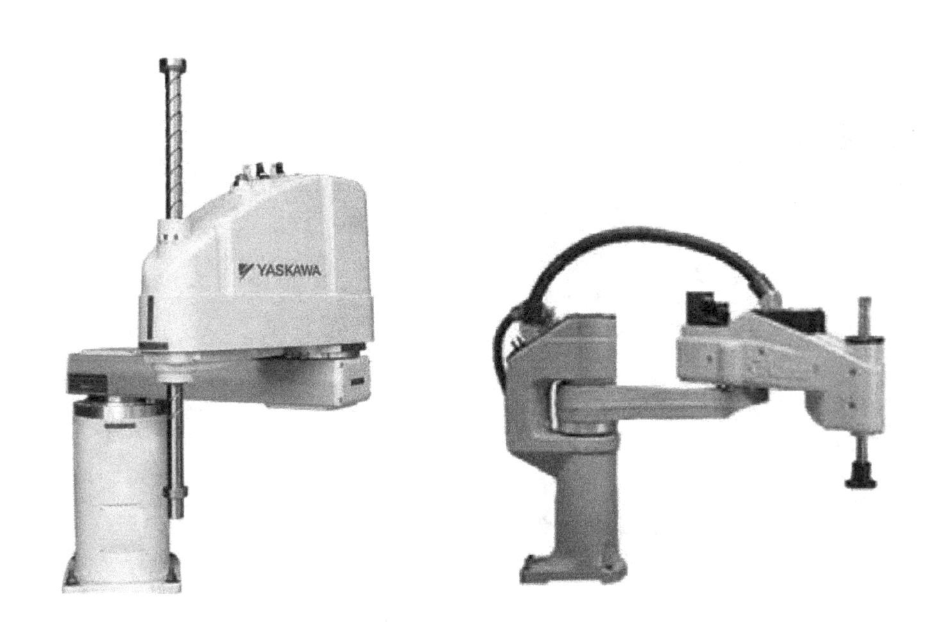

图 2. 3-7　手腕升降结构

2. 变形结构

水平串联结构机器人的变形结构主要有图 2. 3-8 所示的两种。

图 2. 3-8a 所示的机器人增加了 Y 向直线运动轴，使 Y 向运动更直观、范围更大、控制更容易。图 2. 3-8b 所示的机器人同时具有手腕升降轴 W 和手臂升降轴 Z，其垂直方向的升降作业更灵活。

在部分机器人上，有时还采用图 2. 3-9 所示的摆动臂升降结构，这种机器人实际上采用了垂直串联结构机器人和水平串联结构机器人结构的组合，如果再增加腕弯曲轴，也可以视为是垂直串联结构机器人的壁挂形式。

a) 增加Y轴

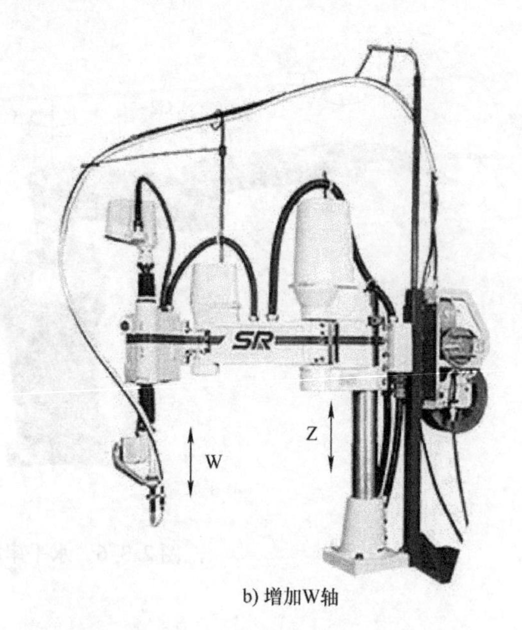

b) 增加W轴

图 2.3-8　基本结构变形

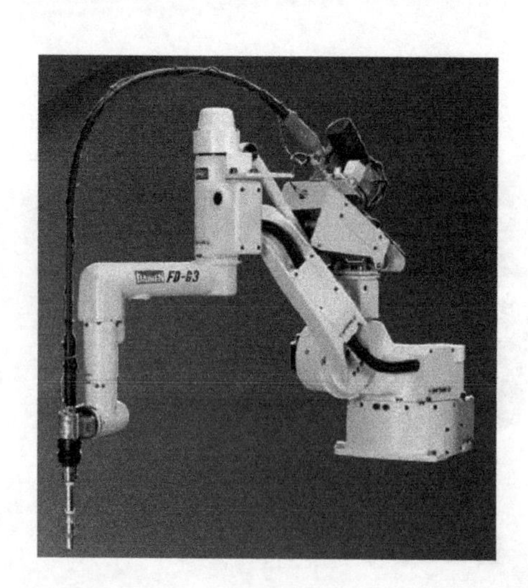

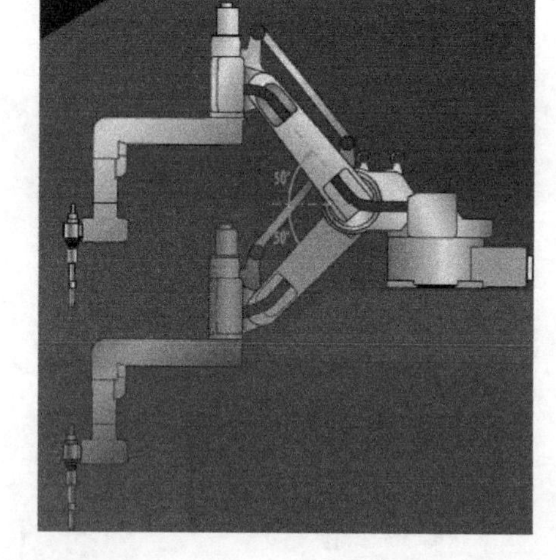

图 2.3-9　摆动臂升降机器人

2.3.3　并联型

1. 基本结构

并联（Parallel Articulated）结构机器人是用于电子电工、食品药品等行业装配、包装、搬运的高速、轻载机器人。并联结构是工业机器人的一种新颖结构，它由瑞士 Demaurex 公司在 1992 年率先应用于包装机器人上。

并联结构机器人的外形和运动原理如图 2.3-10 所示。这种机器人一般采用悬挂式布置，其基座上置，手腕通过空间均布的 3 根并联连杆支撑。

并联结构机器人可通过控制连杆的摆动角，实现手腕在一定圆柱空间内的定位；在此基

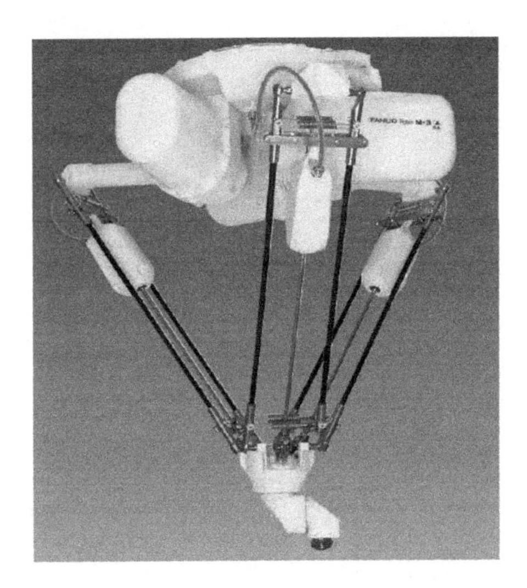

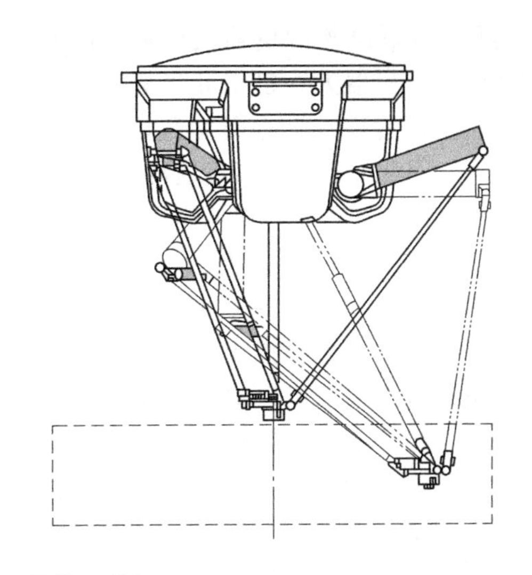

图 2. 3-10 并联结构机器人

础上，可通过图 2. 3-11 所示手腕上的 1 ~3 轴回转和摆动，增加自由度。

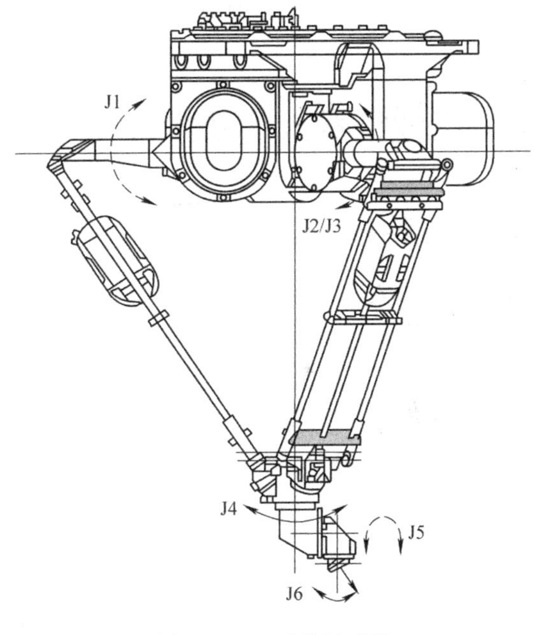

图 2. 3-11 手腕运动轴

2. 结构特点

并联结构和前述的串联结构有本质的区别，它是工业机器人结构发展史上的一次重大变革。

在传统的串联结构机器人上，从基座至末端执行器，需要经过腰部、下臂、上臂、手腕、手部等多级运动部件的串联。因此，当腰部回转时，安装在腰部上的下臂、上臂、手腕、手部等都必须进行相应的空间移动；当下臂运动时，安装在下臂上的上臂、手腕、手部等也必须进行相应的空间移动等；即后置部件必然随同前置轴一起运动，这无疑增加了前置轴运动部件的质量。

另一方面，在机器人作业时，执行器上所受的反力也将从手部、手腕依次传递到上臂、下臂、腰部、基座上，即末端执行器的受力也将串联传递至前端。因此，前端构件在设计时不但要考虑负担后端构件的重力，而且还要承受作业反力，为了保证刚性和精度，每个部分的构件都得有足够体积和质量。

由此可见，串联结构的机器人，必然存在移动部件质量大、系统刚度低等固有缺陷。

并联结构的机器人手腕和基座采用的是 3 根并联连杆连接，手部受力可由 3 根连杆均匀分摊，每根连杆只承受拉力或压力，不承受弯矩或转矩，因此，这种结构理论上具有刚度高、质量轻、结构简单、制造方便等特点。

但是，并联结构的机器人所需要的安装空间较大，机器人在笛卡儿坐标系上的定位控制与位置检测等方面均有相当大的技术难度，因此，其定位精度通常较低。

并联结构同样在数控机床上得到应用，实用型产品已在1994年的美国芝加哥世界制造技术博览会（IMTS94）上展出，目前已有多家机床生产厂家推出了实用化的产品。但是，由于数控机床对位置精度的要求较高，因此，一般需要采用图2.3-12所示的“直线轴+并联轴”的混合式结构，其X/Y/Z轴的定位通过直线轴实现；并联连杆只用来控制主轴头倾斜与偏摆，并需要通过伺服电机直接控制伸缩，以提高结构刚性和位置精度；其结构与机器人有所不同。

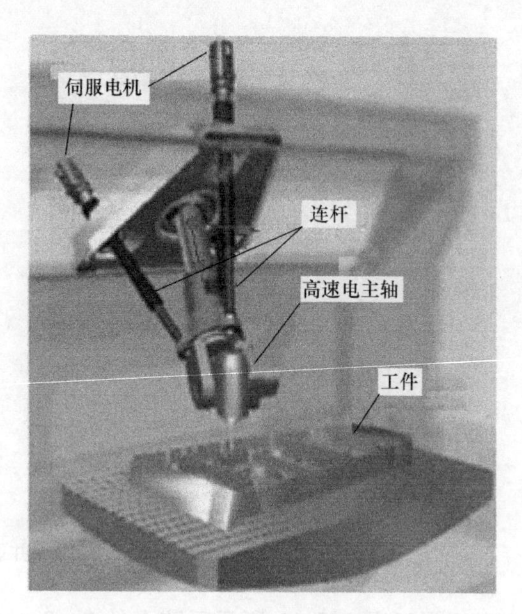

图2.3-12　并联轴机床

2.4　工业机器人的技术性能

2.4.1　主要技术参数

1. 技术参数

由于机器人的结构、用途和要求不同，机器人的性能也有所不同。一般而言，机器人样本和说明书中所给的主要技术参数有控制轴数（自由度）、承载能力、工作范围（作业空间）、运动速度、位置精度等；此外，还有安装方式、防护等级、环境要求、供电电源要求、机器人外形尺寸与质量等与使用、安装、运输相关的其他参数。

以ABB公司IRB 140T和安川公司MH6两种6轴通用型机器人为例，产品样本和说明书所提供的主要技术参数见表2.4-1。

表2.4-1　6轴通用机器人主要技术参数

机器人型号		IRB140T	MH6
规　格 (Specification)	承载能力（Payload）	6kg	6kg
	控制轴数（Number of Axes）	6	
	安装方式（Mounting）	地面/壁挂/框架/倾斜/倒置	
工作范围 (Working Range)	第1轴（Axis 1）	360°	−170°～+170°
	第2轴（Axis 2）	200°	−90°～+155°
	第3轴（Axis 3）	−280°	−175°～+250°
	第4轴（Axis 4）	不限	−180°～+180°
	第5轴（Axis 5）	230°	−45°～+225°
	第6轴（Axis 6）	不限	−360°～+360°

（续）

机器人型号		IRB140T	MH6
最大速度（Maximum Speed）	第1轴（Axis 1）	250°/s	220°/s
	第2轴（Axis 2）	250°/s	200°/s
	第3轴（Axis 3）	260°/s	220°/s
	第4轴（Axis 4）	360°/s	410°/s
	第5轴（Axis 5）	360°/s	410°/s
	第6轴（Axis 6）	450°/s	610°/s
重复精度定位 RP（Position Repeatability）		0.03mm/ISO 9238	±0.08/JISB 8432
工作环境（Ambient）	工作温度（Operation Temperature）	+5 ~ +45℃	0 ~ +45℃
	储运温度（Transportation Temperature）	−25 ~ +55℃	−25 ~ +55℃
	相对湿度（Relative Humidity）	≤95%RH	20% ~80%RH
电源（Power Supply）	电压（Supply Voltage）	200 ~600V/50 ~60Hz	200 ~400V/50 ~60Hz
	容量（Power Consumption）	4.5kVA	1.5kVA
外形（Dimensions）	长/宽/高（Width/Depth/Height）	800mm ×620mm ×950mm	640mm ×387mm ×1219mm
质量（Weight）		98kg	130kg

由于多关节机器人的工作范围是三维空间的不规则球体，部分产品也不标出坐标轴的正负行程，为此，样本中一般需要提供图2.4-1所示的详细作业空间图。

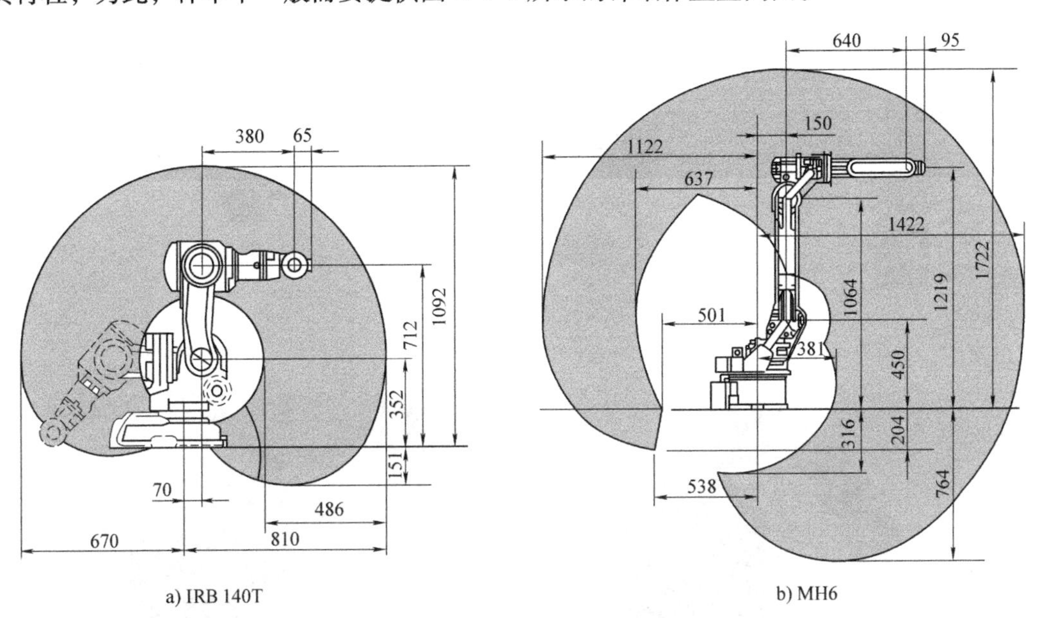

a) IRB 140T　　b) MH6

图2.4-1　6轴通用机器人的作业空间

2. 分类性能

工业机器人的技术性能要求与用途有关，大致而言，不同类别的机器人主要技术性能见

表2.4-2。

表2.4-2　各类机器人的主要技术性能

类　别		控制轴数（自由度）	承载能力	重复定位精度
加工类	弧焊	6~7	3~20kg	0.05~0.1
	其他	6~7	50~350kg	0.2~0.3
转配类	转配	4~6	2~20kg	0.05~0.1
	涂装	6~7	5~30kg	0.2~0.5
搬运类	装卸	4~6	5~200kg	0.1~0.3
	输送	4~6	5~6500kg	0.2~0.5
包装类	分拣、包装	4~6	2~20kg	0.05~0.1
	码垛	4~6	50~1500kg	0.5~1

3. 机器人安装方式

机器人的安装方式与结构有关。一般而言，直角坐标型机器人大都采用底面（Floor）安装，并联结构的机器人则采用倒置安装；水平串联结构的多关节型机器人可采用底面和壁挂（Wall）安装；而垂直串联结构的多关节机器人除了常规的底面（Floor）安装方式外，还可根据实际需要，选择壁挂式（Wall）、框架式（Shelf）、倾斜式（Tilted）、倒置式(Inverted)等安装方式。

图2.4-2所示为机器人常用的安装方式。

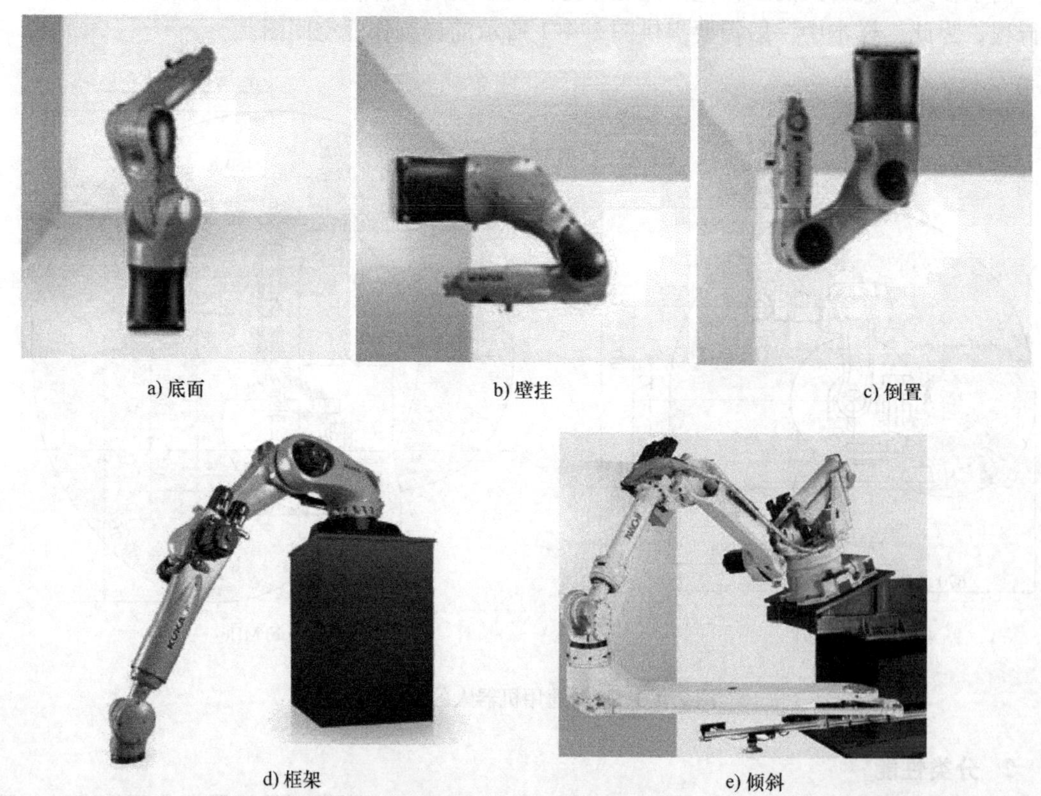

a) 底面　b) 壁挂　c) 倒置　d) 框架　e) 倾斜

图2.4-2　机器人常用的安装方式

2.4.2　自由度

1. 基本说明

自由度是衡量机器人动作灵活性的重要指标。所谓自由度（Degree of Freedom），就是整个机器人运动链所能够产生的独立运动数，包括直线运动、回转运动、摆动运动，但不包括执行器本身的运动（如刀具旋转等）。机器人的每一个自由度原则上都需要有一个伺服轴驱动其运动，因此，在产品样本和说明书中，通常以控制轴数（Number of Axes）进行表示。

机器人的自由度与作业要求有关。自由度越多，执行器的动作就越灵活，机器人的通用性也就越好，但其机械结构和控制也就越复杂。因此，对于作业要求基本不变的批量作业机器人来说，运行速度、可靠性是其最重要的技术指标，其自由度则可在满足作业要求的前提下，适当减少；而对于多品种、小批量作业的机器人来说，通用性、灵活性指标显得更加重要，这样的机器人就需要有较多的自由度。

例如，图2.4-3a所示的直线运动或回转运动，所需的自由度为1。如执行器需要进行平面直线运动（水平面或垂直面），或进行图2.4-3b所示的直线运动和1个方向的摆动运动，所需的自由度为2。如执行器需要进行图2.4-3c所示的空间直线运动，或需要进行平面直线运动和1个方向的摆动运动，所需要的自由度为3。

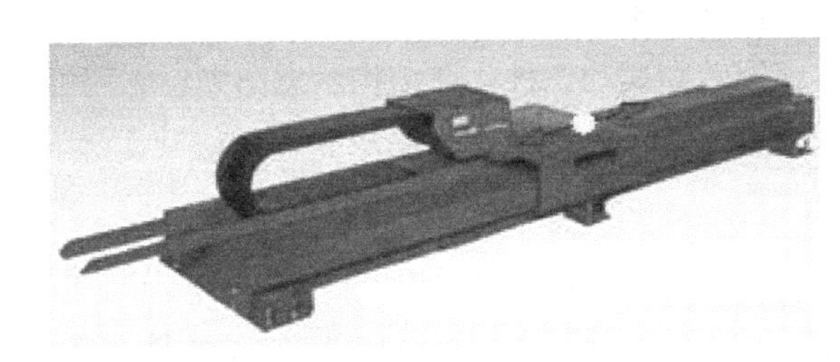

a) 1自由度

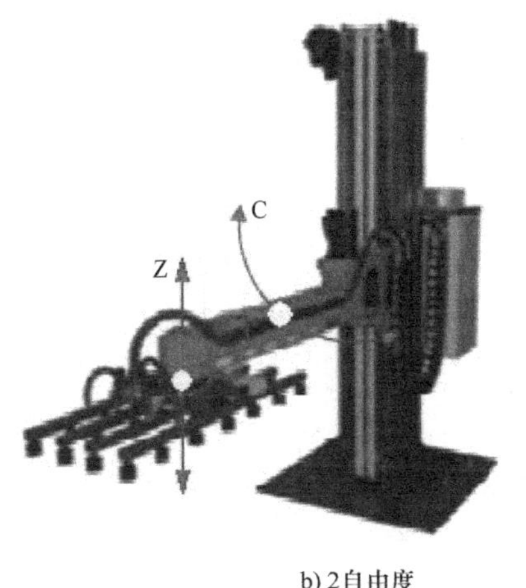

b) 2自由度

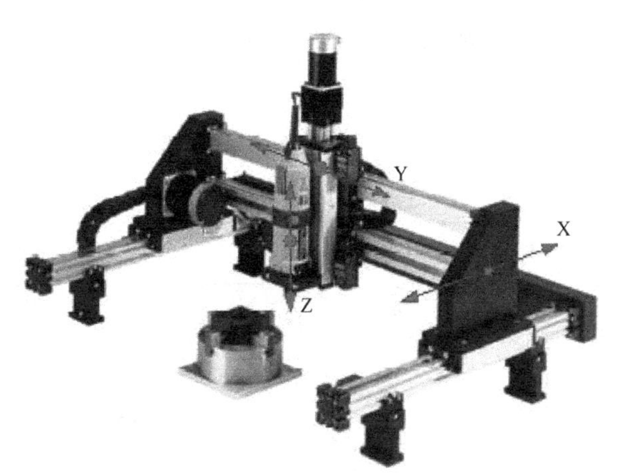

c) 3自由度

图2.4-3　机器人的自由度

进而，如要求执行器能够在三维空间内进行自由运动，则机器人必须能实现图2.4-4所示的X、Y、Z三个方向的直线运动和围绕X、Y、Z轴的回转运动，即需要有6个自由度。

这也就意味着，如果机器人能具备上述6个自由度，执行器就可以在三维空间上任意改变姿态，实现对执行器位置的完全控制。

如果机器人的自由度超过6个，多余的自由度称为冗余自由度（Redundant Degree of Freedom），冗余自由度一般用来回避障碍物。

在三维空间作业的多自由度机器人上，由第1~3轴驱动的3个自由度，通常用于手腕基准点（又称参考点）的空间定位，故称为定位机构；第4~6轴则用来改变末端执行器作业点的方向、调整执行器的姿态，如使刀具、工具与作业面保持垂直等，故称为定向机构。但是，当机器人实际工作时，定位和定向动作往往是同时进行的，因此，需要多轴同时运动。

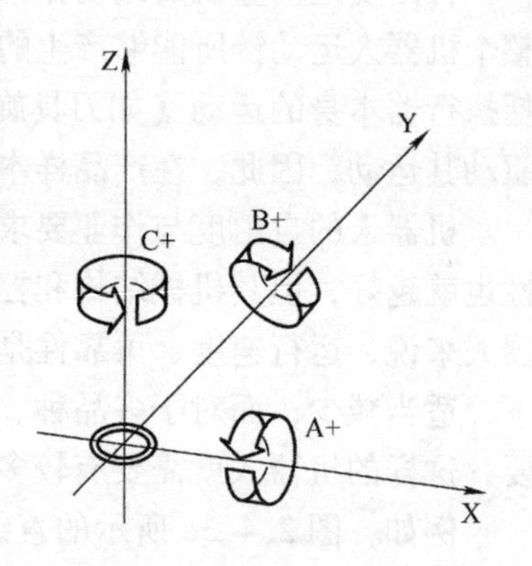

图2.4-4 三维空间的自由度

2. 表示方法

从运动学原理上说，绝大多数机器人的本体都是由若干关节（Joint）和连杆（Link）组成的运动链。机器人的每一个关节都可使执行器产生1个或几个运动，但是，由于结构设计和控制方面的原因，一个关节真正能够产生驱动力的运动往往只有一个，这一自由度称为主动自由度；其他不能产生驱动力的运动，称为被动自由度。

一个关节的主动自由度一般有平移、回转和摆动3种，在结构示意图中，它们可分别用图2.4-5所示的符号表示。

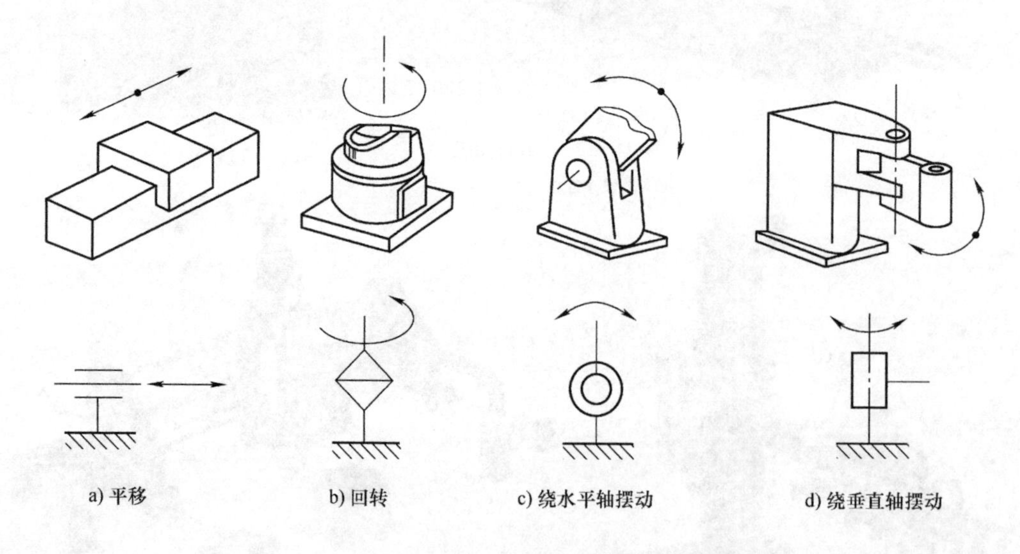

图2.4-5 自由度的表示

多关节串联结构的机器人的自由度表示，只需要根据其机械结构，依次连接各关节。图2.4-6为5轴垂直串联结构和3轴水平串联结构机器人的自由度的表示方法，其他结构机器人的自由度表示方法类似。

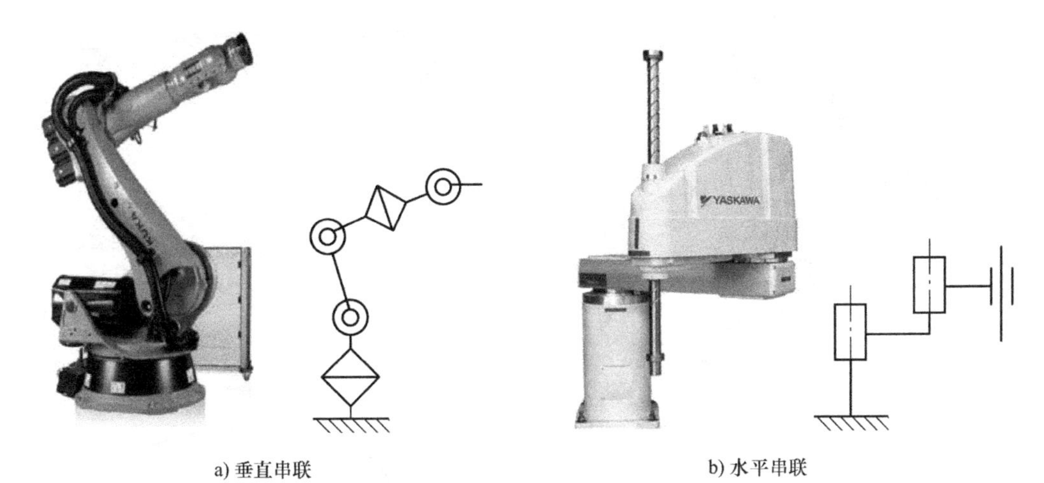

a) 垂直串联　　b) 水平串联

图 2.4-6　多关节串联的自由度表示

2.4.3　工作范围

1. 基本说明

工作范围（Working Range）又称为作业空间，它是衡量机器人作业能力的重要指标，工作范围越大，机器人的作业区域也就越大。机器人样本和说明书中所提供的工作范围是指机器人在未安装末端执行器时，其参考点（手腕基准点）所能到达的空间。

工作范围的大小决定于机器人各个关节的运动极限范围，它与机器人的结构有关。工作范围应剔除机器人在运动过程中可能产生自身碰撞的干涉区域；此外，机器人实际使用时，还需要考虑安装了末端执行器之后可能产生的碰撞，因此，实际工作范围还应剔除执行器与机器人碰撞的干涉区域。

机器人的工作范围内还可能存在奇异点（Singular Point）。所谓奇异点是由于结构的约束，导致关节失去某些特定方向的自由度的点，奇异点通常存在于作业空间的边缘，如奇异点连成一片，则称为“空穴”。机器人运动到奇异点附近时，由于自由度的逐步丧失，关节的姿态需要急剧变化，这将导致驱动系统承受很大的负载而产生过载；因此，对于存在奇异点的机器人来说，其工作范围还需要剔除奇异点和空穴。

2. 作业空间

机器人的工作范围主要决定于定位机构的结构形态。作为典型结构，参考点在三维空间的定位可通过3轴直线运动（直角坐标型）、2轴直线加1轴回转或摆动（圆柱坐标型）、1轴直线加2轴回转或摆动（球坐标型）、3轴回转或摆动（关节型、并联型）方式实现。

在以上定位方式中，直角坐标型和并联型结构的机器人工作范围涵盖坐标轴的全部运动区域，故可进行图2.4-7所示的全范围作业。

直角坐标型机器人（Cartesian Coordinate Robot）的参考点定位通过3轴直线运动实现，其作业空间为图2.4-7a所示的三维空间的实心立方体；并联型机器人（Parallel Robot）的参考点定位通过3个并联轴的摆动实现，其作业范围为图2.4-7b所示的三维空间的锥底圆柱体。

圆柱坐标型、球坐标型和关节型机器人的工作范围，需要去除机器人的运动死区，故只能进行图2.4-8所示的部分空间作业。

圆柱坐标型机器人（Cylindrical Coordinate Robot）的参考点定位通过2轴直线加1轴回

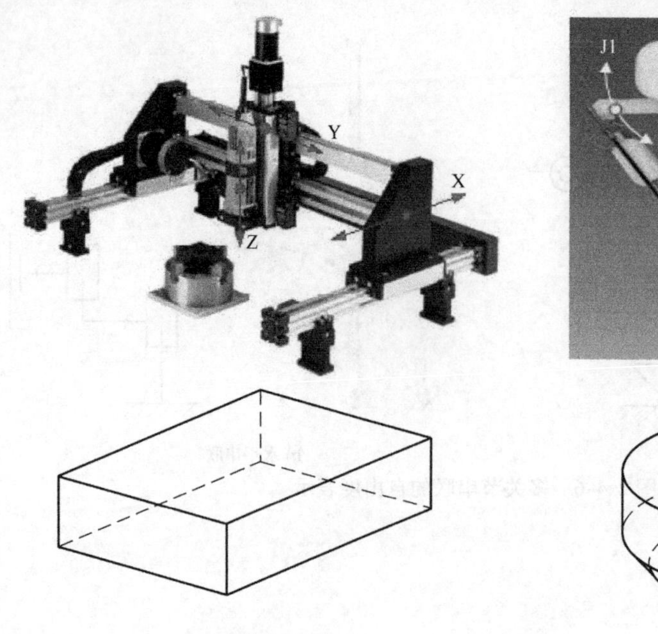

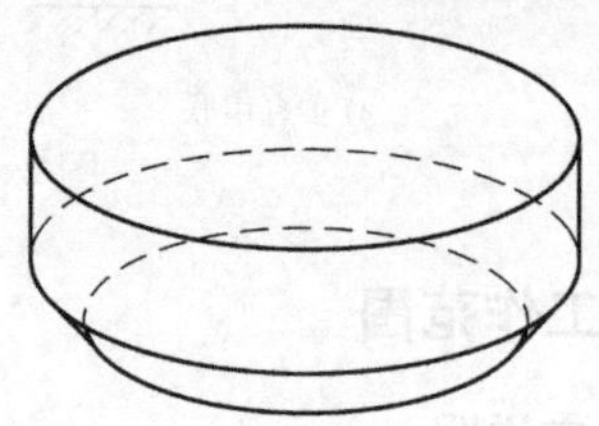

a) 直角坐标型　　b) 并联型

图 2.4-7　全范围作业机器人

转摆动实现，其作业范围为图 2.4-8a 所示的三维空间的部分圆柱体；水平串联结构（SCARA 结构）机器人的定位方式与圆柱坐标型机器人类似，其作业范围同样为三维空间的部分圆柱体。球坐标型机器人（Polar Coordinate Robot）的参考点定位通过 1 轴直线加 2 轴回转摆动实现，其作业范围为图 2.4-8b 所示的三维空间的部分球体。垂直串联关节型机器人（Articulated Robot）的参考点定位通过 3 轴关节的回转摆动实现，其作业范围为图2.4-8c 所示的三维空间的不规则球体。

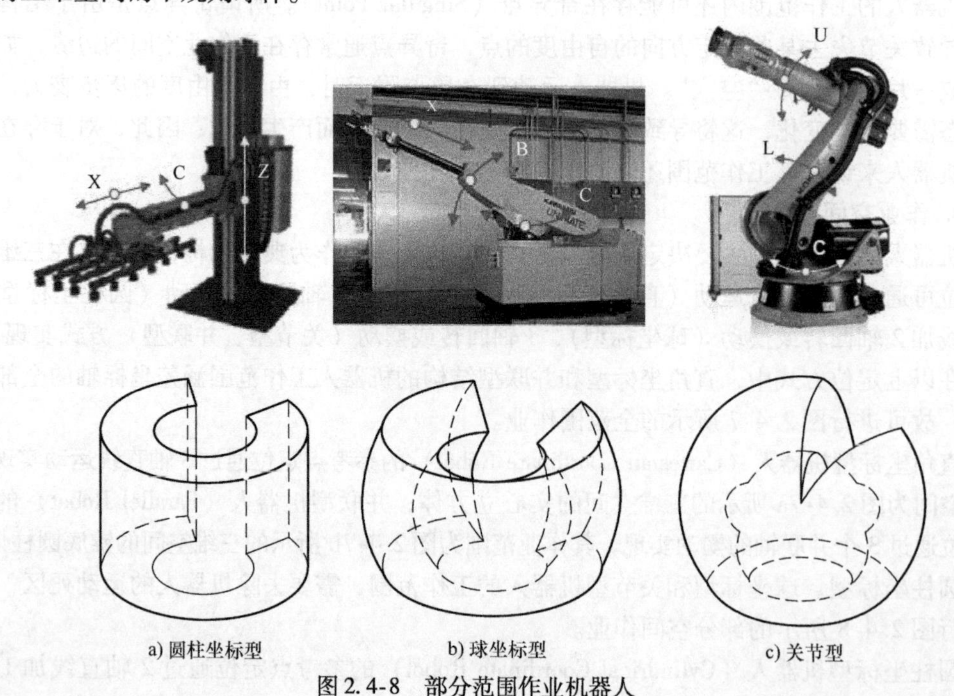

a) 圆柱坐标型　　b) 球坐标型　　c) 关节型

图 2.4-8　部分范围作业机器人

2.4.4 其他指标

1. 承载能力

承载能力（Payload）是指机器人在作业空间内所能承受的最大负载，其含义与机器人类别有关，一般以质量、力、转矩等技术参数表示。例如，搬运、装配、包装类机器人指的是机器人能够抓取的物品质量；切削加工类机器人是指机器人加工时所能够承受的切削力；焊接、切割加工的机器人则指机器人所能安装的末端执行器质量等。

机器人的实际承载能力与机械传动系统结构、驱动电机功率、运动速度和加速度、末端执行器的结构与形状等诸多因素有关。对于搬运、装配、包装类机器人，产品样本和说明书中所提供的承载能力，一般是指不考虑末端执行器的结构和形状、假设负载重心位于参考点（手腕基准点）时，机器人高速运动可抓取的物品重量。当负载重心位于其他位置时，则需要以允许转矩（Allowable Moment）或图表形式，来表示重心在不同位置时的承载能力。

例如，承载能力为6kg的ABB公司IRB 140和安川公司MH6工业机器人，其承载能力随负载重心位置变化的规律如图2.4-9所示，其他公司的产品情况类似。

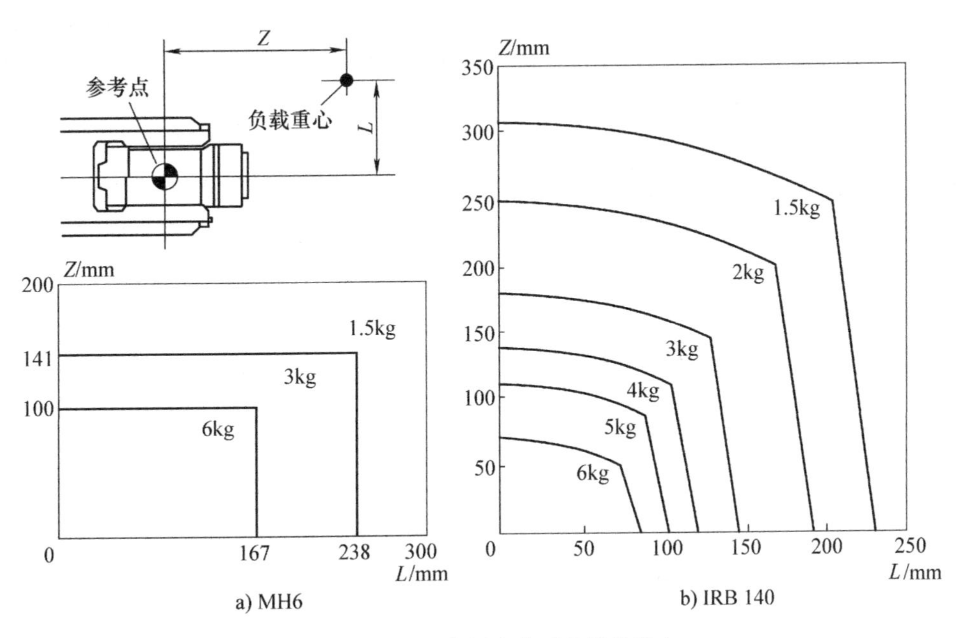

图2.4-9 重心位置变化时的承载能力

2. 运动速度

运动速度决定了机器人工作效率，它是反映机器人水平的重要参数。样本和说明书中所提供的运动速度，一般是指机器人在空载、稳态运动时所能够达到的最大运动速度（Maximum Speed）。

机器人运动速度用参考点在单位时间内能够移动的距离（mm/s）、转过的角度或弧度（°/s或rad/s）表示，它按运动轴分别进行标注。当机器人进行多轴同时运动时，其空间运动速度应是所有参与运动轴的速度合成。

机器人的实际运动速度与机器人的结构刚性、运动部件的质量和惯量、驱动电机的功率、实际负载的大小等因素有关。对于多关节串联结构的机器人，越靠近末端执行器的运动轴，运动部件的质量、惯量就越小，因此，能够达到的运动速度就越快、加速度也越大；同样，越靠近安装基座的运动轴，对结构部件的刚性要求就越高，运动部件的质量、惯量就越大，能够达到的运动速度就越低、加速度也越小。

此外，机器人实际工作速度还受加速度的影响，特别在运动距离较短时，由于加减速的影响，机器人实际上可能达不到样本和说明书中的运动速度。

3. 定位精度

机器人的定位精度是指机器人定位时，执行器实际到达的位置和目标位置间的误差值，它是衡量机器人作业性能的重要技术指标。机器人样本和说明书中所提供的定位精度一般是各坐标轴的重复定位精度 RP（Position Repeatability），在部分产品上，有时还提供了轨迹重复精度 RT（Path Repeatability）。

由于绝大多数机器人的定位需要通过关节的旋转和摆动实现，其空间位置的控制和检测，远远比以直线运动为主的数控机床困难得多，因此，机器人的位置测量方法和精度计算标准都与数控机床不同。目前，工业机器人的位置精度检测和计算标准一般采用 ISO 9283—1998《Manipulating industrial robots; performance criteria and related test methods（操作型工业机器人　性能规范和试验方法）》或 JIS B8432（日本）等；而数控机床则普遍使用 ISO 230－2、VDI/DGQ 3441（德国）、JIS B6336（日本）、NMTBA（美国）或 GB/T 10931（国标）等，两者的测量要求和精度计算方法都不相同，数控机床的标准要求高于机器人。

机器人的定位需要通过运动学模型来确定末端执行器的位置，其理论位置和实际位置之间本身就存在误差，加上结构刚性、传动部件间隙、位置控制和检测等多方面的原因，其定位精度与数控机床、三坐标测量机等精密加工、检测设备相比，还存在较大的差距，因此，它一般只能用作零件搬运、装卸、码垛、装配的生产辅助设备，或是用于位置精度要求不高的焊接、切割、打磨、抛光等粗加工。

3

第 3 章 机械结构与维修

3.1 本体的结构形式

3.1.1 基本结构与特点

1. 基本说明

虽然工业机器人的形态各异，但其本体都是由若干关节和连杆通过不同的结构设计和机械连接所组成的机械装置。

在工业机器人中，水平串联 SCARA 结构的机器人多用于 3C 行业的电子元器件安装和搬运作业；并联结构的机器人多用于电子电工、食品药品等行业的装配和搬运。这两种结构的机器人大多属于高速、轻载工业机器人，其规格相对较少。机械传动系统以同步带（水平串联 SCARA 结构）和摆动（并联结构）为主，形式单一，维修、调整较容易。有关内容将在本章 3.5 节进行介绍。

垂直串联（Vertical Articulated）是工业机器人最典型的结构，它被广泛用于加工、搬运、装配、包装机器人。垂直串联工业机器人的形式多样、结构复杂，维修、调整相对困难，本章将以此为重点，来介绍工业机器人的机械结构及维修方法。

垂直串联结构机器人的各个关节和连杆依次串联，机器人的每一个自由度都需要由一台伺服电机驱动。因此，如将机器人的本体结构进行分解，它便是由若干台伺服电机经过减速器减速后驱动运动部件的机械运动机构的叠加和组合。

2. 基本结构

常用的小规格、轻量级垂直串联的 6 轴关节型工业机器人的基本结构如图 3.1-1 所示。这种结构的机器人的所有伺服驱动电机、减速器及其他机械传动部件均安装于内部，机器人外形简洁、防护性能好，机械传动结构简单、传动链短、传动精度高、刚性好，因此，被广泛用于中小型加工、搬运、装配、包装机器人，是小规格、轻量级工业机器人的典型结构。

机器人本体的内部结构示意如图 3.1-2 所示，机器人的运动主要包括整体回转（腰关节）、下臂摆动（肩关节）、上臂摆动（肘关节）及手腕运动。

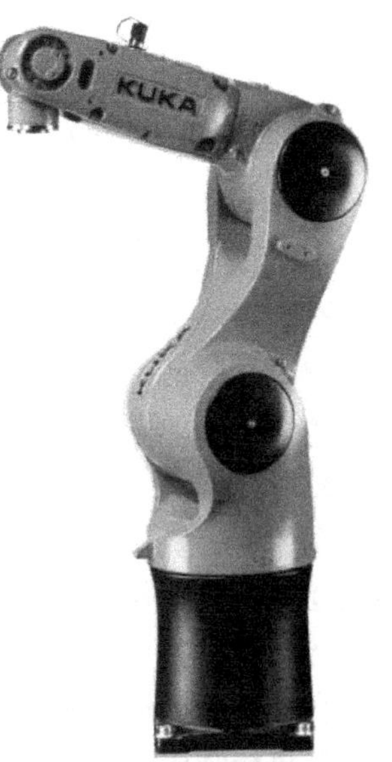

图 3.1-1　基本结构

机器人每一关节的运动都需要有相应的电机驱动，交流伺服电机是目前工业机器人最常用的驱动电机。交流伺服电机是一种用于机电一体化设备控制的通用电机，具有恒转矩输出特性，小功率的最高转速一般为3000～6000r/min，额定输出转矩通常在30N·m以下。然而，机器人的关节回转和摆动的负载惯量大，最大回转速度低（通常为25～100r/min），加减速时的最大输出转矩（动载荷）需要达到几百甚至几万牛·米，故要求驱动系统具有低速、大转矩输出特性。因此，在机器人上，几乎所有轴的伺服驱动电机都必须配套结构紧凑、传动效率高、减速比大、承载能力强的RV减速器或谐波减速器，以降低转速和提高输出转矩。减速器是机器人的核心部件，图3.1-2所示的6轴机器人上，每一驱动轴也都安装有1套减速器。

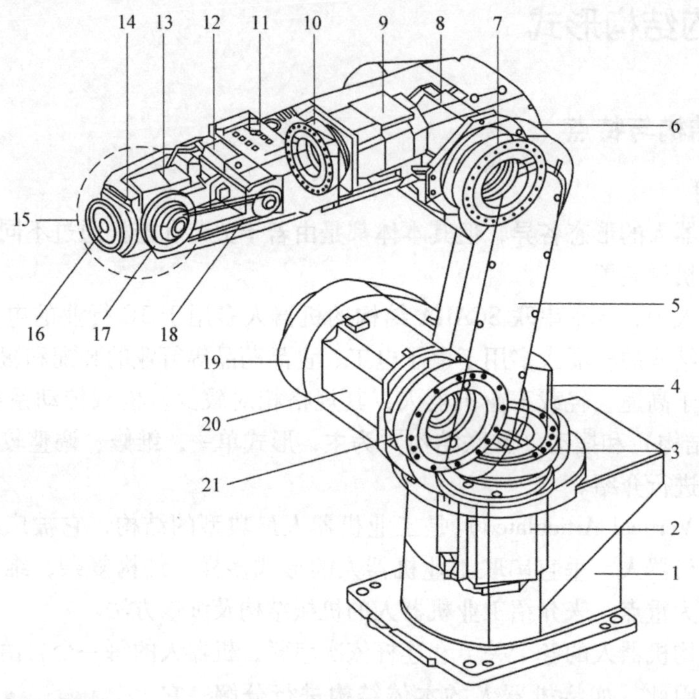

图3.1-2　本体的内部结构

1—基座　4—腰关节　5—下臂　6—肘关节　11—上臂　15—腕关节　16—连接法兰　18—同步带
19—肩关节　2、8、9、12、13、20—伺服电机　3、7、10、14、17、21—减速器

在图3.1-2所示的机器人上，手回转的驱动电机13和减速器14直接安装在手部工具安装法兰的后侧，这种结构传动简单、直接，但它会增加手部的体积和质量，并影响手的灵活性。因此，目前已较多地采用手回转驱动电机和减速器安装在上臂内部，然后通过同步带、伞齿轮等传动部件传送至手部的结构形式，有关内容详见后述。

3. 主要特点

图3.1-2所示的机器人，其所有关节的伺服电机、减速器等驱动部件都安装在各自的回转或摆动部位，除腕弯曲摆动使用了同步带外，其他关节的驱动均无中间传动部件，故称为直接传动结构。

直接传动的机器人，传动系统结构简单、层次清晰，各关节无相互牵连，它不但可简化本体的机械结构、减少零部件、降低生产制造成本、方便安装调试，而且还可缩短传动链，避免中间传动部件间隙、刚度对系统刚度、精度的影响，因此，其精度高、刚性好，安装方便。此外，由于机器人的所有驱动电机、减速器都安装在本体内部，机器人的外形简洁，整体防护性能好，安装运输也非常方便。

机器人采用直接传动也存在明显的缺点。首先，由于驱动电机、减速器都需要安装在关节部位，手腕、手臂内部需要有足够的安装空间，关节的外形、质量必然较大，导致机器人的上臂质量大、整体重心高，不利于高速运动。其次，由于后置关节的驱动部件需要跟随前置关节一起运动，例如，腕弯曲时，图 3. 1-2 中的驱动电机 12 需要带动手回转的驱动电机 13 和减速器 14 一起运动；腕回转时，驱动电机 9 需要带动腕弯曲驱动电机 12 和减速器 17 以及手回转驱动电机 13 和减速器 14 一起运动等，为了保证手腕、上臂等构件有足够的刚性，其运动部件的质量和惯性必然较大，加重了驱动电机及减速器的负载。但是，由于机器人的内部空间小、散热条件差，它又限制了驱动电机和减速器的规格，加上电机和减速器的检测、维修、保养均较困难，因此，它一般用于承载能力 10kg 以下、作业范围 1m 以内的小规格、轻量级机器人。

3. 1. 2 其他常见结构

1. 连杆驱动结构

用于大型零件重载搬运、码垛的机器人，由于负载的质量和惯性大，驱动系统必须能提供足够大的输出转矩，才能驱动机器人运动，故需要配套大规格的伺服驱动电机和减速器。此外，为了保证机器人运动稳定、可靠，就需要降低重心、增强结构稳定性，并保证机械结构件有足够的体积和刚性，因此，一般不能采用直接传动结构。

图 3. 1-3 为大型、重载搬运和码垛的机器人常用结构。大型机器人的上、下臂和手腕的摆动一般采用平行四边形连杆机构进行驱动，其上、下臂摆动的驱动机构安装在机器人的腰部；手腕弯曲的驱动机构安装在上臂的摆动部位；全部驱动电机和减速器均为外置；它可以较好地解决上述直接传动结构所存在的传动系统安装空间小、散热差，驱动电机和减速器检测、维修、保养困难等问题。

采用平行四边形连杆机构驱动，不仅可以加长上、下臂和手腕弯曲的驱动力臂、放大驱动力矩，同时，由于驱动机构安装位置下移，也可降低机器人重心、提高运动稳定性，因此，它较好地解决直接传动所存在的上臂质量大、重心高，高速运动稳定性差的问题。

采用平行四边形连杆机构驱动的机器人刚性好、运动稳定、负载能力强，但是，其传动链长、传动间隙较大，定位精度较低，因此，适合于承载能力超过 100kg、定位精度要求不高的大型、重载搬运、码垛机器人。

平行四边形的连杆的运动可直接使用滚珠丝杠等直线运动部件驱动；为了提高重载稳定性，机器人的上、下臂通常需要配置液压（或气动）平衡系统。

对于作业要求固定的大型机器人，有时也采用图 3. 1-4 所示的 5 轴结构，这种机器人结构特点是，除手回转驱动机构外，其他轴的驱动机构全部布置在腰部，因此，其稳定性更好；但由于机器人的手腕不能回转，故适合于平面搬运、码垛作业。

2. 手腕后驱结构

大型机器人较好地解决了上臂质量大、整体重心高，驱动电机和减速器安装内部空间小、散热差，检测、维修、保养困难的问题，但机器人的体积大、质量大；特别是上臂和手

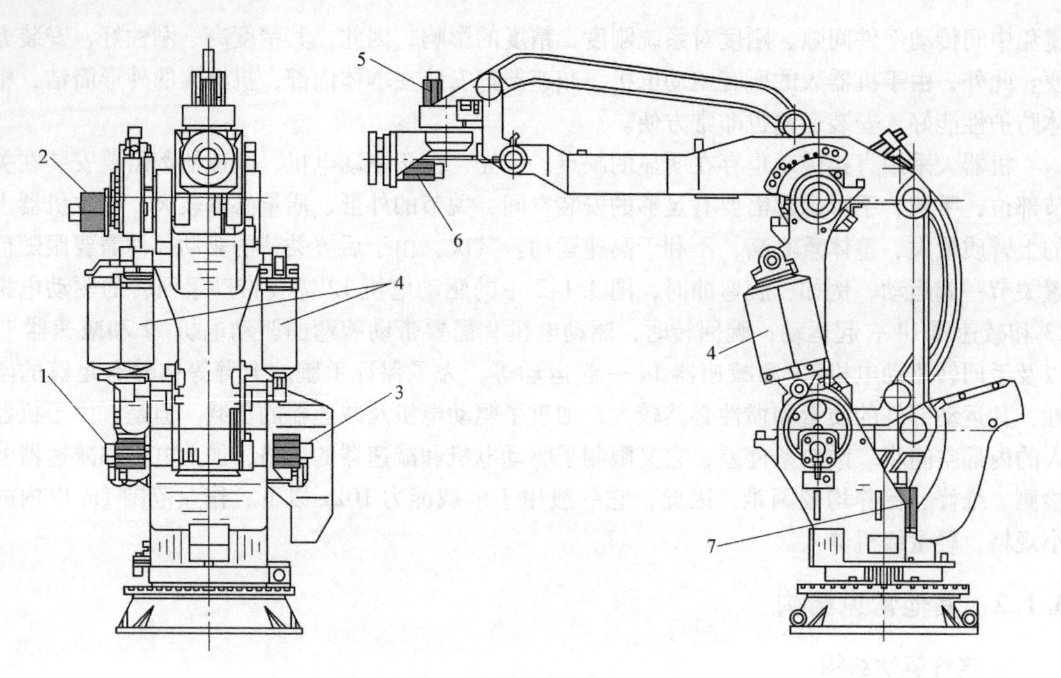

图 3.1-3　6 轴大型机器人的结构

1—下臂摆动电机　2—腕弯曲电机　3—上臂摆动电机　4—平衡缸
5—腕回转电机　6—手回转电机　7—腰部回转电机

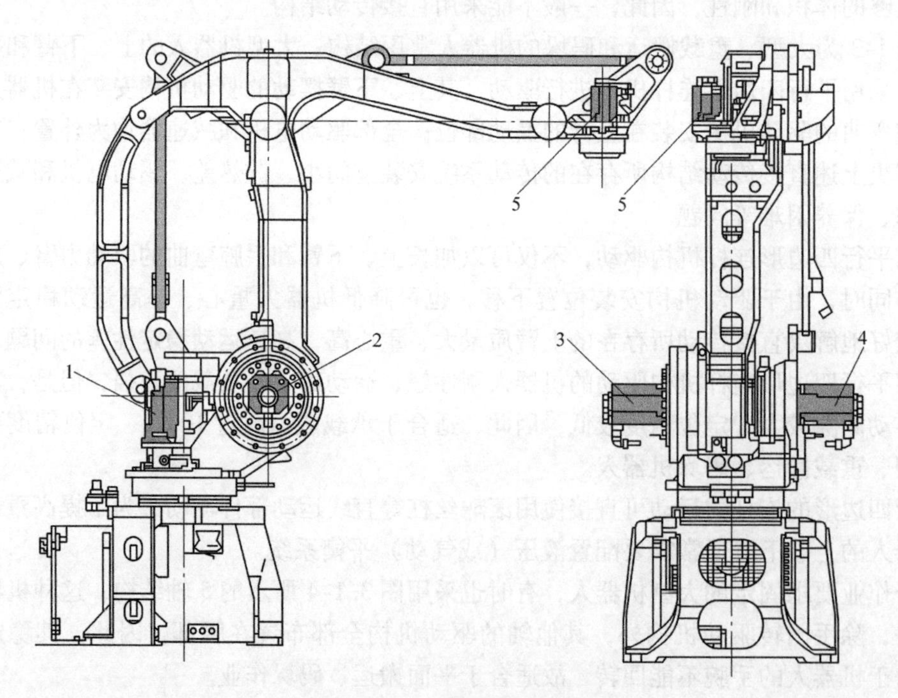

图 3.1-4　5 轴大型机器人的结构

1—腰部回转电机　2—下臂摆动电机　3—上臂摆动电机　4—腕弯曲电机　5—手回转电机

腕的结构松散，因此，一般只用于作业空间敞开的大型、重载平面搬运、码垛机器人。

为了提高机器人的作业性能，便于在作业空间受限的情况下进行全方位作业，绝大多数机器人都要求其上臂具有紧凑的结构，并能使手腕在上臂整体回转，为此，经常采用图3.1-5所示的手腕驱动电机后置的结构形式。

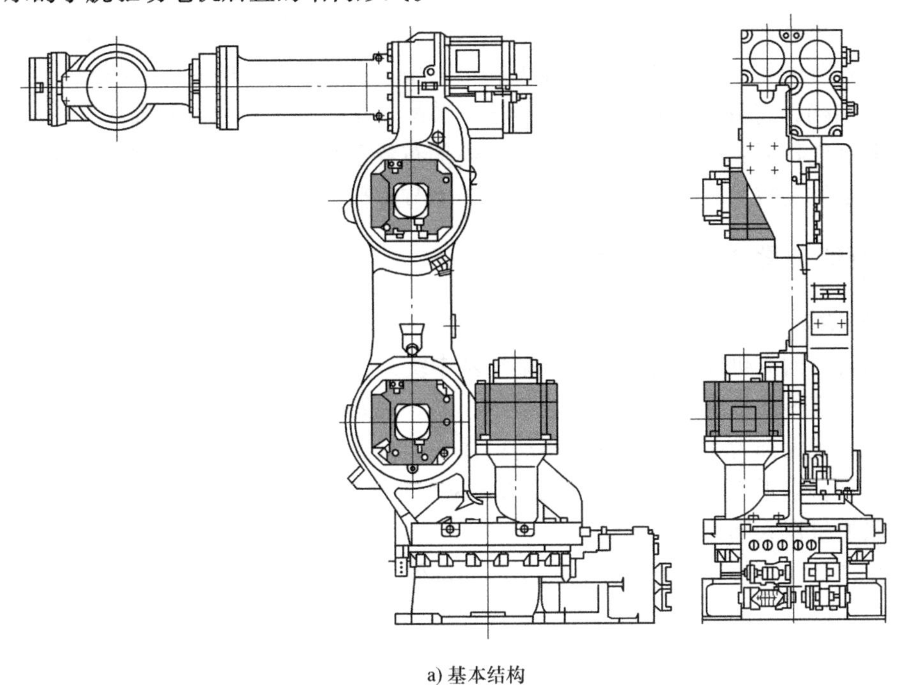

a) 基本结构

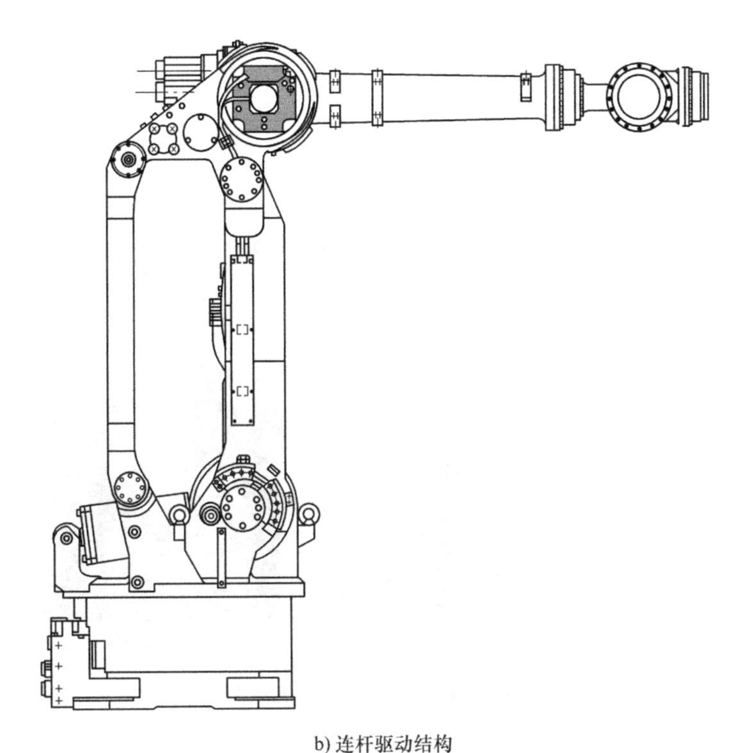

b) 连杆驱动结构

图3.1-5 手腕后驱机器人的结构

采用手腕驱动电机后置结构的机器人，其手腕回转、腕弯曲和手回转驱动的伺服电机全部安装在上臂的后部，驱动电机通过安装在上臂内部的传动轴，将动力传递至手腕前端，这样不仅解决了图 3.1-2 所示的直接传动结构所存在的驱动电机和减速器安装空间小、散热差，及检测、维修、保养困难问题，而且还可使上臂的结构紧凑、重心后移（下移），上臂的重力平衡性更好，运动更稳定。同时，它又解决了大型机器人上臂和手腕结构松散、手腕不能整体回转等问题，其承载能力同样可满足大型、重载机器人的要求。因此，这也是一种常用的典型结构，它被广泛用于加工、搬运、装配、包装等各种用途的机器人。

手腕驱动电机后置的机器人需要在上臂内部布置手腕回转、腕弯曲和手扭转驱动的传动部件，其内部结构较为复杂，有关内容将在 3.4 节进行详细介绍。

3.1.3 MH6 机器人结构简述

1. 基本结构

一般而言，同类机器人的本体机械结构基本统一，规格不同的机器人只是结构件的外形有所区别，但其传动系统的结构和原理基本相同。例如，直角坐标型机器人多采用龙门式结构，其传动系统大都为滚珠丝杠直线传动；并联型机器人多采用倒置悬挂式结构，其传动系统为连杆摆动；水平串联 SCARA 型机器人多采用水平伸展结构，其传动系统以同步带为主；而垂直串联型机器人则为关节结构等。

滚珠丝杠、同步带属于机电设备通用传动部件，有关内容将在第 4 章进行介绍；而并联型机器人的连杆摆动和串联型机器人的手臂摆动类似。因此，本章主要以图 3.1-6 所示的垂直串联型机器人的典型产品——安川 MOTOMAN - MH6 系列通用型机器人（以下简称 MH6）为例，来介绍工业机器人本体的机械结构。

a) 机器人

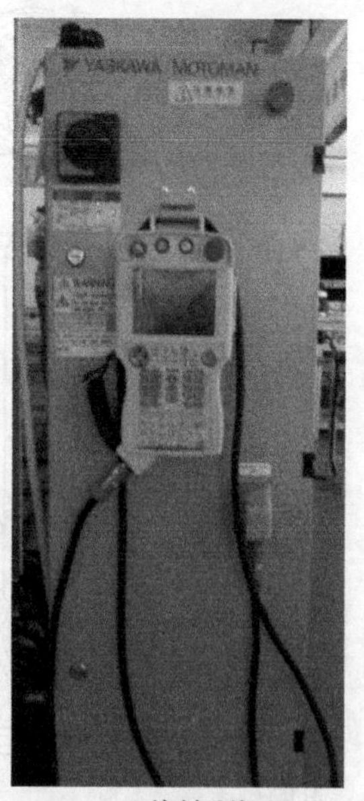

b) 控制系统

图 3.1-6　安川 MH6 机器人

MH6 系列通用机器人采用了小规格工业机器人最常用的 6 轴典型结构，产品可配套采用安川 DX100 机器人控制器和操作单元（示教器），机器人的主要技术参数可参见第 2 章 2.4 节。

MH6 机器人本体的机械构成简图如图 3.1-7 所示，机械部件可分机身和手腕两大部分。

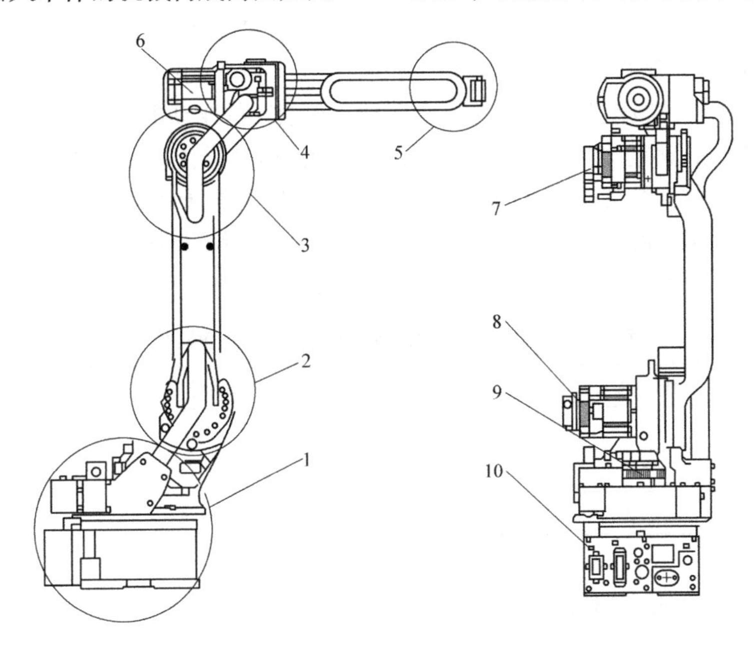

图 3.1-7　MH6 的本体机械结构

1—基座及腰回转　2—下臂摆动　3—上臂摆动　4—手腕回转　5—腕弯曲与手回转　6—腕回转电机　7—上臂摆动电机　8—下臂摆动电机　9—腰回转电机　10—电气连接板

2. 机身

机器人的机身通常由基座、定位机构和行走机构组成。工业机器人大多不需要行走，其机身通常只有基座和定位机构。

MH6 机器人的机身由基座和腰部、下臂、上臂 3 个关节构成。基座是整个机器人的支持部分，用于机器人的安装和固定；腰部、下臂、上臂组成了机器人的定位机构，它主要用来控制手腕基准点的移动和定位。

MH6 机器人的腰回转（S 轴）由伺服电机 9 通过 RV 减速器驱动；下臂摆动（L 轴）由伺服电机 8 通过 RV 减速器驱动；上臂摆动（U 轴）由伺服电机 7 通过 RV 减速器驱动。机身各运动轴的工作范围及伺服电机、减速器型号见表 3.1-1。

表 3.1-1　MH6 机器人机身驱动电机和减速器型号

轴名称	作　用	工作范围	伺服电机型号	减速器型号
S 轴	腰回转	-170° ~170°	SGMRV - 05ANA	HW0386621 - B
L 轴	下臂回转	-90° ~155°	SGMRV - 09ANA	HW0387809 - A
U 轴	上臂回转	-175° ~250°	SGMRV - 05ANA	HW9280738 - B

3. 手腕

MH6 机器人手腕包括手部和腕部。手部用来安装末端执行器（工具）；腕部用来连接手部和上臂。手腕的主要作用是用来改变末端执行器的姿态（作业方向），它是决定机器人作业灵活性的关键部件。

为了能够对末端执行器进行 6 自由度的完全控制，MH6 机器人的手腕有手腕回转（R 轴，又称上臂回转）、腕弯曲摆动（B 轴）和手回转（T 轴）3 个关节。手腕回转（R 轴）由伺服电机 6 通过谐波减速器驱动；腕弯曲摆动（B 轴）的驱动电机安装在上臂内部，电机通过右侧的同步带，将动力传递至腕弯曲关节的谐波减速器上，驱动腕摆动；手回转（T 轴）的驱动电机同样安装在上臂内部，电机先通过左侧的同步带，将动力传递至腕弯曲关节上，然后，再利用伞齿轮，将动力从腕部传送到手部的谐波减速器上，驱动手部回转。手腕各运动轴的工作范围及伺服电机、减速器型号见表 3. 1-2。

表 3. 1-2　MH6 机器人手腕驱动电机和减速器型号

轴名称	作　用	工作范围	伺服电机型号	减速器型号
R 轴	手腕（上臂）回转	-180° ~180°	SGMPH - 01ANA	HW0382277 - A
B 轴	腕弯曲	-45° ~225°	SGMPH - 01ANA	HW0381646 - A
T 轴	手回转	-360° ~360°	SGMPH - 01ANA	HW0382917 - A

3. 2　机身结构与维修

3. 2. 1　基座结构与机器人安装

1. 基座结构

基座是整个机器人的支持部分，它既是机器人的安装和固定部位，也是机器人的电线电缆、气管油管输入连接部位。MH6 机器人的基座结构如图 3. 2-1 所示。

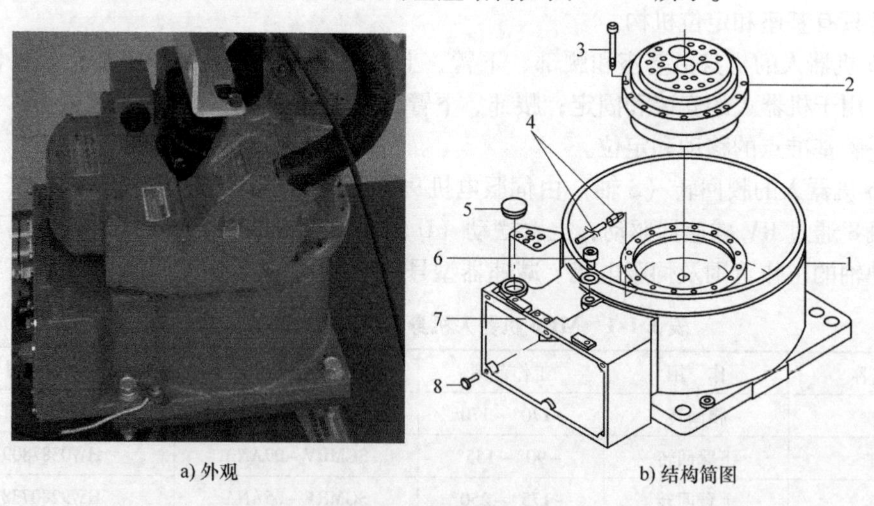

a) 外观　　b) 结构简图

图 3. 2-1　基座结构图

1—基座体　2—RV 减速器　3、6、8—螺钉　4—润滑管　5—盖　7—管线连接盒

基座的底部为机器人安装、固定板；基座内侧上方的凸台用来固定腰部回转轴S的RV减速器针轮，RV减速器的输出轴用来安装腰体。基座的后侧面安装有机器人的电线电缆、气管油管连接用的管线连接盒7，连接盒的正面布置有电线电缆插座、气管油管接头连接板。

为了简化结构、方便安装，腰回转轴S的RV减速器2采用了输出轴固定、针轮（壳体）回转的安装方式，由于针轮（壳体）被固定安装在基座体1上，因此，实际进行回转运动的是RV减速器的输出轴，即腰体和驱动电机部件。

2. 地面安装

基座底部的安装孔用来固定机器人。由于机器人的工作范围较大，但基座的安装面较小，当机器人直接安装于地面时，为了保证安装稳固，减小地面压强，一般需要在地基和底座间安装图3.2-2所示的过渡板1。

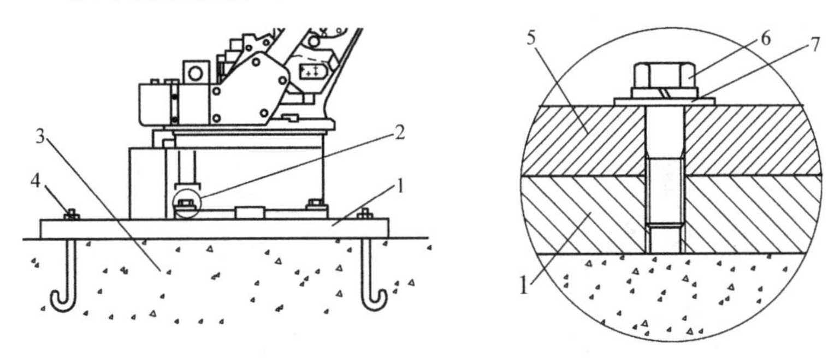

图3.2-2 过渡板安装

1—过渡板 2—过渡板连接 3—地基 4—地脚螺钉 5—基座 6—螺钉 7—垫圈

基座安装过渡板后，过渡板相当于成为了基座的一部分，因此，它需要有一定的厚度（MH6机器人要求在40mm以上）和面积，以保证刚性、减小地面压强。

为了保证安装稳固，基座过渡板一般需要通过图3.2-3所示的地脚螺钉和混凝土地基连接，安装机器人的地基需要有足够的深度和面积。

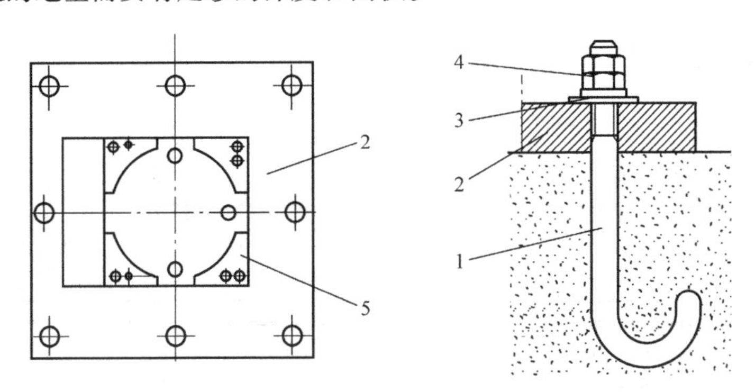

图3.2-3 地脚安装

1—地脚螺钉 2—过渡板 3—垫圈 4—螺钉 5—基座

3. 倒置安装

如果机器人采用倒置安装，不仅要求机器人和安装顶面之间的连接有足够强度，而且还需要在基座上安装图 3.2-4 所示的用来预防机器人安装脱落的防坠落保护架。

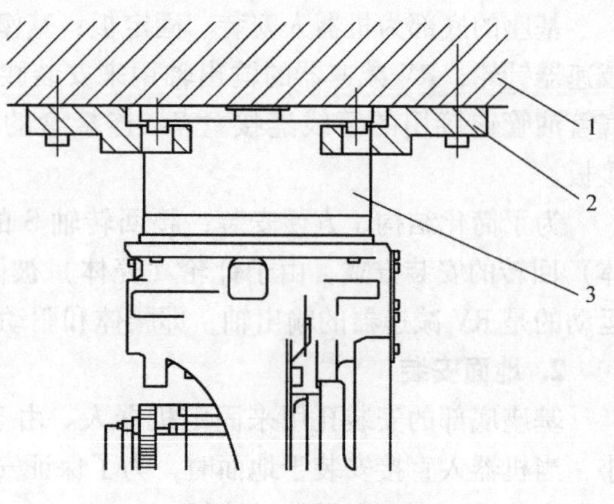

图 3.2-4　倒置安装

1—安装顶面　2—保护架　3—基座

3.2.2　腰部结构与维修

1. 腰部结构

腰部是连接基座和下臂的中间体，腰部可以连同下臂及后端部件在基座上回转，以改变整个机器人的作业面方向。腰部是机器人的关键部件，其结构刚性、回转范围、定位精度等都直接决定了机器人的技术性能。

MH6 机器人腰部的结构组成如图 3.2-5 所示。腰体 2 的内侧安装有腰回转的 S 轴伺服驱动电机 1；右侧安装线缆管 3；上部突耳的左右两侧用于下臂及其驱动电机安装。

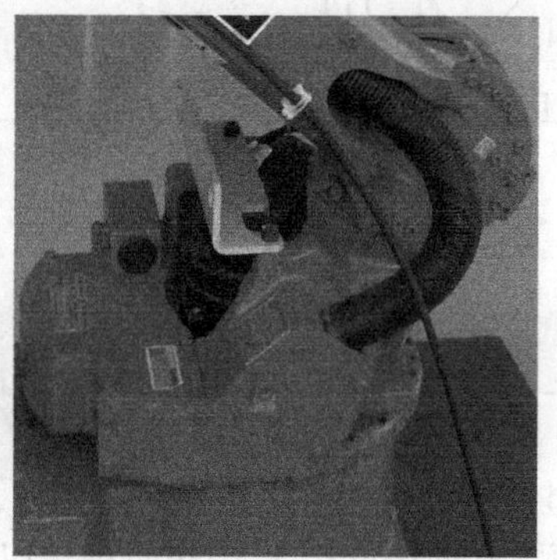

a) 外观

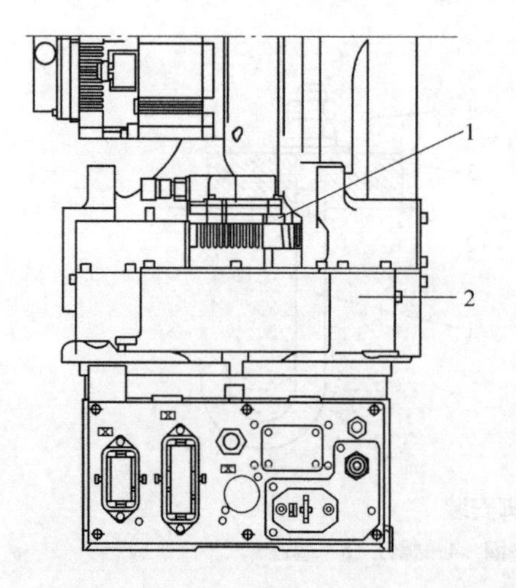

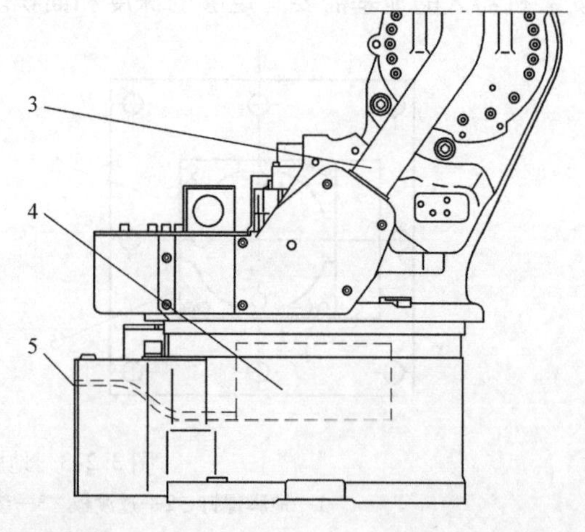

b) 组成部件

图 3.2-5　腰部结构组成

1—驱动电机　2—腰体　3—线缆管　4—减速器　5—润滑油管

MH6机器人腰部的S轴传动系统结构如图3.2-6所示。腰回转驱动的S轴伺服电机1安装在电机座4上，电机轴直接与RV减速器的输入轴连接。RV减速器的针轮（壳体）固定在基座上，电机座4和腰体6安装在RV减速器的输出轴上，因此，当电机旋转时，减速器的输出轴将带动腰体、驱动电机在基座上回转。

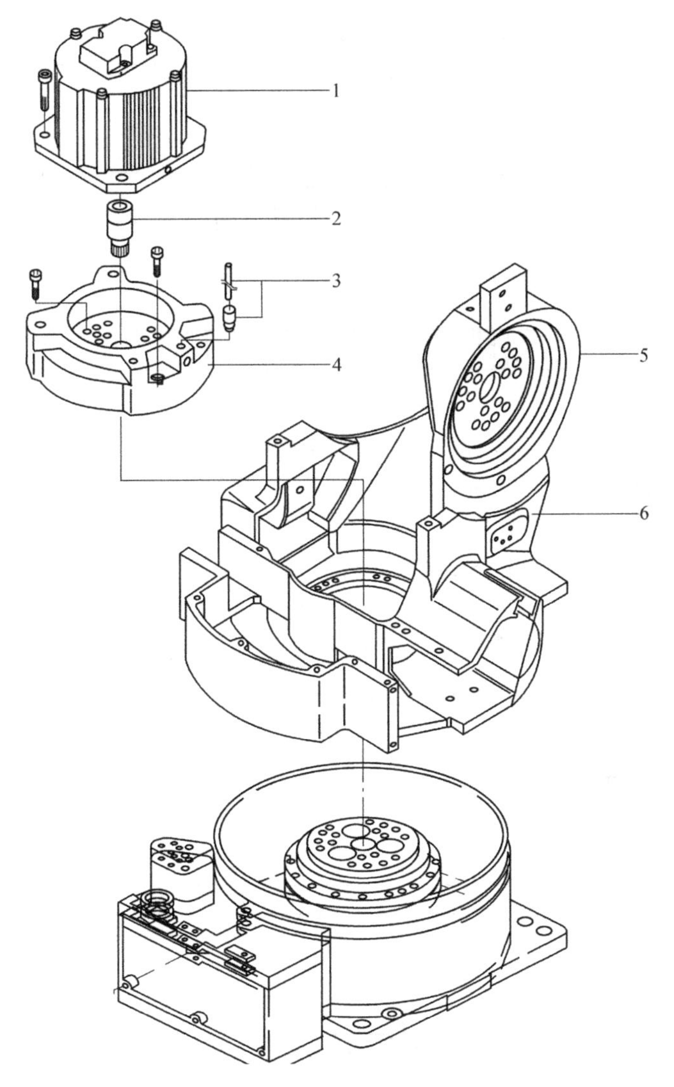

图3.2-6 腰部的S轴传动系统结构

1—驱动电机 2—减速器输入轴 3—润滑管 4—电机座 5—下臂安装端面 6—腰体

2. 腰部的维修

腰部的机械结构较简单，其主要维修工作为RV减速器和S轴伺服电机的检测、维护和更换，减速器和电机的装拆方法如下。

1）RV减速器装拆。腰回转采用的是带输出轴承的标准RV减速器，减速器的装拆方法如图3.2-7所示。安装减速器时，先将针轮（壳体）通过16只M6×35的连接螺钉3，固定至基座1上；然后，利用18只M8×30的连接螺钉4将减速器输出轴6和腰体5连接；再将伺服电机连同电机座一起安装到腰体 5 上。减速器拆卸的过程与安装相反。RV 减速器的安装方法及要求将在第 6 章进行详细介绍，在此不再具体说明（下同）。

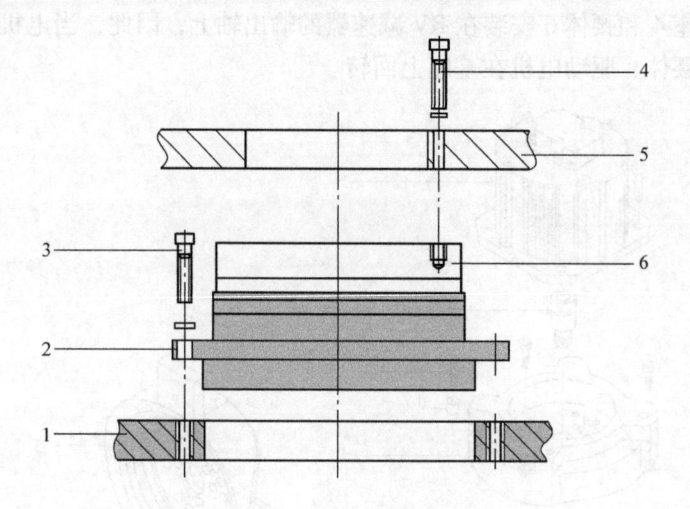

图 3.2-7　S 轴减速器装拆

1—基座　2—RV 减速器　3、4—螺钉　5—腰体　6—减速器输出轴

2）伺服电机装拆。腰回转的 S 轴伺服驱动电机的装拆方法如图 3.2-8 所示。伺服电机安装时，先将 RV 减速器的输入轴 2 套入带键 4 的电机轴 3 内，并用 M5 ×85 的固定螺钉 1 锁紧；然后，利用 3 只 M8 ×30 的连接螺钉 6，连接电机 5 和电机座 7；最后将电机座连同电机一起安装到腰体上。拆卸的过程与安装相反。

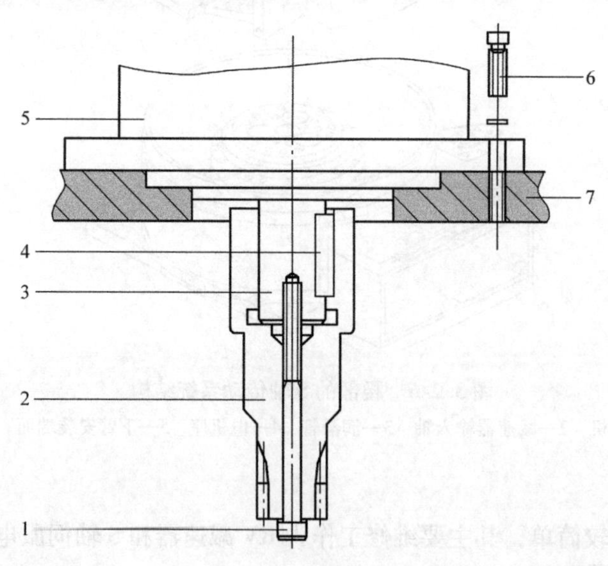

图 3.2-8　S 轴电机装拆

1、6—螺钉　2—输入轴　3—电机轴　4—键　5—伺服电机　7—电机座

3.2.3 下臂结构与维修

1. 下臂结构

下臂是连接腰部和上臂的中间体，下臂可以连同上臂及后端部件在腰上摆动，以改变参考点的前后及上下位置。

MH6 机器人下臂的结构组成如图 3.2-9 所示。下臂体 3 和回转摆动的 L 轴伺服驱动电机 2 分别安装在腰体上部突耳的左右两侧；RV 减速器安装在腰体 1 上，伺服驱动电机 2 通过减速器驱动下臂摆动。

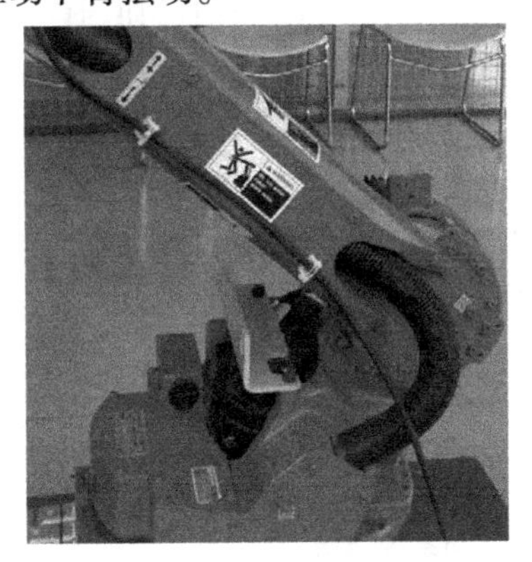

a) 外观

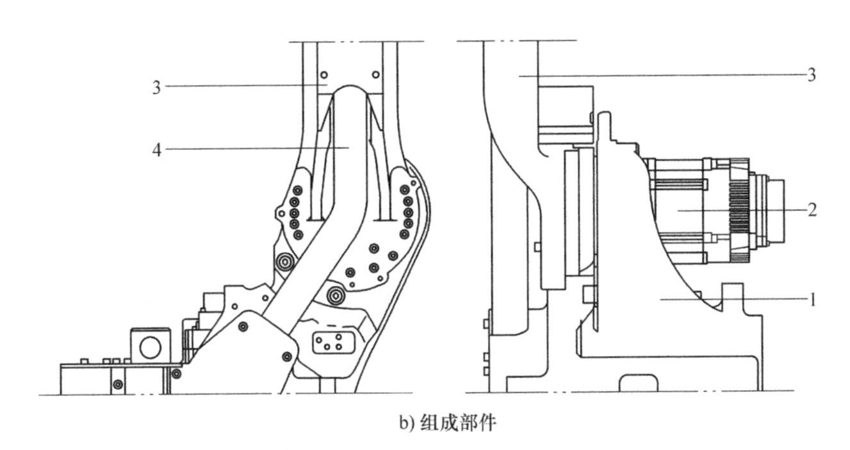

b) 组成部件

图 3.2-9 下臂结构组成

1—腰体 2—驱动电机 3—下臂体 4—线缆管

MH6 机器人下臂的 L 轴传动系统结构如图 3.2-10 所示。下臂体 5 的下端形状类似端盖，它用来连接 RV 减速器 7 的针轮（壳体）；臂的上端类似法兰盖，它用来连接上臂回转驱动的 RV 减速器输出轴；臂中间部分的截面为 U 形，内腔用来安装线缆管。

下臂摆动的 RV 减速器同样采用输出轴固定、针轮回转的安装方式。L 轴伺服驱动电机 1 安装在腰体突耳的左侧，电机轴直接与 RV 减速器 7 的输入轴 2 连接；RV 减速器的输出轴通过螺钉 4 固定在腰体上，针轮通过螺钉 8 连接下臂；当电机旋转时，减速器针轮将带动下臂在腰体上摆动。

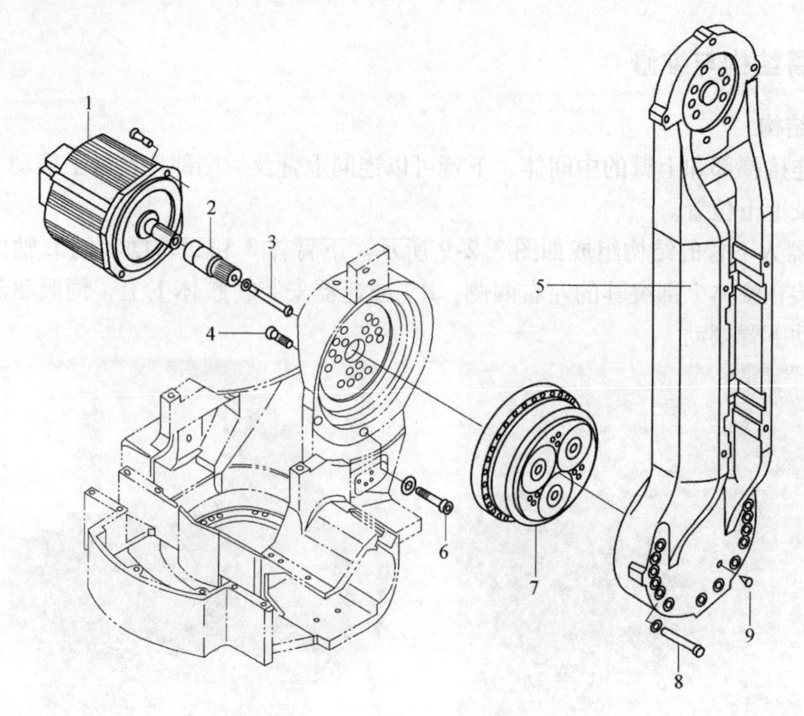

图 3.2-10　下臂的 L 轴传动系统结构

1—驱动电机　2—减速器输入轴　3、4、6、8、9—螺钉　5—下臂体　7—RV 减速器

2. 下臂的维修

下臂的维修工作同样主要是 RV 减速器和伺服电机的检测、维护和更换。L 轴伺服驱动电机安装在腰体突耳上，可直接装拆；电机轴上同样需要安装 RV 减速器的输入轴，输入轴的装拆方法与腰回转驱动电机相同。

下臂的 RV 减速器的装拆方法如图 3.2-11 所示。RV 减速器安装时，先将输出轴 2 通过 18 只 M8 ×25 连接螺钉 3，固定在腰体 1 上；然后，利用 16 只 M6 ×70 的连接螺钉 4，连接针轮（壳体）5 和下臂 6。减速器安装完成后，再将安装好输入轴的伺服电机安装到腰体 1 上。拆卸的过程与安装相反。

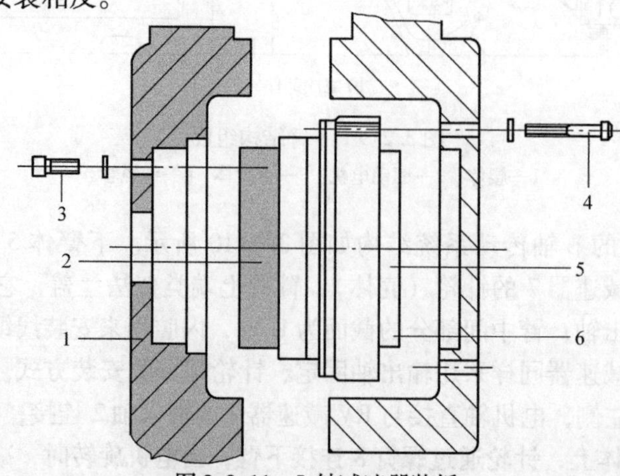

图 3.2-11　L 轴减速器装拆

1—腰体　2—减速器输出轴　3、4—螺钉　5—减速器针轮　6—下臂

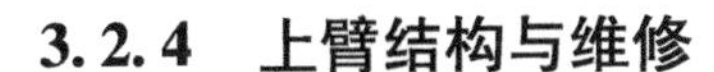

3.2.4 上臂结构与维修

1. 上臂结构

上臂是连接下臂和手腕的中间体，上臂可以连同手腕及后端部件在上臂上摆动，以改变参考点的上下及前后位置。

MH6 机器人的上臂外观如图 3.2-12 所示。上臂 3 安装在下臂的左上侧，上臂回转摆动的 U 轴伺服驱动电机 4、RV 减速器安装在上臂关节左侧；电机、减速器的轴线和上臂回转轴线同轴；伺服驱动电机 4 的连接线从右侧线缆管 2 引入。电机旋转时，电机、减速器将随同上臂在下臂上摆动。

a) 外观

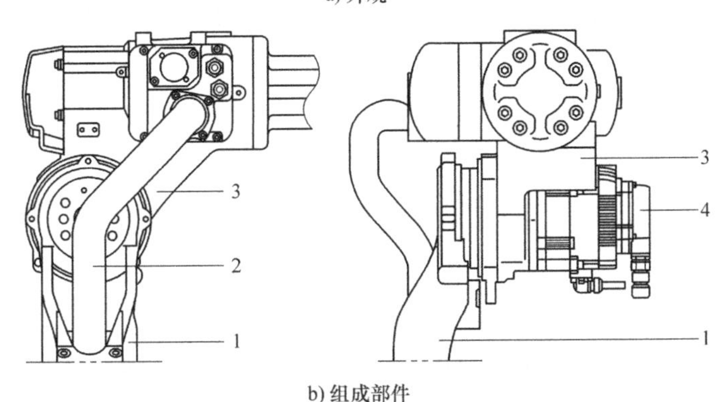

b) 组成部件

图 3.2-12 上臂结构组成

1—下臂 2—线缆管 3—上臂 4—驱动电机

MH6 机器人上臂的 U 轴传动系统结构如图 3.2-13 所示。上臂 6 的上方为箱体结构，内腔用来安装手腕回转的 R 轴伺服驱动电机及减速器。上臂回转的 U 轴伺服驱动电机 1 安装在臂的左下方，电机利用螺钉 2 安装于上臂，电机轴直接与 RV 减速器 7 的输入轴 3 连接。RV 减速器 7 安装在上臂右下方的内侧，减速器的针轮（壳体）利用连接螺钉 5 或 8 与上臂连接；输出轴通过螺钉 10 连接下臂 9；电机旋转时，上臂及电机可绕下臂摆动。

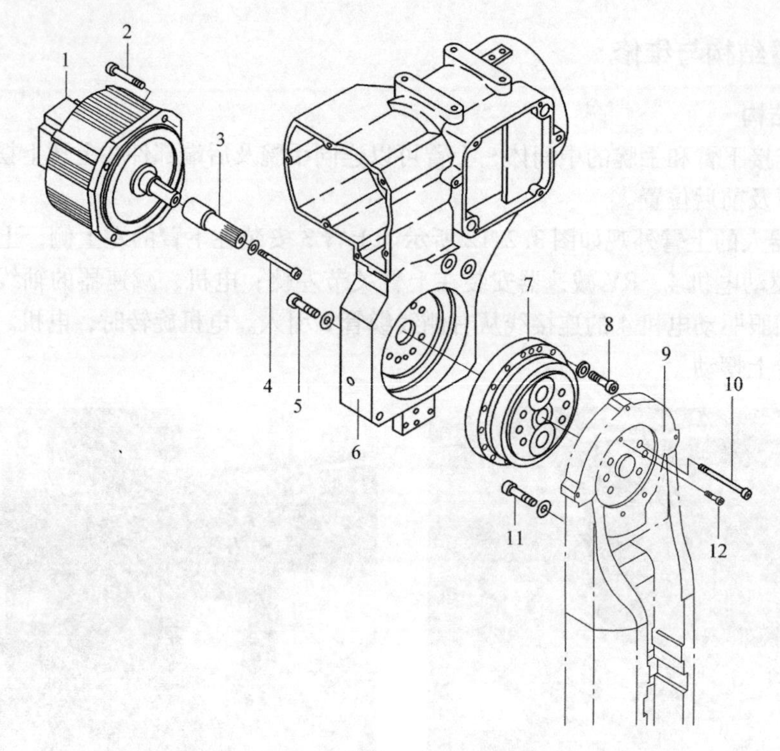

图 3.2-13　上臂的 U 轴传动系统结构

1—驱动电机　3—RV 减速器输入轴　2、4、5、8、10、11、12—螺钉　6—上臂　7—减速器　9—下臂

2. 上臂维修

上臂的维修工作同样主要是 RV 减速器和伺服电机的检测、维护和更换。安装在上臂左下方的 U 轴伺服驱动电机可直接装拆；电机轴上同样需要安装 RV 减速器的输入轴，输入轴的装拆方法与腰回转驱动电机相同。

上臂的 RV 减速器装拆方法如图 3.2-14 所示。

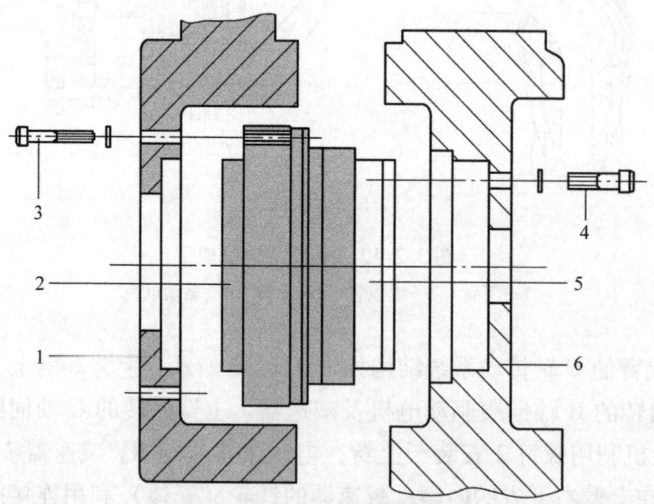

图 3.2-14　U 轴减速器装拆

1—上臂　2—减速器针轮　3、4—螺钉　5—减速器输出轴　6—下臂

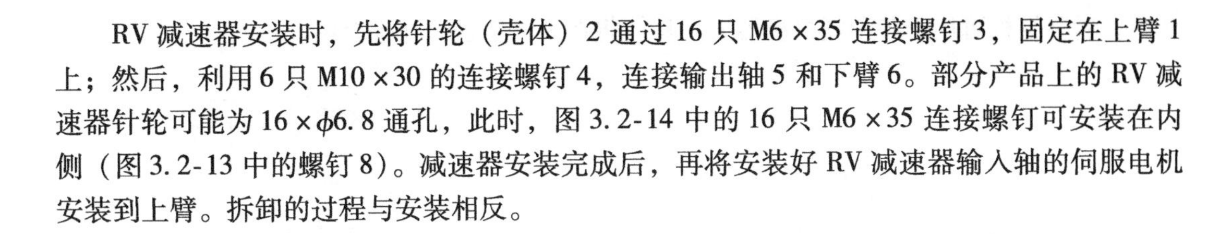

RV减速器安装时，先将针轮（壳体）2通过16只M6×35连接螺钉3，固定在上臂1上；然后，利用6只M10×30的连接螺钉4，连接输出轴5和下臂6。部分产品上的RV减速器针轮可能为16×ϕ6.8通孔，此时，图3.2-14中的16只M6×35连接螺钉可安装在内侧（图3.2-13中的螺钉8）。减速器安装完成后，再将安装好RV减速器输入轴的伺服电机安装到上臂。拆卸的过程与安装相反。

3.3　手腕结构与维修

3.3.1　手腕总体结构

1. 组成与功能

工业机器人的手腕主要作用是改变末端执行器的姿态（Working Pose），例如，通过手腕的回转和弯曲，来保证刀具、焊枪等加工工具的轴线与加工面垂直等。当然，改变执行器姿态，也可起到减小定位机构运动干涉区、扩大机器人作业空间等作用。因此，手腕是决定机器人作业灵活性的关键部件。

工业机器人的手腕一般由腕部和手部组成。腕部用来连接上臂和手部；手部用来安装末端执行器。机器人腕部的回转和输出机构通常与上臂同轴安装，因此，也可以视为上臂的延长部件。

如前所述，机器人的参考点三维空间定位，主要由机身上的腰回转和上下臂摆动机构实现；为了能够对末端执行器的姿态进行6自由度的完全控制，机器人手腕通常需要有3个回转（Roll）或摆动（Bend）自由度。这3个自由度可以根据机器人不同的作业要求，通过如下方式进行组合。

2. 结构形式

为了实现手腕的3自由度控制，工业机器人手腕常用的结构形式有图3.3-1所示的几种。图中，将能够在4象限进行360°或接近360°回转的旋转轴，称为回转轴（Roll），简称R型轴；将只能在3象限进行270°以下回转的旋转轴，称摆动轴（Bend），简称B型轴。

图3.3-1a为3个回转轴组成的手腕，称为3R（RRR）结构。3R结构的手腕多采用伞齿轮传动，3个回转轴的回转范围通常不受限制，其结构紧凑、动作灵活，它可最大限度地改变执行器的姿态。但是，由于手腕上的3个回转轴中心线相互不垂直，增加了控制的难度，因此，在通用工业机器人使用相对较少。

图3.3-1b为“摆动轴+摆动轴+回转轴”或“摆动轴+回转轴+回转轴”组成的手腕，称为BBR或BRR结构。BBR和BRR结构的手腕回转中心线相互垂直，并和三维空间的坐标轴一一对应，其操作简单、控制容易。但是，这种结构的手腕外形通常较大、结构相对松散，因此，多用于大型、重载的工业机器人。在机器人作业要求固定时，BBR结构的手腕也经常被简化为BR结构的2自由度手腕。

图3.3-1c为“回转轴+摆动轴+回转轴”组成的手腕，称为RBR结构。RBR结构的手腕回转中心线同样相互垂直，并和三维空间的坐标轴一一对应，其操作简单、控制容易，且结构紧凑、动作灵活，它是目前工业机器人最为常用的手腕结构。

RBR结构的手腕，其手腕回转的驱动电机基本上都安装在上臂后侧，但腕弯曲和手回转的电机有前驱和后驱两种安装形式。前驱结构的多用于中小规格机器人，本节将对其进行介绍；后驱结构可用于各种规格机器人，具体将在3.4节进行详细介绍。

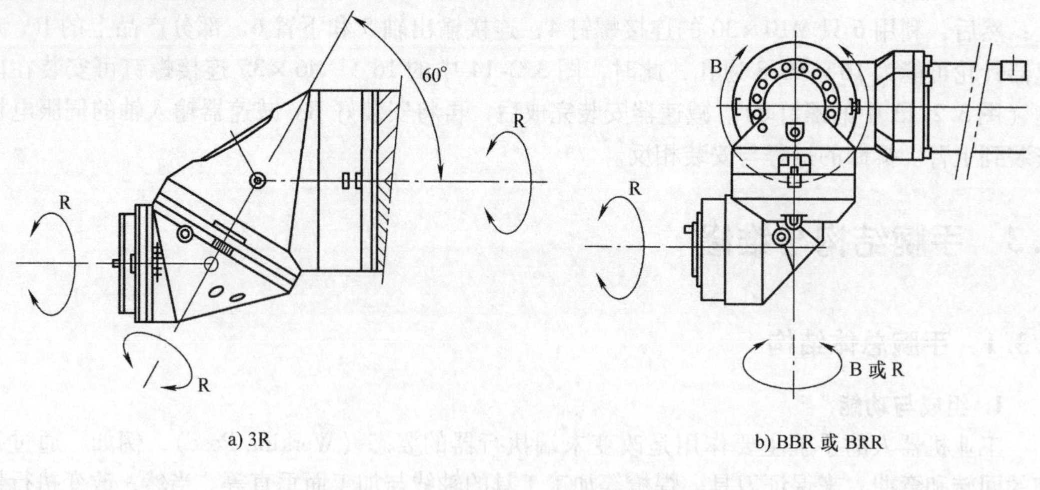

a) 3R　　b) BBR或BRR

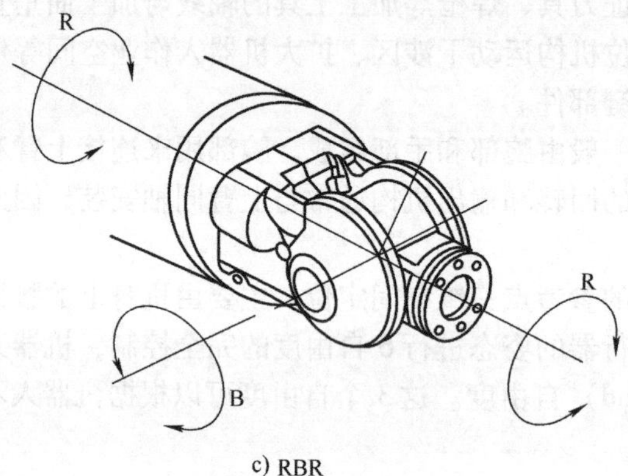

c) RBR

图3.3-1　手腕的结构形式

3. MH6手腕总体结构

安川MH6机器人手腕外观如图3.3-2所示，它采用前驱RBR结构，腕弯曲（B轴）和手回转（T轴）的伺服驱动电机均安装在手腕回转体上，电机通过同步带、伞齿轮等传动部件，将动力传递至腕弯曲的摆动体及末端执行器的安装法兰上，其结构紧凑、传动链短。

图3.3-2　MH6机器人手腕外观

MH6机器人的腕弯曲（B轴）和手回转（T轴）的传动系统结构如图3.3-3所示。

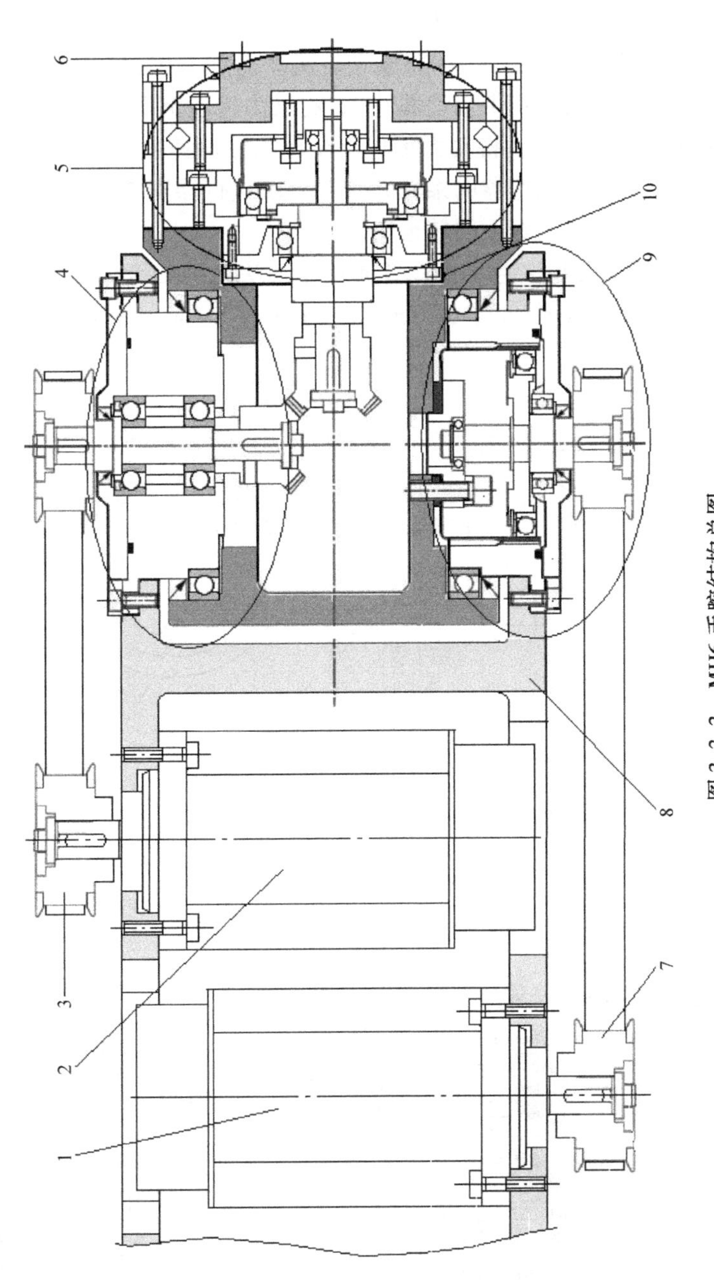

图 3.3-3 MH6 手腕结构总图

1—B 轴驱动电机 2—T 轴驱动电机 3—T 轴传动部件 4—B 轴支承及 T 轴传动部件 5—T 轴减速器 6—法兰
7—B 轴传动部件 8—手腕回转体 9—B 轴减速器 10—B 轴摆动体

腕弯曲摆动轴B的驱动系统布置于手腕回转体的右侧。伺服驱动电机1安装在手腕回转体8的后部，B轴谐波减速器9安装在手腕回转体8的右前侧，两者通过同步带传动部件7连接后，将动力传递到减速器的输入轴（谐波发生器）上。B轴减速器的输出（柔轮）连接腕弯曲摆动体10，驱动电机1回转时，摆动体便可进行腕弯曲运动。

手回转轴T的驱动系统主要布置于摆动体上。伺服驱动电机2安装在手腕回转体8的中部，T轴减速器5安装在摆动体10上。为了将驱动电机2的动力传递到摆动体10上，首先，通过位于手腕回转体8左侧的同步带传动部件3，将动力传递至手腕回转体8的左前侧的伞齿轮上，通过伞齿轮变换方向后，将动力传递至T轴谐波减速器的输入轴（谐波发生器）上。T轴减速器的输出（谐波减速器的柔轮）连接末端执行器安装法兰6，驱动电机2回转时，末端执行器安装法兰便可进行手回转运动。

MH6机器人的末端执行器安装法兰如图3.3-4所示。法兰的凸缘为$\phi50\times6$，中间有$\phi25\times6$的内孔；法兰端面布置有6个$\phi6$、深6mm定位孔和4个M6、深9mm的安装螺孔。

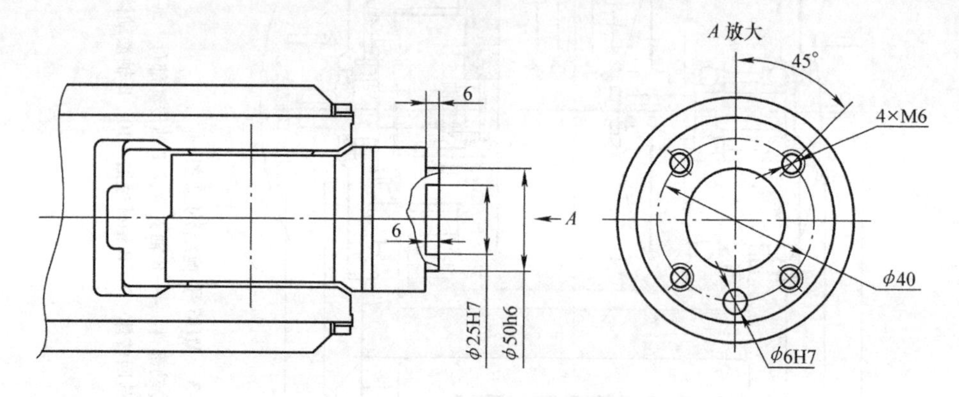

图3.3-4　MH6末端执行器安装法兰

MH6机器人手腕部分的结构原理和维修方法如下。

3.3.2　R轴结构与维修

1. R轴结构

MH6机器人的手腕回转部件的安装位置如图3.3-5所示。

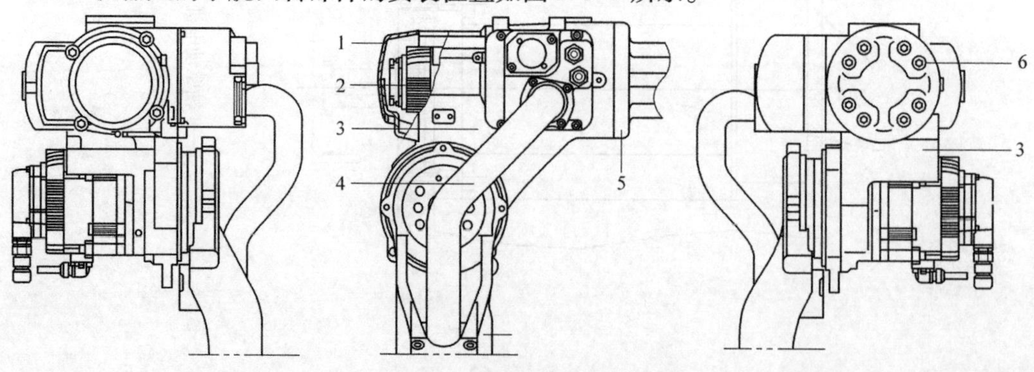

图3.3-5　手腕回转部件的安装

1—保护罩　2—驱动电机　3—上臂　4—线缆管　5—手腕回转体　6—安装螺钉

手腕回转轴R采用的是谐波减速器减速。R轴驱动电机、减速器、过渡轴等传动部件均安装在上臂的内腔中；手腕回转体安装在上臂的前端；减速器输出和手腕回转体之间，通过过渡轴进行连接；因此，手腕回转体可起到延长上臂的作用，故R轴又称上臂回转。R轴驱动电机的电缆从右侧线缆管进入内腔；电机后侧安装有保护罩1。

R轴传动系统主要由伺服驱动电机、谐波减速器、过渡轴等主要部件组成，其内部结构如图3.3-6所示。

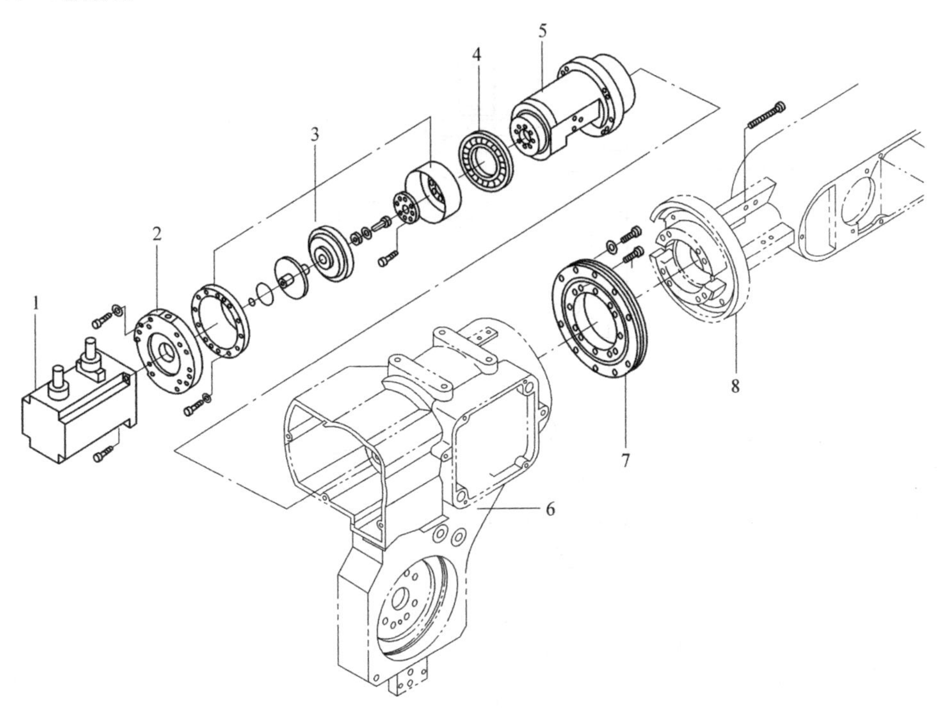

图3.3-6 R轴传动系统结构

1—驱动电机 2—电机座 3—谐波减速器 4—轴承 5—过渡轴 6—上臂 7—CRB 8—手腕回转体

谐波减速器3的刚轮（Circular Spline）和电机座2固定在上臂的内壁上；R轴伺服驱动电机1的输出轴和减速器的谐波发生器（Wave Generator）连接；谐波减速器的柔轮（Flex Spline）输出和过渡轴5连接。

过渡轴5是连接谐波减速器和手腕回转体8的中间轴，它安装在上臂内部，可在上臂内回转。过渡轴的前端面安装有交叉滚子轴承（Cross Roller Bearing，CRB，详见第4章）7；后端面与谐波减速器的柔轮连接。过渡轴的后支承为径向轴承4，轴承的外圈安装于上臂的内侧；内圈与过渡轴5的后端配合。过渡轴的前支承采用了可同时承受径向和轴向载荷的CRB 7，轴承的外圈固定在上臂前端面上，作为回转支承；内圈与过渡轴5、手腕回转体8连接，它们可在减速器输出的驱动下回转。

2. R轴维修

手腕回转轴的维修工作主要是谐波减速器和伺服电机的检测、维护和更换。更换过渡轴前轴承时，需要先取出前端用来固定手腕回转体的8只M6×60安装螺钉（即图3.3-5中的安装螺钉6)，将CRB内圈和手腕回转体分离，取下手腕回转体。然后，可取下CRB的10只M6×30轴承外圈固定螺钉；这时，如过渡轴5的后端连接已分离，便可从前端取出过渡轴和CRB。

上臂后端的R轴传动系统传动部件安装如图3.3-7所示，传动部件的维修可在取下后端保护罩（即图3.3-5中的保护罩1）后进行。

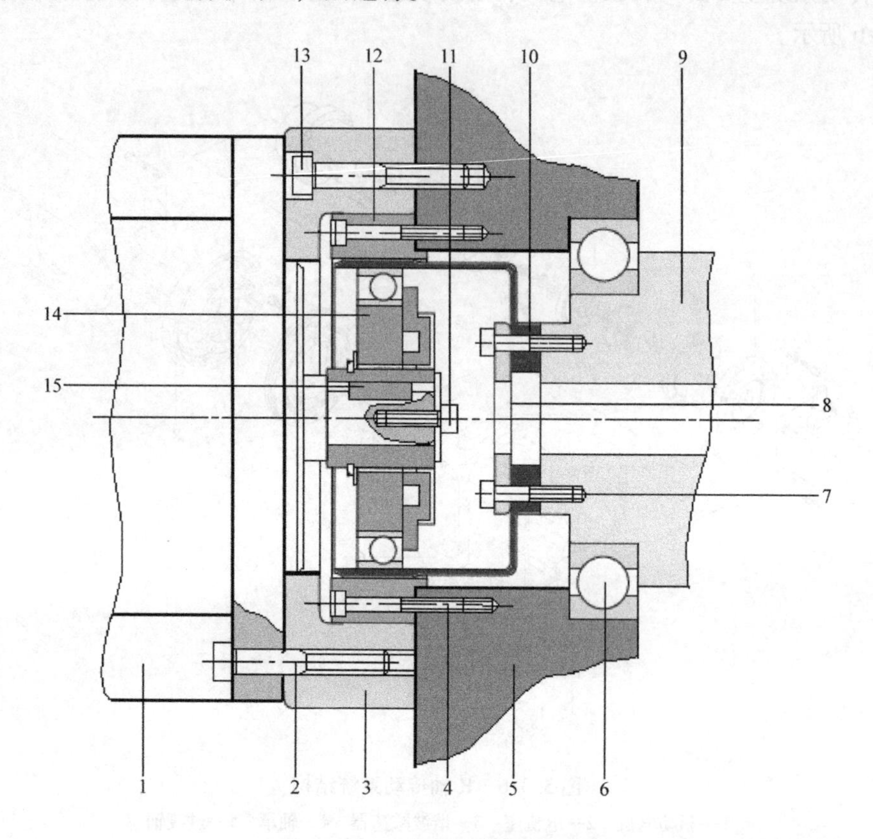

图3.3-7　R轴传动系统安装图

1—驱动电机　2、4、7、11、13—螺钉　3—电机座　5—上臂　6—后轴承　8—连接板　9—过渡轴　10—柔轮　12—刚轮　14—谐波发生器　15—键

手腕回转轴R的驱动电机1利用4只M5×12的连接螺钉2，固定在电机座3上；电机座3通过9只M4×25的连接螺钉13，固定在上臂上。谐波减速器的谐波发生器14直接利用连接螺钉11和键15，固定在驱动电机1的输出轴上；因此，取下驱动电机时，需要连同减速器的谐波发生器14一起取出。

驱动电机1和谐波发生器14及电机座3取下后，便可拆下8只M5×16的连接螺钉7，取出减速器的柔轮连接板8；将柔轮10和过渡轴9分离。如果需要，还可拆下12只M3×16的连接螺钉4，将减速器的刚轮12和柔轮10从上臂中取出。

传动系统安装时，先要利用键15和连接螺钉11，将减速器的谐波发生器14固定在伺服电机的轴上；接着，依次安装减速器的刚轮12、柔轮10；连接柔轮10和过渡轴9；安装电机座3；最后，将电机连同减速器的谐波发生器14，安装到电机座3上。

3.3.3 B 轴结构与维修

MH6 机器人的手腕采用的是前驱结构，其腕弯曲轴 B 和手回转轴 T 的伺服驱动电机均安装在手腕回转体上。

1. B 轴结构

MH6 机器人的腕弯曲 B 轴传动系统结构如图 3.3-8 所示。R 轴伺服驱动电机 2 安装在手腕回转体 17 的后部，电机通过同步带 5 与安装在手腕前端的谐波减速器 8 输入轴连接，谐波减速器的柔轮输出连接摆动体 12。

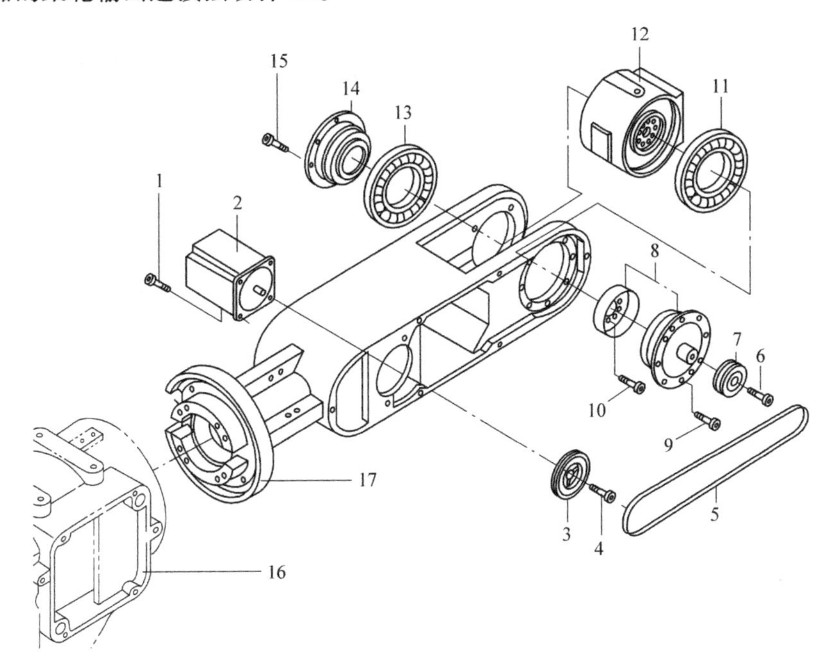

图 3.3-8 B 轴传动系统结构

1、4、6、9、10、15—螺钉 2—驱动电机 3、7—同步带轮 5—同步带 8—谐波减速器 11、13—轴承 12—摆动体 14—支承座 16—上臂 17—手腕回转体

安装在手腕回转体 17 右前侧的谐波减速器刚轮和安装在左前侧的支承座 14，是摆动体 12 摆动回转的支承，它们分别用来安装轴承 11、13 的内圈；轴承 11、13 的外圈和摆动体 12 连接，可随摆动体 12 回转。

摆动体 12 的回转驱动力来自右前侧谐波减速器 8 的柔轮输出，减速器的柔轮与摆动体 12 间利用连接螺钉 10 固定。因此，当驱动电机 2 旋转时，将通过同步带 5 带动减速器的谐波发生器旋转，减速器的柔轮输出将带动摆动体 12 摆动。

2. B 轴维修

B 轴传动系统的部件安装如图 3.3-9 所示。B 轴传动系统检修时，首先需要松开连接螺钉 6 和 14，取下同步带轮 4、13 和同步带 5，脱开驱动电机 1 和谐波减速器的连接。然后，可从手腕回转体 3 的左侧窗口，松开驱动电机 1 的 4 只 M4 × 16 安装螺钉 2，从窗口中取出驱动电机。

在同步带轮 13 取下后，可松开固定右端盖 11 及减速器刚轮的其中 4 只 M4 × 16 连接螺钉 9，将减速器的谐波发生器 15 及前后支承轴承等部件，从刚轮 17 中取出。如果需要进一步分解，可在取下谐波发生器 15 后，再松开连接减速器与摆动体 7 的 8 只 M4×16 固定螺钉 12，取出减速器的柔轮 16 及连接板 10，将减速器的柔轮从刚轮中取出。

谐波减速器的刚轮 17 和左侧支承座 20，是摆动体 7 的回转支承。如果需要将摆动体 7 取出，在谐波减速器侧，需要在取下减速器柔轮后，继续松开固定减速器刚轮的另外 4 只 M4×12 连接螺钉 9，然后，将刚轮 17 从右侧支承轴承 8 的内圈中取下；在左侧，则需要松开固定支承座 20 和左端盖 21 的 8 只 M4×12 连接螺钉 19，将支承座 20 连同内部组件，一起从左侧支承轴承 18 的内圈中取下。这样，就可将摆动体 7 及其内部组件，从手腕回转体 3 中取下。

B 轴传动系统安装时，可参照以上方法，采用相反的步骤依次安装各部件。

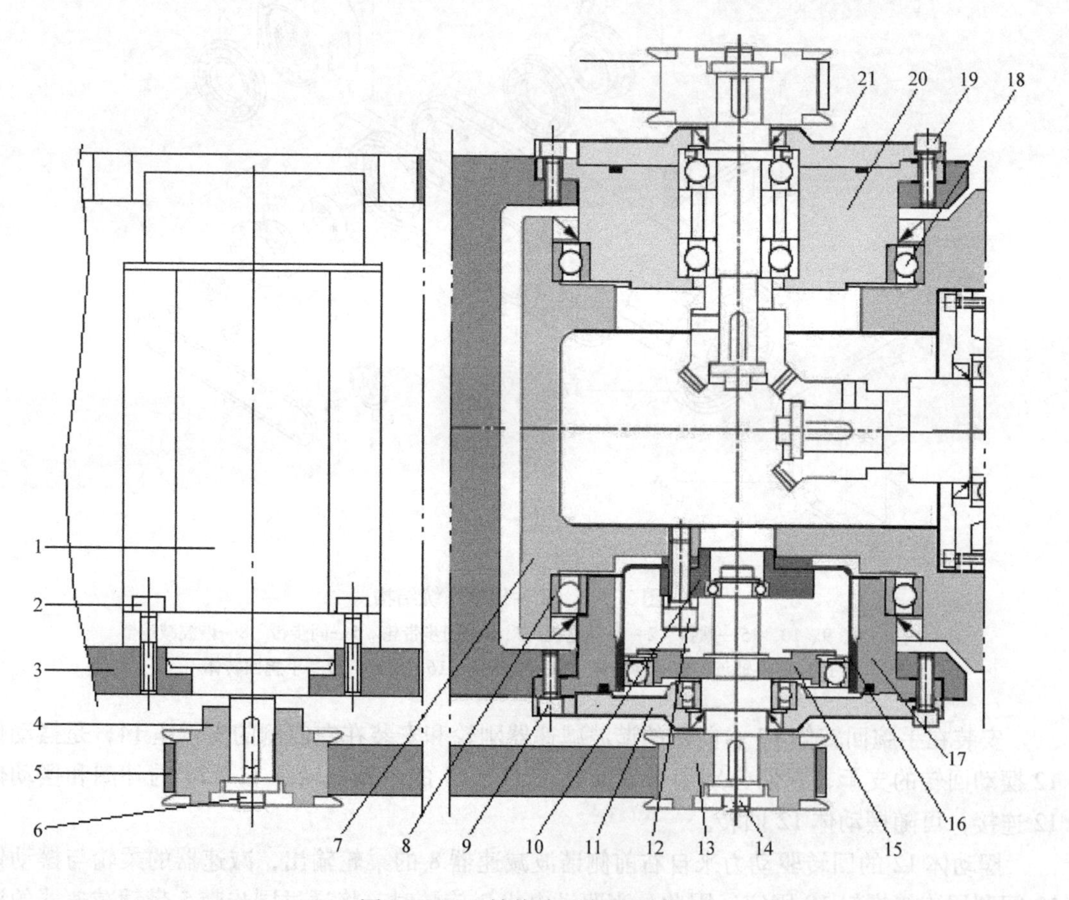

图 3.3-9　B 轴传动系统安装图

1—驱动电机　2、6、9、12、14、19—螺钉　3—手腕回转体　4、13—同步带轮
5—同步带轮　7—摆动体　8、18—轴承　10—连接板　11—右端盖
15—谐波发生器　16—柔轮　17—刚轮　20—支承座　21—左端盖

3.3.4　T 轴结构与维修

在中小规格的机器人上，手回转轴 T 的驱动电机一般安装在手腕回转体上，因此，其传

动系统由安装在手腕回转体上的中间传动部分和安装在摆动体上的回转减速部分所组成，分别介绍如下。

1. T轴中间传动

MH6机器人手回转轴T的中间传动部分的传动系统结构如图3.3-10所示，这部分传动部件均安装在手腕回转体上。

手回转轴T的驱动电机1安装在手腕回转体2的中间，电机通过同步带将动力传递至手腕回转体的左前侧。安装在手腕回转体左前侧的支承座13为中空结构，其外圈作为腕弯曲摆动轴B的支承；其内部安装有手回转轴T的中间传动轴。

中间传动轴的外侧安装有与电机连接的同步带轮8，内侧安装有伞齿轮14。伞齿轮14的倾斜角为45°，它和安装在摆动体上的另一倾斜角为45°的伞齿轮配合后，不仅可实现传动方向的90°变换，将动力传递到手腕摆动体上，而且也能保证摆动体成不同角度时的齿轮可靠啮合。

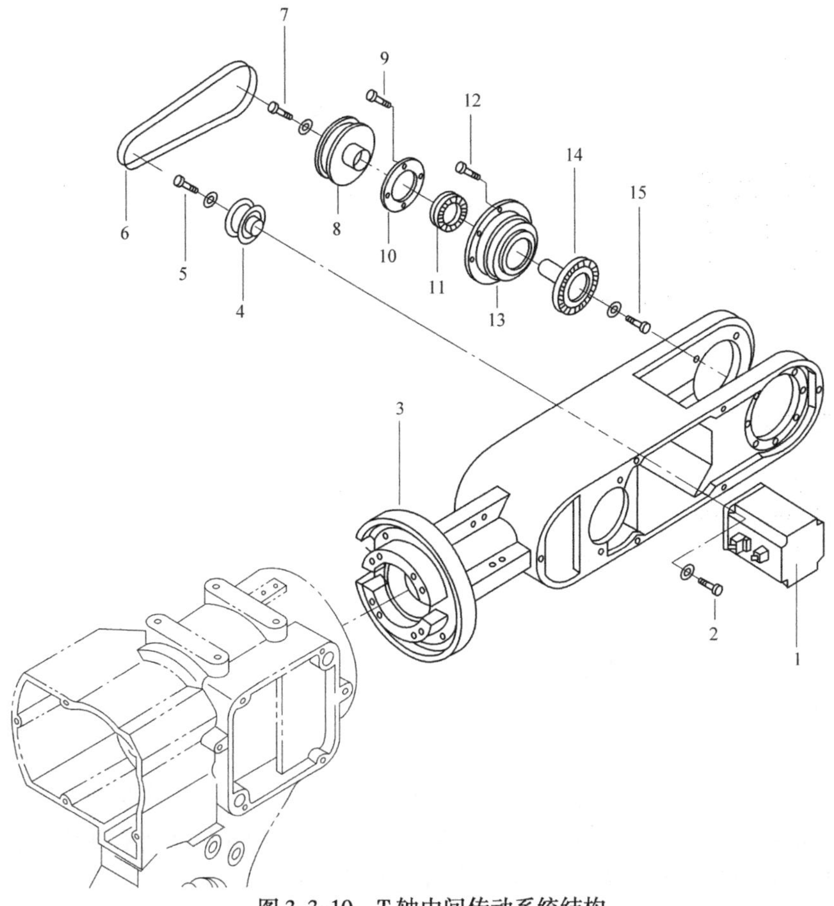

图3.3-10 T轴中间传动系统结构

1—驱动电机 2、5、7、9、12、15—螺钉 3—手腕回转体 4、8—同步带轮 6—同步带 10—端盖 11—轴承 13—支承座 14—伞齿轮

2. T轴回转减速

MH6机器人手回转轴T的回转和减速部分的传动系统结构如图3.3-11所示。T轴谐波减速器等主要传动部件安装在由壳体7、密封端盖15所组成的封闭空间内。壳体7直接安

装在手腕摆动体1上。

T轴回转减速传动轴通过伞齿轮3与中间传动轴的输出伞齿轮（图3.3-10中的伞齿轮14）啮合。伞齿轮3与谐波减速器9的谐波发生器连接，减速器的柔轮通过轴套11，连接CRB 12的内圈及末端执行器安装法兰13；谐波减速器的刚轮、CRB 12的外圈固定在壳体7上。谐波减速器、轴套、CRB、末端执行器安装法兰的外部用密封端盖15封闭，并和摆动体1连为一体。

由于末端执行器安装法兰采用CRB支承，因此，它可同时承受径向和轴向载荷。

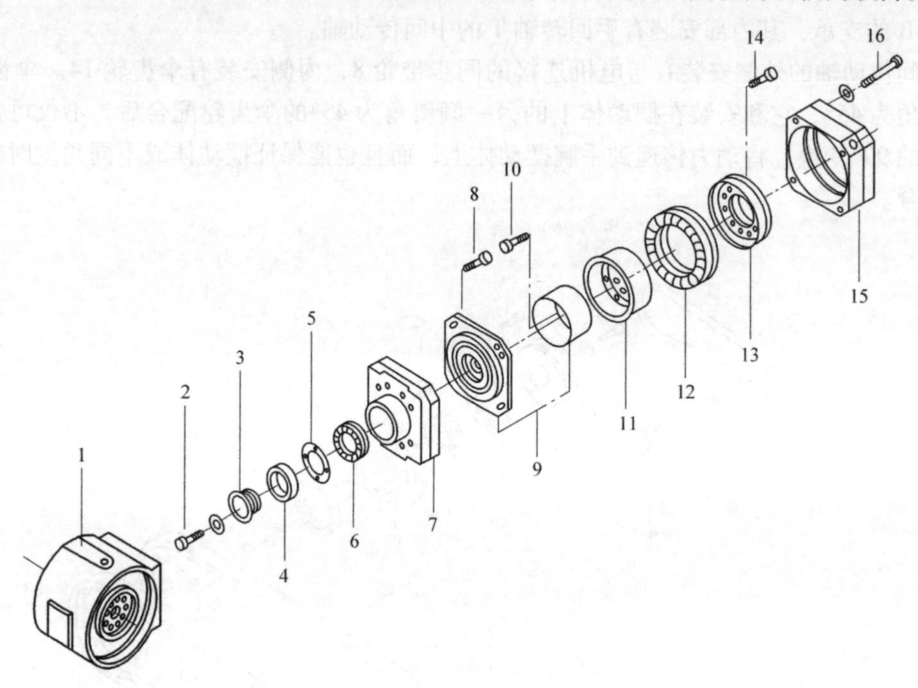

图3.3-11　T轴回转减速传动系统结构

1—摆动体　2、8、10、14、16—螺钉　3—伞齿轮　4—锁紧螺母　5—垫　6、12—轴承　7—壳体　9—谐波减速器　11—轴套　13—安装法兰　15—密封端盖

3. T轴维修

T轴传动系统的部件安装如图3.3-12所示。T轴传动系统检修时，其中间传动部分和回转减速部分可以分开进行。

（1）中间传动部分

中间传动部分检修时，首先需要松开连接螺钉10和16，取下同步带轮9、15和同步带11，脱开驱动电机1和中间传动轴的连接。然后，可从手腕回转体8的右侧窗口，松开驱动电机1的4只M4×16安装螺钉7，从窗口中取出驱动电机。

在同步带轮15取下后，可松开固定侧端盖13及支承座14的8只M4×12连接螺钉12，将支承座14及内部传动部件从手腕回转体8中取出。如果需要进一步分解，可在取下支承座14后，再松开连接伞齿轮5的固定螺钉4，将伞齿轮5从传动轴中取下；接着，便可从端盖侧，将安装在支承座内部的轴承17、隔套18、中间传动轴等部件依次取出。

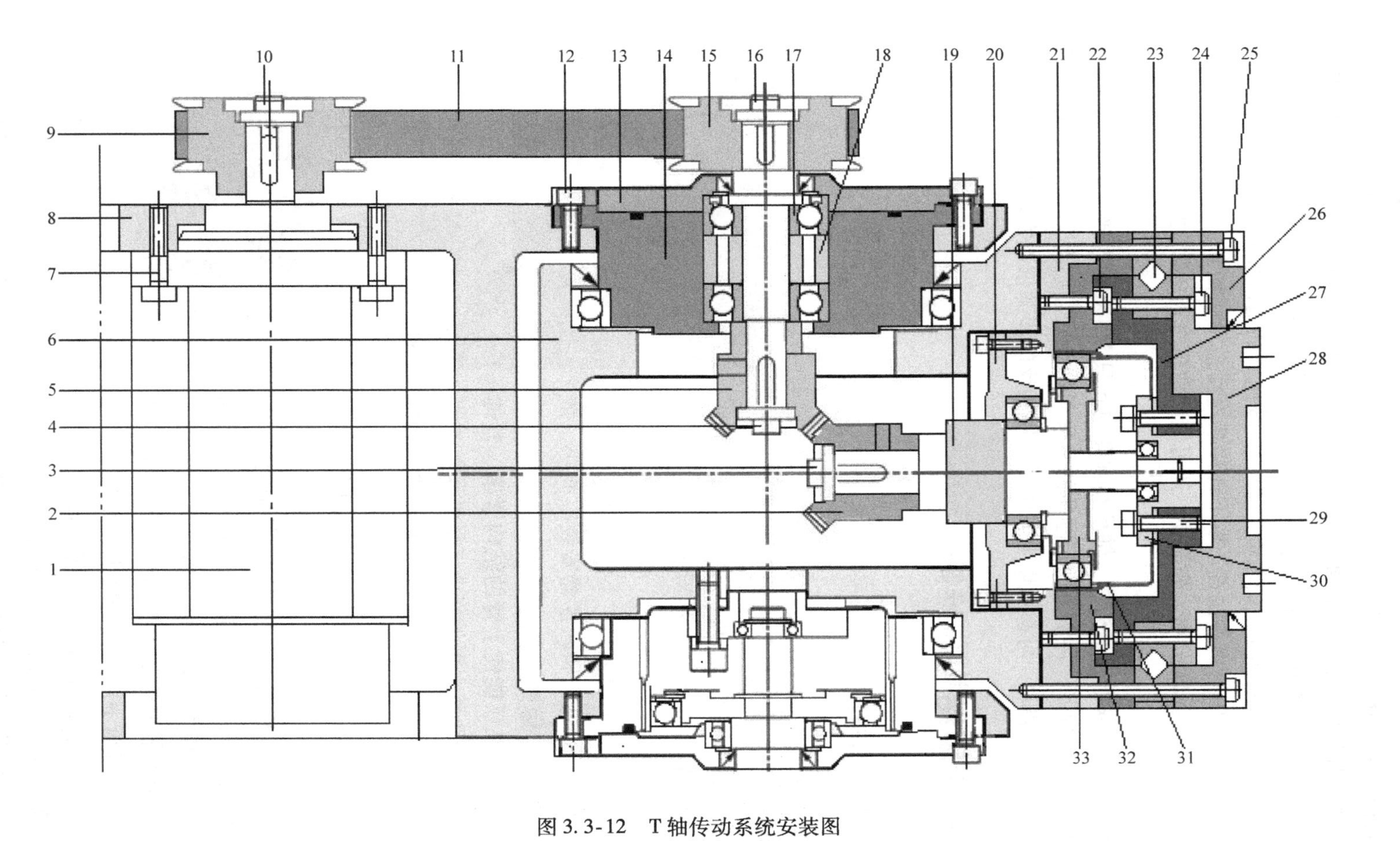

图3.3-12 T轴传动系统安装图

1—驱动电机 2、5—伞齿轮 3、4、7、10、12、16、22、24、25、29—螺钉 6—摆动体 8—手腕回转体 9、15—同步带轮 11—同步带 13—侧端盖 14—支承座 17、23—轴承 18—隔套 19—螺母 20—后端盖 21—壳体 26—前端盖 27—轴套 28—法兰 30—连接板 31—柔轮 32—刚轮 33—谐波发生器

中间传动部分安装时，可参照以上方法，采用相反的步骤，依次安装各部件。

（2）回转减速部分

回转减速部分检修时，首先需要松开前端盖26上的4只M4×30连接螺钉25，将回转减速部分整体从摆动体6中取出，然后，可在前后端分离其他传动部件。

在后端，可取下谐波减速器的后端盖20，将减速器的谐波发生器33及传动轴、前后支承轴承等，从壳体21中取出。接着，取下连接减速器柔轮和轴套27的6只M5×12连接螺钉29，将减速器和轴套27分离。如需要，还可依次取下伞齿轮2、螺母19、后端盖20等部件，将传动轴分离。

在前端，可依次取下固定法兰、轴承和轴套的6只M4×10连接螺钉24，取出法兰28、轴承23和轴套27；接着，再取下固定刚轮的8只M4×12连接螺钉22，取出刚轮32。

B轴传动系统安装时，可参照以上方法，采用相反的步骤依次安装各部件。

3.4 后驱手腕结构与维修

3.4.1 上臂结构与维修

1. 基本特点

后驱手腕同样是工业机器人的典型结构。所谓“后驱手腕”是指驱动手腕回转、腕弯曲和手回转运动的R、B、T轴伺服电机，全部安装在图3.4-1所示的上臂后端。

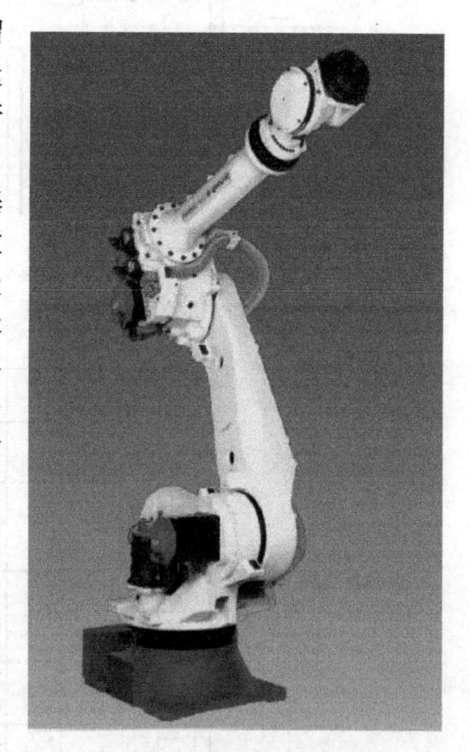

图3.4-1 后驱机器人外观

机器人采用后驱手腕结构，不仅可解决前述基本结构所存在的驱动电机和减速器安装空间小，散热差，检测、维修、保养困难等问题，提高手腕运动的驱动力矩，而且还能使上臂的结构紧凑、整体重心后移（下移），改善上臂的作业灵活性和重力平衡性，使上臂运动更稳定。此外，由于驱动电机后置，就机器人本身来说，手腕回转关节以后就无须进行电气连接，手腕回转轴R理论上可以无限旋转。因此，被广泛用于加工、搬运、装配、包装等多种用途的机器人，也是机器人目前最常用的结构。

但是，采用后驱手腕结构的机器人，由于驱动手腕回转、腕弯曲和手回转的伺服电机均安装在上臂后部，在结构上需要通过上臂内部的传动轴，将动力依次传递至前端手腕；在手腕上，则需要将传动轴输出，转换为驱动相应关节回转运动的动力，其机械传动系统相对较复杂、传动链长、传动刚性相对较差，故不宜用于需要进行高精度定位的机器人。以下为后驱手腕的常用结构。

2. 上臂结构

后驱手腕的工业机器人上臂的一般组成如图 3.4-2 所示。为了将上臂后部的 R、B、T 轴驱动电机动力传递到前端手腕，采用后驱手腕结构的机器人，其上臂为中空结构。

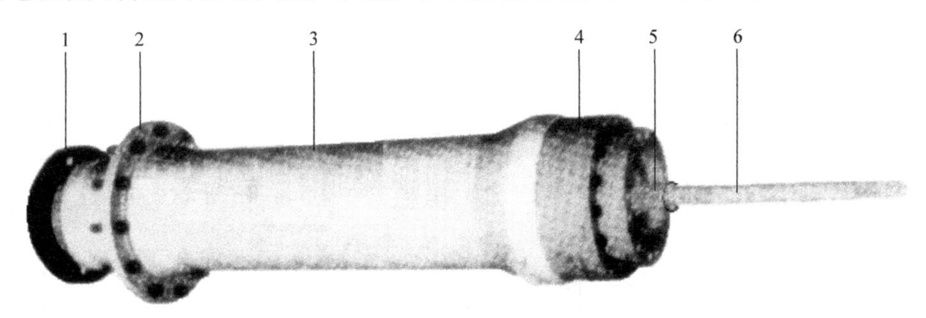

图 3.4-2 上臂组成

1—同步带轮 2—安装法兰 3—上臂体 4—R 轴减速器 5—B 轴 6—T 轴

上臂的后端是 R、B、T 轴传动的同步带轮 1；前端安装有手腕回转轴 R 的减速器，减速器的输出轴为中空结构，其外侧法兰用来连接手腕体，内侧孔需要穿越 B 轴 5 和 T 轴 6；上臂体 3 可通过安装法兰 2 与摆动体连接。

上臂可分为 4 层，由于机器人的 T、B、R 轴的驱动力矩依次增加，为了保证传动系统的刚性，由内向外依次为手回转传动轴 T、腕弯曲传动轴 B、手腕回转传动轴 R，最外侧为上臂壳体；每一驱动轴均可独立回转。

上臂内部的传动系统典型结构如图 3.4-3 所示。

上臂 5 的后端主要为驱动电机和 T、B、R 传动轴间的连接部件及后支承部件。驱动电机和 T、B、R 传动轴间一般采用同步带连接，以方便驱动电机的安装。但是，也可以采用齿轮传动方式；最内层的 T 轴，还可和电机输出轴直连；这些在不同机器人上可能有所不同，但基本原理和结构类似。

上臂 5 的内腔由内向外，依次为手回转轴 8（T 轴）、腕弯曲摆动轴 7（B 轴）、手腕回转轴 6（R 轴）。其中，手回转轴 8（T 轴）一般为整体实心轴，它需要穿越上臂、R 轴减速器及后述的手腕体，直接与手腕体最前端的伞齿轮连接。腕弯曲摆动轴 7（B 轴）、手腕回转轴 6（R 轴）为中空轴，R 轴内侧套 B 轴；B 轴内侧套 T 轴。

R 轴 6 通过前端花键套 10 与安装在上臂前法兰的 R 轴减速器输入轴连接，R 轴 6 的前后支承轴承分别安装在轴后端及前端的花键套 10 上，花键套和 R 轴间通过端面法兰和螺钉固定。当 R 轴前端采用花键套 10 连接时，减速器的输入轴应为带外花键的中空轴。但是，由于不同机器人所使用的减速器型号、规格有所不同，R 轴减速器的安装及连接形式稍有区别；为了简化结构，减速器输入轴和 R 轴间也可直接使用带键的轴套，用键进行连接。

B 轴 7 的前端连接有一段花键轴 9，花键轴 9 是用来连接上臂内部 B 轴 7 和后述手腕体内部 B 轴的中间轴。花键轴 9 和 B 轴 7 之间，通过端面法兰和螺钉连接成一体；前后支承轴承均安装在 B 轴 7 的外侧。

T 轴 8 直接穿越 B 轴及后述的手腕体，与最前端的 T 轴伞齿轮连接。T 轴的前后支承轴承分别布置于 B 轴 7 的前后端。

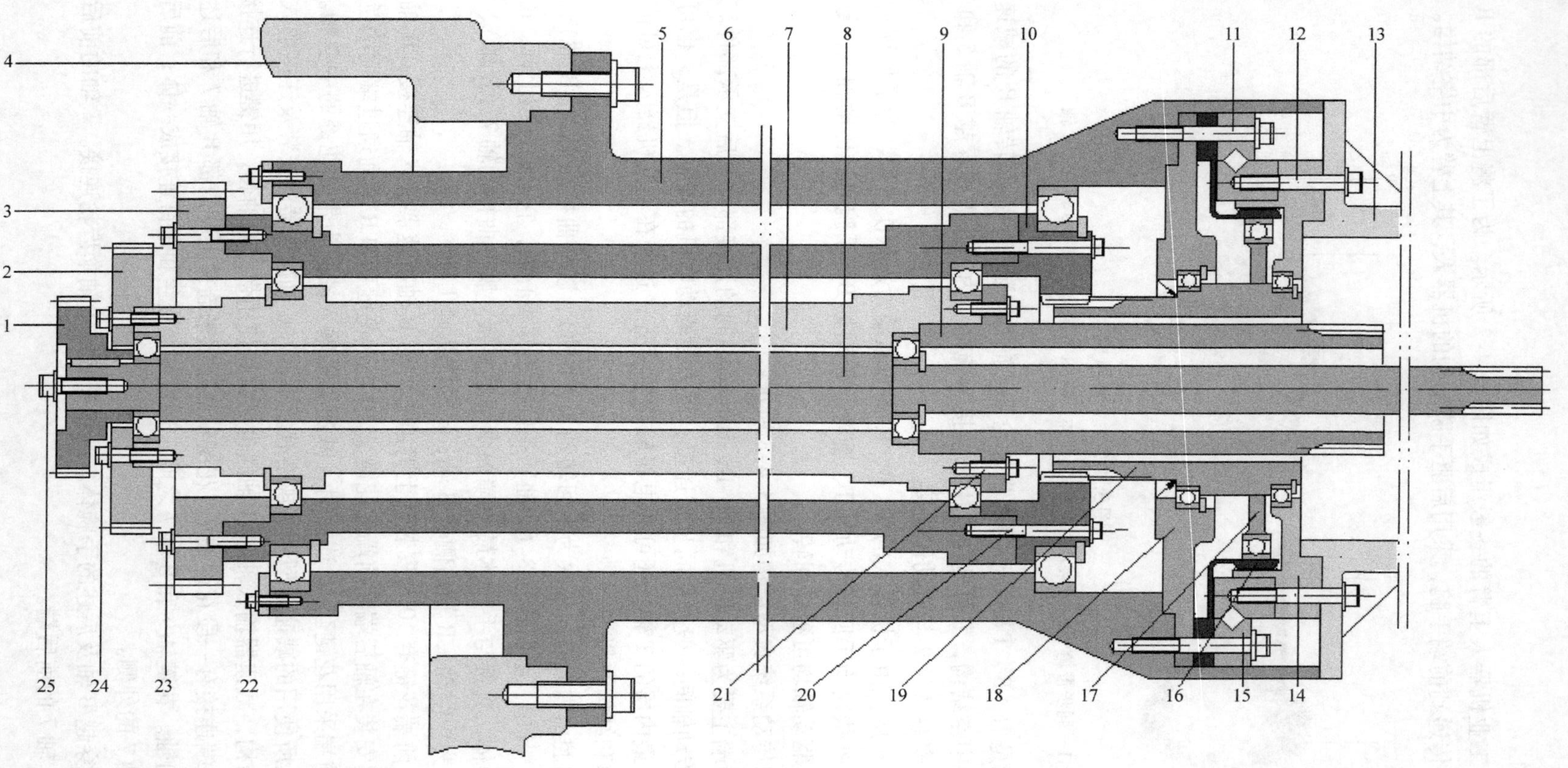

图 3.4-3　上臂内部传动系统结构

1—T 轴同步带轮　2—B 轴同步带轮　3—R 轴同步带轮　4—上臂摆动体　5—上臂　6—R 轴　7—B 轴　8—T 轴　9—B 花键轴
10—R 轴花键套　11、12—螺钉　13—手腕体　14—刚轮　15—CRB　16—柔轮　17—谐波发生器　18—端盖　19—输入轴　20～25—螺钉

3. **上臂维修**

上臂内部的轴承、R轴减速器等部件需要进行维修、更换时，应先取下上臂前端连接手腕体13和R轴减速器输出轴（刚轮14）的螺钉12，将手腕体13连同整个手腕，从上臂5中取下；然后，可进行逐一进行减速器、轴承及其他传动部件的维修或更换。

R轴减速器的型号、规格在不同机器人上有所不同，部分机器人还可能使用RV减速器。图3.4-3中的机器人，使用的是柔轮16固定、刚轮14旋转的谐波减速器；由于R轴需要同时承受轴向和径向载荷，因此，减速器的输出轴均应为CRB 15支承。

对于图示的谐波减速器，当取下手腕体13后，便可依次取下减速器的安装螺钉11，将减速器整体从上臂内侧取出；或将减速器的刚轮14、CRB 15、柔轮16、谐波发生器17及前端盖18、输入轴19等部件依次分解。接着，可取下连接螺钉20，将R轴花键套10连同前支承轴承，从上臂中取出。在此基础上，如再取下上臂后端的R轴后支承轴承固定螺钉22，便可将R轴连同B、T轴，整体从上臂后端取出。R轴取出后，可以根据实际需要，参照图3.4-3，进一步将B轴、T轴从R轴中取下。

上臂内部传动部件的安装，可参照上述相反的步骤依次进行。

3.4.2 手腕结构与维修

1. **手腕组成**

采用后驱手腕的机器人，其手腕的一般组成如图3.4-4所示。这种手腕的外形紧凑，但内部传动系统相对较复杂。

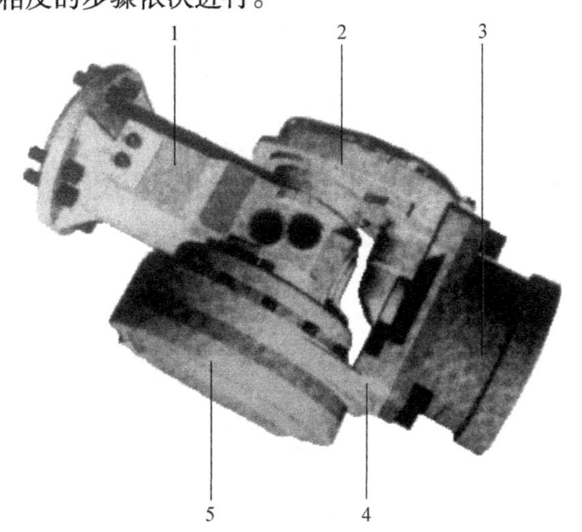

图3.4-4 手腕组成
1—手腕体 2—T轴中间传动部件
3—T轴回转减速部件
4—摆动体 5—B轴驱动部件

一般而言，后驱的机器人手腕由手腕体、B轴驱动部件、摆动体、T轴中间传动部件、T轴回转减速部件组成。

手腕体1是驱动整个手腕回转运动的部件，它与上臂前端的R轴减速器连接，实现R轴回转。手腕体为中空结构，其内部需要安装驱动腕摆动轴B、手回转轴T的传动轴及支承部件；手腕体的前端还需要有变换B、T轴传动方向的伞齿轮。

B轴驱动部件5是实现腕摆动的传动部件，其内部需要安装B轴减速器及伞齿轮等传动部件。腕摆动时，B轴减速器的输出轴将带动摆动体4，以及与摆动体连接的T轴传动部件2、T轴回转减速部件3进行摆动运动。

T轴中间传动部件2是将位于手腕体1内部的T轴驱动力，传递到T轴回转减速部件的中间传动装置，它一般与摆动体4连为一体，可随B轴摆动。T轴中间传动部件的内部需要有两对伞齿轮变换传动方向；两对伞齿轮间可用同步带或齿轮进行连接。

T轴回转减速部件和前驱手腕无区别，内部主要安装有T轴谐波减速器、末端执行器安装法兰等主要传动部件，回转减速部件一般直接安装在摆动体上。

2. **典型结构**

后驱机器人的手腕传动系统典型结构如图3.4-5所示。

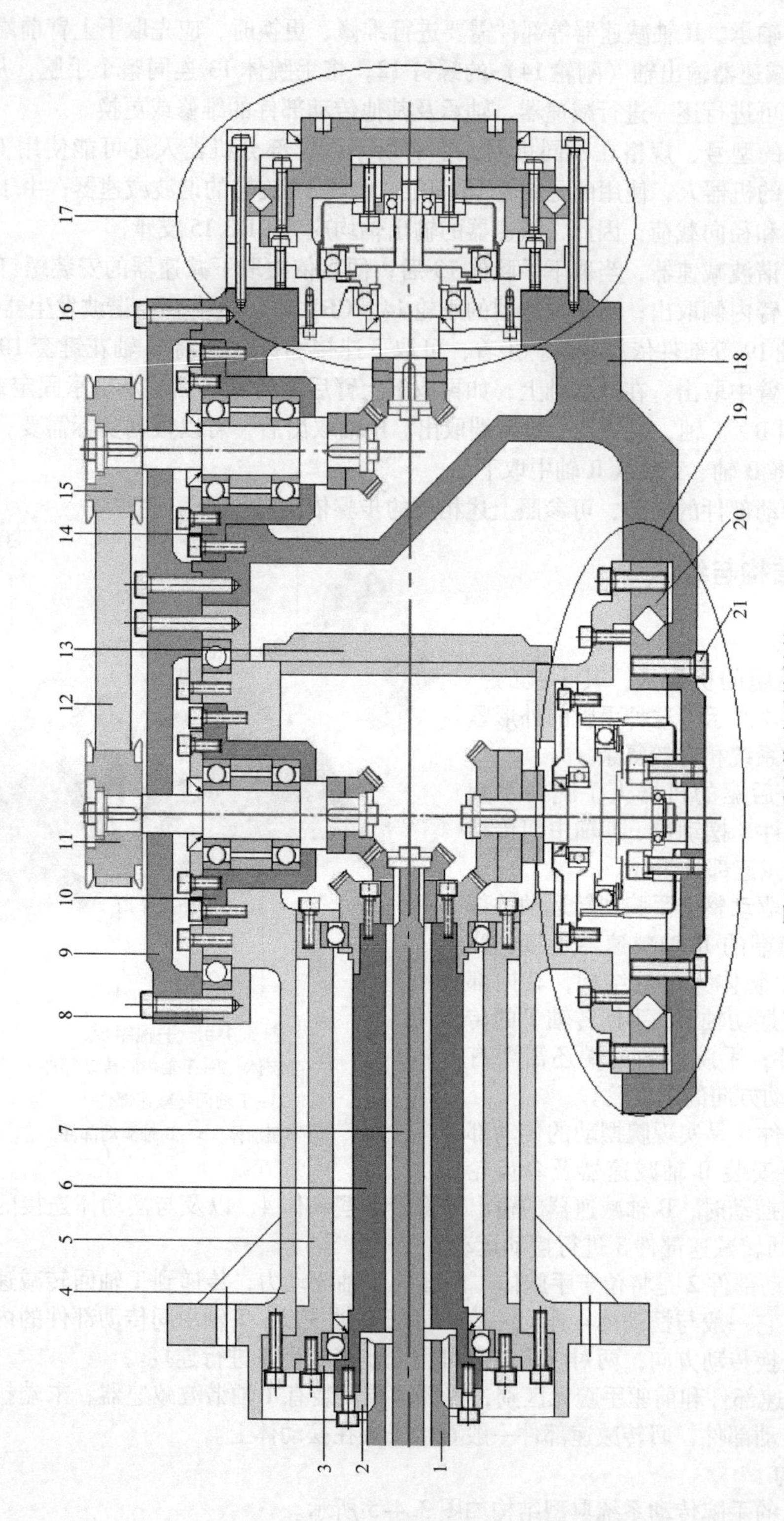

图3.4-5 手腕传动系统结构

1—B花键轴 2—花键套 3—压圈 4—手腕体 5—内套 6—B轴连接杆 7—T轴 8—压板 9—连接板 10、14—支承座 11、15—同步带轮
12—同步带 13—端盖 16、21—螺钉 17—手回转减速部件 18—摆动体 19—腕弯曲摆动部件 20—CRB

1）手腕体。手腕体为4层中空结构，由里向外依次为T轴7、B轴接杆6、内套5和手腕体4。手腕体4上安装内套的目的是为了便于加工、安装和维修。因手腕体内的所有传动部件均安装在内套上，它可整体从手腕体的后端取出，故安装、维修非常方便；此外，如无内套，手腕体前端的伞齿轮安装孔加工及伞齿轮的安装、调整将会非常麻烦。

手腕体的后端主要用来连接R轴减速器和B轴。手腕体和R轴减速器输出轴间，可直接通过手腕体上的法兰连接。手腕体内的B轴实际上是一段连接杆6，其后端通过花键套2，与上臂前端输出的花键轴1连接，前端与伞齿轮连接。连接杆6的后轴承安装在连接杆的外圆上，前轴承安装在伞齿轮的外圆上，伞齿轮和连接杆间通过端面法兰固定成一体。

2）B轴驱动部件。B轴驱动部件与前述的前驱手腕并无太大的区别，但是，由于B轴的驱动力来自手腕体内侧的伞齿轮输出，因此，B轴减速器的安装方向与前驱手腕相反。此外，为了保证径向和轴向刚性，选择谐波减速器时，其输出轴承一般应为CRB 20。

B轴减速器的输出用来驱动腕摆动，因此，谐波减速器的输出轴和摆动体18间需要用连接螺钉21固定。在手腕体的另一侧，B轴支承轴承的外圈通过压板8、连接板9及连接螺钉16连为一体，这样就构成了可绕B轴中心线回转的U形体。

3）摆动体。摆动体18是带有3个相互垂直法兰的U形连接体。端面法兰用来安装T轴的回转减速部件；右侧大法兰用来连接B轴减速器输出；左侧小法兰用来固定连接板9，其内侧用来安装T中间传动轴，当连接板9安装后，连接板9、压板8也将成为摆动体的一部分，随B轴摆动。

4）T轴中间传动部件。T轴中间传动部分由2组对称布置的中间传动轴组成，传动轴的前端安装伞齿轮，后端安装同步带轮。中间传动轴分别通过支承座10、14，安装在手腕体4和摆动体18上；然后，通过连接板9连成一体；中间传动轴间利用同步带连接。

5）T轴回转减速部件。T轴回转减速部件安装在摆动体18的端面法兰上，其内部传动系统与前述的前驱手腕无区别，T轴的谐波减速器等主要传动部件安装在摆动体18上，前端安装一密封端盖等件。

3. 手腕维修

手腕的维修一般可在取下后进行。取下手腕前，应先取出手腕体的前端盖13，松开T轴上的伞齿轮固定螺钉，将T轴和手腕分离后才能取下手腕；在此基础上，便可取下手腕体和R轴减速器的连接螺钉，将整个手腕从机器人上取出。

手腕取出后，可松开手腕体18后端的内套5固定螺钉，将内套连同前端的伞齿轮，整体从手腕体18中取出。然后，可依次分离花键套2、伞齿轮、前后支承轴承和B轴连接杆6，进行相关部件的维修或更换。

手腕前端的T轴回转减速部件需要维修时，可直接将其从摆动体18上取下，减速器的安装和维修方法，可参照前述的前驱手腕进行。

需要维修、更换手腕两侧的B轴驱动部件、T轴中间传动部件时，应将摆动体18从手腕体4上取下。在手腕体的左侧，应先取下T中间传动轴间的同步带12和带轮11、15；然后，松开固定螺钉16，取出连接板9，脱开手腕体4和摆动体18的左侧连接。在手腕体的右侧，应取下连接摆动体18和B轴减速器输出轴的螺钉21；脱开手腕体4和摆动体18的右侧连接。这样，便可将摆动体18连同左侧的T轴中间传动部件，整体从手腕上取下，在此基础上，再根据需要，逐一分离T中间传动轴，进行相关部件的维修或更换。

摆动体 18 从手腕体 4 上取下后，便可进行手腕左侧 T 轴中间传动轴和右侧谐波减速器及组件的维修、更换，其安装和维修方法与前驱手腕无太大的区别。

手腕及其传动部件的安装，可参照上述相反的步骤依次进行。

3.5 其他典型结构与维修

3.5.1 RRR/BRR 手腕结构与维修

1. 手腕外观

采用 RRR（3R）或 BRR 结构手腕的机器人，其手腕上的 3 个运动轴 R、B、T 依次为回转轴、回转轴、回转轴，或摆动轴、回转轴、回转轴。手腕外观如图 3.5-1 所示。

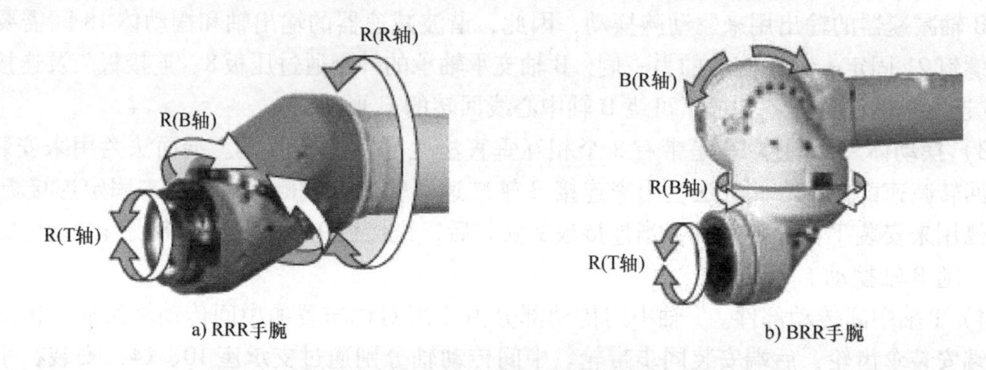

图 3.5-1 RRR/BRR 手腕结构

RRR（3R）结构的手腕有 3 个回转轴，其回转范围通常不受限制，手腕结构紧凑、动作灵活；但 3 个回转轴中心线相互不垂直，控制难度相对较大。BRR 结构的手腕由 1 个摆动轴和 2 个回转轴组成，其回转中心线相互垂直，并和三维空间的坐标轴一一对应，其操作简单、控制容易，但手腕的外形较大、结构相对松散，故多用于大型、重载的工业机器人。

RRR（3R）或 BRR 结构手腕的共同点是，手腕的 B、T 轴均为 360°回转轴（Roll），因此，其前端 B、T 轴的结构基本相同。RRR（3R）手腕的 R 轴同样为 360°回转轴，其结构与后驱 RBR 手腕的 R 轴基本一致。BRR 结构手腕的 R 轴为摆动轴，其结构则类似于后驱 RBR 手腕的 B 轴，有关内容可参见前节所述。

2. B/T 轴结构

RRR（3R）或 BRR 结构手腕的 B、T 轴一般采用串联式结构，其轴心线相互垂直，手腕的典型结构如图 3.5-2 所示。

图中的 B 轴谐波减速器采用的是刚轮 4 固定、柔轮 3 及壳体 2 回转的安装方式。谐波发生器的输入来自直齿轮 7，直齿轮 7 由 B 轴 10 驱动；由于减速器的刚轮 4 被固定，当谐波发生器旋转时，柔轮 3 将带动 T 轴安装座 1 减速回转。图中的 B 轴 10 采用的是偏心布置的实心轴，它通过直齿轮 7 连接 B 轴谐波减速器的谐波发生器输入，但也可以采用和 T 轴同心的空心轴、花键连接的结构。

手回转轴 T 安装在 T 轴安装座 1 上，T 轴谐波减速器采用的是柔轮 12 及壳体 17 固定、刚轮 13 回转的安装方式。谐波发生器的输入来自伞齿轮 18，伞齿轮 18 由 T 轴 8 驱动；由于减速器的柔轮 12 和壳体 17 被固定，当谐波发生器旋转时，刚轮 13 将带动末端执行器安装法兰 14 减速回转。

为了提高手腕的刚度，B、T 轴的谐波减速器输出均采用了可同时承受径向和轴向载荷的 CRB 11、15。

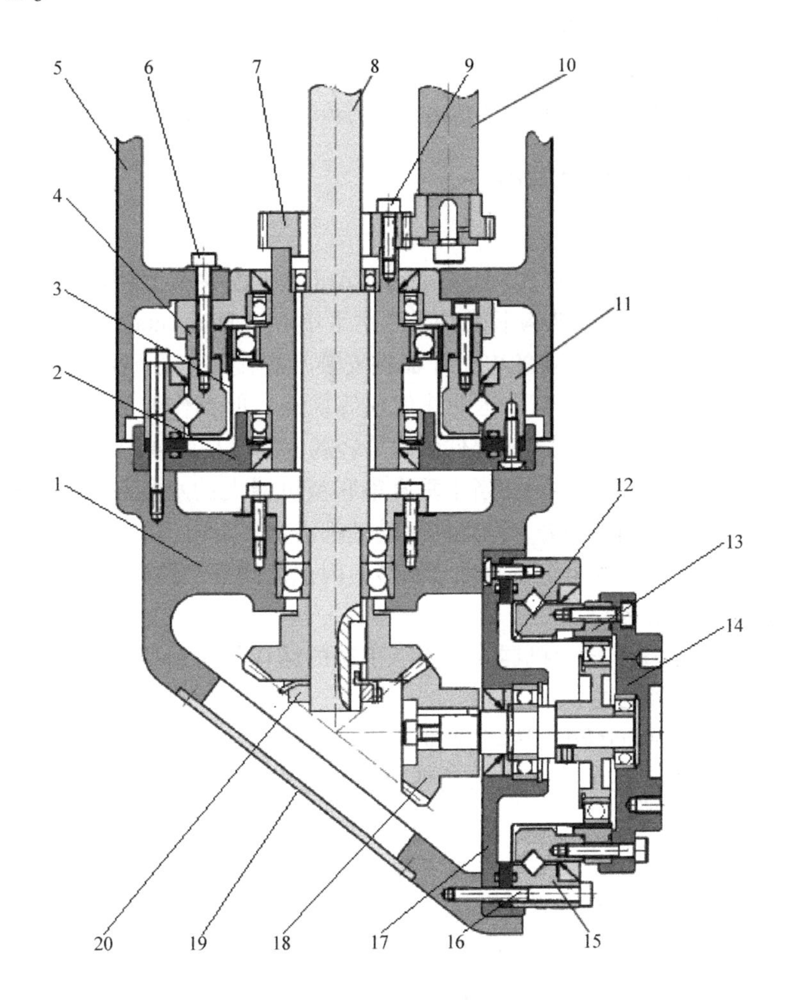

图 3.5-2 RRR/BRR 手腕的 B/T 轴结构

1—T 轴安装座 2、17—壳体 3、12—柔轮 4、13—刚轮 5—手腕体 6、9、16—螺钉 7—直齿轮 8—T 轴 10—B 轴 11、15—CRB 14—安装法兰 18—伞齿轮 19—端盖 20—螺母

3. B/T 轴维修

对于图 3.5-2 所示的典型结构手腕，维修时，可按照以下方法逐一分离手腕，进行传动部件的维护、更换和维修。

1）T 轴维修。需要进行 T 轴减速器、伞齿轮维修更换时，可取下手腕前端的 T 轴减速器安装螺钉 16，将 T 轴减速器连同伞齿轮 18，整体从 T 轴安装座 1 取下。然后，可在减速器输入端，可取下减速器输入轴上的伞齿轮 18 的固定螺钉，取出伞齿轮 18；在减速器输出端，可取下末端执行器安装法兰 14 和刚轮 13 的固定螺钉，取出末端执行器安装法兰 14 和刚轮 13。如果需要，还可取出减速器壳体 17 上的安装螺钉和输入轴上的锁紧螺母，进一步分离减速器的柔轮、谐波发生器和 CRB。

2）B 轴维修。B 轴减速器、伞齿轮维修更换时，应先取下 T 轴安装座 1 上的端盖 19，松开伞齿轮锁紧螺母 20，取出 T 轴 8 的轴端伞齿轮。然后，从手腕体 5 的内侧，取下直齿轮 7 的安装螺钉 9，取出直齿轮 7；在此基础上，便可取出 B 轴减速器的安装螺钉 6，将 B 轴减速器连同 T 轴安装座 1 整体从手腕体 5 上取下。如果需要，还可取出减速器壳体上的安装螺钉和输入轴上的锁紧螺母，进一步分离减速器的柔轮、谐波发生器和 CRB。

手腕及其传动部件的安装，可参照上述相反的步骤依次进行。

3.5.2 前驱 SCARA 结构与维修

1. 结构特点

SCARA（Selective Compliance Assembly Robot Arm，平面关节型机器人）是日本山梨大学在 1978 年发明的一种机器人结构形式，又称水平串联（Horizontal Articulated）结构机器人。SCARA 机器人最初为 3C 行业的电子元器件安装、焊接等作业研制，它具有结构简单、控制容易、垂直方向的定位精度高、运动速度快等优点，但其作业局限性较大，故多用于 3C 行业的电子元器件安装、小型机械部件装配等轻载、高速平面装配和搬运作业。

在机械结构上，SCARA 机器人相当于垂直串联型机器人的水平放置，它除手腕的升降通过滚珠丝杠驱动的垂直轴实现外，其他的运动轴都沿水平方向串联延伸布置，摆臂的各关节轴线相互平行，每一摆臂都可绕垂直轴线回转；因此，其摆臂的机械传动系统结构与前述的垂直串联型机器人有所区别。

SCARA 机器人一般属于轻量机器人，要求手臂的结构尽可能紧凑，因此，通常以使用薄型、超薄型谐波减速器为主。

SCARA 机器人的水平回转臂同样有驱动电机前置（前驱）和驱动电机后置（后驱）两种常见的结构形式。前驱 SCARA 机器人的外观如图 3.5-3 所示，各段摆臂的驱动电机均安装在相应的关节部位。

前驱 SCARA 机器人的机械传动系统结构较简单，但是，由于悬伸的摆臂需要承担驱动电机的质量，对手臂的机械部件刚性有一定的要求，其体积、质量均较大，机器人的整体结构较松散，一般适合于上部作业空间不受限制的平面装配、搬运和焊接等作业。

2. 典型结构

驱动电机安装于关节部位的双摆臂、前驱 SCARA 机器人的典型传动系统结构如图 3.5-4 所示。对于有 C3 轴的 4 轴、3 摆臂 SCARA 机器人，只需要在 C2 轴摆臂的前端继续安装与 C2 轴类似的 C3 轴传动系统。在图 3.5-4 所示的前驱 SCARA 机器人上，C1 轴的驱动电机 4 利用过渡板 3，直立安装在减速器安装板 29 的下方；C2 轴的驱动电机 18 利用过渡板 16，倒置安装在 C1 轴摆臂 7 的前端上方关节处。

图 3.5-3 前驱 SCARA 机器人

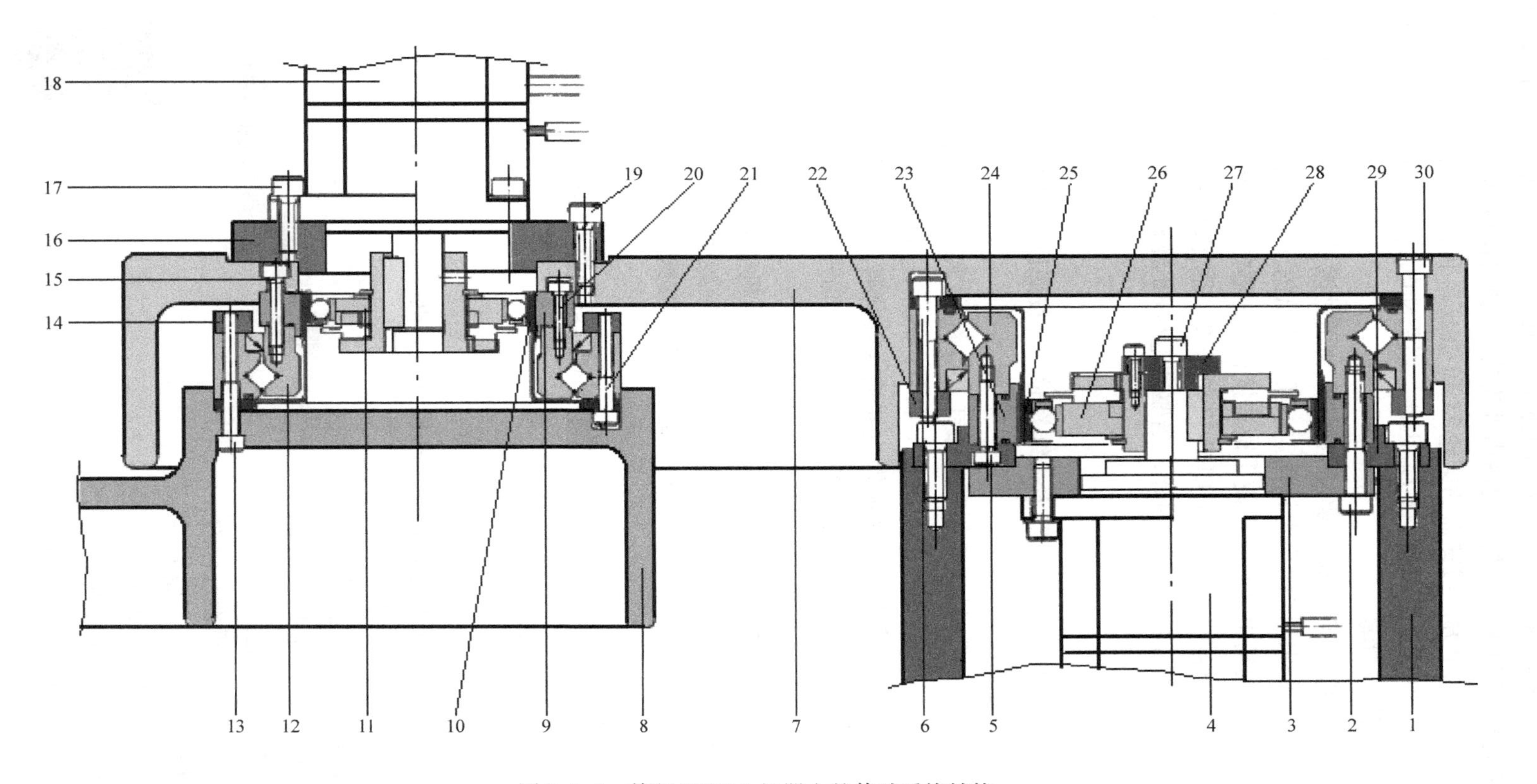

图 3.5-4 前驱 SCARA 机器人的传动系统结构

1—机身 2、5、6、13、15、17、19、20、21、27、30—螺钉 3、16—过渡板 4、18—驱动电机 7—C1 轴摆臂 8—C2 轴摆臂 9、23—刚轮 10、25—柔轮 11、26—谐波发生器 12、24—CRB 14、22—固定环 28—固定板 29—减速器安装板

C1 轴减速器采用的是刚轮固定、柔轮输出的薄型谐波减速器，其谐波发生器 26 的输入轴，通过键及端面固定板 28 和驱动电机 4 的输出轴连接；减速器的刚轮 23、CRB 24 的内圈均固定在减速器安装板 29 的上方。减速器的柔轮 25 和 CRB 24 的外圈、固定环 22 间通过螺钉 6 连接后，再通过螺钉 30 固定 C1 轴摆臂 7。因此，当驱动电机 4 旋转时，谐波减速器的柔轮 25，将驱动 C1 轴摆臂 7 摆动。

C2 轴的传动系统结构和 C1 轴类似。驱动电机 18 利用过渡板 16，倒置安装在 C1 轴摆臂 7 的上方。C2 轴减速器采用的同样是刚轮固定、柔轮输出的谐波减速器，其谐波发生器 11 的输入轴和驱动电机 18 的输出轴间直接使用键连接；减速器的刚轮 9、CRB 12 的内圈均固定在 C1 轴摆臂 7 上。减速器的柔轮 10 和 CRB 12 的外圈、固定环 14 间，通过螺钉 21 连接后，再通过螺钉 13 安装 C2 轴摆臂 8。因此，当驱动电机 18 旋转时，谐波减速器的柔轮 10，将驱动 C2 轴摆臂 8 摆动。

3. 装拆与维修

对于图 3.5-4 所示的前驱 SCARA 机器人，维修时，可按照以下方法逐一分离，进行传动部件的维护、更换和维修。

在机身 1 上方，可先取下 C1 轴摆臂的安装螺钉 30，将 C1 轴摆臂 7 连同前端安装的 C2 轴传动部件及其他部件从 C1 轴减速器的输出轴上取下；然后，可松开 C1 轴驱动电机 4 的轴端固定螺钉 27，将电机轴和减速器的谐波发生器输入轴分离。在此基础上，可从机身 1 的内侧取下电机过渡板 3 的安装螺钉 2，将过渡板 3 连同 C1 轴驱动电机 4 从机身 1 中取出，进行电机的检测、维护、维修或更换。

如果需要进行 C1 轴减速器的维护、维修或更换，可先从机身 1 的内侧取下安装螺钉 5，松开减速器和安装板 29 的连接，便可从机身的上方取下 C1 轴减速器。然后，将减速器的刚轮 23、谐波发生器 26 与柔轮 25、CRB 24 分离。如再取下连接螺钉 6，还可继续分离减速器的柔轮 25、CRB 24 和固定环 22。

前驱 SCARA 机器人传动部件的安装，可参照上述相反的步骤依次进行。

3.5.3 后驱 SCARA 结构与维修

1. 结构特点

后驱 SCARA 机器人的摆臂驱动电机都安装在机身上，机器人的外观如图 3.5-5 所示。

后驱 SCARA 机器人的摆臂结构紧凑、体积小、质量轻、动作迅捷，特别适合于上部作业空间受限制的 3C 行业电子元器件平面装配、搬运和焊接等作业。

SCARA 机器人属于轻量级机器人，为了尽可能缩小摆臂体积和厚度，机器人一般需要采用同步带传动，同步带布置于摆臂的内部。此外，摆臂上的谐波减速器通常需要使用刚轮和 CRB 内圈一体式的超薄型减速器。

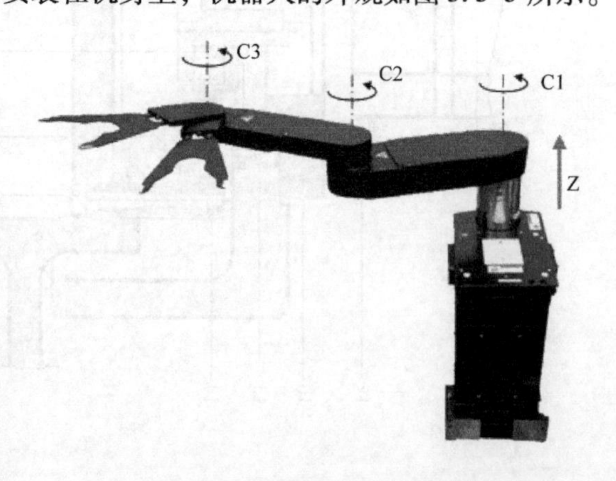

图 3.5-5　后驱 SCARA 机器人

2. 典型结构

驱动电机安装于机身上的双摆臂、后驱 SCARA 机器人的传动系统典型结构如图 3.5-6 所示。

对于需要第 3 摆臂（C3 轴）的 SCARA 机器人，图 3.5-6 中的 C1 轴传动相当于 C2 轴，此时，其减速器应安装在摆臂的上方，输入轴上的齿轮应为同步带轮，并且在 C1 轴的摆臂上需要布置 2 根平行的同步带，以连接安装在机身内侧的 C2、C3 轴驱动电机。3 摆臂 SCARA 机器人的 C1 轴传动系统与图 3.5-6 上的 C1 轴类似，但是，减速器输入轴内部，需要布置用于 C2、C3 轴传动的双层轴套。

在图 3.5-6 所示的后驱双摆臂 SCARA 机器人上，C1、C2 轴的驱动电机均安装在机身 21 的内侧。C1 轴减速器的输入轴与驱动电机 29 间通过齿轮 28 传动；C2 轴减速器输入轴与驱动电机 23 间，采用 2 级同步带传动，中间传动轴布置在 C1 轴减速器的内部。

C1 轴谐波减速器采用的是柔轮固定、刚轮回转的安装方式。减速器的柔轮 16 和 CRB 17 的外圈连接后，固定在机身 21 上。为了尽可能缩小摆臂的厚度，图中的谐波减速器采用的是刚轮和 CRB 17 的内圈一体式结构，刚轮齿直接加工在 CRB 的内圈上，并和 C1 轴摆臂 15 连接。当谐波发生器 18 在 C1 轴驱动电机 29、齿轮 28 驱动下旋转时，其刚轮将带动 C1 轴摆臂 15 摆动。

谐波减速器的结构和 C1 轴减速器相同，减速器的柔轮固定在 C1 轴摆臂 15 上，刚轮输出用来驱动 C2 轴摆臂 9 摆动。C2 轴采用 2 级同步带传动，减速器的谐波发生器 14 通过输入轴上的同步带轮 2、同步带 3，与中间传动轴上的同步带轮 6 连接。中间传动轴安装在 C1 轴减速器输入轴的内部，传动轴的另一端通过同步带轮 26 与 C2 轴驱动电机 23 输出轴上的同步带轮 24 连接。

3. 装拆与维修

对于图 3.5-6 所示的后驱 SCARA 机器人，维修时，可先取下 C1 轴摆臂 15 上方的盖板 1 和 5，松开同步带轮 2 和 6 上的轴端螺钉，取下同步带轮和同步带。然后，可按照以下方法逐一分离 C1 轴和 C2 轴传动部件，进行维护、更换和维修。

分离 C1 轴传动部件时，可先取下 C1 轴摆臂 15 的连接螺钉 8，将摆臂 15 连同前端安装的 C2 轴传动部件及其他部件，从 C1 轴减速器的输出轴上取下；将全部摆动部件与机身 21 分离。

在机身 21 的内侧，可先取下 C1 轴驱动电机安装板 27 上的固定螺钉 20，将驱动电机 29 连同安装板 27、齿轮 28 从机身 21 内取出，进行 C1 轴驱动电机的检测、维护、维修或更换。接着，便可松开同步带轮 26 的轴端固定螺钉，脱开同步带轮和中间轴的连接；然后，再取下 C2 轴驱动电机安装板 22 的固定螺钉 20，将驱动电机 23 连同安装板 22 及同步带轮 24，从机身 21 内取出，进行 C2 轴驱动电机的检测、维护、维修或更换。

如果需要进行 C1 轴减速器的维修或更换，可在上述操作的基础上，取出机身 21 上方的减速器安装螺钉 4，将减速器连同输入轴上的齿轮整体从机身 21 上取下。接着，便可按照图示，依次拆下输入轴上的齿轮固定螺钉，取出齿轮；取下减速器壳体、柔轮和 CRB 外圈的固定螺钉，分离减速器组件和中间传动轴组件，进行相关的检测、维护、维修或更换处理。

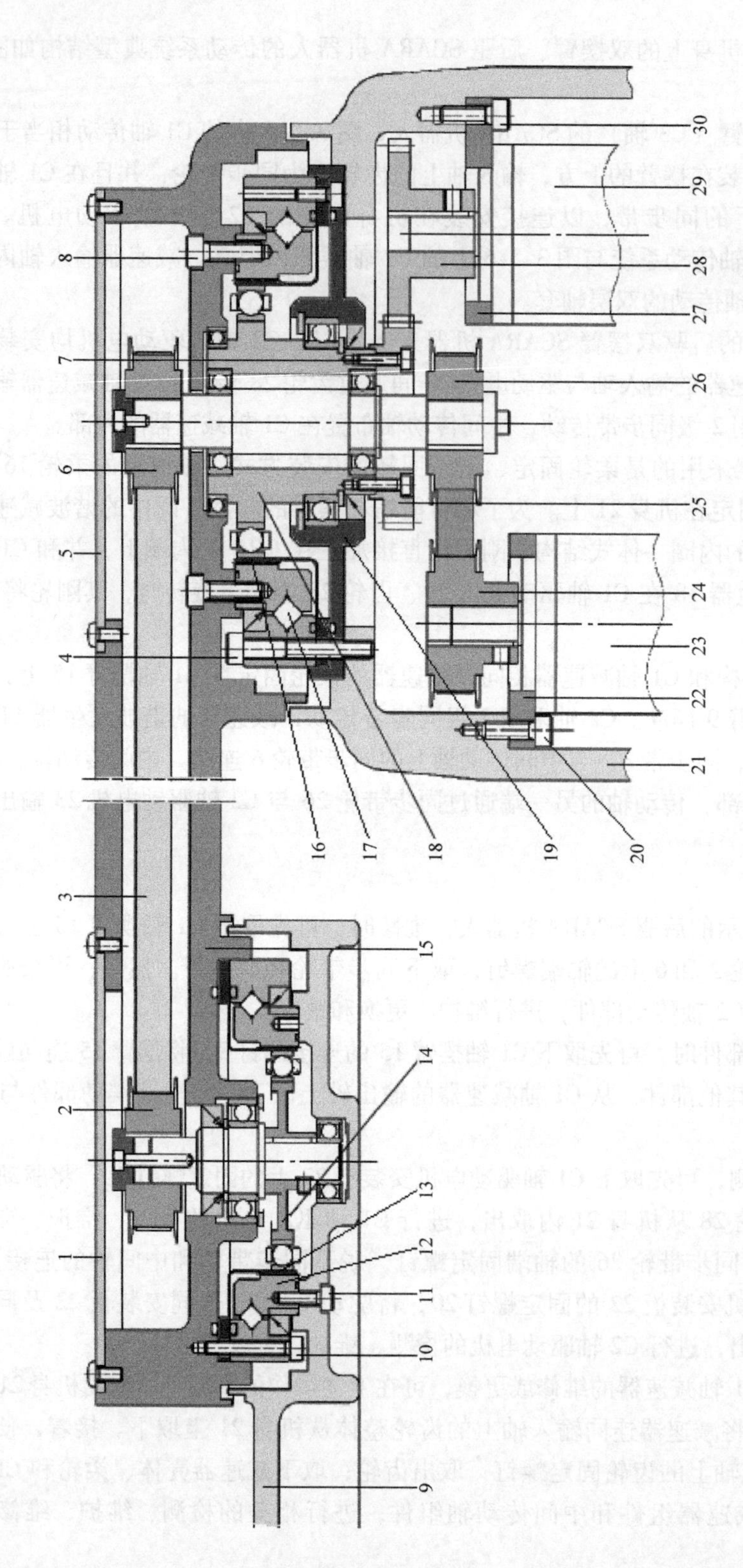

图 3.5-6　后驱 SCARA 传动系统结构

1、5—盖板　2、6、24、26—同步带轮　3—同步带　4、7、8、10、11、20、30—螺钉　9—C2 轴摆臂　12、17—CRB　13、16—柔轮　14、18—谐波发生器　15—C1 轴摆臂　19—壳体　21—机身　22、27—电机安装板　23—C2 轴电机　25、28—齿轮　29—C1 轴电机

需要进行C2轴减速器维护、维修或更换时，可先取下C2轴摆臂9下方的连接螺钉11，将摆臂连同前端其他部件从C2轴减速器的输出轴上取下；将C2轴的输出部件与安装在C1轴摆臂15上的减速器分离。

如果需要进行C2轴减速器的维修或更换，可在上述操作的基础上，取出减速器安装螺钉10，将减速器整体从C1轴摆臂15上取下后，便可分离减速器组件，进行相关的检测、维护、维修或更换处理。

后驱SCARA机器人传动部件的安装，可参照上述相反的步骤依次进行。

第4章 常用基础件的安装与维护

4

4.1 CRB与同步带的安装与维护

4.1.1 机械核心部件概述

1. 机械核心部件

通过第3章对工业机器人结构的分析，我们可以知道，尽管工业机器人的形态各异，但它们都是由若干关节和连杆，通过不同的结构设计和机械连接所组成的机械装置。基本构件结构简单、传动系统组成类似、核心部件种类单一，是工业机器人机械部件组成和结构的基本特点。因此，就机械结构而言，工业机器人与数控机床、FMC、FMS等自动化加工设备相比，实际上只是一种小型、简单的机电一体化设备。

从工业机器人使用和维修的角度考虑，机身、手臂体、手腕体等部件大都是支承、连接机械传动部件的普通零件，它们仅对机器人的外形、刚性等有一定的影响。这些零件的结构简单、加工制造容易，且在机器人正常使用过程中不存在运动和磨损，部件损坏的可能性较小，实际上很少需要维护和维修。

在工业机器人的机械部件中，减速器、轴承、同步带、滚珠丝杠、直线导轨等传动部件，是直接决定了机器人运动速度、定位精度、承载能力等关键技术指标的核心部件。它们的结构大都比较复杂，加工制造难度大，而且存在运动和磨损。因此，是工业机器人机械维护、修理的主要对象。

工业机器人的机械核心部件制造需要有特殊的工艺和加工、检测设备，目前一般都由专业生产厂家进行标准化生产，机器人生产厂家只需要根据机器人的性能要求，选购相应的标准产品。机械核心通常都为运动部件，为了保证其工作可靠，维护显得十分重要；此外，在工业机器人使用过程中，如出现机械核心部件的损坏，就需要对其进行整体更换、重新安装及调整。因此，机械核心部件的安装与维护是工业机器人生产制造、使用、维护维修的重要内容，本书将对此进行详细介绍。

2. 减速器

在工业机器人的机械核心部件中，减速器是工业机器人所有回转运动关节都必须使用的关键部件。基本上，减速器的输出转速、传动精度、输出转矩和刚性，实际上就是工业机器人对应运动轴的运动速度、定位精度、承载能力。因此，工业机器人对减速器的要求非常高，传统的普通齿轮减速器、行星齿轮减速器、摆线针轮减速器等都不能满足工业机器人高精度、大比例减速的要求。为此，它需要使用专门设计的特殊减速器。

工业机器人目前使用的减速器基本上只有谐波减速器和 RV 减速器两种。

谐波减速器是谐波齿轮传动装置（Harmonic Gear Drive）的简称，这种减速器的结构简单、传动精度高、安装方便，但输出转矩相对较小，故多用于机器人的手腕驱动。日本 Harmonic Drive System（哈默纳科）公司是全球最早研发生产谐波减速器的企业和目前全球最大、最著名的谐波减速器生产企业，其产量占全世界总量的 15% 左右，世界著名的工业机器人几乎都使用该公司生产的谐波减速器。本书第 5 章将对谐波减速器的结构原理以及 Harmonic Drive System 公司产品的性能特点、安装维护要求进行系统介绍。

RV 减速器（Rotary Vector Speed Reducer）的刚性好、输出转矩大，但结构复杂、传动精度较低，故多用于机器人的机身驱动。日本 Nabtesco Corporation（纳博特斯克公司）既是 RV 减速器的发明者，又是目前全球最大、技术最领先的 RV 减速器生产企业，其产品占据了全球 60% 以上的多关节工业机器人 RV 减速器市场和日本 80% 以上的数控机床自动换刀装置（ATC）的 RV 减速器市场，世界著名的工业机器人几乎都使用 Nabtesco Corporation 生产的 RV 减速器。本书第 6 章将对 RV 减速器的结构原理以及 Nabtesco Corporation 产品的性能特点、安装维护要求进行系统介绍。

3. 通用基础件

除了减速器外，工业机器人的机械传动系统同样需要使用轴承、同步皮带、滚珠丝杠、直线导轨等机电一体化设备通用的基础部件。

轴承是支撑机械旋转体的基本部件，几乎任何机电设备都需要使用。工业机器人所使用的轴承除了常规的球轴承、圆柱滚子轴承、圆锥滚子轴承外，还较多地使用交叉滚子轴承（Cross Roller Bearing，CRB）。

同步带传动无转差、速比恒定、传动平稳、吸振性好、噪声小，而且无须润滑、使用灵活，因此，是工业机器人常用的传动部件。

滚珠丝杠具有传动效率高、运动灵敏平稳、定位精度高、精度保持性好、维护简单等优点，是机电一体化设备直线运动系统使用最广泛的传动部件。工业机器人的直线运动轴几乎都需要采用滚珠丝杠传动。

直线滚动导轨的灵敏性好、精度高、使用简单，是高速、高精度设备最常用的直线导向部件，工业机器人的直线运动轴同样广泛使用直线滚动导轨。

以上工业机器人基础部件的安装维护要求，实际上和其他机电设备并无区别，但是，为了便于全面了解工业机器人的结构和安装维护要求，本章将对此进行简要介绍。

4.1.2　CRB 的安装与维护

1. 结构与特点

交叉滚子轴承（Cross Roller Bearing，CRB）是一种滚柱呈 90°交叉排列、内圈或外圈分割的特殊结构轴承，它与一般轴承相比，具有体积小、精度高、刚性好、可同时承受径向和双向轴向载荷等优点，而且安装简单、调整方便，因此，特别适合于工业机器人、谐波减速器、数控机床回转工作台等设备或部件，它是工业机器人使用最广泛的基础传动部件。

图 4.1-1 为 CRB 与传统的球轴承（深沟、角接触）、滚子轴承（圆柱、圆锥）的结构原理比较图。从轴承的结构原理上可以明显地看出，深沟球轴承、圆柱滚子轴承等向心轴承一般只能承受径向载荷；角接触球轴承、圆锥滚子轴承等推力轴承可以承受径向载荷和一个

方向的轴向载荷，故在承受双向轴向载荷的场合需要配对使用；而 CRB 的滚子为间隔交叉地成直角方式排列，因此，它能同时承受径向和双向轴向载荷。

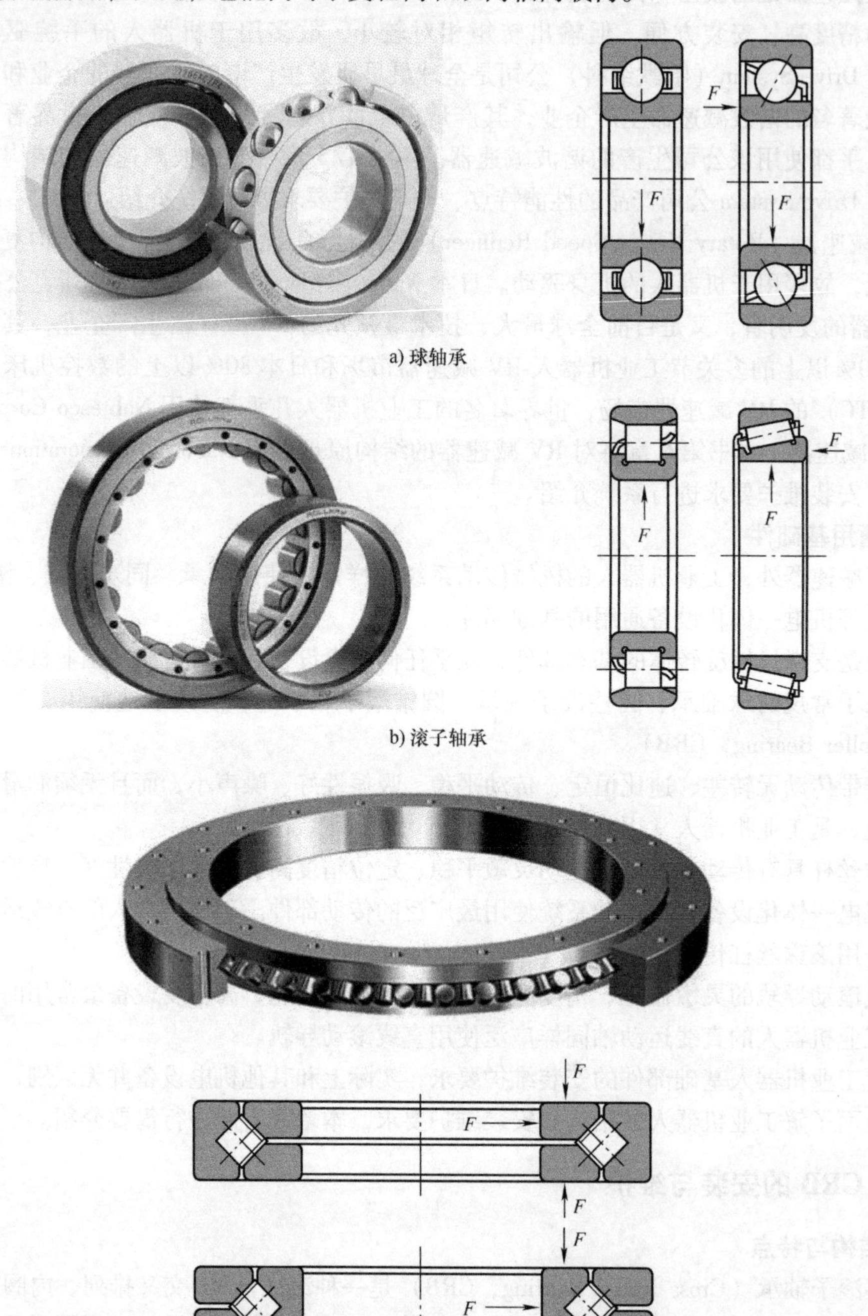

a) 球轴承

b) 滚子轴承

c) 交叉滚子轴承

图 4.1-1　轴承结构原理

CRB 的滚子与滚道表面为线接触，在承载后的弹性变形很小，因此其刚性和承载能力比传统的球轴承、滚子轴承更高。CRB 的内圈或外圈采用的是分割构造，滚柱和保持器装入后，通过轴环固定，轴承不仅安装简单，而且间隙调整和预载都非常方便。CRB 的结构刚性好，其内、外圈尺寸可以被最大限度地小型化，并接近极限尺寸；在超薄型谐波减速器上，CRB 内圈的内侧还可直接加工成谐波减速器的刚轮齿，使 CRB 与谐波减速器一体化，以最大限度地减小减速器体积。

2. CRB 的安装要求

根据不同的结构，CRB 有图 4.1-2 所示压圈（或锁紧螺母）固定、端面螺钉固定等安装方式，轴承的间隙可以通过分割内圈或外圈上的调整垫或压圈厚度进行调整。

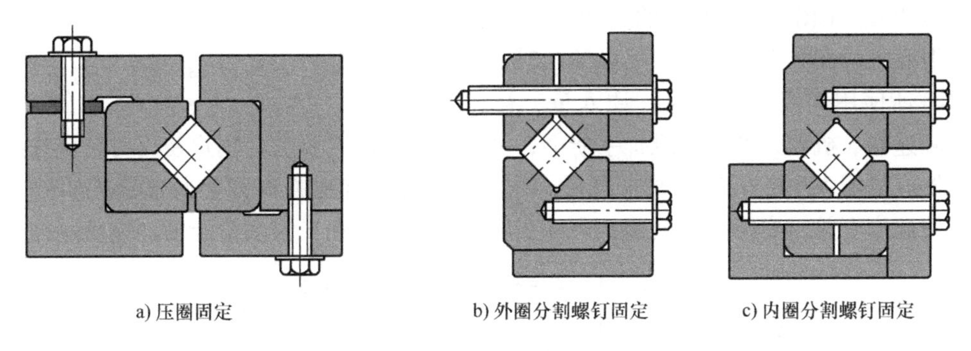

图 4.1-2 CRB 的安装

CRB 一般采用油脂润滑，产品设计时可以根据轴承的结构形式和使用要求，加工出图 4.1-3 所示的润滑脂充填孔（简称注油孔）。

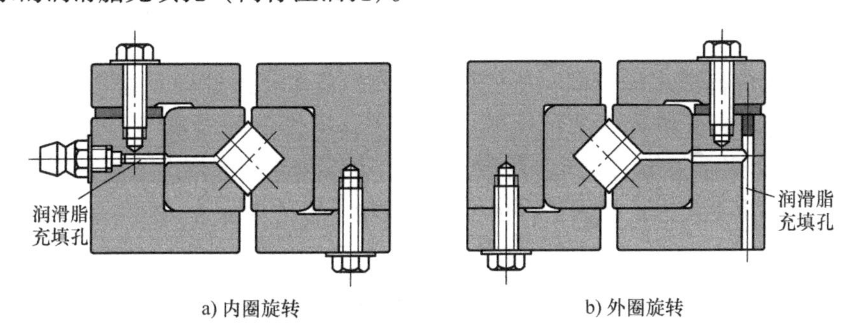

图 4.1-3 润滑脂充填孔加工

作为一般固定，CRB 的安装需要注意以下几点。

1）CRB 属于小型薄壁零件，安装时要充分考虑轴承座及压圈、固定螺钉的刚性，以保证内、外圈均等受力，防止轴承变形而影响性能。

2）为了防止产生预压，CRB 安装应避免过硬的配合，在工业机器人的关节及旋转部位，一般建议采用 H7/g5 配合。

3）安装轴承时，应事先对轴承座、压圈或其他安装零件进行清洗、去毛刺等处理；安装时应防止轴承倾斜，保证接触面配合良好。

4）为了保证轴承的安装精度和稳定性，CRB 对固定螺钉的规格和数量有具体的要求，安装时必须根据轴承的出厂规定，并按照图 4.1-4 所示的顺序，安装全部固定螺钉。

CRB 安装螺钉必须固定可靠，当轴承座、压圈使用常用的中硬度钢材时，常用固定螺钉的拧紧转矩推荐值见表 4.1-1。

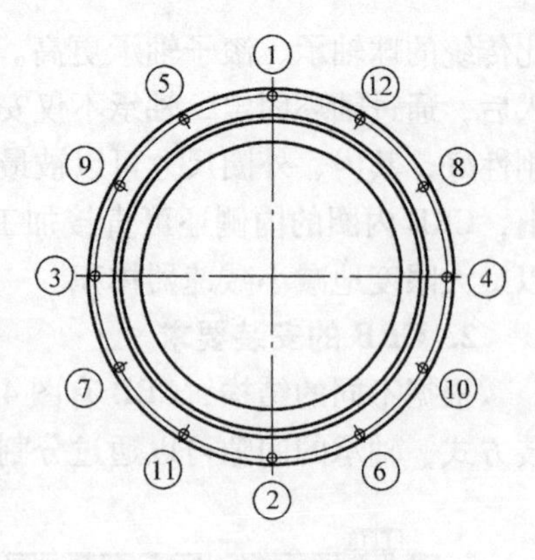

图 4.1-4　螺钉安装顺序

3. CRB 的维护和更换

（1）轴承维护

CRB 正常使用时的维护工作主要是润滑脂的补充和更换。CRB 一般采用脂润滑，轴承出厂时已按照规定填充了润滑脂，故轴承到货后一般可以直接使用。但是，与其他轴承比较，CRB 不仅内部的空间很小，而且采用的是对润滑要求较高的滚动构造，故必须及时加注润滑脂。

CRB 所使用的润滑脂型号、注入量、补充时间，在轴承或减速器、机器人的使用维护手册上，一般都有具体的要求。用户使用时，应按照轴承或减速器、机器人生产厂家的要求进行。润滑脂的补充和更换时间与减速器的实际工作转速、环境温度有关，实际工作转速、环境温度越高，补充和更换润滑脂的周期就越短。

表 4.1-1　固定螺钉的拧紧转矩参考表

螺钉规格	M3	M4	M5	M6	M8	M10	M12	M14	M16	M20
拧紧转矩/N·m	2	4.5	9	15.3	37	74	128	205	319	493

（2）轴承更换

更换 CRB 时，最好用同厂家、同型号的轴承替代。但是，如果购买困难，在安装尺寸一致、规格性能相同的情况下，也可用同规格的其他产品替换。

由于不同国家的标准可能不同，所以更换轴承时，需要保证轴承的精度等级一致。表 4.1-2 是常用的进口轴承和我国的精度等级比较表，可供选配时参考。轴承精度等级中，ISO 0492 的 0 级（旧国标的 G 级）为最低，然后，从 6 到 2 精度依次增高，2 级（旧国标的 B 级）为最高。如果不考虑价格因素，也可用高精度等级的轴承替代低等级的轴承，但反之不允许。

表 4.1-2　轴承精度等级对照表

国　别	标准号	精 度 等 级 对 照				
国际	ISO 0492	0	6	5	4	2
德国	DIN 620/2	P0	P6	P5	P4	P2
日本	JISB 1514	JIS0	JIS6	JIS5	JIS4	JIS2
美国	ANSI B3.14	ABEC1	ABEC3	ABEC5	ABEC7	ABEC9
中国	GB/T 307	0（G）	6（E）	5（D）	4（C）	2（B）

4.1.3　同步带安装与维护

1. 基本特点

同步带传动系统是通过带齿与轮的齿槽的啮合来传递动力的一种带传动系统，它综合了普通带传动、链传动和齿轮传动的优点，具有速比恒定、传动比大，传动无转差、传动平

稳，吸振性好、噪声小等诸多优点。因此，在机械制造、汽车、轻工、化工、冶金等各行业得到了广泛的应用，它也是工业机器人常用的传动装置之一。

同步带的耐油、耐磨和抗老化性能好，其正常的使用温度范围为－20～80℃。同步带传动系统无须润滑、不产生污染，它既可用于不允许有污染的工作环境，也能在较为恶劣的场所下正常工作。

同步带传动系统的结构紧凑，传动中心距可达10m以上。相对于V带，同步带的预紧力较小、传动轴和轴承的载荷小。采用同步带传动系统时，不像齿轮传动那样对电机和传动轴的安装位置有较高精度要求，驱动电机的安装灵活、调整方便。

同步带传动系统的允许线速度可达50～80m/s，传递功率可达300kW，传动速比可达1:10以上，传动效率可达98%～99.5%；故可满足大多数工业机器人的传动要求。

2. 结构原理

同步带传动系统由图4.1-5所示的内周表面有等间距齿形的环行带和具有相应啮合齿形的带轮所组成。

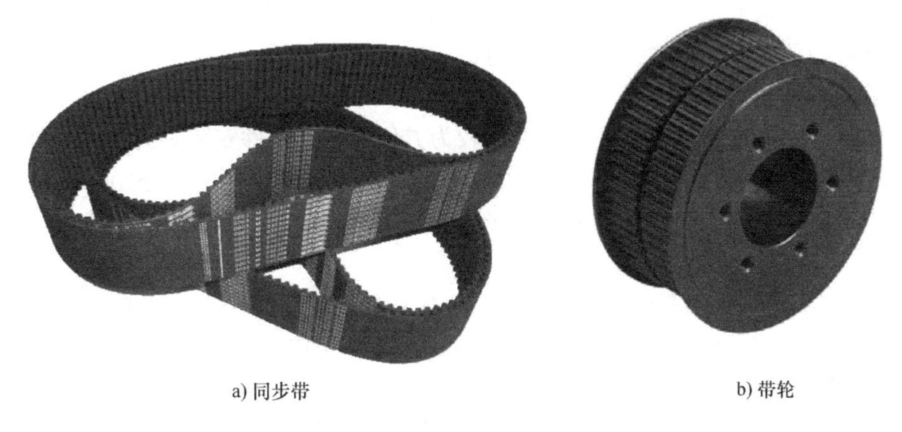

a) 同步带　　b) 带轮

图4.1-5　同步带传动系统组成

(1) 同步带

同步带的构成如图4.1-6所示，它由强力层和基体组成，基体又包括带齿和带背两部分。

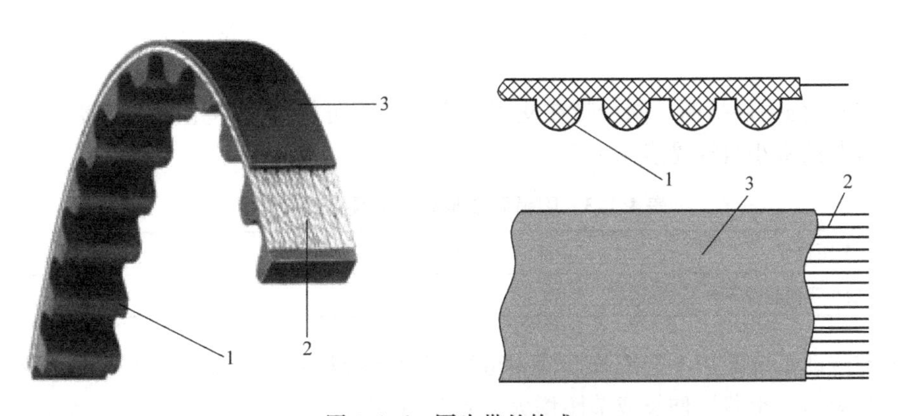

图4.1-6　同步带的构成

1—同步齿　2—强力层　3—带背

强力层是同步带的抗拉元件，用于传递动力。强力层多采用伸长率小、疲劳强度高的钢丝绳或玻璃纤维绳，沿着同步带的节线绕成螺旋线形状布置，由于它在受力后基本不产生变形，故能保持同步带的齿距不变，实现同步传动。

同步带的带齿用来啮合带轮的轮齿，有梯形齿和圆弧齿两类。由于圆弧齿的齿高、齿根厚和齿根圆角半径等均比梯形齿大，带齿受载后，其应力的分布状态较好，并可平缓齿根应力的集中，提高带齿的承载能力。因此，圆弧齿同步带的啮合性能好、传递功率大，且能防止啮合过程中齿的干涉，故数控机床、工业机器人多使用圆弧同步齿传动。

带背用来粘接、包覆强力层。基体通常采用强度高、弹性好、耐磨损及抗老化性能好的聚氨酯或氯丁橡胶制造。在同步带的内表面，一般有尖角的凹槽，以增加带的挠性，改善带的弯曲疲劳强度。

(2) 带轮

同步带传动系统的带轮，除两侧通常有凸出轮齿的轮缘外，其他结构与平带的带轮基本相似。为了减小惯量，同步带轮的材料一般采用密度较小的铝合金制造。带轮通常直接安装在驱动电机和传动轴上，以避免中间环节增加系统的附加惯量。支撑带轮的传动轴、机架，需要有足够的刚度，以免带轮在高速运转时造成轴线的不平行。

3. 安装与维护

总体而言，同步带传动系统的安装调整较为方便，传动部件安装时需要注意如下几点。

1）安装同步带时，如带轮的中心距可以移动，应先缩短带轮的中心距，待同步带安装到位后，再恢复中心距。如传动系统配有张紧轮，则应先放松张紧轮，然后安装同步带，再张紧张紧轮。

2）安装同步带时，不能用力过猛，不能用螺钉旋具等工具强制剥离同步带，以防止强力层折断。如带轮的中心距不能调整，安装时最好将同步带随同带轮同时安装到相应的传动轴上。

3）同步带传动系统对带轮轴线的平行度要求较高，轴线不平行不但会引起同步带受力不均匀、带齿过早磨损，而且可能使同步带工作时产生偏移，甚至脱离带轮。

4）为了消除间隙，同步带需要通过张力调整进行预紧。张力调整的方法与结构有关，例如，可采用改变中心距、增加张紧轮等。同步带的张紧力应调整适当，若张紧力不足，可能发生打滑，并增大同步带磨损；张紧力太大，会增加传动轴载荷、产生变形，降低同步带使用寿命。作为参考，宽度为15mm、20mm、25mm的同步带推荐的张紧力分别为176N、235N、294N。

5）为避免强力层折断，同步带在使用、安装时不可扭结，不允许大幅度折曲。圆弧同步带允许弯曲的最小直径见表4.1-3。

表4.1-3　圆弧同步带允许的最小弯曲直径

节距代号	3M	5M	8M	14M
允许的最小弯曲直径/mm	15	25	40	80

同步带传动系统使用不当或长期使用可能产生疲劳断裂、带齿剪断和压溃、带侧及带齿磨损或包布剥离、承载层伸长或节距增大、带出现裂纹或变软、运行噪声过大等常见问题。因此，在日常维护时需要注意以下几点。

1）保持同步带清洁，防止油脂等脏物污染，以免破坏同步带材料的内部结构。同步带清洗时，不能通过清洁剂浸泡、清洁剂刷洗、砂纸擦、刀刮的方式去除脏物。

2）同步带抗拉层的允许伸长量极小，使用时应防止固体物质轧入齿槽，避免同步带运行时断裂。

3）检查同步带是否有异常发热、振动和噪声，防止同步带张紧过紧或过松，避免传动部件因润滑不良等原因引起的负荷过大。

4）同步带的张紧力较大，在通过移动中心距调整张力的传动系统上检修时，应经常检查电机的紧固情况，防止同步带松脱。

5）如果设备长时间不使用，一般应将同步带取下后保存，防止同步带发生变形而影响使用寿命。

6）当同步带出现磨损、裂纹、包布剥离时，应检查原因并及时予以更换。

4.2 滚珠丝杠的安装与维护

4.2.1 滚珠丝杠的结构原理

1. 结构原理

滚珠丝杠是滚珠丝杠螺母副的简称，它是一种以滚珠作为滚动体的螺旋式传动元件。滚珠丝杠的制造工艺成熟、传动效率和传动精度高、安装维修方便，它是机电一体化设备行程6m以下的直线传动系统使用最为广泛的传动形式。

滚珠丝杠的外形及内部结构如图4.2-1所示，它主要由丝杠、螺母和滚珠3部分组成。

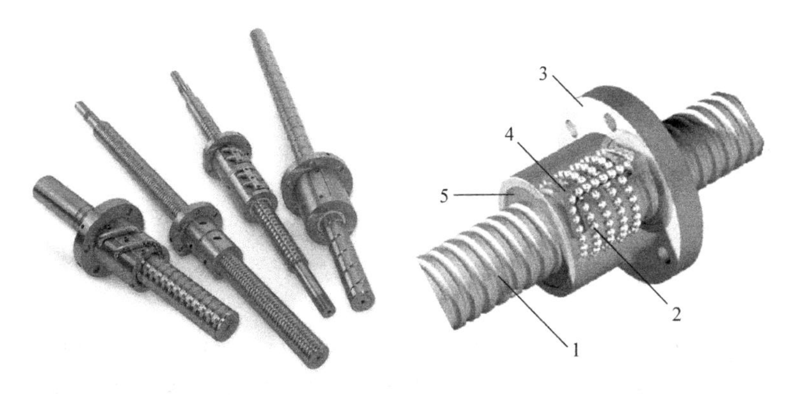

图4.2-1 滚珠丝杠的外形和结构

1—丝杠 2—滚珠 3—螺母 4—反向器 5—密封圈

滚珠丝杠的丝杠1和螺母3上加工有同直径的半圆形螺旋槽，两者套装在一起后，便可构成圆形的螺旋滚道。螺母3上还加工有用于滚珠返回的反向器4和回珠滚道，它们用来连接螺旋滚道的两端，使之成为封闭的滚道，以便滚珠2能够在滚道内循环运动。

滚珠丝杠的螺旋滚道内装有滚珠2，当丝杠旋转时，滚珠一方面在滚道内自转，同时又可沿滚道螺旋运动。滚珠运动到滚道终点后，可通过反向器4和回珠滚道返回至起点，形成循环运动。滚珠2的螺旋运动，可使丝杠1和螺母3间产生轴向相对运动。因此，当丝杠或螺母被固定时，螺母或丝杠即可产生直线运动。

滚珠丝杠具有摩擦阻力小、传动效率高、使用寿命长，传动间隙小、精度保持性好、传动刚度高，不易产生低速爬行等优点，因此，在各类机电设备上得到了极为广泛的应用。

2. 内循环和外循环

滚珠丝杠螺母上的回珠滚道形式称为滚珠丝杠的循环方式，它有图 4.2-2 所示的内循环和外循环两种。

内循环滚珠丝杠的结构如图 4.2-2a 所示，其回珠滚道布置在螺母内部，滚珠在返回过程中与丝杠相接触，回珠滚道通常为腰形槽嵌块，一般每圈滚道都构成独立封闭循环。内循环滚珠丝杠的结构紧凑、定位可靠、运动平稳，且不易发生滚珠磨损和卡塞现象，但其制造较复杂，此外，也不可用于多头螺纹传动丝杠。

外循环滚珠丝杠的结构如图 4.2-2b 所示，其回珠滚道一般布置在螺母外部，滚珠在返回过程中与丝杠无接触。外循环丝杠只有一个统一的回珠滚道，因此，结构简单、制造容易；但它对回珠滚道的结合面要求较高，滚道连接不良，不仅影响滚珠平稳运动，严重时甚至会发生卡珠现象，此外，外循环丝杠运行时的噪声也较大。

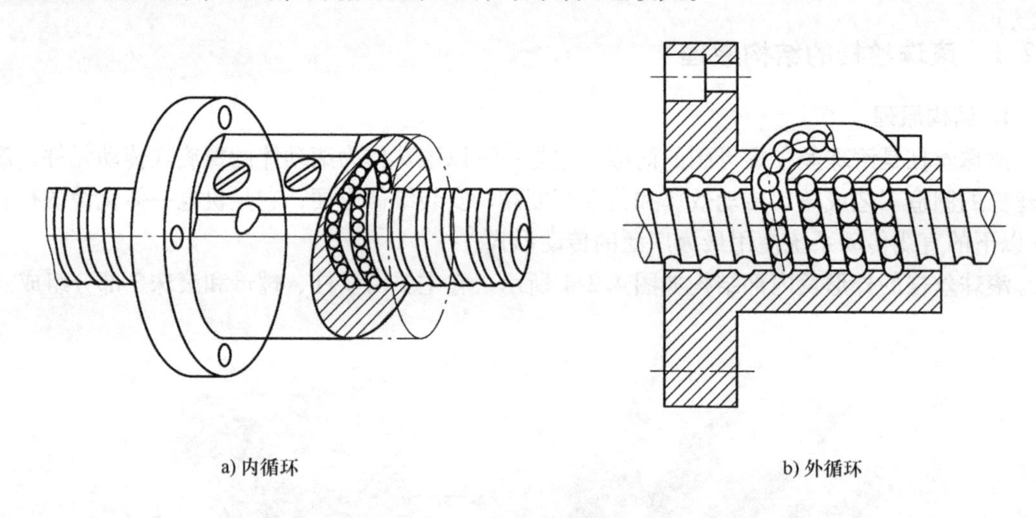

a) 内循环　　b) 外循环

图 4.2-2　滚珠丝杠的循环方式

3. 结构改进

为了满足现代高速、高精度设备的传动需要，滚珠丝杠制造厂商正在不断采取措施，提高滚珠丝杠的高速性能，瑞士、德国、日本在滚珠丝杠研发和制造方面处于国际领先地位，它们目前所采取的改进措施主要有如下几方面。

1）高速化。提高丝杠的转速特征值、增加导程和采用双头螺纹，是实现滚珠丝杠高速化的主要措施。转速特征值的提高，可在同样的导程下提高丝杠转速，以提高进给速度；增加丝杠的导程，可在同样的丝杠转速下提高直线运动的进给速度；采用双头螺纹结构，则可增加滚珠的有效承载圈数，提高滚珠丝杠的刚度和承载能力。

2）低损耗。通过计算机三维造型技术，优化回珠滚道的曲线和导珠管、反向器的结构；使滚珠的运动方向与滚道相切，以保证滚珠能沿着内螺纹的导程角方向进入螺母体；使滚珠的运动更为通畅，以减少运动冲击和损耗，降低丝杠噪声。

3）强制冷却。滚珠丝杠在高速旋转时的摩擦温升将导致丝杠热变形，而影响运动速度和精度。采用中心冷却的丝杠，可以将恒温冷却液直接通入丝杠内部，对滚珠丝杠进行强制冷却，以保持丝杠温度恒定，它是目前高速、高精度丝杠的常见结构之一。

通过上述措施，采用滚珠丝杠传动的进给系统，目前可达到的最大运动速度大约为90m/min、最大加速度为1.5g（14.7m/s^2）左右。

4.2.2 滚珠丝杠的预紧

滚珠丝杠螺母副的预紧是提高丝杠刚度、减小传动间隙的重要措施。滚珠丝杠使用一段时间后，可能会因为滚珠、滚道的磨合或磨损，而产生变形和间隙，导致运动精度的下降。此时，一般可通过滚珠丝杠的重新预紧，恢复传动精度。

滚珠丝杠的预紧需要通过螺母的调整实现，滚珠丝杠螺母的结构有单螺母、双螺母2种，其预紧原理和方法分别如下。

1. 单螺母丝杠预紧

单螺母结构的滚珠丝杠预紧主要有图4.2-3所示的增加滚珠直径、螺母夹紧、变位导程三种方法。

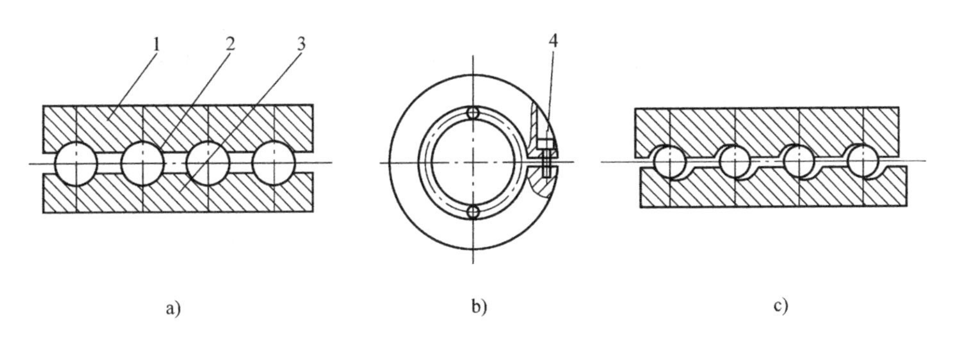

图4.2-3 单螺母滚珠丝杠的预紧原理

1—螺母 2—滚珠 3—丝杠 4—螺栓

1）增加滚珠直径预紧法。这是一种通过增加滚珠直径消除间隙、实现预紧的方法，其原理如图4.2-3a所示。利用增加滚珠直径预紧的方法不需要改变螺母结构，其实现容易，丝杠的刚度高，但需要重新选配和安装滚珠，这对机器人使用厂家有一定的难度，因此，通常需要由滚珠丝杠生产厂家完成。

增加滚珠直径的预紧方式，其预紧力在额定动载荷的2%～5%时的性能为最佳，故其预紧力一般不能超过额定动载荷的5%。

2）螺母夹紧预紧法。这是一种通过滚珠夹紧实现预紧的方法，其预紧力可调。螺母夹紧预紧的结构原理如图4.2-3b所示，其螺母上开有一条小缝（0.1mm左右），它可通过螺栓4对螺母进行径向夹紧，以消除间隙，实现预紧。螺母夹紧预紧的结构简单、实现容易、预紧力调整方便，但它将影响螺母刚度和外形尺寸。螺母夹紧预紧的最大预紧力一般也以额定动载荷的5%左右为宜。

3）变位导程预紧法。如图4.2-3c所示，这是一种通过螺母的整体变位，使螺母相对丝杠产生轴向移动的预紧方法。这种方法的特点是结构紧凑、工作可靠、调整方便，但单螺母的预紧力较难准确控制，故多用于双螺母丝杠。

2. 双螺母丝杠预紧

双螺母滚珠丝杠有两个螺母，只要调整这两个螺母的轴向相对位置，就可使螺母产生整体变位，使螺母中的滚珠分别和丝杠螺纹滚道的两侧面接触，从而消除间隙，实现预紧。双螺母结构的滚珠丝杠的预紧简单可靠、刚性好，其最大预紧力可达到额定动载荷的10%左右或工作载荷的33%。

双螺母丝杠的预紧原理和单螺母丝杠的变位导程预紧类似，预紧可通过改变两个螺母的轴向相对位移实现，其常用的方法有垫片预紧、螺纹预紧和齿差预紧3种。

1）垫片预紧法。垫片预紧法原理如图4.2-4所示，垫片有嵌入式和压紧式两种，预紧时只要改变垫片厚度，就可改变左右螺母的轴向位移量，改变预紧力。

垫片预紧的结构简单、可靠性高、刚性好，但预紧力的控制比较困难，因此，它也一般只能由滚珠丝杠生产厂家进行。

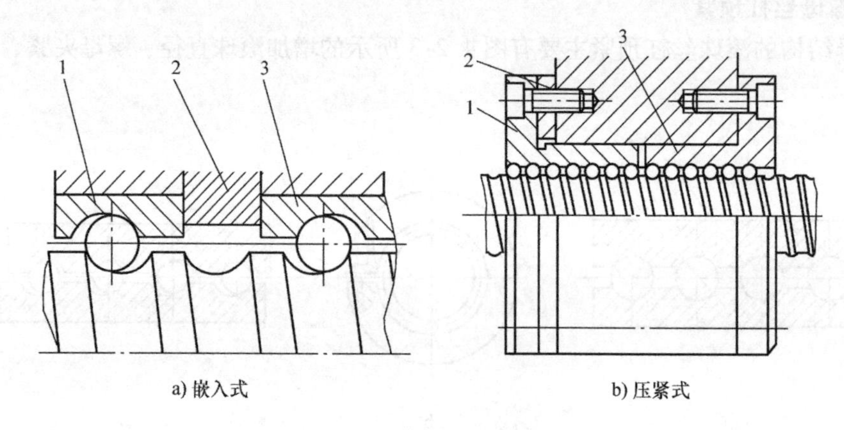

a) 嵌入式　　b) 压紧式

图4.2-4　垫片预紧原理
1、3—螺母　2—垫片

2）螺纹预紧法。螺纹预紧法的原理如图4.2-5所示，这种丝杠的其中一个螺母外侧加工有凸缘，另一螺母加工有伸出螺母座的螺纹，通过调整预紧螺母2便可改变两个螺母的相对位置，调整预紧力。为了防止预紧时的螺母转动，螺母1和3间一般安装有键4。

螺母预紧法的结构简单、调整方便，它可在机床装配、维修时现场调整，但预紧力的控制同样比较困难。

3）齿差预紧法。齿差预紧法的原理如图4.2-6所示，这种丝杠的螺母1和4的外侧凸缘上加工有齿数相差一个齿的外齿轮，它们可分别与螺母座中具有相同齿数的内齿轮2和3啮合。由于左右螺母的齿轮齿数（Z1和Z2）不同，因此，即使两螺母同方向转过一个齿，螺母实际转过的角度也不同，从而可产生轴向相对位移，实现预紧。

齿差预紧调整时，需要取下外齿轮，然后将两个螺母同方向转过一定的齿数，使两个螺母产生相对的轴向位移后，重新固定外齿轮。齿差预紧的优点是可以实现预紧力的精确调整，但其结构复杂、加工制造和安装调整繁琐，故实际使用较少。

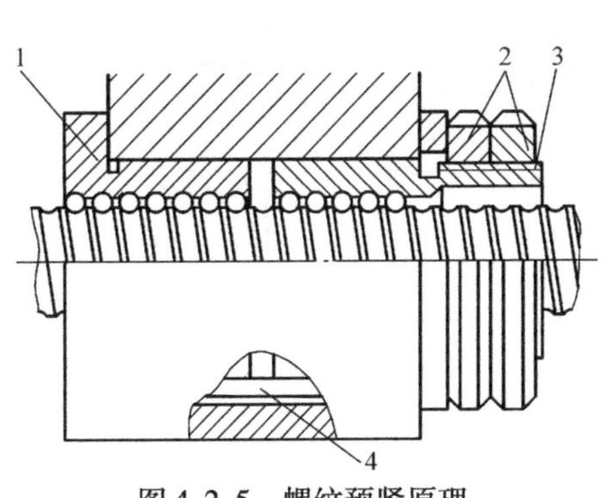

图 4.2-5　螺纹预紧原理

1、3—丝杠螺母　2—预紧螺母　4—键

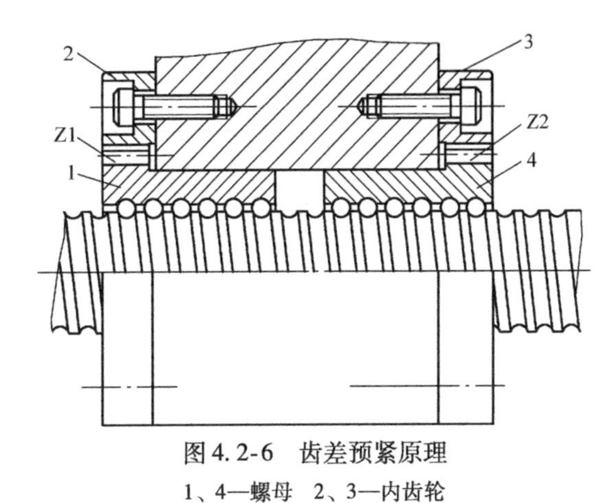

图 4.2-6　齿差预紧原理

1、4—螺母　2、3—内齿轮

4.2.3　滚珠丝杠的安装与维护

1. 滚珠丝杠的安装

滚珠丝杠的安装形式与传动系统的结构、刚度密切相关，工业机器人使用与维护时需要确保支承部件安装可靠、调整合理。

滚珠丝杠常用的安装形式主要有图 4.2-7 所示的几种。

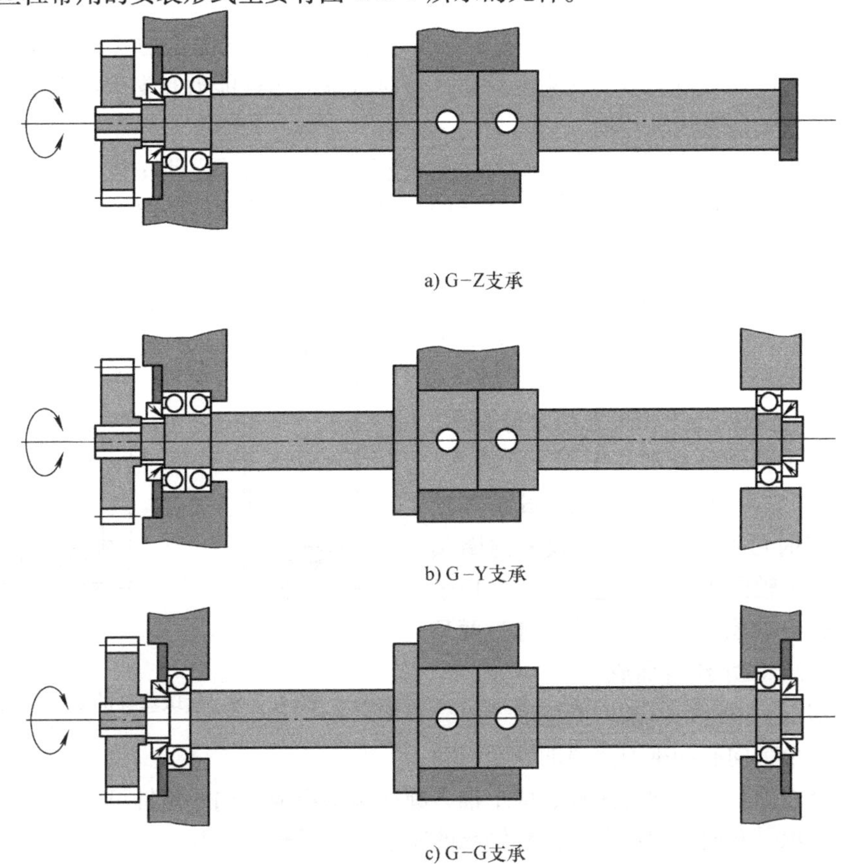

图 4.2-7　滚珠丝杠的安装形式

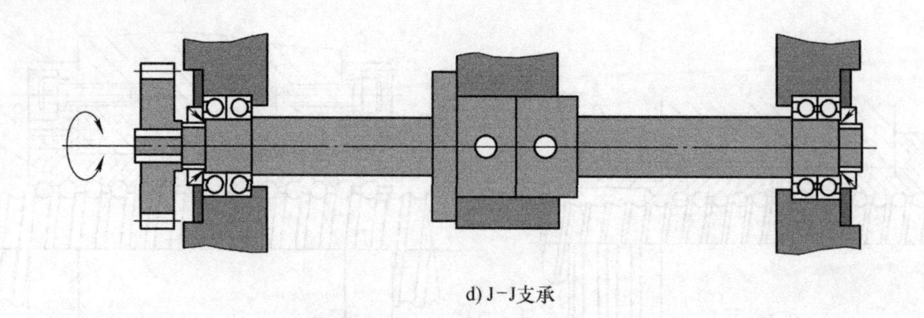

d) J-J支承

图 4.2-7　滚珠丝杠的安装形式（续）

1）G－Z 支承。G－Z 支承又称 F－O 支承，这是一端固定、一端自由的安装方式。这种方式的丝杠一端安装有可承受双向轴向载荷和径向载荷、能进行轴向预紧的支承轴承；另一端完全自由，不作支撑。G－Z 支承结构简单，但承载能力较小，刚度较低且随螺母位置的变化而变化，它通常用于丝杠长度、行程不长的 SCARA 结构机器人的垂直轴传动等。

2）G－Y 支承。G－Y 支承又称 F－S 支承，这是一端固定、一端游动的安装方式。这种方式的丝杠在 G－Z 支承的基础上，在丝杠的另一端安装了向心球轴承作径向支撑，但轴向可游动。G－Y 支承提高了临界转速和抗弯强度，可防止丝杠高速旋转时的弯曲变形，它可用于丝杠长度、行程中等的直线轴传动。

3）G－G 支承。G－G 支承又称 F－F 支承，这是一种两端固定的安装方式。这种安装方式的丝杠采用两端双重支承，其刚度最高，但对轴承的承载能力和支承刚度要求较高，它通常用于行程较长的直线轴传动。

4）J－J 支承。J－J 支承是一种简单的两端支承安装方式。这种安装方式的轴向载荷由滚珠丝杠两端的支承轴承分别承担，预紧后的传动刚度同样较高，但在丝杠热变形伸长时，会使轴承去载而产生轴向间隙。

2. 滚珠丝杠的支承

滚珠丝杠的支承轴承主要有图 4.2-8 所示的 2 种。

图 4.2-8a 是双向推力角接触组合球轴承。这种轴承有一个整体外圈和一个剖分式内圈，接触角为 60°，它可以承受双向轴向载荷和径向载荷，安装时可通过锁紧螺母收缩内圈预紧。这种轴承的轴向刚度高，是一种专门用于滚珠丝杠的组合轴承。这种轴承也可通过两只 60°推力角接触球轴承组合而成。

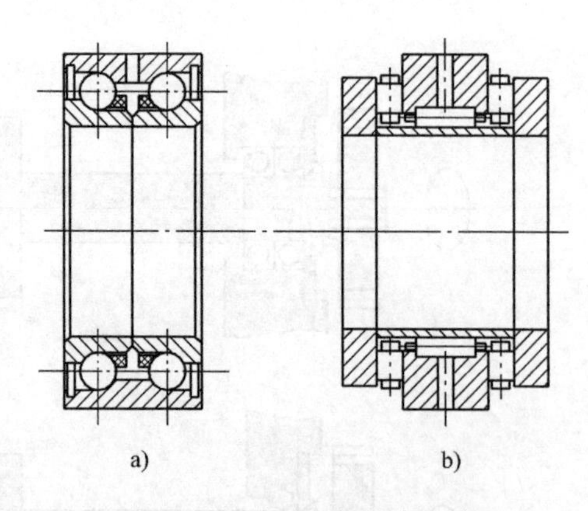

a)　　b)

图 4.2-8　滚珠丝杠的支承轴承

图 4.2-8b 是一种滚针/推力圆柱滚子组合轴承，它由一个带向心和推力滚道的外圈、两个轴圈、一个内圈、一个向心滚针、两个推力圆柱滚珠组成。向心滚针可承受径向载荷；推力圆柱滚珠可承受双向轴向载荷。这种轴承的刚性好、承载能力强，适用于大型、重载的直线轴传动。

3. 滚珠丝杠的连接

滚珠丝杠和驱动电机的连接方式主要有联轴器和同步带2种，早期的齿轮连接方式目前已较少使用。

（1）联轴器连接

联轴器连接具有结构简单、扭转刚度大、传动无间隙、安装调整方便等优点，但它只能用于驱动电机和丝杠同轴安装的进给系统，也不能改变丝杠与电机间的速比，且对电机的安装位置有一定的公差要求。

滚珠丝杠使用的弹性联轴器结构如图4.2-9所示，这种联轴器不但能够传递转矩，而且还能够补偿电机轴与滚珠丝杠的同轴度误差。

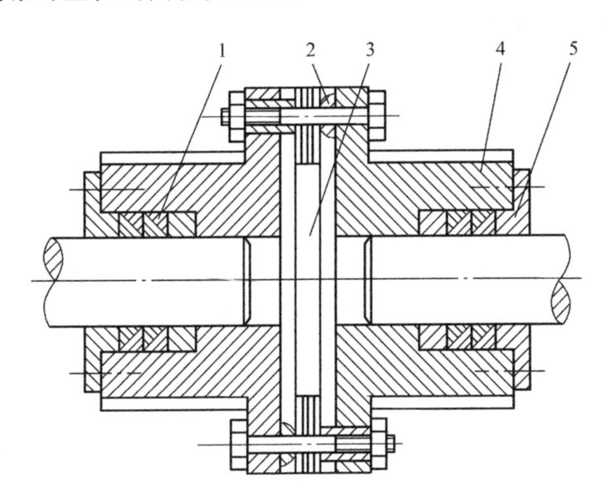

图4.2-9 弹性联轴器的结构原理

1—锥环 2—球面垫圈 3—柔性片 4—轴套 5—压盖

为了保证无间隙传动，联轴器和电机轴、联轴器和丝杠轴间通过弹性锥环锁紧。联轴器的压盖5和轴套4间留有调整间隙，锥环1由若干对内/外锥环组成。拧紧压盖5，可使锥环轴向收缩，而迫使内锥环径向收缩、外锥环径向胀大，在轴和轴套的接合面上产生很大的接触压力，接触压力所产生的摩擦力直接用来传递转矩。柔性片3一般为厚度0.25mm左右的弹簧钢片，它们通过连接螺钉和球面垫圈2与轴套4连接；柔性片可产生少量的弯曲变形，以补偿电机轴与滚珠丝杠的同轴度误差，但是它不会产生回转间隙。

（2）同步带连接

同步带连接具有传动比可变、电机安装灵活、调整方便等优点，在很多场合，它已取代传统的齿轮连接。同步带传动的基本特点及安装维护要求可参见本章前述。为了消除间隙，同步带轮与电机轴、丝杠轴的连接一般采用与上述弹性联轴器同样的锥环锁紧方式。

4. 滚珠丝杠的使用与维护

滚珠丝杠使用时必须有良好的防护措施，以避免灰尘或切屑、冷却液的进入。安装在机电设备上的滚珠丝杠，一般应通过图4.2-10a所示的螺旋弹簧钢带套管或折叠式套管、波纹管等防护罩予以封闭。

如果丝杠安装在灰尘或切屑、冷却液不易进入的位置，也可采用图4.2-10b所示的螺母密封防护措施，密封形式可是接触式或非接触式。接触式密封可使用耐油橡胶或尼龙制成的

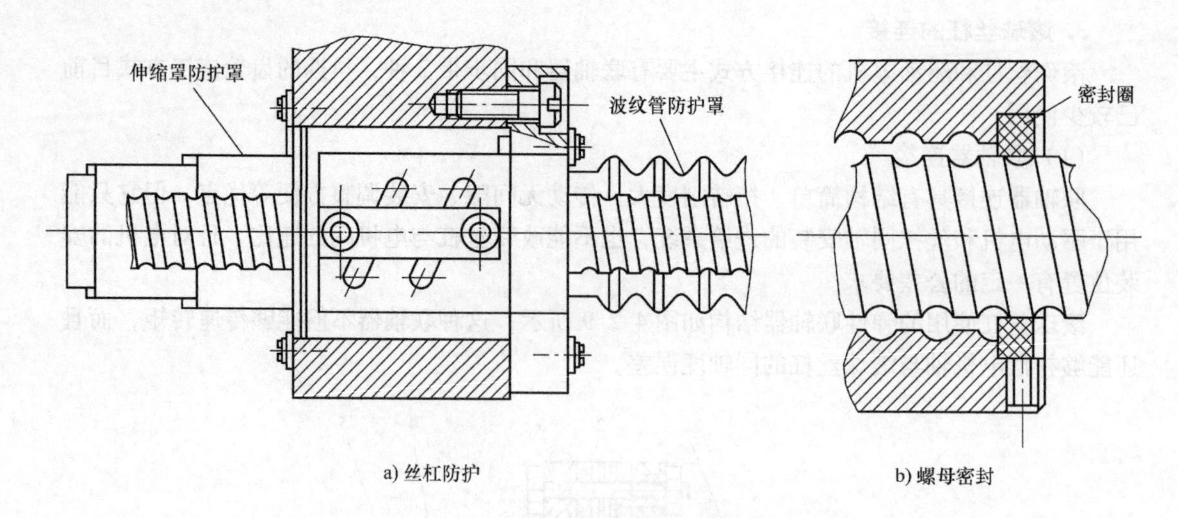

图 4.2-10　滚珠丝杠的防护

密封圈，做成与丝杠螺纹滚道相配的形状。接触式密封的防护效果好，但会增加丝杠的摩擦转矩。非接触式密封一般可用硬质塑料，制成内孔与丝杠螺纹滚道相反的形状，进行迷宫式密封，这种防护方式的防尘效果较差，但不会增加丝杠的摩擦转矩。

滚珠丝杠的润滑方式有油润滑和脂润滑两种。油润滑可采用普通机油、90 ~ 180 号透平油或 140 号主轴油，润滑油可经壳体上的油孔直接注入螺母。油润滑的润滑效果好，但对润滑油的清洁度要求高，且需要配套润滑系统，故通常用于数控机床等高精度加工设备。

脂润滑一般采用锂基润滑脂，润滑脂直接充填在螺纹滚道内。脂润滑的使用简单、无污染，一次充填可使用相当长的时间，因此，它是工业机器人等简单机电设备常用的润滑方式，但其润滑效果不及油润滑。

工业机器人滚珠丝杠所使用的润滑脂型号、注入量和补充时间，通常在机器人生产厂家的说明书上已经有明确的规定，用户应按照生产厂家的要求进行。

4.3　滚动导轨的安装与维护

4.3.1　滚动导轨的结构原理

1. 组成与特点

滚动导轨、直线导轨、线轨都是直线滚动导轨的简称。滚动导轨是高速直线运动系统最为常用的导向部件，其使用已经越来越普遍。

滚动导轨是专业生产厂家生产的功能部件，其基本组成如图 4.3-1 所示。滚动导轨主要由导轨和滑块两部分组成，导轨一般固定安装在支承部件上；滑块内安装有滚珠或滚柱作为滚动体，滑块安装在运动部件上；导轨与滑块间可通过滚动体产生滚动摩擦。因此，它与其他形式的导轨比较，主要具有以下基本特点。

1）灵敏性好。滚动导轨摩擦系数很小，且动、静摩擦系数基本一致。实验表明，驱动同质量的物体，使用滚动导轨后的驱动电机功率只需要普通导轨的 1/10 左右，其摩擦阻力仅为传统的V形十字交叉滚子导轨的1/40左右。

2）精度高。滚动导轨的滚道截面采用了合理比值的圆弧沟槽，其接触应力小，承载能力及刚度比钢球点接触高。滚动导轨可通过预载消除传动间隙、提高刚性；导轨表面可通过硬化处理工艺，减小磨损、提高精度保持性；滚动导轨成对使用时，还具有误差均化效应，减小制造、安装误差的影响。

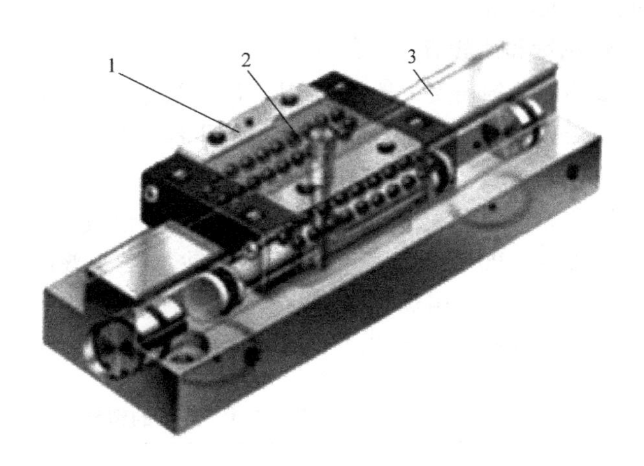

图4.3-1　直线滚动导轨的组成

1—滑块　2—滚动体　3—导轨

3）使用简单。滚动导轨的加工制造已经在专业生产厂家完成，用户使用时只需要直接固定到安装部位，它对基础件的导轨安装面加工精度要求较低，因此，其使用简单、安装调整方便、加工制造成本低。

2. 结构原理

使用滚珠和滚柱的滚动导轨原理相同，它都由导轨、滑块、滚动体、反向器、密封端盖、挡板等部分组成，其结构原理如图4.3-2所示。

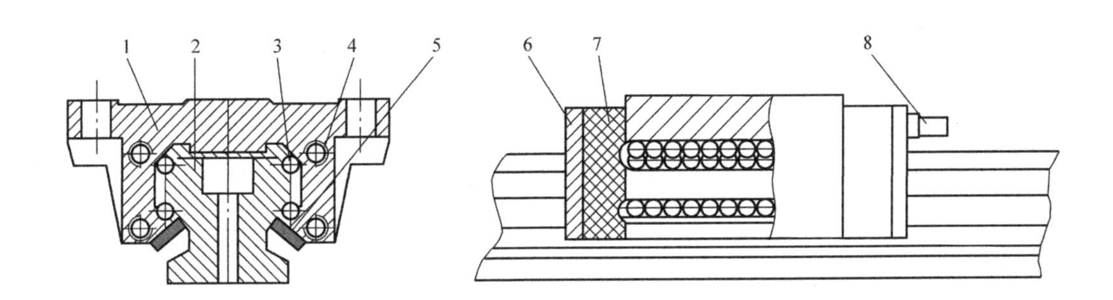

图4.3-2　滚动导轨的结构原理

1—滑块　2—导轨　3—滚动体　4—回珠孔　5—侧密封

6—密封盖　7—挡板　8—润滑油杯

直线型导轨2的上表面加工有一排等间距的安装通孔，可用来固定导轨；导轨上有经过表面硬化处理、精密磨削加工制成的4条滚道。滑块1上加工有4~6个安装通孔，用来固定滑块；其内部安装有滚动体，当导轨与滑块发生相对运动时，滚动体可沿着导轨和滑块上的滚道运动。滑块1的两端安装有连接回珠孔4的反向器，滚动体3可通过反向器反向进入回珠孔，并返回到滚道后循环滚动。

滑块的侧面和反向器的两端装均有防尘的密封端盖，可以防止灰尘、切屑、冷却水等污物的进入。滑块的端部还安装有润滑油管或加注润滑脂的油杯，以便根据需要通入液体润滑油或加注润滑脂。

3. 精度和预载荷

滚动导轨的精度一般分为P1、P2、P3、P4、P5、P6共6个等级，P1级精度为最高，工业机器人的直线运动系统一般使用P4、P5级精度，高精度工业机器人可使用P3、P4级。

滚动导轨可根据不同的承载要求，进行预载。导轨的预载荷一般分P0、P1、P2、P3共4个等级，P0为重预载、P1为中预载、P2为普通预载、P3为无预载（间隙配合）。

根据不同的使用场合，滚动导轨的精度和预载荷等级一般按表4.3-1选用，表中的C为滚动导轨的额定动载荷。

表4.3-1　推荐的精度和预载荷等级

使 用 场 合	精度等级	预载荷等级	预载荷值
刚度高、有冲击和振动的大型、重型进给导轨	4、5	P0	0.1C
精度要求高、承受侧悬载荷、扭转载荷的进给导轨	3、4	P1	0.05C
精度要求高、冲击和振动较小、受力良好的进给导轨	3、4	P2	0.025C
无定位精度要求的输送机构	5	P3	0

4.3.2　滚动导轨的安装

1. 导轨固定

滚动导轨通常成对使用，其中的一根为基准导轨，起运动部件的主要导向作用；另一根为从动导轨，主要用于支承。

基准导轨固定时需要进行定位，其定位方式主要有图4.3-3所示的螺栓定位、斜楔块定位、压板定位和定位销定位等。滚动导轨的定位方式虽各不相同，但总原则是一致的，即将基准导轨的定位面（图中为右侧）紧靠在安装基准面上，然后通过螺栓、斜楔块、压板或定位销来调整定位位置；调整完成后，再利用顶面螺钉固定导轨。滚动导轨可水平、竖直、倾斜安装或接长使用。

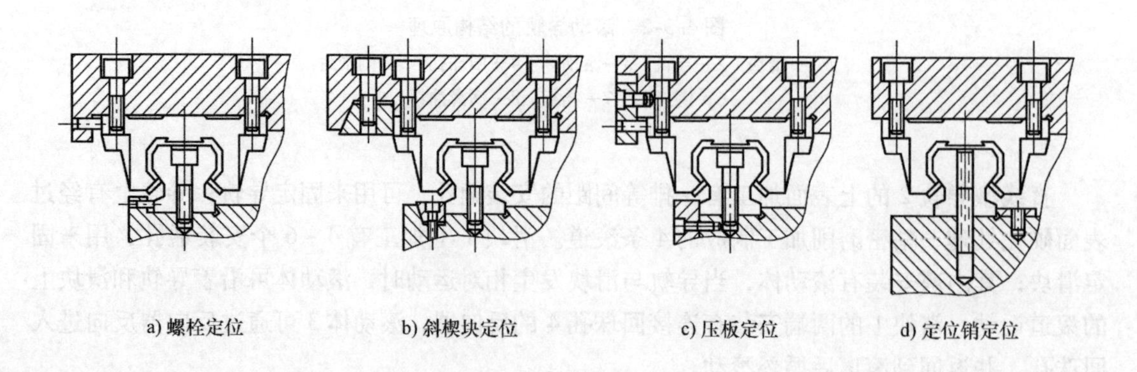

图4.3-3　滚动导轨的定位

从动导轨的固定方式与主导轨类似，安装时只需要保证运动轻便，无干涉便可。

滚动导轨的滑块一般直接利用基准面定位，并固定在运动部件上；但是，如需要，滑块也可采用基准导轨同样的方式定位与固定。

2. 导轨安装

滚动导轨有均化误差的作用，其运动部件的实际误差通常只有安装基面误差的1/3左右，因此，它对安装基面的精度和表面粗糙度要求并不高，一般只需进行精铣或精刨加工，便可满足要求。

滚动导轨的导轨安装一般可按照如下步骤进行，安装精度要求可参见后述。

1）将滚动导轨贴紧安装的侧基准面，然后，轻微固定导轨的顶面螺栓，使得导轨的底面和支承面贴紧。

2）调节侧向定位螺钉、斜楔块、压板或定位销，进行导轨的侧向定位，使导轨的导向面贴紧侧向基准面。

3）按表4.3-2所示的参考值，从导轨中间位置开始，按交叉的顺序向两端用力矩扳手拧紧导轨的顶面安装螺钉。

表4.3-2 推荐的拧紧力矩

安装螺钉规格	M3	M4	M5	M6	M8	M10	M12	M14
拧紧力矩 /N·m	1.6	3.8	7.8	11.7	28	60	100	150

滚动导轨的滑块安装步骤通常如下。

1）将工作台置于滑块座平面，对准安装螺钉孔，进行轻微固定。

2）进行滑块的侧面定位，使滑块的定位面贴紧安装基准面。

3）按对角线的顺序拧紧滑块上的安装螺钉。

安装完毕后，检查导轨应在全行程内运行轻便、灵活，并检查工作台的直线度、平行度，使之符合要求。

4.3.3 滚动导轨的使用与维护

1. 导轨的调整

滚动导轨是机电设备的通用部件，工业机器人的导轨损坏时，可以使用同规格、同精度等级的产品直接替代。

不同精度等级的滚动导轨，其安装、调整要求有所相同，表4.3-3是常用精度等级的滚动导轨安装要求和公差参照表，导轨更换后进行重新安装时，应按照表中的要求逐项检查，保证安装公差要求。

表 4.3-3 滚动导轨的安装要求及允差

序号	示意图	检验项目	允差				
			导轨长度/mm	精度等级/μm			
				2	3	4	5
1		*A*：滑块顶面中心对导轨安装底面的平行度 *B*：导轨基准侧面同侧的滑块侧面对导轨基准侧面的平行度	≤500	4	8	14	20
			>500~1000	6	10	17	25
			>1000~1500	8	13	20	30
			>1500~2000	9	15	22	32
			>2000~2500	11	17	24	34
			>2500~3000	12	18	26	36
			>3000~3500	13	20	28	38
			>3500~4000	15	22	30	40
2		滑块上顶面与导轨基准底面的高度 *H* 极限偏差	精度等级	2	3	4	5
			±允差/μm	12	25	50	100
3		滑块侧面与导轨侧面间距 W_1 的极限偏差（只适用基准导轨）	精度等级	2	3	4	5
			±允差/μm	15	30	60	150
4		同一平面多个滑块顶面高度 *H* 的变动量	精度等级	2	3	4	5
			允差/μm	5	7	20	40
5		同一导轨上多个滑块侧面与导轨侧面间距 W_1 的变动量（只适用基准导轨）	精度等级	2	3	4	5
			允差/μm	7	10	25	70

对于基准导轨的滑块数量超过 2 个的长行程导轨，中间滑块一般不需要作表中第 3、5

项的检查，但其 W_1 值原则上应小于首尾两滑块的 W_1 值。

2. 防护与润滑

使用滚动导轨时，应注意工作环境与装配过程中的清洁，导轨表面不能有铁屑、杂质、灰尘等污物粘附。当安装环境可能存在灰尘、冷却水等污物进入时，除导轨本身的密封外，还应增加防护装置。

良好的润滑可减少摩擦阻力和减轻导轨磨损，防止导轨发热。滚动导轨的润滑可采用油润滑和脂润滑两种润滑方式。

油润滑的润滑均匀、效果好，但需要有专门的润滑装置，它是数控机床等高速、高精度设备常用的润滑方式。一般而言，对于常规的润滑系统设计，如果滚动导轨的运动速度超过15m/min 时，原则上需要油润滑，润滑油可使用 N32 等油液；润滑系统可与轴承、丝杠等部件一起，采用集中润滑装置进行统一润滑。

脂润滑不需要供油管路和润滑系统，也不存在漏油问题，一次加注可使用 1000h 以上，因此，对于运动速度小于 15m/min 或采用特殊设计的高速润滑系统，为了简化结构、降低成本，可使用脂润滑。工业机器人的结构简单、定位精度要求不高，因此，多采用脂润滑。

滚动导轨的脂润滑以锂基润滑脂为常用。工业机器人滚动导轨所使用的润滑脂型号、注入量和补充时间，通常在机器人生产厂家的说明书上已经有明确的规定，用户应按照生产厂家的要求进行。

4.3.4 滚动导轨块的使用与维护

1. 结构原理

滚动导轨的灵敏性好、精度高、使用简单，但其抗震性较差、支承刚度有限，用于大行程直线运动轴时需要进行接长，因此，它适合用于轻载、精密、高速、高精度传动；对于重载、长行程的大型机电设备，如重型搬运、码垛机器人的直线变位器等，一般需要采用刚度更高、载荷更大、抗震性更好的滚动导轨块。

滚动导轨块（简称以下导轨块）的结构原理及安装方式如图 4.3-4 所示，导轨块通过安装螺钉 1 固定在运动部件 3 上；滚动体 5 在导轨块 2 与支撑导轨间滚动，并经带有返回槽的两端挡板 4 和 7 返回，作循环滚动。

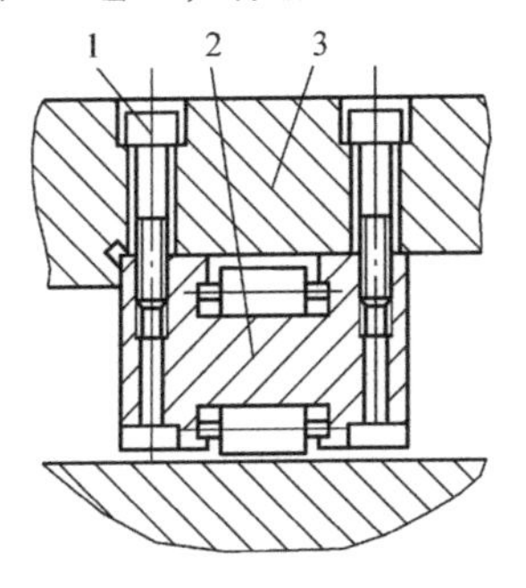

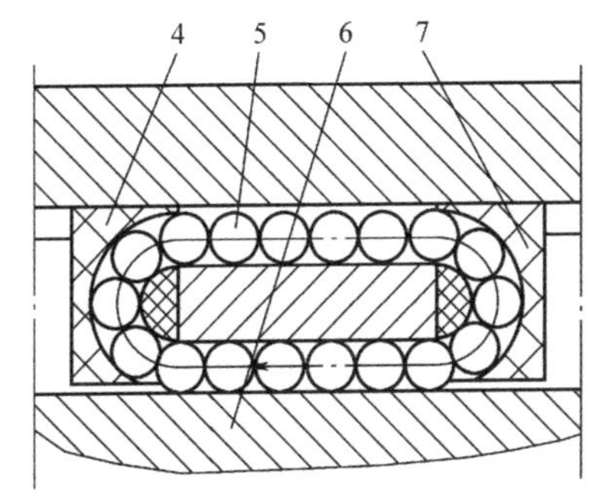

图 4.3-4 滚动导轨块的结构原理图

1—安装螺钉 2—导轨块 3—运动部件 4、7—挡板 5—滚动体 6—导轨

滚动块的滚动体为圆柱滚子，其承载能力、刚度都比直线滚动导轨副高，故可用于大载

荷、高刚度、长行程传动系统，但其摩擦系数也比直线导轨稍高。

滚动块为专业生产厂家生产的独立部件，导轨块的滚动体可以在自身的封闭滚道中循环运动，它与运动部件的行程无关；滚动块的支承导轨由用户根据自己的要求加工制造，滚动块不但可用于矩形导轨，而且还能够用于三角形、燕尾形导轨，其使用比直线滚动导轨更加灵活。

2. 安装与维护

滚动块的精度等级按照其高度误差进行划分，一般分为 C、D、E、F 共 4 级，C 级为最高，其高度误差在 2μm 以内；D、E、F 级的误差依次为 3μm、5μm、10μm；为了便于选配，每一精度等级的公差又分为若干组，以保证高度的一致性。

滚动块只能承受单侧载荷，根据运动部件的受力情况和进给系统的不同结构，每一运动轴需要安装多个滚动块，行程越长，使用的滚动块数量越多。对于工业机器人，滚动块安装时，其滚柱轴线的倾斜度通常应控制在 0.05mm/1000m 以内，以防止侧向偏移和打滑；为了使得不同滚动块能均匀受力，运动部件上用来安装不同滚动块的基准面需要等高；安装基准面与支承导轨面间的平行度一般应控制在 0.05mm/1000m 以内；设备的定位精度、滚动块的精度等级越高，以上安装要求也越高。

为了保证导轨的运动精度和耐磨性，支承导轨的表面粗糙度一般应在 0.63μm 以上；表面淬硬至 HRC58 以上，淬硬层深度不应小于 2mm。

为了提高支承刚度，滚动块使用时同样可进行预紧。滚动块的预紧可以通过在运动部件的安装面和滚动块间安装锲块、弹簧、垫片等方式实现；但是预紧力过大时，可能导致滚子不能转动，因此，预紧力原则上不应超过额定动载荷的 20%。

滚动导轨块的润滑以脂润滑为常用。工业机器人滚动导轨块所使用的润滑脂型号、注入量和补充时间，通常在机器人生产厂家的说明书上已经有明确的规定，用户应按照生产厂家的要求进行。

5

第5章 谐波减速器的安装与维护

5.1 谐波减速器结构原理及产品

5.1.1 谐波减速器的结构原理

1. 技术起源

谐波减速器是谐波齿轮传动装置（Harmonic Gear Drive）的俗称。谐波齿轮传动装置实际上既可用于减速，也可用于升速，但由于其传动比很大（通常为50～160），因此，在工业机器人、数控机床等产品上应用时，一般较少用于升速，故习惯上称为谐波减速器。本书在一般场合也将使用这一名称。

谐波齿轮传动装置是美国著名发明家C. W. Musser（马瑟，1909—1998）在1955年发明的一种特殊的齿轮传动装置，最初称为变形波发生器（Strain Wave Gearing）。该技术在1957年获得美国的发明专利；1960年，美国United Shoe Machinery公司（简称USM公司）率先研制出样机。

1964年，日本的株式会社长谷川齿车（Hasegawa Gear Works，Ltd.）和美国USM公司合作，开始对其进行产业化研究和生产，并将产品定名为谐波齿轮传动装置（Harmonic Gear Drive）。1970年，日本长谷川齿车和美国USM公司合资，在东京成立了Harmonic Drive公司；1979年，公司更名为现在的Harmonic Drive System公司。

日本的Harmonic Drive System（哈默纳科）公司是著名的谐波减速器生产企业，其产量占全世界总产量的15%左右。世界著名的工业机器人几乎都使用Harmonic Drive System公司生产的谐波减速器。

2. 基本结构

谐波减速器的基本结构如图5.1-1所示，它主要由刚轮（Circular Spline）、柔轮（Flex Spline）、谐波发生器（Wave Generator）3个基本部件构成。刚轮、柔轮、谐波发生器3个基本部件，可任意固定其中的1个，其余2个部件中的一个连接输入轴（主动输入），另一个即可作为输出（从动），实现减速或增速。

1）刚轮。刚轮（Circular Spline）是一个圆周上加工有连接孔的刚性内齿圈，其齿数比柔轮略多（一般多2个或4个）。当刚轮固定、柔轮旋转时，刚轮的连接孔用来连接壳体；当柔轮固定、刚轮旋转时，连接孔可用来连接输出轴。

为了减小体积，在薄形、超薄形或微型谐波减速器上，刚轮有时和减速器的CRB设计成一体，构成谐波减速器单元。

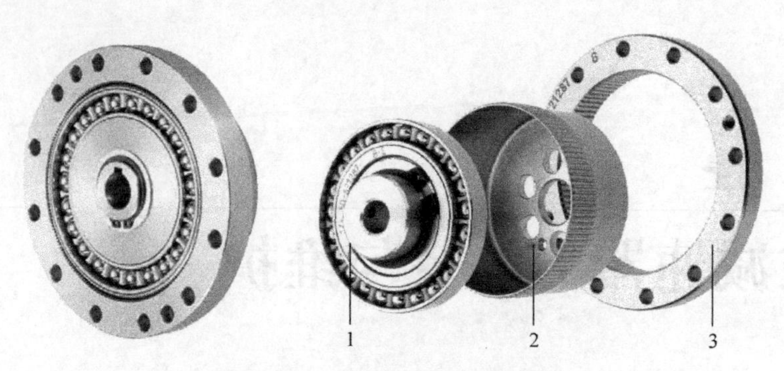

图 5.1-1　谐波减速器的基本结构

1—谐波发生器　2—柔轮　3—刚轮

2）柔轮。柔轮（Flex Spline）是一个可产生较大变形的薄壁金属弹性体，它既可以被制成图示的水杯形，也可被制成本章后述的礼帽形、薄饼形等其他形状。弹性体与刚轮啮合的部位为薄壁外齿圈；水杯形柔轮的底部是加工有连接孔的圆盘；外齿圈和底部间利用弹性膜片连接。当刚轮固定、柔轮旋转时，底部安装孔可用来连接输出轴；当柔轮固定、刚轮旋转时，底部安装孔可用来固定柔轮。

3）谐波发生器。谐波发生器（Wave Generator）一般由凸轮和滚珠轴承构成。谐波发生器的内侧是一个椭圆形的凸轮，凸轮的外圆上套有一个能够产生弹性变形的薄壁滚珠轴承，轴承的内圈固定在凸轮上，外圈与柔轮内侧接触。凸轮装入轴承内圈后，轴承将产生弹性变形，而成为椭圆形。谐波发生器装入柔轮后，它又可迫使柔轮的外齿圈部位变成椭圆形；使椭圆长轴附近的柔轮齿与刚轮齿完全啮合，短轴附近的柔轮齿与刚轮齿完全脱开。当凸轮连接输入轴旋转时，柔轮齿与刚轮齿的啮合位置可不断变化。

3. 变速原理

谐波减速器的变速原理如图 5.1-2 所示。

假设旋转开始时刻，谐波发生器椭圆长轴位于 0°位置，这时，柔轮基准齿和刚轮 0°位置的齿完全啮合。当谐波发生器在输入轴的驱动下产生顺时针旋转时，椭圆长轴也将顺时针回转，使柔轮和刚轮啮合的齿也顺时针转移。

假设谐波减速器的刚轮固定、柔轮可旋转，由于柔轮的齿形和刚轮完全相同，但齿数少于刚轮（如相差 2 个齿），当椭圆长轴的啮合位置到达刚轮 -90°位置时，由于柔轮、刚轮所转过的齿数必须相同，故柔轮转过的角度将大于刚轮；如刚轮和柔轮的齿差为 2 个齿，柔轮上的基准齿将逆时针偏离刚轮 0°基准位置 0.5 个齿。进而，当椭圆长轴的啮合位置到达刚轮 -180°位置时，柔轮上的基准齿将逆时针偏离刚轮 0°基准位置 1 个齿；而当椭圆长轴绕柔轮回转一周后，柔轮的基准齿将逆时针偏离刚轮 0°位置一个齿差（2 个齿）。

这就是说，当刚轮固定、谐波发生器连接输入轴、柔轮连接输出轴时，如谐波发生器绕柔轮顺时针旋转 1 转（-360°），柔轮将相对于固定的刚轮逆时针转过一个齿差（2 个齿）。因此，假设谐波减速器的柔轮齿数为 Z_f、刚轮齿数为 Z_c；柔轮输出和谐波发生器输入间的传动比为

$$i_1 = \frac{Z_c - Z_f}{Z_f}$$

同样，如谐波减速器的柔轮固定、刚轮可旋转，当谐波发生器绕柔轮顺时针旋转 1 转

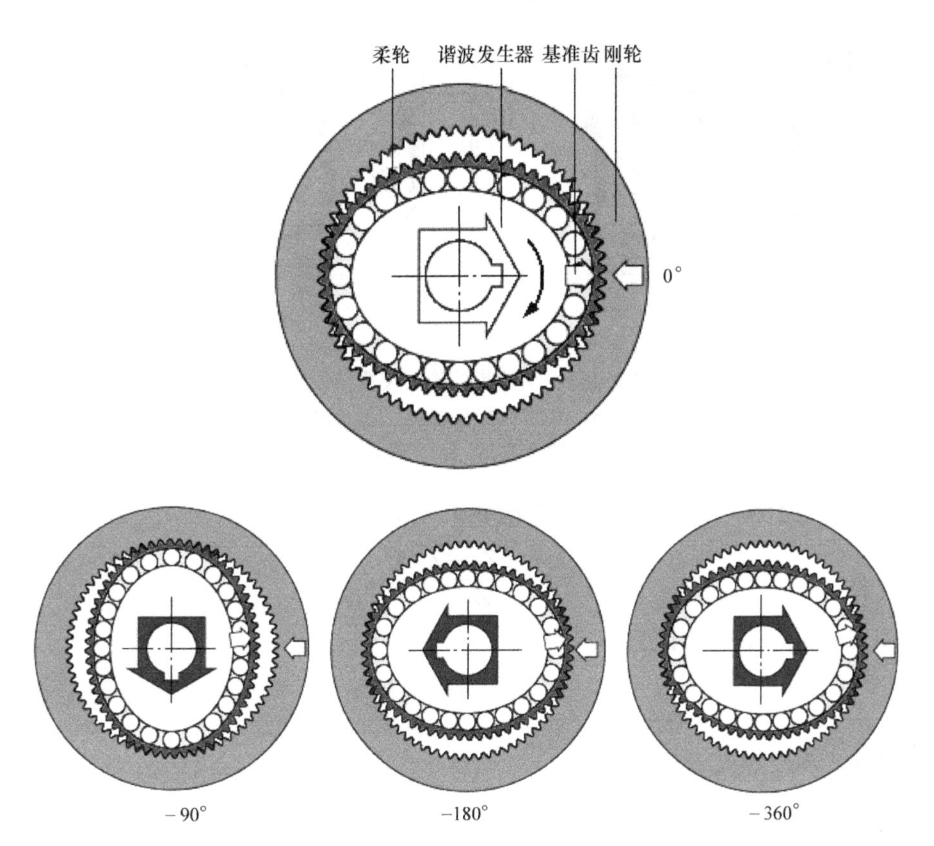

图 5.1-2 谐波减速器变速原理

(-360°) 时，由于柔轮与刚轮所啮合的齿数必须相同，而柔轮又被固定，因此，将使刚轮的基准齿顺时针偏离柔轮一个齿差，其偏移的角度为

$$\theta = \frac{Z_c - Z_f}{Z_c} \times 360°$$

因此，当柔轮固定、谐波发生器连接输入轴、刚轮作为输出轴时，其传动比为

$$i_2 = \frac{Z_c - Z_f}{Z_c}$$

这就是谐波齿轮传动装置的减速原理。

相反，如果谐波减速器的刚轮被固定、柔轮连接输入轴、谐波发生器作为输出轴，则柔轮旋转时，将迫使谐波发生器的椭圆长轴快速回转，起到增速的作用。同样，当谐波减速器的柔轮被固定、刚轮连接输入轴、谐波发生器作为输出轴时，刚轮的回转也可迫使谐波发生器的椭圆长轴快速回转，起到增速的作用。

这就是谐波齿轮传动装置的增速原理。

4. 传动比

利用不同的安装形式，谐波齿轮传动装置可有图 5.1-3 所示的 5 种不同使用方法，图 5.1-3a、图 5.1-3b 用于减速；图 5.1-3c ~ 图 5.1-3e 用于增速。

如果用正、负号代表转向，并定义谐波传动装置的基本减速比 R 为

$$R = \frac{Z_f}{Z_c - Z_f}$$

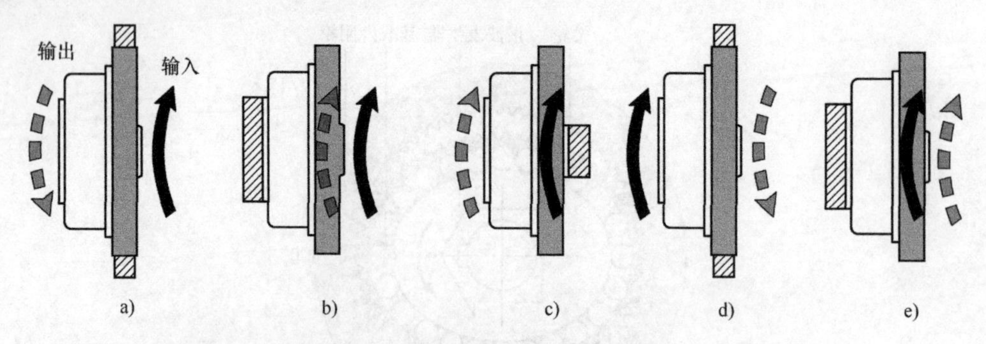

图 5.1-3　谐波齿轮传动装置的使用

a）刚轮固定/柔轮输出　b）柔轮固定/刚轮输出　c）谐波发生器固定/刚轮输出

d）刚轮固定/谐波发生器输出　e）柔轮固定/谐波发生器输出

则，对于图 5.1-3a，其输出转速/输入转速（传动比）为

$$i_a = \frac{-(Z_c - Z_f)}{Z_f} = \frac{-1}{R}$$

对于图 5.1-3b，其传动比为

$$i_b = \frac{Z_c - Z_f}{Z_c} = \frac{1}{R+1}$$

对于图 5.1-3c，其传动比为

$$i_c = \frac{Z_c}{Z_f} = \frac{R+1}{R}$$

对于图 5.1-3d，其传动比为

$$i_d = \frac{-Z_f}{Z_c - Z_f} = -R$$

对于图 5.1-3e，其传动比为

$$i_e = \frac{Z_c}{Z_c - Z_f} = R+1$$

在谐波齿轮传动装置生产厂家的样本上，一般只给出基本减速比 R，用户使用时，可根据实际安装情况，按照上面的方法计算对应的传动比。

5. 主要特点

由谐波齿轮传动装置的结构和原理可见，它与其他传动装置相比，主要有以下特点。

1）承载能力强，传动精度高。齿轮传动装置的承载能力、传动精度与其同时啮合的齿数（称为重叠系数）密切相关，多齿同时啮合可起到减小单位面积载荷、均化误差的作用，故在同等条件下，同时啮合的齿数越多，传动装置的承载能力就越强、传动精度就越高。

一般而言，普通直齿圆柱渐开线齿轮的同时啮合齿数只有 1~2 对、同时啮合的齿数通常只占总齿数的 2%~7%。谐波齿轮传动装置有两个 180°对称方向的部位同时啮合，其同时啮合齿数远多于齿轮传动，故其承载能力强，齿距误差和累积齿距误差可得到较好的均化。因此，它与部件制造精度相同的普通齿轮传动相比，谐波齿轮传动装置的传动误差大致只有普通齿轮传动装置的 1/4 左右，即传动精度可提高 4 倍。

以 Harmonic Drive System（哈默纳科）谐波齿轮传动装置为例，其同时啮合的齿数最大可达30%以上；最大转矩（Peak Torque）可达4470N·m，最高输入转速可达14000r/min；角传动精度（Angle Transmission Accuracy）可达1.5×10^{-4}rad，滞后误差（Hysteresis Loss）可达2.9×10^{-4}rad。这些指标基本上代表了当今世界谐波减速器的最高水准。

需要说明的是，虽然谐波减速器的传动精度比其他减速器要高很多，但目前它还只能达到角分级（2.9×10^{-4}rad ≈1′），它与数控机床回转轴所要求的角秒级（4.85×10^{-6}rad≈1″）定位精度比较，仍存在很大差距，这也是目前工业机器人的定位精度普遍低于数控机床的主要原因之一。因此，谐波减速器一般不能直接用于数控机床的回转轴驱动和定位。

2）传动比大，传动效率较高。在传统的单级传动装置上，普通齿轮传动的推荐传动比一般为8～10、传动效率大致为0.9～0.98；行星齿轮传动的推荐传动比为2.8～12.5、齿差为1的行星齿轮传动效率大致为0.85～0.9；蜗轮蜗杆传动装置的推荐传动比为8～80、传动效率大致为0.4～0.95；摆线针轮传动的推荐传动比为11～87、传动效率大致为0.9～0.95。而谐波齿轮传动的推荐传动比为50～160，如需要还可选择30～320；传动效率与减速比、负载、温度等因素有关，正常使用时大致为0.65～0.96。

3）结构简单，体积小，质量轻，使用寿命长。谐波齿轮传动装置只有3个基本部件，它与传动比相同的普通齿轮传动比较，其零件数可减少50%左右，体积、质量大约只有1/3。此外，由于谐波齿轮传动装置的柔轮齿在传动过程中，进行的是均匀的径向移动，齿间的相对滑移速度一般只有普通渐开线齿轮传动的1%；加上同时啮合的齿数多、轮齿单位面积的载荷小、运动无冲击，因此，齿的磨损较小，传动装置使用寿命可长达7000～10000h。

4）传动平稳，无冲击，噪声小。谐波齿轮传动装置可通过特殊的齿形设计，使得柔轮和刚轮的啮合、退出过程实现连续渐进、渐出，啮合时的齿面滑移速度小，且无突变，因此，其传动平稳，啮合无冲击，运行噪声小。

5）安装调整方便。谐波齿轮传动装置只有刚轮、柔轮、谐波发生器三个基本部件，三者为同轴安装；刚轮、柔轮、谐波发生器可按部件的形式提供（称为部件型谐波减速器），由用户根据自己的需要，自由选择变速方式和安装方式，并直接在整机装配现场组装，其安装十分灵活、方便。此外，谐波齿轮传动装置的柔轮和刚轮啮合间隙，可通过微量改变谐波发生器的外径调整，甚至可做到无侧隙啮合，因此，其传动间隙通常非常小。

但是，谐波齿轮传动装置需要用高强度、高弹性的特种材料制作，特别是柔轮、谐波发生器的轴承，它不但需要在承受较大交变载荷的情况下不断变形，而且为了减小磨损，材料还必须要有很高的硬度，因而，它对材料的材质、抗疲劳强度及加工精度、热处理的要求均很高，制造工艺较复杂。截至目前，除了Harmonic Drive System公司外，全球能够真正产业化生产谐波减速器的厂家还不多。

5.1.2 谐波减速回转执行器

1. 产品简介

机电一体化集成是工业自动化的技术发展方向。为了进一步简化谐波减速器的结构、缩小体积、方便使用，Harmonic Drive System等公司在传统的谐波减速器基础上，推出了新一代的谐波减速器/驱动电机集成一体化的回转执行器（Rotary Actuator）产品，代表了机电一体化技术在谐波减速器领域的最新成果和发展方向。

Harmonic Drive System 谐波减速器/电机集成回转执行器及配套的交流伺服驱动器如图 5.1-4 所示。回转执行器可直接与交流伺服驱动器连接，在驱动器的控制下，直接对负载的转矩、速度和位置进行控制。

a) 回转执行器　　b) 伺服驱动器

图 5.1-4　回转执行器与驱动器

回转执行器是用于回转运动控制的新型机电一体化集成驱动装置，它将传统的驱动电机和谐波减速器集成为一体，可直接替代传统由驱动电机和减速器组成的回转减速传动系统。与传统减速系统相比，回转执行器的机械传动部件大大减少、传动精度更高、结构刚性更好、体积更小、使用更方便。

2. 结构原理

Harmonic Drive System 回转执行器的结构原理如图 5.1-5 所示，它是由交流伺服驱动电机、谐波减速器、CRB、位置/速度检测编码器等部件组成的机电一体化回转减速单元，可以直接用于工业机器人的回转轴驱动。

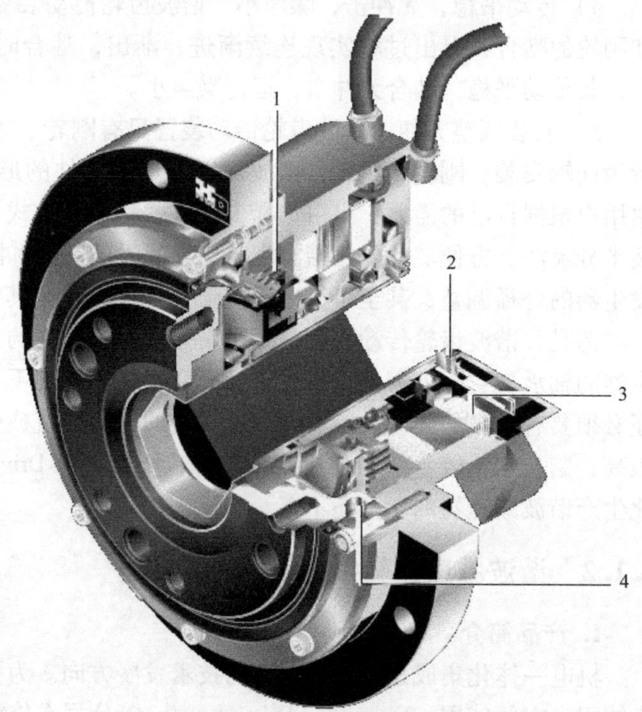

图 5.1-5　回转执行器结构原理

1—谐波减速器　2—位置/速度检测编码器　3—伺服电机　4—CRB

回转执行器的谐波传动装置一般采用刚轮固定、柔轮输出、谐波发生器输入的减速设计方案。执行器的输出采用了可直接驱动负载的高刚性、高精度 CRB；CRB 内圈的内部与谐波减速器的柔轮连接，外部加工有连接输出轴的连接法兰；CRB 外圈和壳体连接为一体，构成了单元的外壳。谐波减速器的刚轮固定在壳体上，谐波发生器和交流伺服电机的转子设计成一体，伺服

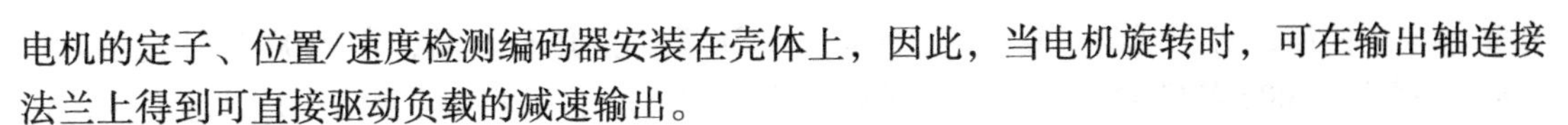

电机的定子、位置/速度检测编码器安装在壳体上，因此，当电机旋转时，可在输出轴连接法兰上得到可直接驱动负载的减速输出。

回转执行器省略了传统谐波减速系统所需要的驱动电机和谐波发生器间、柔轮和输出轴间的机械连接件，其结构刚性好、传动精度高、整体结构紧凑、安装容易、使用方便，真正实现了机电一体化。

回转执行器需要综合应用谐波减速器、交流伺服电机、精密位置/速度检测编码器等多项技术，不仅产品本身需要进行机电一体化整体设计，而且还必须有与之配套的交流伺服驱动器，因此，目前只有 Harmonic Drive System 公司等少数厂家能够生产。

5.1.3 哈默纳科产品与性能

日本的 Harmonic Drive System（哈默纳科）公司是著名的谐波减速器生产企业，其产品规格齐全，产量占全世界总产量的15%左右，世界著名的工业机器人几乎都使用该公司的产品。

Harmonic Drive System 谐波减速器不但是工业机器人的典型配套产品，而且也代表了当今世界谐波减速器的最高水准；其他大多数谐波减速器生产厂家，基本上都仿照其生产。鉴于不同类型的谐波减速器在工业机器人上都有应用，本章将对 Harmonic Drive System 谐波减速器产品进行系统的介绍。

1. 产品简况

由于工业机器人的生产时间不同，它所配套的谐波减速器结构、型号、性能有所区别，其中，Harmonic Drive System 公司代表性的产品主要有以下几类。

1）CS 系列。CS 系列谐波减速器是 Harmonic Drive System 公司在 1981 年研发的产品，在早期的工业机器人上使用较广，该产品目前已停止生产，早期的工业机器人需要更换减速器时，一般由后期的 CSS 系列或 CSF 系列产品进行替代。

2）CSS 系列。CSS 系列是 Harmonic Drive System 公司在 1988 年研发的产品，在 20 世纪 90 年代生产的工业机器人上使用较广。CSS 系列产品采用了该公司研发的 IH 齿形，减速器的刚性、强度和使用寿命，比 CS 系列提高了 2 倍以上。CSS 系列产品目前也已停止生产，工业机器人需要更换时，一般由 CSF 系列产品替代。

3）CSF 系列。CSF 系列是 Harmonic Drive System 公司在 1991 年研发的产品，是当前工业机器人广泛使用的通用型产品。CSF 系列减速器采用了小型化设计，其轴向尺寸只有 CS 系列的 1/2、整体厚度为 CS 系列的 3/5；最大转矩比 CS 系列提高了 2 倍；安装、调整性能也得到了大幅度改善。

4）CSG 系列。CSG 系列是 Harmonic Drive System 公司在 1999 年研发的产品，该系列为大容量、高可靠性产品。CSG 系列产品的结构、外形与同规格的 CSF 系列产品完全一致，但其性能更好，减速器的最大转矩在 CSF 系列基础上提高了 30%；使用寿命从 7000h 提高到 10000h。

5）CSD 系列。CSD 系列是 Harmonic Drive System 公司在 2001 年研发的产品，该系列产品采用了轻量化、超薄型设计，整体厚度只有同规格的早期 CS 系列的 1/3 和 CFS 系列标准产品的 1/2；质量比 CSF/CSG 系列减轻了 30%。

以上是 Harmonic Drive System 谐波减速器发展的主要情况，实际产品目前仍在不断改进和完善中。例如，对于当前主要生产、销售的 CSF 系列通用型产品，在 2000 年补充了 CSF -8/11 规格、2002 年增加了 CSF -5* 规格、2006 年增加了 CSF -3* 规格等；这些产品的强度、刚度比早期的产品提高了 2 倍，使用寿命提高了 8 倍。

除了以上产品外，Harmonic Drive System 公司还有相位调整型（Phase Adjustment Type）谐波减速器、机电一体化集成的回转执行器（Rotary Actuator），以及直线执行器（Linear Actuator）直接驱动电机（Direct Drive Motor）等其他相关产品，有关内容可参见 Harmonic Drive System 公司的样本或网站。

2. 产品分类

根据产品的结构形式，工业机器人常用的 Harmonic Drive System 谐波减速器总体可分为图 5.1-6 所示的部件型（Component Type）、单元型（Unit Type）、简易单元型（Simple Unit Type）、齿轮箱型（Gear Head Type）、微型 5 大类；部分产品还可根据柔轮的形状，分水杯形（Cup Type）、礼帽形（Silk Hat Type）、薄饼形（Pancake Type）等不同的类别。

1）部件型。部件型（Component Type）谐波减速器只提供刚轮、柔轮、谐波发生器 3 个基本部件；用户可根据自己的要求，自由选择变速方式和安装方式，并在工业机器人的装配现场进行组装。根据柔轮形状，Harmonic Drive System 部件型谐波减速器又可分为水杯形（Cup Type）、礼帽形（Silk Hat Type）、薄饼形（Pancake）3 大类，及通用系列、高转矩系列、超薄系列 3 个系列。部件型谐波减速器的规格齐全、产品的使用灵活、安装方便、价格低，它是目前工业机器人广泛使用的产品。

2）单元型。单元型（Unit Type）谐波减速器带有外壳和 CRB，减速器的刚轮、柔轮、谐波发生器、壳体、CRB 被整体设计成统一的单元；减速器带有输入/输出连接法兰或轴，输出采用高刚性、精密 CRB 支承，可直接驱动负载。根据柔轮形状，单元型谐波减速器分为水杯形和礼帽形 2 类，谐波发生器的输入可选择标准轴孔、中空轴、实心轴（轴输入）等；其中的 LW 轻量系列、CSG -2UK 高转矩密封系列为最新产品。单元型谐波减速器使用简单、安装方便，由于减速器的安装在生产厂家已完成，故传动精度高；它也是目前工业机器人常用的产品之一。

3）简易单元型。简易单元型（Simple Unit Type）谐波减速器是单元型的简化，它将谐波减速器的刚轮、柔轮、谐波发生器 3 个基本部件和 CRB 整体设计成统一的单元；但无壳体和输入/输出连接法兰或轴。简易单元型减速器的柔轮形状均为礼帽形，谐波发生器的输入轴有标准轴孔、中空轴两种。简易单元型减速器的结构紧凑、使用方便，性能和价格介于部件型和单元型之间，它经常用于机器人手腕、SCARA 结构机器人。

4）齿轮箱型。齿轮箱型（Gear Head Type）谐波减速器可像齿轮减速箱一样，直接在其上安装驱动电机，以实现减速器和驱动电机的结构整体化，简化减速器安装。齿轮箱型减速器的柔轮形状均为水杯形，有通用系列、高转矩系列产品。齿轮箱型减速器多用于电机的轴向安装尺寸不受限制的后驱手腕、SCARA 结构机器人。

5）微型。微型（Mini）和超微型（Supermini）谐波减速器是专门用于小型、轻量工业机器人的特殊产品，它常用于 3C 行业电子产品、食品、药品等小规格搬运、装配、包装工业机器人，微型谐波减速器有单元型、齿轮箱型两种基本结构形式。超微型谐波减速器实际上只是对微型系列产品的补充，其内部结构、安装使用要求都和微型相同。

谐波减速器的结构形式可根据工业机器人的实际需要选用，其内部结构、安装维护要求

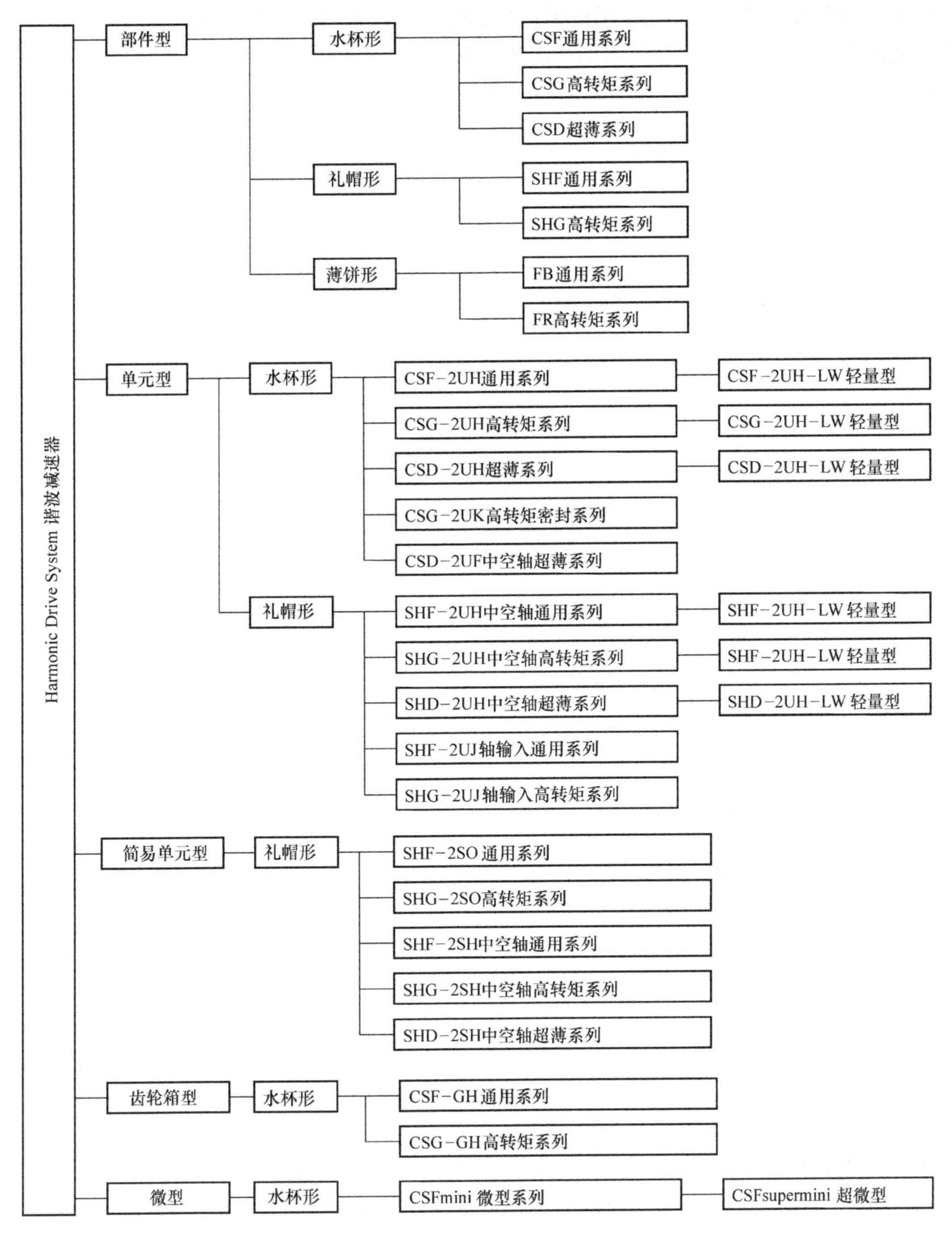

图 5.1-6 Harmonic Drive System 谐波减速器产品

详见后述。随着技术的进步，Harmonic Drive System 谐波减速器产品在不断改进和完善中，有关最新产品信息可参见 Harmonic Drive System 公司的相关资料。

3. 性能及比较

Harmonic Drive System 谐波减速器采用了图 5.1-7a 所示的特殊 IH 齿形设计，它与图

5.1-7b 所示的普通梯形齿相比，可使柔轮与刚轮齿的啮合过程连续、渐进，啮合的齿数更多、刚性更高、精度更高；啮合时的冲击和噪声更小，传动更为平稳。同时，圆弧形的齿根设计可避免梯形齿的齿根应力集中，提高产品的使用寿命。

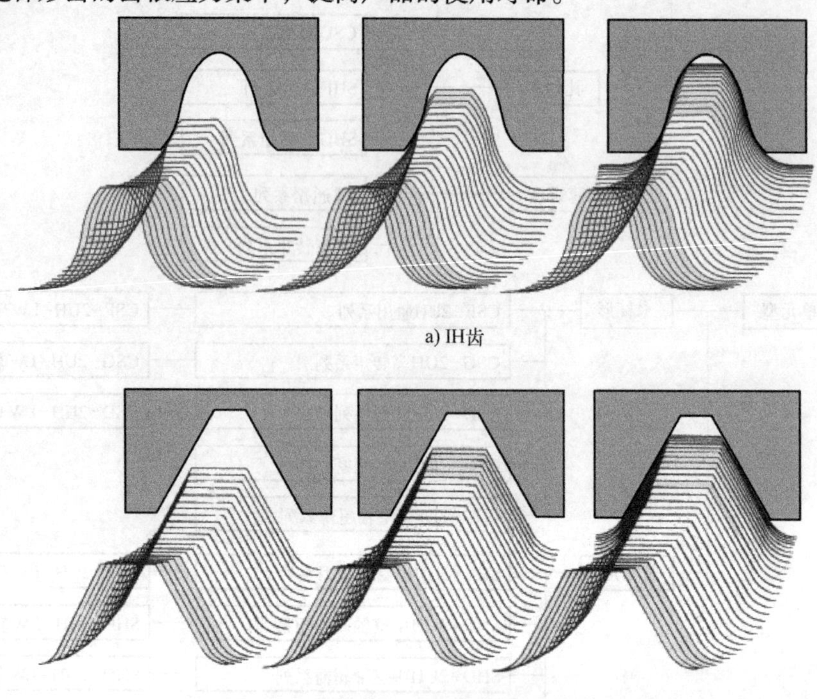

a) IH齿

b) 梯形齿

图 5.1-7　齿轮啮合过程比较

Harmonic Drive System 不同系列谐波减速器的主要技术参数见表 5.1-1。表中的额定转矩是指输入转速为 2000r/min 连续工作时的输出转矩；允许最高转速、允许平均输入转速均指采用脂润滑的情况，如采用油润滑，其值可以提高 30% ~60%。

根据产品的技术性能，Harmonic Drive System 谐波减速器实际上可分为通用型、高转矩型和超薄型 3 大类，其他都是在此基础上所派生的产品。例如，CSF－2UH 系列是 CSF 通用型产品的单元化结构，CSG－2UH 系列是 CSG 高转矩型产品的单元化结构，而 CSD－2UH 系列是 CSD 超薄型产品的单元化结构等。

通用型、高转矩型和超薄型 3 类谐波减速器的基本性能比较如图 5.1-8 所示。

大致而言，同规格的 CSF 通用型减速器和 CSG 高转矩型减速器的结构、外形相同；但由于 CSG 系列产品所使用的材料性能更好、热处理更先进，因此，减速器的额定转矩、加减速转矩等转矩输出性能提高了 30% 以上；使用寿命从通用型的 7000h，提高到 10000h，增加了 43%。

同规格的 CSD 超薄型减速器的厚度只有 CSF 通用型减速器的 60% 左右，但是，在同等使用寿命下，超薄型减速器的额定转矩、加减速转矩等转矩性能及刚性等指标也将比 CSF 通用型减速器有所下降。

表 5.1-1 Harmonic Drive System 谐波减速器的主要技术参数比较

产品系列			减速比	额定输出转矩 /N·m	允许最高转速 /（r/min）	平均输入转速 /（r/min）	传动精度/10^{-4}rad 普通	传动精度/10^{-4}rad 特殊	外径 φ /mm	厚度 /mm	中空直径 φ/mm	输入轴直 φ/mm
部件型	水杯形	CSF	30 ~ 160	0.9 ~ 3550	8500 ~ 1800	3500 ~ 1200	2.9 ~ 5.8	1.5 ~ 2.9	30 ~ 330	22.1 ~ 125	—	—
		CSG	50 ~ 160	7 ~ 1236	8500 ~ 2800	3500 ~ 1900	2.9 ~ 5.8	1.5 ~ 2.9	50 ~ 215	28.5 ~ 83	—	—
		CSD	50 ~ 160	3.7 ~ 370	8500 ~ 3500	3500 ~ 2500	2.9 ~ 4.4	—	50 ~ 170	11 ~ 33	—	—
	礼帽形	SHF	30 ~ 160	4 ~ 745	8500 ~ 3000	3500 ~ 2200	2.9 ~ 5.8	1.5 ~ 2.9	60 ~ 233	28.5 ~ 75.5	—	—
		SHG	50 ~ 160	7 ~ 1236	8500 ~ 2800	3500 ~ 1900	2.9 ~ 5.8	1.5 ~ 2.9	60 ~ 276	28.5 ~ 83	—	—
	薄饼形	FB	50 ~ 160	2.6 ~ 304	3600 ~ 3000	2500 ~ 1700	与负载有关		50 ~ 170	10.5 ~ 33	—	—
		FR	50 ~ 320	4.4 ~ 4470	3600 ~ 1700	2500 ~ 1000	与负载有关		50 ~ 330	18 ~ 101	—	—
单元型	标准型	CSF - 2UH	30 ~ 160	4 ~ 951	8500 ~ 2800	3500 ~ 1900	2.9 ~ 5.8	1.5 ~ 2.9	73 ~ 260	41 ~ 115	—	—
		CSG - 2UH	50 ~ 160	7 ~ 1236	8500 ~ 2800	3500 ~ 1900	2.9 ~ 5.8	1.5 ~ 2.9	73 ~ 260	41 ~ 115	—	—
		CSD - 2UH	50 ~ 160	3.7 ~ 370	8500 ~ 3500	3500 ~ 2500	2.9 ~ 4.4	—	55 ~ 157	25 ~ 62.5	—	—
		CSD - 2UK	50 ~ 160	51 ~ 1236	5600 ~ 2800	3500 ~ 1900	2.9 ~ 4.4	—	107 ~ 260	66 ~ 129	—	—
	中空轴	CSD - 2UF	50 ~ 160	3.7 ~ 206	8500 ~ 4000	3500 ~ 3000	2.9 ~ 4.4	—	70 ~ 170	22 ~ 45	9 ~ 37	—
		SHF - 2UH	30 ~ 160	3.5 ~ 745	8500 ~ 3000	3500 ~ 2200	2.9 ~ 5.8	1.5 ~ 2.9	64 ~ 284	48 ~ 128	14 ~ 70	—
		SHG - 2UH	50 ~ 160	7 ~ 1236	8500 ~ 2800	3500 ~ 1900	2.9 ~ 5.8	1.5 ~ 2.9	64 ~ 284	48 ~ 128	14 ~ 80	—
		SHD - 2UH	50 ~ 160	3.7 ~ 206	8500 ~ 4000	3500 ~ 3000	2.9 ~ 4.4	—	74 ~ 175	45.5 ~ 65	14 ~ 51	—
	轴输入	SHF - 2UJ	30 ~ 160	4 ~ 745	8500 ~ 3000	3500 ~ 2200	2.9 ~ 5.8	1.5 ~ 2.9	74 ~ 284	35.5 ~ 114	—	6 ~ 22
		SHG - 2UJ	50 ~ 160	7 ~ 1236	8500 ~ 2800	3500 ~ 1900	2.9 ~ 5.8	1.5 ~ 2.9	74 ~ 284	35.5 ~ 114	—	6 ~ 25
简易单元型	标准型	SHF - 2SO	30 ~ 160	4 ~ 745	8500 ~ 3000	3500 ~ 2200	2.9 ~ 5.8	1.5 ~ 2.9	70 ~ 240	28.5 ~ 75.5	—	—
		SHG - 2SO	50 ~ 160	7 ~ 1236	8500 ~ 2800	3500 ~ 1900	2.9 ~ 5.8	1.5 ~ 2.9	70 ~ 276	28.5 ~ 83	—	—
	中空轴	SHF - 2SH	30 ~ 160	4 ~ 745	8500 ~ 3000	3500 ~ 2200	2.9 ~ 5.8	1.5 ~ 2.9	70 ~ 240	23.5 ~ 73	14 ~ 80	—
		SHG - 2SH	50 ~ 160	7 ~ 1236	8500 ~ 2800	3500 ~ 1900	2.9 ~ 5.8	1.5 ~ 2.9	70 ~ 276	23.5 ~ 81.5	14 ~ 80	—
		SHD - 2SH	50 ~ 160	3.7 ~ 206	8500 ~ 4000	3500 ~ 3000	2.9 ~ 4.4	—	70 ~ 170	17.5 ~ 33	11 ~ 40	—
齿轮箱型		CSF - GH	50 ~ 160	5.4 ~ 951	8500 ~ 2800	3500 ~ 1900	2.9 ~ 4.4	—	56 ~ 220	85 ~ 249	—	16 ~ 70
		CSG - GH	50 ~ 160	7 ~ 1236	8500 ~ 2800	3500 ~ 1900	2.9 ~ 4.4	—	56 ~ 220	85 ~ 249	—	16 ~ 70
微型		CSFmini	30 ~ 100	0.25 ~ 7.8	10000 ~ 8500	6500 ~ 3500	0.44 ~ 1.2	—	20.4 ~ 51.1	19 ~ 54.4	—	2
		CSFsupermini	30 ~ 100	0.06 ~ 0.15	10000	6500	2.9	—	13	13.5 ~ 15.4	—	3 ~ 8

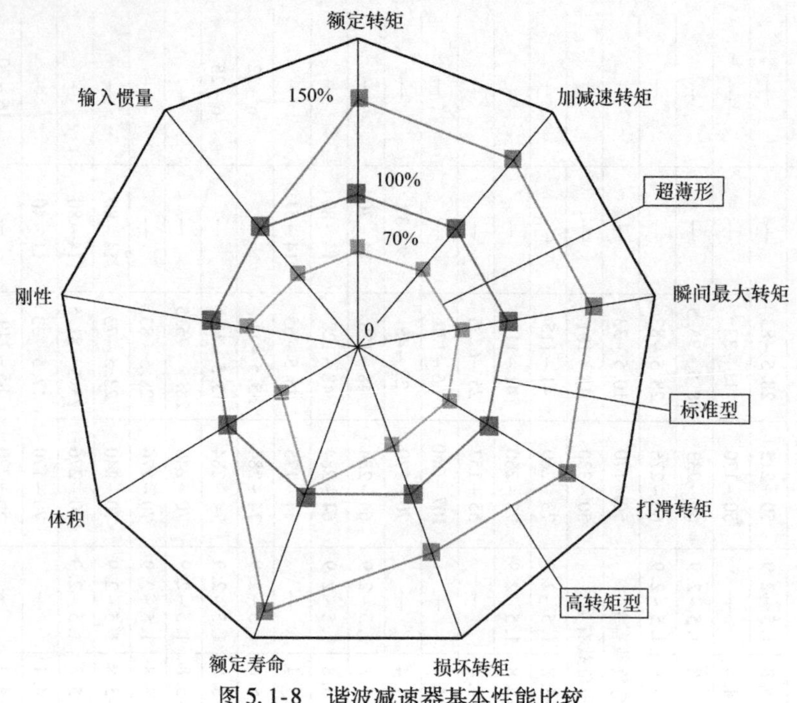

图 5.1-8　谐波减速器基本性能比较

5.2　部件型减速器的安装与维护

5.2.1　CSF/CSG 系列标准减速器

1. 内部结构

Harmonic Drive System 部件型 CSF 通用系列、CSG 高转矩系列标准谐波减速器的组成部件及结构示意图如图 5.2-1 所示，由于其减速器的柔轮呈水杯状，故又称水杯形（Cup Type）减速器。

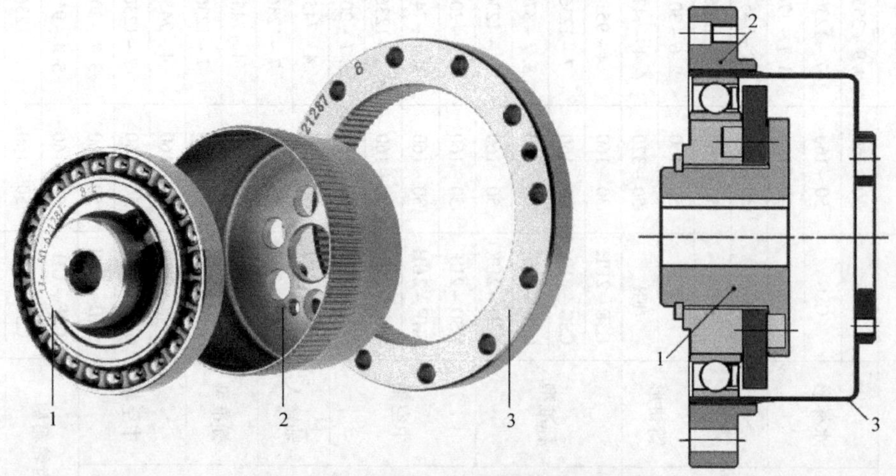

图 5.2-1　CSF/CSG 系列减速器的结构

1—谐波发生器组件　2—柔轮　3—刚轮

CSF/CSG 系列减速器的外形和结构完全相同，它们均采用了谐波减速器的标准结构，减速器由谐波发生器组件、柔轮、刚轮 3 部分组成；其中，谐波发生器组件由轴套、连接板、椭圆凸轮、轴承、卡簧等多个零件组成，输入轴可通过带有键槽和轴套连接，然后由轴套和连接板带动谐波发生器旋转。

根据不同的使用要求，谐波发生器组件、柔轮、刚轮中的任意一个被固定，另外两个便可分别作为输入、输出。在工业机器人上，谐波减速器基本上用于减速，但在其他机电设备上，也可用于增速。

2. 安装要求

CSF/CSG 系列标准谐波减速器对安装支承面的公差要求如图 5.2-2、表 5.2-1 所示。减速器更换或重新安装时，需要检查支承件和连接件的形位公差，确保满足表 5.2-1 的要求。

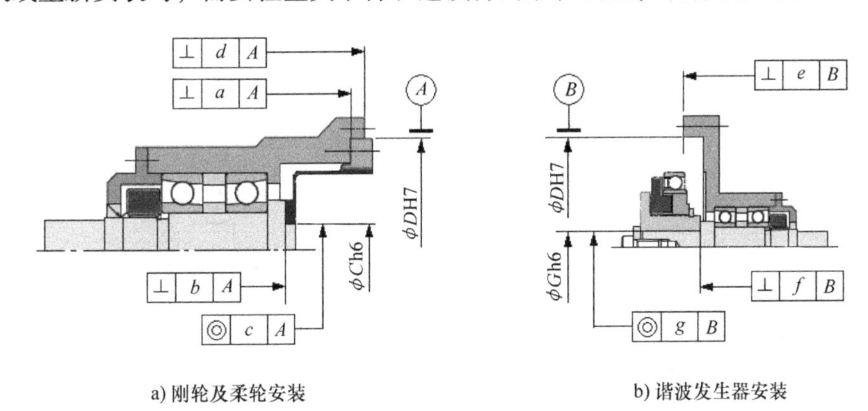

a) 刚轮及柔轮安装　　b) 谐波发生器安装

图 5.2-2　CSF/CSG 系列标准减速器的安装要求

表 5.2-1　CSF/CSG 系列标准减速器支承件和连接件的公差要求　（单位：mm）

规格	11	14	17	20	25	32	40	45	50	58	65	80
a	0.010	0.011	0.012	0.013	0.014	0.016	0.016	0.017	0.018	0.020	0.023	0.027
b	0.006	0.008	0.011	0.014	0.018	0.022	0.025	0.028	0.030	0.032	0.035	0.040
c	0.008	0.015	0.018	0.019	0.022	0.022	0.024	0.027	0.030	0.032	0.035	0.043
d	0.010	0.011	0.015	0.017	0.024	0.026	0.026	0.027	0.028	0.031	0.034	0.043
e	0.010	0.011	0.015	0.017	0.024	0.026	0.026	0.027	0.028	0.031	0.034	0.043
f	0.012	0.017	0.020	0.020	0.024	0.024	0.032	0.032	0.032	0.032	0.032	0.036
g	0.015	0.030	0.034	0.044	0.047	0.050	0.063	0.065	0.066	0.068	0.070	0.090

减速器柔轮安装时需要注意：为了防止柔轮变形，连接柔轮和轴时，必须使用图 5.2-3 所示的专门固定圈，夹紧轴的支承端面和柔轮，再用连接螺钉紧固；而不能通过普通垫圈压紧柔轮。其他类型谐波减速器的柔轮安装，同样需要按照这一要求进行。

3. 润滑要求

工业机器人用的谐波减速器一般都采用脂润滑，使用时需要定期检查润滑情况。CSF/CSG 系列标准谐波减速器的润滑脂充填要求如图 5.2-4 所示。

润滑脂的补充和更换时间与减速器的实际工作转速、环境温度有关，实际工作转速、环境温度越高，补充和更换润滑脂的周期就越短。润滑脂型号、注入量、补充时间，在减速器、机器人使用维护手册上，一般都有具体的要求；用户使用时，应按照生产厂家的要求进行。

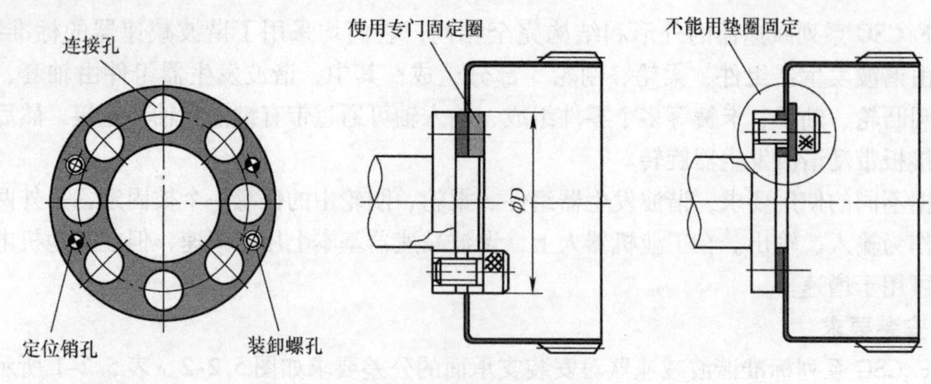

图 5.2-3　柔轮的连接要求

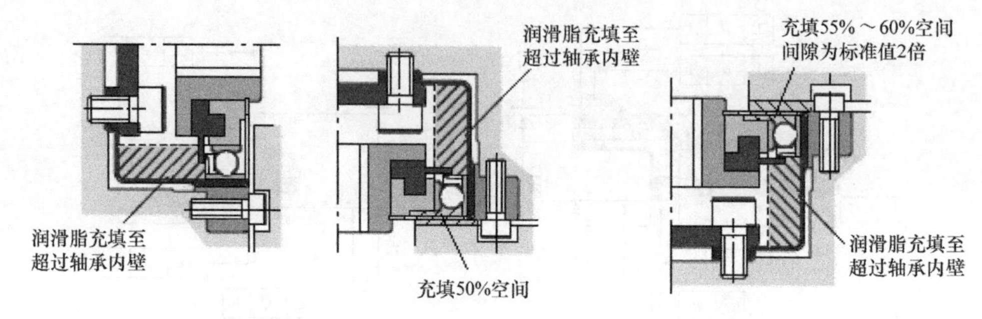

图 5.2-4　CSF/CSG 系列标准减速器的润滑脂充填要求

5.2.2　CSD 系列超薄型减速器

1. 内部结构

采用部件结构的 Harmonic Drive System CSD 系列超薄谐波减速器的组成部件及结构示意图如图 5.2-5 所示。CSD 系列减速器的柔轮形状仍为水杯形，故属于水杯形（Cup Type）减速器的一种。

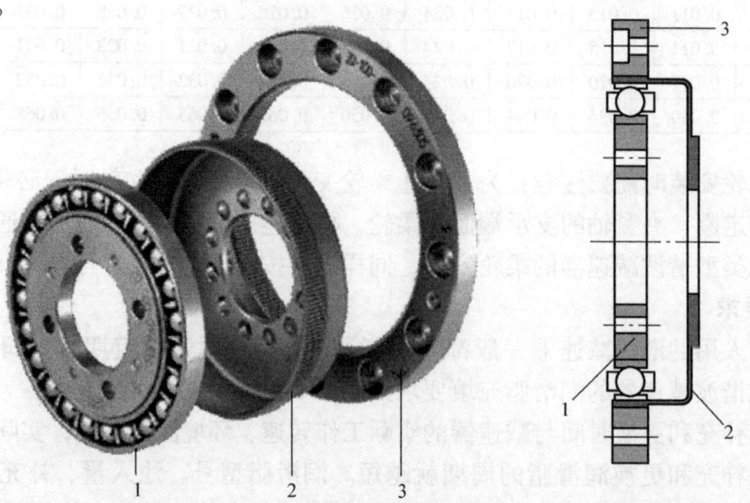

图 5.2-5　CSD 系列超薄型减速器的结构
1—谐波发生器组件　2—柔轮　3—刚轮

CSD 系列超薄减速器与 CSF/CSH 系列标准减速器的结构区别在于：CSD 系列减速器的谐波发生器为单一零件，它只有椭圆凸轮和轴承，无其他连接件；谐波发生器的输入轴需要直接与椭圆凸轮连接，因此，减速器的轴向尺寸被大大缩短，整体厚度大致只有 CSF/CSG 系列标准减速器的 2/3 左右，故特别适用于对减速器厚度有要求的 SCARA 结构机器人。

CSD 系列超薄减速器的使用方法与 CSF/CSH 系列相同。谐波发生器、柔轮、刚轮中的任意一个被固定，另外两个便可分别作为输入、输出。

2. 安装要求

CSD 系列超薄谐波减速器对安装支承面的公差要求如图 5.2-6、表 5.2-2 所示。由于谐波发生器输入轴需要直接连接凸轮，因此，它对输入轴的安装公差要求高于 CSF/CSG 系列。减速器更换或重新安装时，需要检查支承件和连接件的公差，确保满足表 5.2-2 的要求。

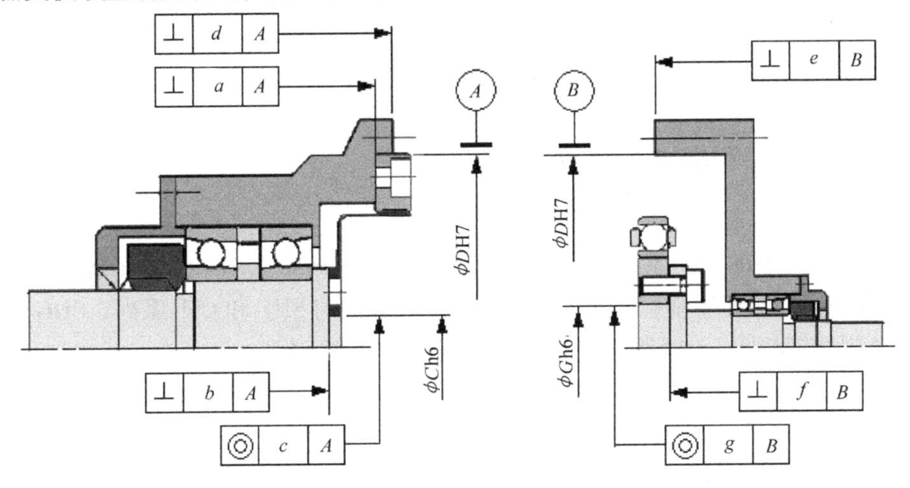

图 5.2-6　CSD 系列超薄型减速器的安装要求

表 5.2-2　CSD 系列超薄型减速器支承件和连接件的公差要求　（单位：mm）

规　格	14	17	20	25	32	40	50
a	0.011	0.012	0.013	0.014	0.016	0.016	0.018
b	0.008	0.011	0.014	0.018	0.022	0.025	0.030
c	0.015	0.018	0.019	0.022	0.022	0.024	0.030
d	0.011	0.015	0.017	0.024	0.026	0.026	0.028
e	0.011	0.015	0.017	0.024	0.026	0.026	0.028
f	0.008	0.010	0.010	0.012	0.012	0.012	0.015
g	0.016	0.018	0.019	0.022	0.022	0.024	0.030

为了防止柔轮变形，连接柔轮和轴时，同样必须使用前述图 5.2-3 所示的专门固定圈，通过固定圈和轴支承端面夹紧柔轮，然后，再使用连接螺钉紧固；而不能通过普通的垫圈来压紧柔轮。

3. 润滑要求

CSD 系列超薄型谐波减速器采用脂润滑时，润滑脂的充填要求如图 5.2-7 所示。润滑脂的补充和更换时间与减速器的实际工作转速、环境温度有关，实际工作转速、环境温度越高，补充和更换润滑脂的周期就越短。减速器使用时，必须定期检查润滑情况，润滑脂的型号、注入量、补充时间，应按照生产厂家的要求进行。

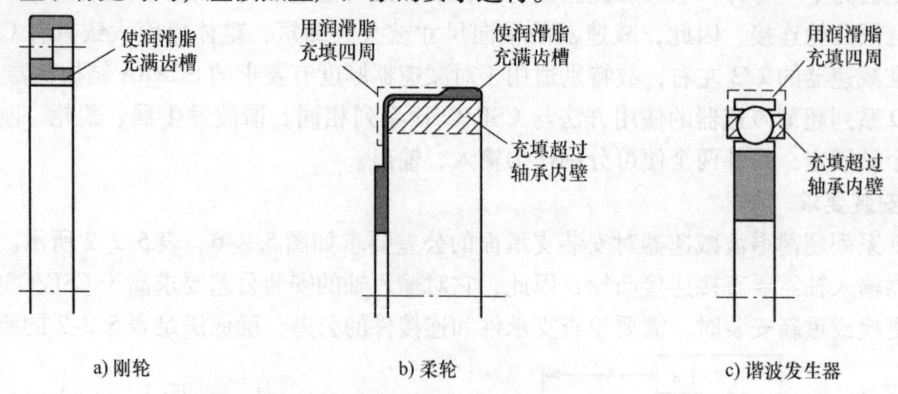

图 5.2-7　CSD 系列超薄型减速器的润滑脂充填要求

5.2.3　SHF/SHG 系列标准减速器

1. 内部结构

采用部件结构的 SHF 通用系列、SHG 高转矩系列 Harmonic Drive System 谐波减速器是在 CSF/CSG 系列标准减速器基础上所派生的产品。同规格的 SHF 和 CSF 系列、SHG 和 CSG 系列产品的使用性能相同，但 SHF 系列的产品规格少于 CSF 系列。

SHF/SHG 系列标准谐波减速器的组成部件及结构示意图如图 5.2-8 所示。减速器同样由谐波发生器组件、柔轮、刚轮 3 部分组成，但其柔轮采用了大直径、中空开口的结构设计，形状类似绅士礼帽，故称为礼帽形（Silk Hat Type）减速器。

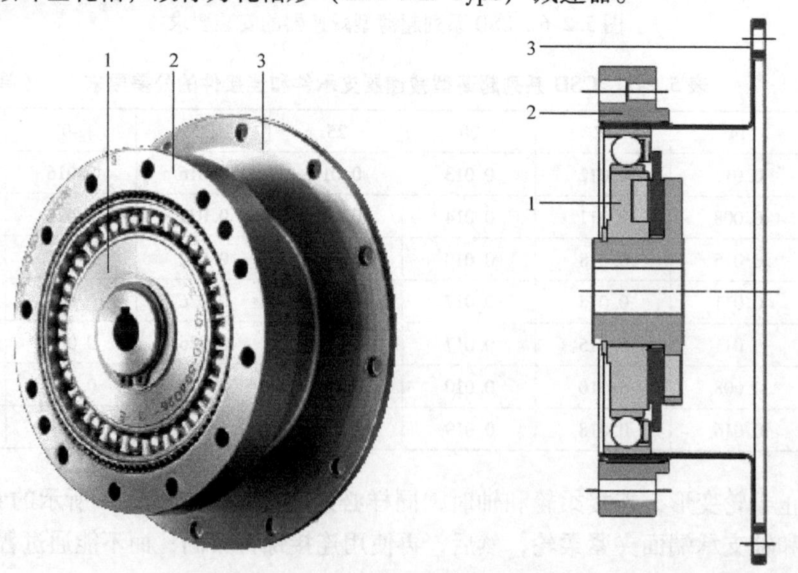

图 5.2-8　SHF/SHG 系列标准减速器的结构

1—谐波发生器组件　2—柔轮　3—刚轮

SHF/SHG 系列标准谐波减速器采用大直径、中空开口柔轮，虽然加大了减速器的外径，

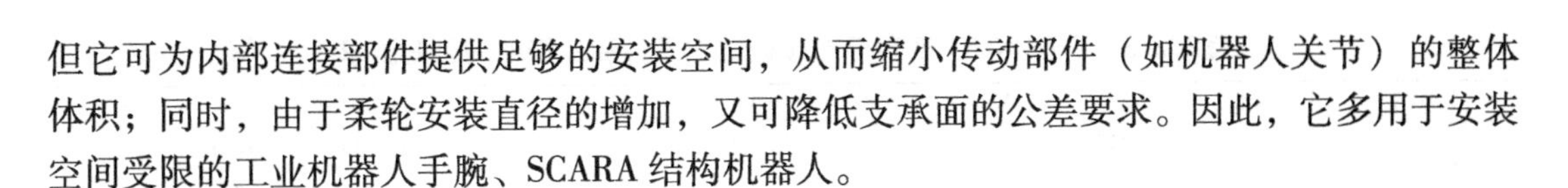

但它可为内部连接部件提供足够的安装空间，从而缩小传动部件（如机器人关节）的整体体积；同时，由于柔轮安装直径的增加，又可降低支承面的公差要求。因此，它多用于安装空间受限的工业机器人手腕、SCARA 结构机器人。

2. 安装要求

SHF/SHG 系列标准谐波减速器的安装支承面的公差要求如图 5.2-9 及表 5.2-3 所示。由于柔轮的安装面直径比同规格的 CSG/CSF 系列减速器要大得多，因此，柔轮连接面的公差要求低于 CSG/CSF 系列减速器。减速器更换或重新安装时，需要检查支承件和连接件的公差，确保满足表 5.2-3 的要求。

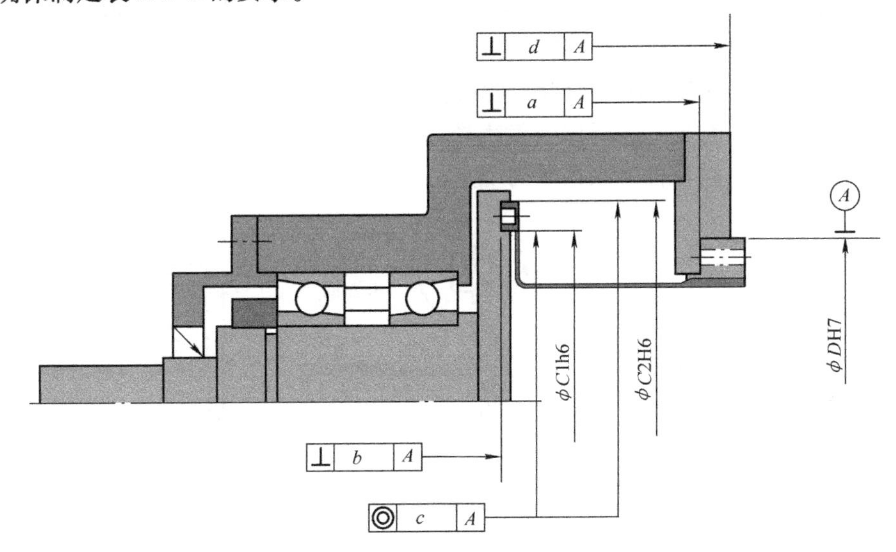

a) 刚轮及柔轮安装

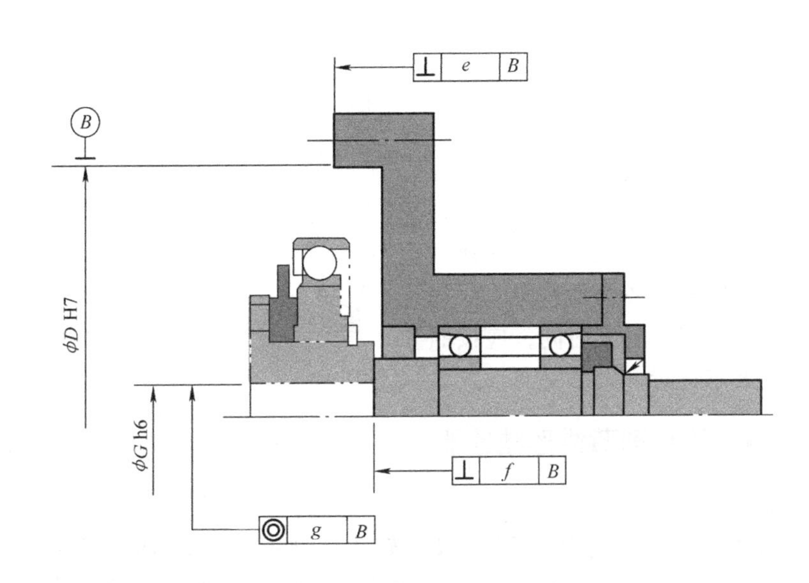

b) 谐波发生器的安装

图 5.2-9 SHF/SHG 系列标准减速器的安装要求

表 5.2-3　SHF/SHG 系列标准减速器支承件和连接件的公差要求　（单位：mm）

规格	14	17	20	25	32	40	45	50	58	65
a	0.011	0.012	0.013	0.014	0.016	0.016	0.017	0.018	0.020	0.023
b	0.016	0.021	0.027	0.035	0.042	0.048	0.053	0.057	0.062	0.067
c	0.015	0.018	0.019	0.022	0.022	0.024	0.027	0.030	0.032	0.035
d	0.011	0.015	0.017	0.024	0.026	0.026	0.027	0.028	0.031	0.034
e	0.011	0.015	0.017	0.024	0.026	0.026	0.027	0.028	0.031	0.034
f	0.017	0.020	0.024	0.024	0.024	0.032	0.032	0.032	0.032	0.032
g	0.030	0.034	0.044	0.047	0.050	0.063	0.065	0.066	0.068	0.070

为了防止柔轮在安装时产生变形，SHF/SHG 系列谐波减速器的柔轮和轴连接时，需要注意图 5.2-10 所示的两点：第一，安装螺钉上不得使用垫圈；第二，不能将柔轮的安装面反向固定。此外，由于 SHF/SHG 系列标准减速器的柔轮虽为大直径、中空开口结构，但其根部的变形十分困难，因此，进行谐波发生器装配时，要十分注意安装方向，禁止出现图 5.2-11 所示的谐波发生器反向装入柔轮的现象。

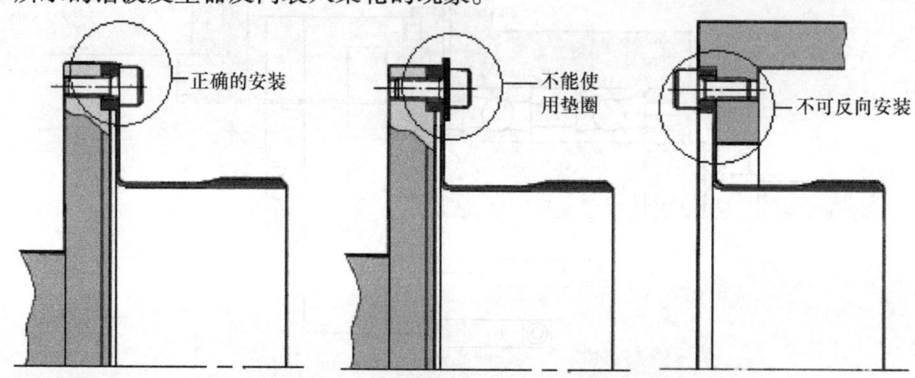

图 5.2-10　SHF/SHG 系列标准减速器柔轮的连接要求

3. 润滑要求

采用润滑脂润滑的 SHF/SHG 系列标准谐波减速器的润滑脂充填要求如图 5.2-12 所示。润滑脂的补充和更换时间与减速器的实际工作转速、环境温度有关，实际工作转速、环境温度越高，补充和更换润滑脂的周期就越短。减速器使用时，必须定期检查润滑情况，润滑脂的型号、注入量、补充时间，应按照生产厂家的要求进行。

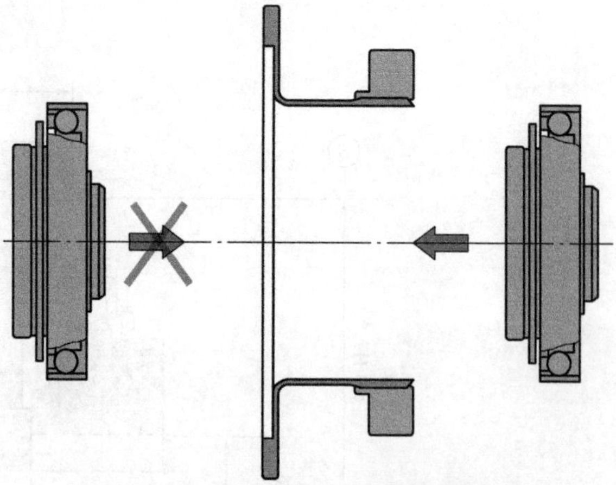

图 5.2-11　SHF/SHG 系列标准减速器谐波发生器的安装

5.2.4　FB/FR 系列薄饼形减速器

1. 内部结构

采用部件结构的 FB 通用系列、FR 高转矩系列 Harmonic Drive System 谐波减速器的组成部件及结构示意图如图 5.2-13 所示。FB/FR 系列谐波减速器的原理与 CSG/CSF 系列减速器相同，但外形被扁平化，减速器的柔轮和谐波发生器组合后，形状类似薄饼，故称为薄饼形（Pancake Type）减速器。

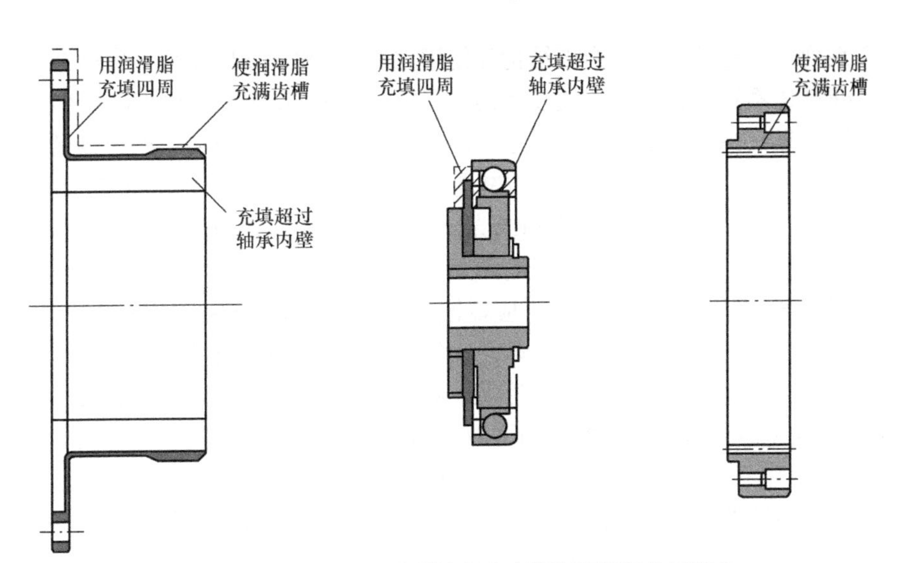

图 5.2-12　SHF/SHG 系列标准减速器的润滑脂充填要求

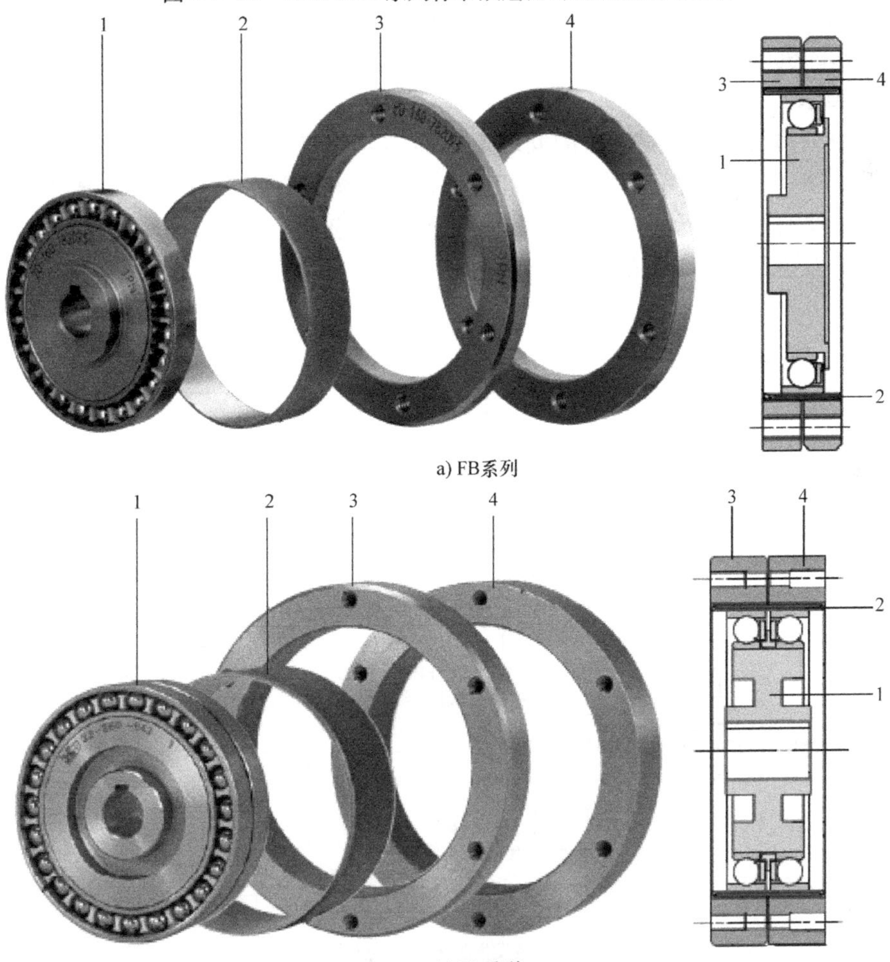

图 5.2-13　FB/FR 系列薄饼形减速器的结构

1—谐波发生器组件　2—柔轮　3—刚轮 S　4—刚轮 D

FB/FR 系列薄饼形减速器的内部结构和使用方法与 CSG/CSF 系列、SHF/SHG 系列减速器都不同。FB/FR 系列减速器由谐波发生器、柔轮、刚轮 S、刚轮 D 共 4 个基本组件构成，柔轮直接采用了薄壁外齿圈结构，它不能与输入/输出轴或壳体连接；减速器的刚轮由刚轮 S 和刚轮 D 两部分组成，刚轮 D 就是谐波减速器的基本刚轮，它和柔轮间存在齿差；而刚轮 S 则起到了替代柔轮、连接输入/输出轴或壳体的作用，其齿数和柔轮相同，因此，它可随柔轮同步运动，以替代柔轮的安装与连接。

FB/FR 系列薄饼形减速器使用时，应以刚轮 S 替代柔轮安装，减速器的谐波发生器、刚轮 S、刚轮 D 这 3 个组件中，可任意固定一个，而将另外两个作为输入、输出。

FB 通用系列和 FR 高转矩系列薄饼形谐波减速器的基本结构相同，两者的区别仅在于：FR 高转矩系列减速器的谐波发生器采用了双列滚珠轴承，其谐波发生器、柔轮、刚轮的厚度为同规格 FB 通用系列的 2 倍左右，因此，减速器的刚性更好、输出转矩更大。

FB/FR 系列减速器的结构紧凑、使用方便、刚性高、承载能力强，其中，FR 高转矩系列薄饼形谐波减速器还有 FR－80/100 等大规格的产品，额定输出转矩最大可达 4470N · m，是目前 Harmonic Drive System 谐波减速器中输入转矩最大、刚性最高的产品，故经常用于大型搬运、装卸的机器人手腕。

2. 安装要求

FB/FR 系列薄饼形谐波减速器的安装支承面的公差要求如图 5. 2-14 及表 5. 2-4 所示。同规格的 FB/FR 系列谐波减速器的要求相同。由于结构特殊，FB/FR 系列薄饼形谐波减速器对谐波发生器输入轴的公差要求高于其他减速器；减速器更换时，需要检查支承件和连接件的公差，确保达到表 5. 2-4 的要求。

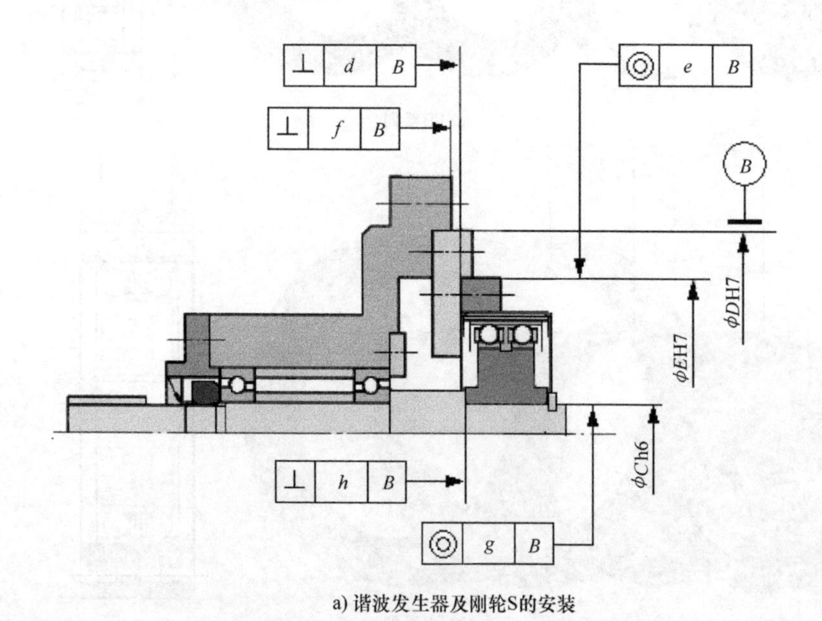

a) 谐波发生器及刚轮S的安装

图 5. 2-14　FB/FR 系列薄饼形减速器的安装要求

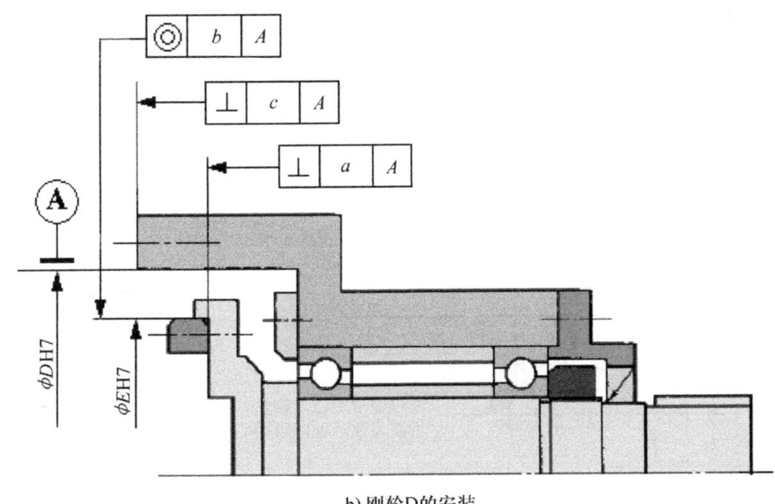

b) 刚轮D的安装

图5.2-14 FB/FR系列薄饼形减速器的安装要求（续）

表5.2-4 FB/FR系列薄饼形减速器支承件和连接件的公差要求 （单位：mm）

规格	14	20	25	32	40	50	65	80	100
a	0.013	0.017	0.024	0.026	0.026	0.028	0.034	0.043	0.057
b	0.015	0.016	0.016	0.017	0.019	0.024	0.027	0.033	0.038
c	0.016	0.020	0.029	0.031	0.031	0.034	0.041	0.052	0.068
d	0.013	0.017	0.024	0.026	0.026	0.028	0.034	0.043	0.057
e	0.015	0.016	0.016	0.017	0.019	0.024	0.027	0.033	0.038
f	0.016	0.020	0.029	0.031	0.031	0.034	0.041	0.052	0.068
g	0.011	0.013	0.016	0.016	0.017	0.021	0.025	0.030	0.035
h	0.007	0.010	0.012	0.012	0.012	0.015	0.015	0.015	0.015

FB/FR系列薄饼形谐波减速器的特殊结构决定了其谐波发生器、柔轮、刚轮都可以轴向运动，因此，安装时必须充分考虑到三者存在轴向窜动的可能性，通过合理的结构设计，避免其轴向窜动；此外，还必须保证刚轮S和刚轮D的同心度、垂直度要求。图5.2-15是FB/FR系列薄饼形谐波减速器的安装示例，可供产品设计、维修参考。

3. 润滑要求

FB/FR系列薄饼形谐波减速器的润滑要求高于其他谐波减速器，原则上说，两系列的减速器都需要使用润滑油进行润滑。FB/FR系列薄饼形减速器使用时，必须按照图5.2-16所示的要求，定期检查减速器的润滑油情况，保证润滑油的液面能够浸没轴承内圈；同时还需要保持轴心到液面的距离，以防止油液的渗漏和溢出。

由于润滑脂的冷却效果差，因此，连续使用的FB/FR系列减速器原则上不能采用脂润滑。但是，如果减速器只用于断续、短时间工作，也可使用润滑脂润滑，FB/FR系列薄饼形减速器采用脂润滑时，必须满足的条件如下：

输入转速：低于表5.1-1中的平均输入转速；

负载率ED%：≤10%；

连续运行时间：≤10min。

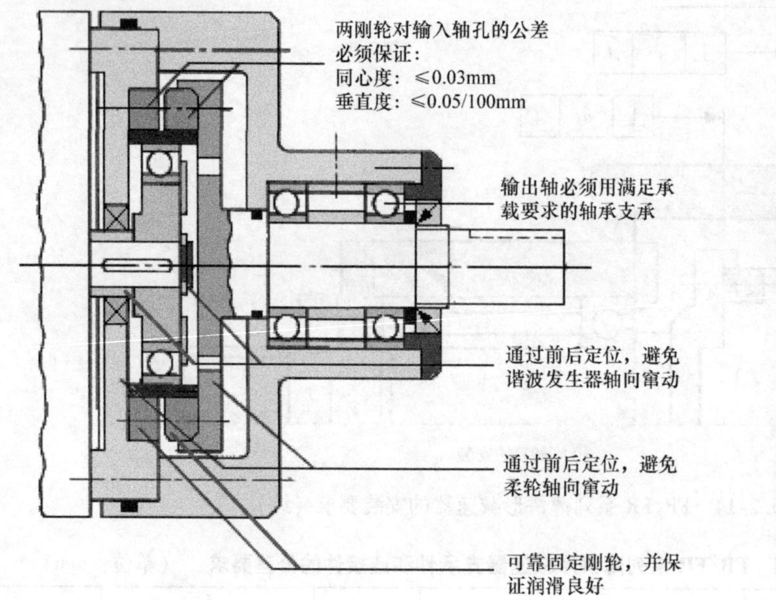

图 5.2-15　FB/FR 系列减速器安装示例

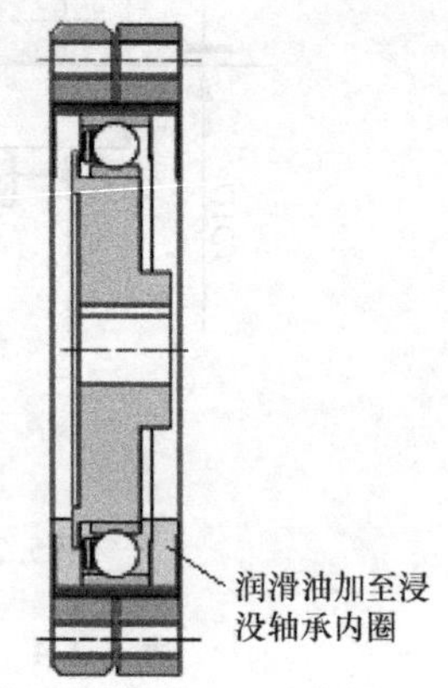

图 5.2-16　FB/FR 系列减速器的润滑要求

5.3　单元型减速器的安装与维护

5.3.1　CSF/CSG－2UH 系列标准减速器

1. 内部结构

Harmonic Drive System 单元型（Unit Type）谐波减速器是在部件型谐波减速器的基础上派生出的产品，其中，水杯形（Cup Type）、礼帽形（Silk Hat Type）都有对应的单元型产品；薄饼形（Pancake Type）目前尚未单元化。

Harmonic Drive System 单元型 CSF－2UH 通用系列、CSG－2UH 高转矩系列谐波减速器的组成部件及结构示意图如图 5.3-1 所示。

单元型 CSF/CSG－2UH 系列谐波减速器的谐波发生器组件、柔轮的结构与部件型 CSF/CSG 系列标准减速器完全相同，但它增加了连接刚轮、柔轮的 CRB 等部件，并通过整体设计，使之成为带有减速器安装座和输出轴连接法兰、可整体安装并直接驱动负载的完整单元。

CSF/CSG－2UH 系列减速器的刚轮、壳体和 CRB 采用了整体设计，刚轮齿直接加工在壳体上，并与 CRB 的外圈连为一体；柔轮通过连接板和 CRB 的内圈连接。因此，它可通过壳体，安装、固定减速器刚轮，而以 CRB 的内圈替代柔轮连接输出轴；用户使用时，只需根据实际使用要求固定壳体、连接输入/输出轴，而无须考虑减速器部件的内部连接和支承、减速器润滑等问题。单元型减速器使用方便、安装刚性好、维护简单、技术性能可得到充分保证。

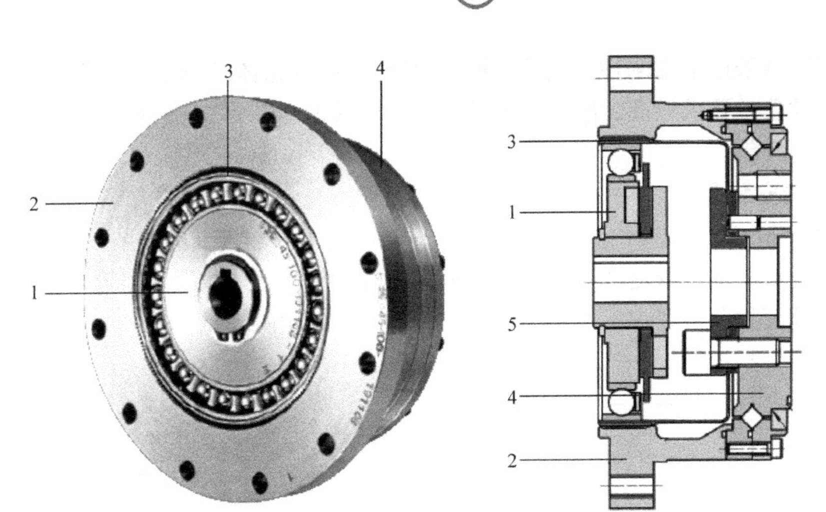

图 5.3-1　CSF/CSG－2UH 系列减速器的结构

1—谐波发生器组件　2—刚轮与壳体　3—柔轮　4—CRB　5—连接板

2. 减速器安装要求

CSF/CSG－2UH 系列单元型谐波减速器对支承面的公差要求如图 5.3-2 及表 5.3-1 所示。

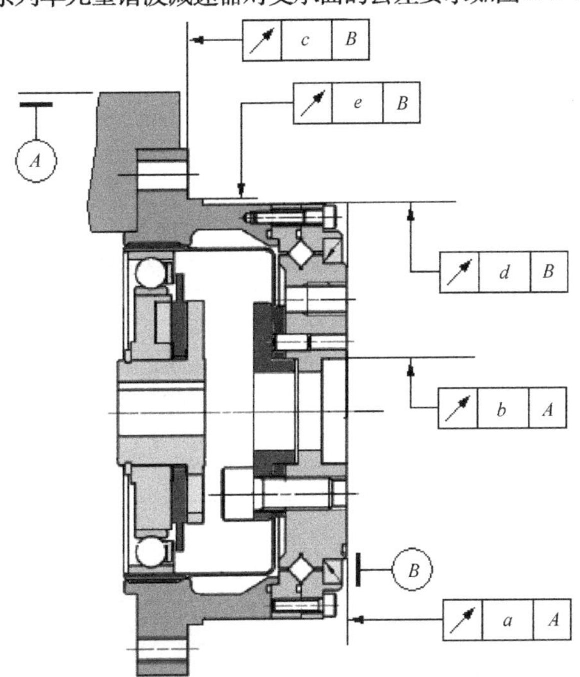

图 5.3-2　CSF/CSG－2UH 系列减速器的安装要求

表 5.3-1　CSF/CSG－2UH 系列减速器的安装公差要求　　（单位：mm）

规格	14	17	20	25	32	40	45	50	58	65
a	0.010	0.010	0.010	0.015	0.015	0.015	0.018	0.018	0.018	0.018
b	0.010	0.012	0.012	0.013	0.013	0.015	0.015	0.015	0.017	0.017
c	0.024	0.026	0.038	0.045	0.056	0.060	0.068	0.069	0.076	0.085
d	0.010	0.010	0.010	0.010	0.010	0.015	0.015	0.015	0.015	0.015
e	0.038	0.038	0.047	0.049	0.054	0.060	0.065	0.067	0.070	0.075

由于减速器采用了高刚性、精密 CRB，因此，它对壳体外圆、输出轴连接端面、CRB 内圈定位孔的公差要求较高，减速器更换或重新安装时，要严格检查，并保证其公差要求，防止减速器的倾斜。

3. 输入轴安装要求

单元型 CSF/CSG－2UH 系列谐波减速器对谐波发生器输入轴的安装公差要求如图 5.3-3 及表 5.3-2 所示。减速器更换或重新安装时，要检查并保证谐波发生器输入轴和减速器输入法兰定位基准面的公差要求，避免两者间出现不同轴或倾斜现象。

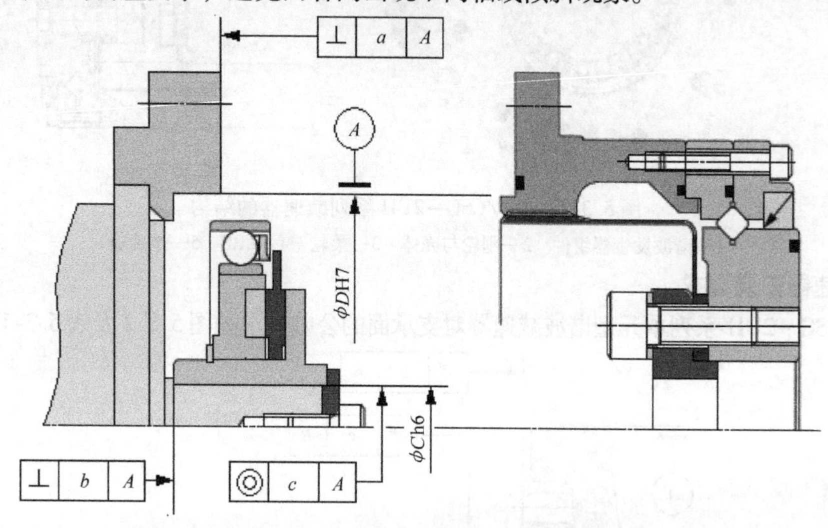

图 5.3-3　CSF/CSG－2UH 系列减速器输入轴的安装要求

表 5.3-2　CSF/CSG－2UH 系列减速器输入轴的安装公差要求　（单位：mm）

规格	14	17	20	25	32	40	45	50	58	65
a	0.011	0.015	0.017	0.024	0.026	0.026	0.027	0.028	0.031	0.034
b	0.017	0.020	0.020	0.024	0.024	0.032	0.032	0.032	0.032	0.032
c	0.030	0.034	0.044	0.047	0.050	0.063	0.065	0.066	0.068	0.070

4. 支承座要求

一般而言，单元型 CSF/CSG－2UH 系列谐波减速器的谐波发生器输入轴通常直接连接驱动电机轴，两者之间需要安装过渡板或安装座。电机过渡板或安装座的推荐尺寸及安装公差要求如图 5.3-4 及表 5.3-3 所示，这一要求也适合于其他形式的轴输入。驱动电机更换或重新安装时，要检查并保证过渡板或安装座的公差要求，避免驱动电机和减速器间出现不同轴或倾斜现象。

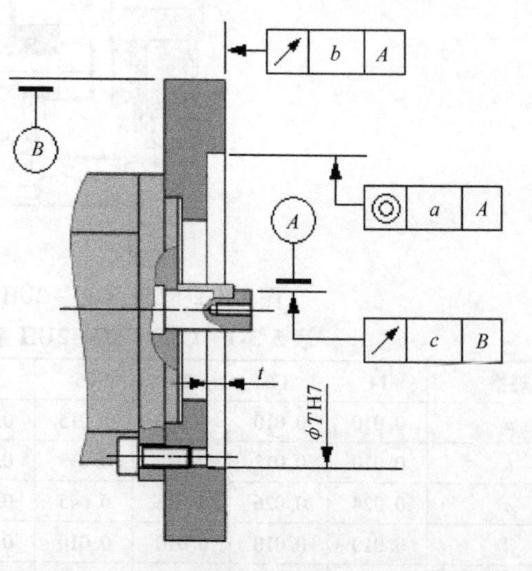

图 5.3-4　CSF/CSG－2UH 系列减速器过渡板的安装要求

表 5.3-3　CSF/CSG－2UH 系列减速器过渡板的尺寸和安装公差要求（单位：mm）

规格	14	17	20	25	32	40	45	50	58	65
a	0.030	0.040	0.040	0.040	0.040	0.050	0.050	0.050	0.050	0.050
b	0.030	0.040	0.040	0.040	0.040	0.050	0.050	0.050	0.050	0.050
c	0.015	0.015	0.018	0.018	0.018	0.018	0.021	0.021	0.021	0.021
t	3	3	4.5	4.5	4.5	6	6	6	7.5	7.5
T	38	48	56	67	90	110	124	135	156	177

5. 驱动电机拆装

单元型 CSF/CSG－2UH 系列谐波减速器的谐波发生器输入轴使用的是键连接，驱动电机的安装一般如图 5.3-5 所示。

为了避免轴向窜动，驱动电机的输出轴端，需要安装图 5.3-5 所示的轴向定位块 7；定位块应通过连接螺钉 8 固定在电机输出轴上。因此，在需要拆下驱动电机或减速器，进行检测、维修时，如驱动电机的安装面大于减速器的安装面，应按照以下步骤进行。

1）从减速器的输出侧内孔中，取下定位块固定螺钉 8，将定位块 7 从驱动电机输出轴端取出。

2）取下驱动电机的安装螺钉 1，取出驱动电机。

3）取下过渡板或安装座 5 上的减速器固定螺钉 4，取下减速器。

驱动电机和减速器安装的步骤与上述步骤相反。

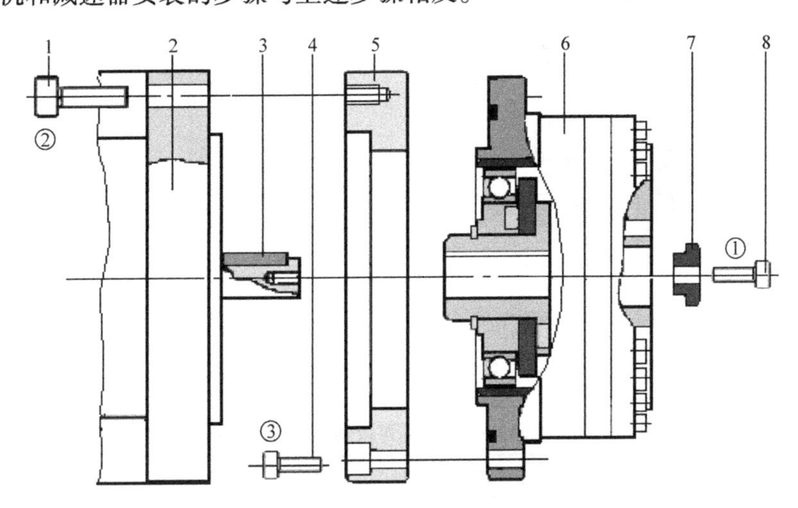

图 5.3-5　CSF/CSG－2UH 系列减速器的驱动电机安装

1、4、8—螺钉　2—驱动电机　3—键　5—过渡板或安装座　6—减速器　7—定位块

如驱动电机的安装面小于减速器的安装面，则可按图 5.3-6 所示的步骤①、②、③，依次取下驱动电机和减速器；安装时按步骤③、②、①进行。

6. 润滑要求

单元型谐波减速器为整体单元结构，产品出厂时已充填润滑脂，用户首次使用时无须充填润滑脂。减速器长期使用时，可以根据减速器或机器人生产厂家的要求，定期补充润滑脂，润滑脂的型号、注入量、补充时间，应按照生产厂家的要求进行。此外，为了防止谐波

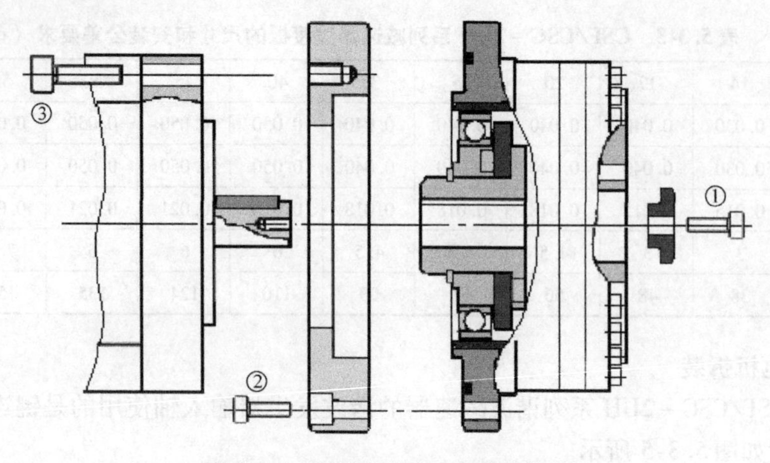

图 5.3-6　驱动电机和减速器的分离

发生器高速运转时润滑脂飞溅，CSF/CSG－2UH 系列减速器的安装座上一般都设计有图 5.3-7 所示的防溅挡板，防溅挡板的尺寸通常见表 5.3-4，减速器维护时应保证防溅区内部的清洁。

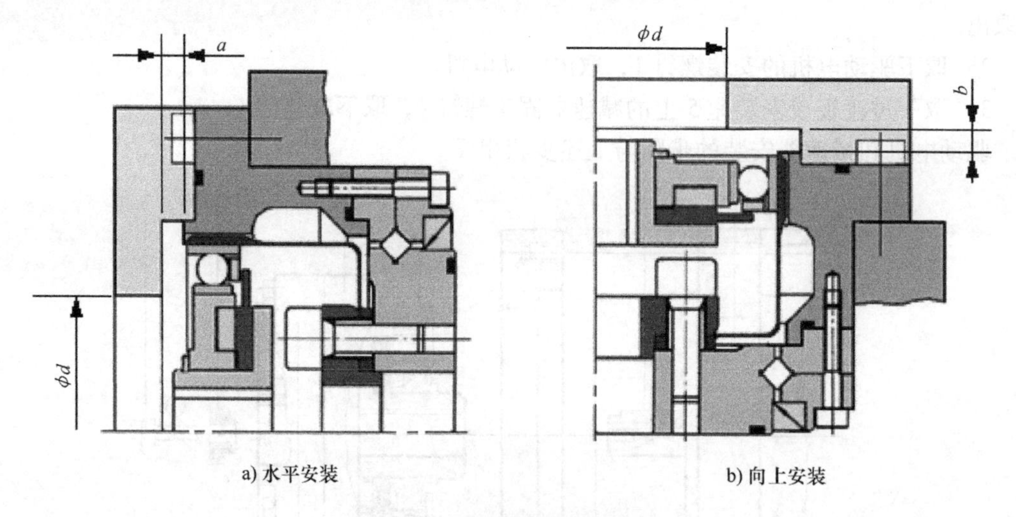

图 5.3-7　防溅挡板推荐尺寸

表 5.3-4　CSF/CSG－2UH 系列减速器的防溅区的尺寸要求　　（单位：mm）

规　格	14	17	20	25	32	40	45	50	58	65
a（水平或向下安装）	1	1	1.5	1.5	1.5	2	2	2	2.5	2.5
b（向上安装）	3	3	4.5	4.5	4.5	6	6	6	7.5	7.5
d	16	26	30	37	37	45	45	45	56	62

5.3.2　CSD－2UH 系列超薄型减速器

1. 内部结构

CSD－2UH 系列超薄单元型减速器是在 CSD 系列超薄型减速器的基础上，进行单元化设计的产品，减速器的组成部件及结构示意图如图 5.3-8 所示。

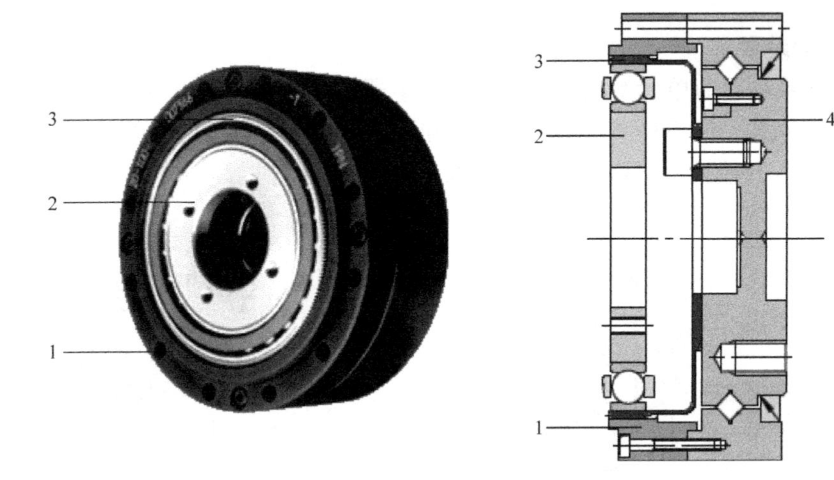

图 5.3-8 CSD－2UH 系列减速器的结构

1—刚轮 2—谐波发生器 3—柔轮 4—CRB

CSD－2UH 系列超薄单元型减速器的基本部件结构和 CSD 系列超薄型减速器相同，谐波发生器同样只有椭圆凸轮和轴承，输入轴直接与椭圆凸轮连接等。但是，单元型减速器通过高刚性、精密 CRB，将刚轮和柔轮连接成统一的整体单元，刚轮和 CRB 外圈结合后，构成减速器的壳体；柔轮固定在 CRB 内圈上，可连接直接驱动负载的输出轴。

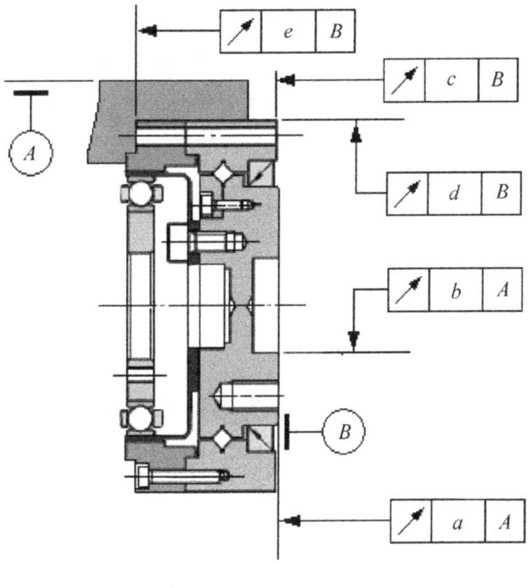

CSD－2UH 系列超薄单元型减速器兼有单元型减速器的使用方便、安装刚性好、维护简单以及超薄型减速器的结构紧凑等优点，减速器的厚度、外径分别只有 CSF/CSG 系列单元型减速器的60%～70%左右，故特别适用于对减速器厚度有要求的 SCARA 结构机器人。

2. 减速器安装要求

CSD－2UH 系列超薄单元型减速器的安装公差要求如图 5.3-9 及表 5.3-5 所示。由于减速器的特殊结构，它对壳体外圆、输出轴连接端面的公差要求很高，减速器更换或重新安装时，要认真检查、严格保证其公差要求。

图 5.3-9 CSD－2UH 系列减速器的安装要求

表 5.3-5 CSD－2UH 系列减速器安装公差要求 （单位：mm）

规格	14	17	20	25	32	40	50
a	0.010	0.010	0.010	0.015	0.015	0.015	0.018
b	0.010	0.012	0.012	0.013	0.013	0.015	0.015
c	0.007	0.007	0.007	0.007	0.007	0.007	0.007
d	0.010	0.010	0.010	0.010	0.010	0.015	0.015
e	0.025	0.025	0.025	0.035	0.037	0.037	0.040

3. 输入轴安装要求

CSD－2UH 系列超薄单元型减速器对谐波发生器输入轴的安装公差要求如图 5. 3-10 及表 5. 3-6 所示。同样，该系列减速器对输入轴和谐波发生器连接面的公差要求很高，更换或重新安装时，要认真检查、严格保证公差要求，避免两者倾斜。

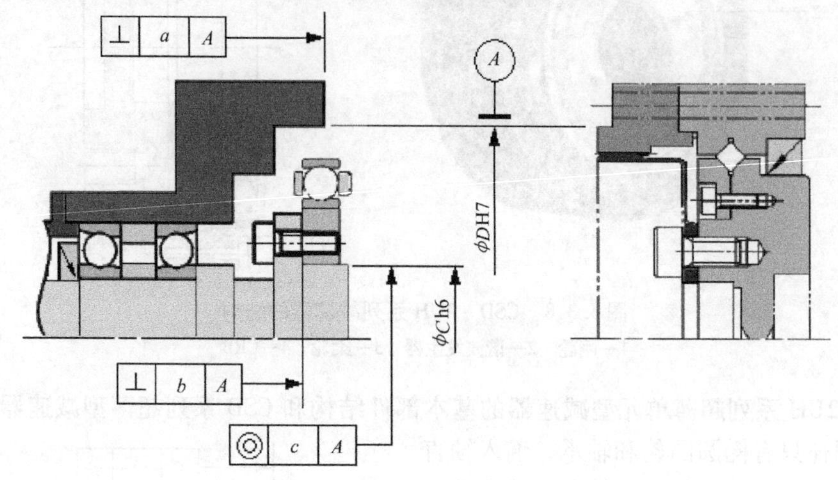

图 5. 3-10　CSD－2UH 系列减速器输入轴的安装要求

表 5. 3-6　CSD－2UH 系列减速器支承件和连接件的公差要求　（单位：mm）

规格	14	17	20	25	32	40	50
a	0. 011	0. 015	0. 017	0. 024	0. 026	0. 026	0. 028
b	0. 008	0. 010	0. 012	0. 012	0. 012	0. 012	0. 015
c	0. 016	0. 018	0. 019	0. 022	0. 022	0. 024	0. 030

4. 润滑要求

单元型谐波减速器为整体单元结构，产品出厂时内部已充填润滑脂，用户首次使用时无须充填润滑脂。减速器长期使用时，可以根据减速器或机器人生产厂家的要求，定期补充润滑脂，润滑脂的型号、注入量、补充时间，应按照生产厂家的要求进行。为了防止谐波发生器高速运转时润滑脂飞溅，CSD－2UH 系列减速器的安装座上一般都设计有图 5. 3-11 所示的防溅挡板，防溅挡板的尺寸通常见表 5. 3-7，减速器维护时应保证防溅区内部的清洁。

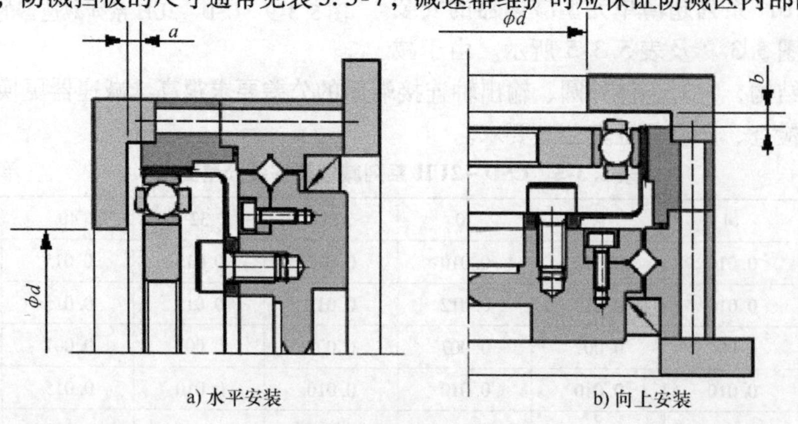

图 5. 3-11　防溅挡板推荐尺寸

表 5.3-7 CSD-2UH 系列减速器防溅区的尺寸要求 （单位：mm）

规　格	14	17	20	25	32	40	50
a（水平或向下安装）	1	1	1.5	1.5	1.5	2.5	3.5
b（向上安装）	3	3	4.5	4.5	4.5	7.5	10.5
d	16	26	30	37	37	45	45

5.3.3 CSG-2UK 系列密封型减速器

1. 内部结构

CSG-2UK 系列密封单元型、高转矩谐波减速器是 Harmonic Drive System 公司的最新产品，减速器的组成部件及结构示意图如图 5.3-12 所示。

CSG-2UK 系列密封单元型减速器在 CSG-2UH 系列标准单元型谐波减速器的基础上，增加了输入侧的密封端盖 2 和谐波发生器内侧的密封罩 6，同时，输出轴（CRB 内圈）为实心结构，这样就使得整个减速器成为一个完全密封的整体。减速器的其他内部结构与 CSG-2UH 系列基本相同。

输出轴采用实心结构后，谐波发生器与输入轴连接时，就不能再使用标准键、端面定位的连接方式，因此，CSG-2UK 系列密封单元型减速器的谐波发生器与输入轴间需要采用花键连接，Harmonic Drive System 公司可配套提供输入轴和谐波发生器连接的标准花键套 5。另外，由于花键连接要求谐波发生器有较大直径的轴孔，故 CSG-2UK 系列密封型减速器目前只有中、大规格的产品。

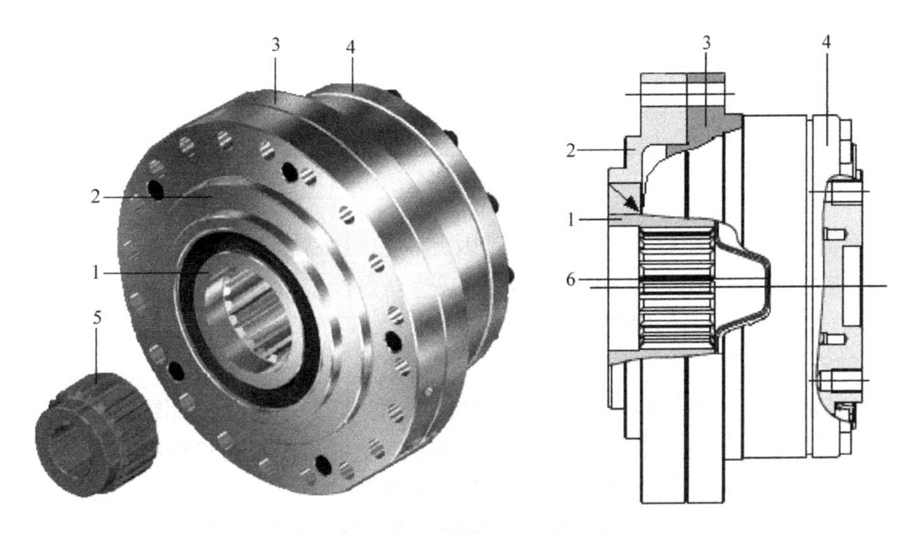

图 5.3-12 CSG-2UK 系列减速器的结构

1—谐波发生器组件 2—密封端盖 3—刚轮 4—CRB 5—花键套 6—密封罩

2. 减速器安装要求

CSG-2UK 系列密封单元型谐波减速器对支承面的公差要求如图 5.3-13 及表 5.3-8 所示。

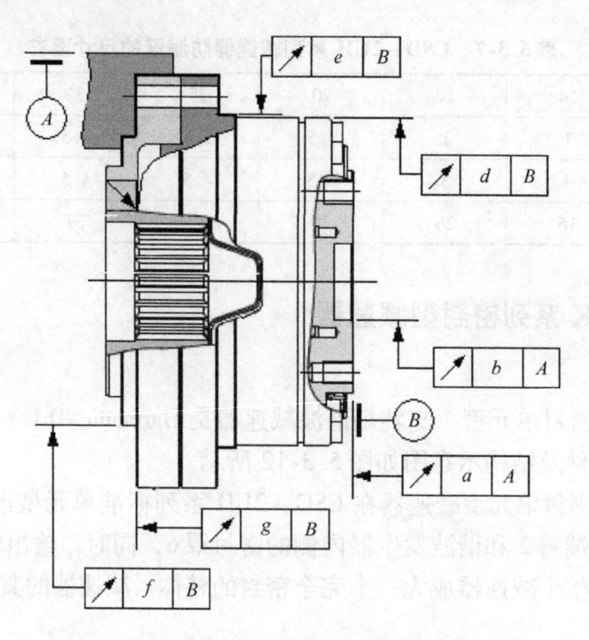

图 5.3-13　CSG－2UK 系列减速器的安装要求

表 5.3-8　CSG－2UK 系列减速器的安装公差要求　　（单位：mm）

规格	25	32	40	45	58	65
a	0.015	0.015	0.015	0.018	0.018	0.018
b	0.013	0.013	0.015	0.015	0.017	0.017
c	0.045	0.056	0.060	0.068	0.076	0.085
d	0.010	0.010	0.015	0.015	0.015	0.015
e	0.049	0.049	0.060	0.065	0.070	0.075
f	0.157	0.172	0.185	0.200	0.212	0.218
g	0.051	0.061	0.058	0.063	0.075	0.096

由于减速器使用了高刚性、精密 CRB，因此，它对减速器壳体外圆、输出轴连接端面（基准面 *B*）、输出轴定位孔的公差要求较高，减速器更换或重新安装时，要严格检查，并保证其公差要求，防止减速器的倾斜。

3. 输入轴安装要求

CSG－2UK 系列密封单元型谐波减速器对输入轴的安装公差要求如图 5.3-14 及表 5.3-9 所示。减速器更换或重新安装时，要检查并保证谐波发生器输入轴和减速器输入法兰定位基准面的公差要求，避免两者间出现不同轴或倾斜现象。

表 5.3-9　CSG－2UK 系列减速器输入轴的安装公差要求　　（单位：mm）

规　格	25	32	40	45	58	65
a	0.024	0.026	0.026	0.027	0.031	0.034
b	0.014	0.014	0.019	0.019	0.019	0.019

4. 润滑要求

CSG－2UK 系列密封单元型谐波减速器采用整体密封结构，并设计有专门的充脂孔；产

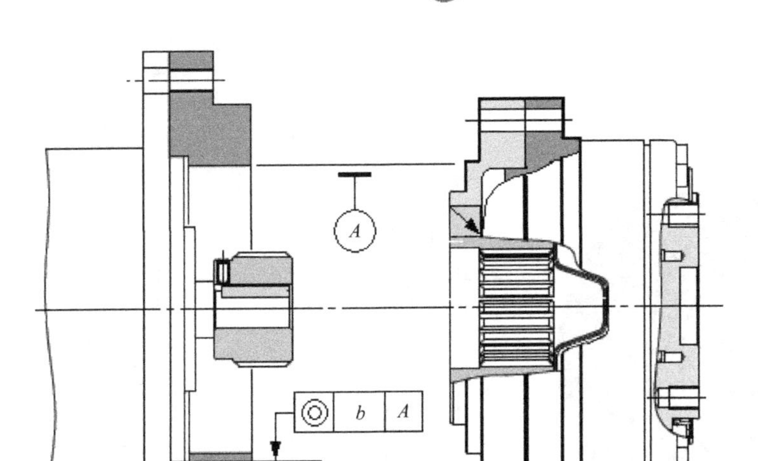

图 5.3-14 CSG－2UK 系列减速器输入轴的安装要求

品出厂时已充填润滑脂，首次使用时用户无须充填润滑脂。减速器长期使用时，可以根据减速器或机器人生产厂家的要求，定期补充润滑脂，润滑脂的型号、注入量、补充时间，应按照生产厂家的要求进行。

5.3.4 CSD－2UF 系列中空轴超薄型减速器

1. 内部结构

在手腕后驱结构的机器人、采用 RRR/BRR 结构手腕的机器人及 SCARA 结构的机器人上，部分运动轴的减速器内部需要布置其他轴的传动系统，如采用手腕后驱结构的机器人的手腕回转轴 R 和 SCARA 结构机器人的中间关节，其内部都有中间传动轴，这就要求谐波减速器的输入轴为中空结构，以便布置其他轴的传动系统。

一般而言，中空轴比较适合于柔轮采用大直径开口结构的礼帽形减速器。在柔轮水杯形结构的谐波减速器上，由于柔轮底面直径较小，采用中空轴结构后，将使减速器的外径大大增加，因此，较少采用中空轴结构。CSD－2UF 系列单元型减速器是 Harmonic Drive System 公司目前唯一的采用中空轴结构的水杯形减速器，且只有中小规格的产品。

CSD－2UF 系列中空轴超薄单元型减速器的组成部件及结构示意图如图 5.3-15 所示。该系列减速器与 CSD－2UH 系列超薄单元型减速器比较，除了连接输出轴的 CRB 内圈为中空结构外，其他部分的结构都相同，减速器通过高刚性、精密 CRB，将刚轮和柔轮连接成统一的整体单元。

CSD－2UF 系列中空轴超薄单元型减速器的谐波发生器输入轴，同样直接与椭圆凸轮连接；刚轮和 CRB 外圈结合后，构成减速器的壳体；柔轮固定在 CRB 内圈上，可连接直接驱动负载的输出轴；减速器的柔轮连接板、CRB 内圈为中空结构。

2. 减速器安装要求

CSD－2UF 系列中空轴超薄单元型减速器对支承面的公差要求如图 5.3-16 及表 5.3-10 所示。减速器对壳体外圆、输出轴连接端面的公差要求较高，更换或重新安装减速器时，要认真检查、严格保证其公差要求。

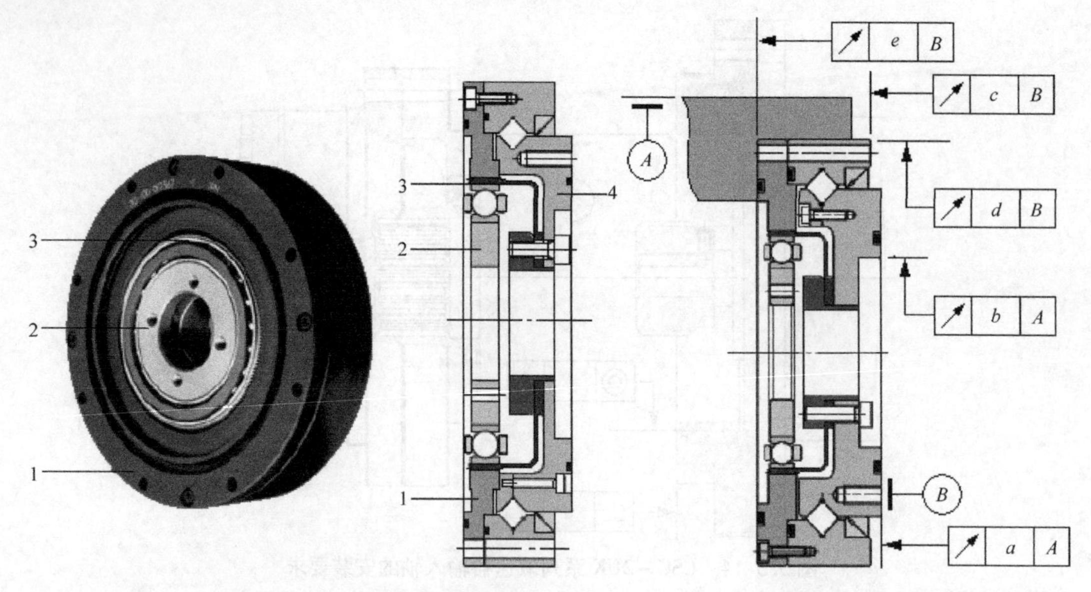

图 5.3-15 CSD－2UF 系列减速器的结构
1—刚轮 2—谐波发生器 3—柔轮 4—中空 CRB

图 5.3-16 CSD－2UF 系列减速器的安装要求

表 5.3-10 CSD－2UF 系列减速器安装公差要求 （单位：mm）

规格	14	17	20	25	32	40
a	0.010	0.010	0.010	0.015	0.015	0.015
b	0.010	0.010	0.010	0.010	0.013	0.013
c	0.010	0.010	0.010	0.010	0.013	0.013
d	0.010	0.010	0.010	0.010	0.013	0.013
e	0.031	0.031	0.031	0.041	0.047	0.047

3. 输入轴安装要求

CSD－2UF 系列中空轴超薄单元型减速器对谐波发生器输入轴的安装公差要求如图 5.3-17 及表 5.3-11 所示。减速器对输入轴和谐波发生器连接面的公差要求很高，更换或重新安装时，要认真检查、严格保证公差要求，避免两者倾斜。

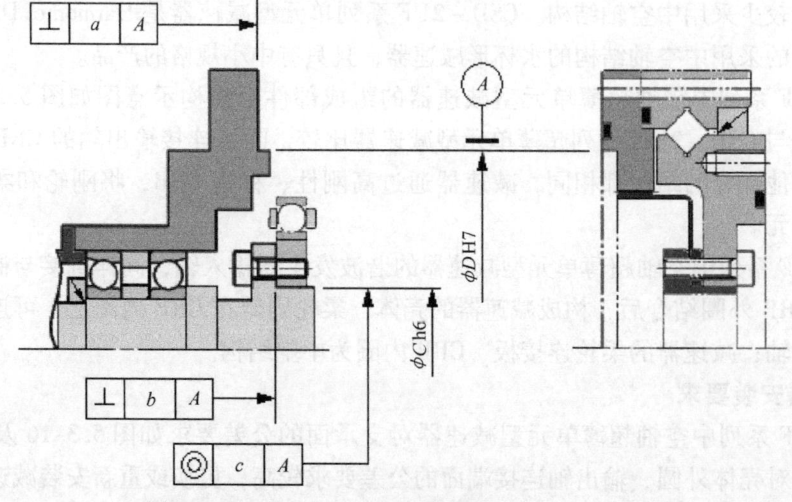

图 5.3-17 CSD－2UF 系列减速器输入轴的安装要求

表 5.3-11 CSD－2UF 系列减速器支承件和连接件的公差要求 （单位：mm）

规格	14	17	20	25	32	40
a	0.011	0.015	0.017	0.024	0.026	0.026
b	0.008	0.010	0.012	0.012	0.012	0.012
c	0.016	0.018	0.019	0.022	0.022	0.024

4. 润滑要求

单元型谐波减速器为整体单元结构，产品出厂时内部已充填润滑脂，用户首次使用时无须充填润滑脂。减速器长期使用时，可以根据减速器或机器人生产厂家的要求，定期补充润滑脂，润滑脂的型号、注入量、补充时间，应按照生产厂家的要求进行。为了防止谐波发生器高速运转时润滑脂飞溅，CSD－2UH 系列减速器的安装座上一般都设计有图 5.3-18 所示的防溅挡板，防溅挡板的尺寸通常见表 5.3-12，减速器维护时应保证防溅区内部的清洁。

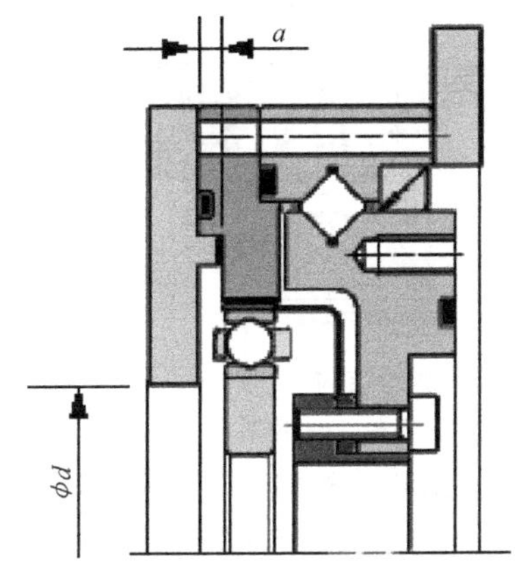

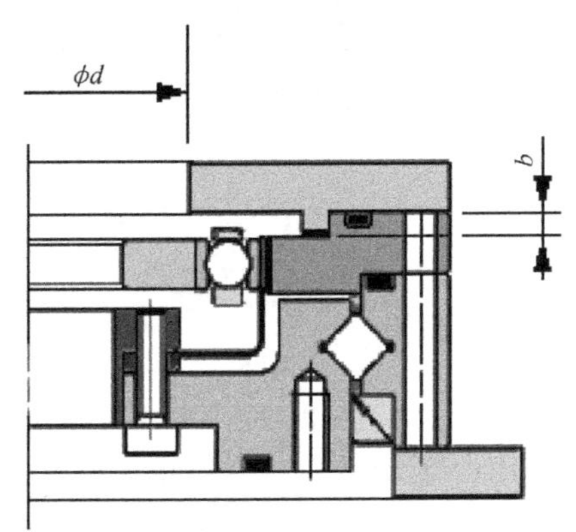

图 5.3-18 防溅挡板推荐尺寸

表 5.3-12 CSD－2UF 系列减速器防溅区的尺寸要求 （单位：mm）

规　格	14	17	20	25	32	40
a（水平或向下安装）	1	1	1.5	1.5	1.5	2.5
b（向上安装）	3	3	4.5	4.5	4.5	7.5
d	16	26	30	37	37	45

5.3.5 礼帽形 SHF/SHG－2U 系列减速器

1. 结构特点

礼帽形谐波减速器的柔轮呈大直径、开口状，输入/输出连接部件的布置灵活，因此，采用单元型结构时，一般使用中空轴、轴输入等连接形式。由于礼帽形减速器的柔轮内部空间大，同规格减速器的中空直径大致可达水杯形 CSD－2UF 系列中空轴超薄单元型减速器的 1.5 倍左右，其产品规格也较多。

SHF/SHG－2U 系列减速器有中空轴和轴输入两种基本结构，中空轴的产品系列号为 SHF/SHG－2UH，轴输入的产品系列号为 SHF/SHG－2UJ；其中，SHF－2UH、SHF－2UJ 为通用型产品；SHG－2UH、SHG－2UJ 为高转矩系列产品。由于 4 个系列的产品安装、维护要求基本相同，一并介绍如下。

（1）中空轴系列

SHF/SHG－2UH 系列中空轴单元型减速器的组成部件及结构示意图如图 5.3-19 所示，它是一个带有中空轴和减速器安装、输出轴连接法兰，可整体安装与直接驱动负载的完整单元。

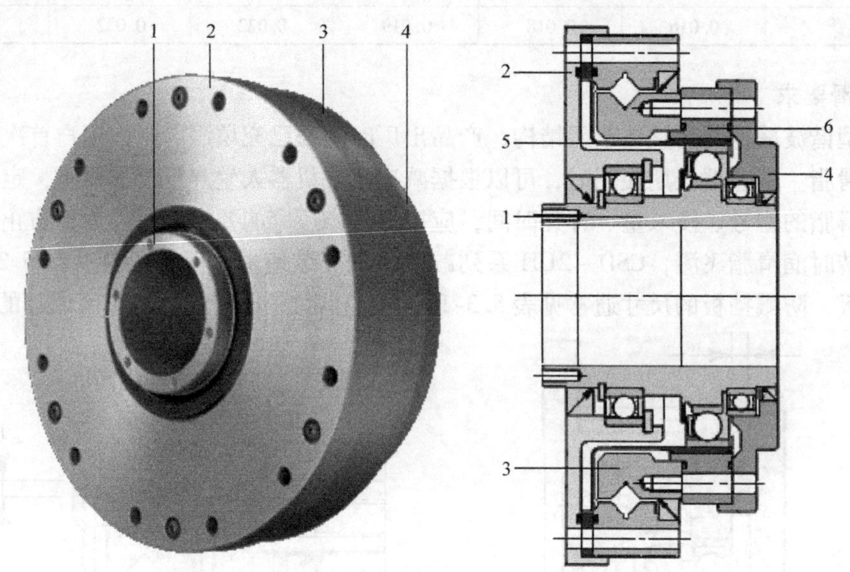

图 5.3-19　SHF/SHG－2UH 系列减速器的结构

1—中空轴　2—前端盖　3—CRB　4—后端盖　5—柔轮　6—刚轮

SHF/SHG－2UH 系列中空轴单元型减速器的刚轮 6、柔轮 5 的结构，与同规格的部件型 SHF/SHG 系列减速器完全相同，但是，单元型减速器增加了连接刚轮和柔轮的 CRB 3，CRB 的内圈与刚轮连接，外圈与柔轮连接。

SHF/SHG－2UH 系列减速器的谐波发生器输入轴结构与部件型的 SHF/SHG 系列减速器不同，它采用的是中空结构，并贯通整个减速器单元。输入轴的前端面上加工有连接螺孔，可连接谐波发生器的输入轴；中间部分直接加工成谐波发生器的凸轮；前后两侧都安装有支承轴承，支承轴承分别安装在前端盖 2 和后端盖 4 上。减速器的前端盖 2 与柔轮 5、CRB 3 的外圈连接成一体后，用于柔轮的安装和连接；减速器的后端盖 4 与刚轮 6、CRB 3 的内圈连接成一体后，用于刚轮的安装和连接。

SHF/SHG－2UH 系列中空轴单元型减速器的内部可以布置其他传动系统，其使用简单、安装方便、结构刚性好，它是后驱结构手腕、RRR/BRR 结构手腕及 SCARA 结构机器人常用的单元型减速器。

（2）轴输入系列

SHF/SHG－2UJ 系列轴输入单元型减速器的组成部件及结构示意图如图 5.3-20 所示，它是一个带有标准键的连接输入轴和输出轴连接法兰、可整体安装与直接驱动负载的完整单元。

SHF/SHG－2UJ 系列轴输入单元型减速器输入轴与外部连接的部分为加工有键槽的标准轴，它可直接安装同步带轮或齿轮。输入轴的前后支承轴承分别安装在减速器的前端盖 2、后端盖 4 上，轴的中间部分用来固定谐波发生器的椭圆凸轮。减速器的其他部分结构与 SHF/SHG－2UH 系列中空轴单元型减速器相同。

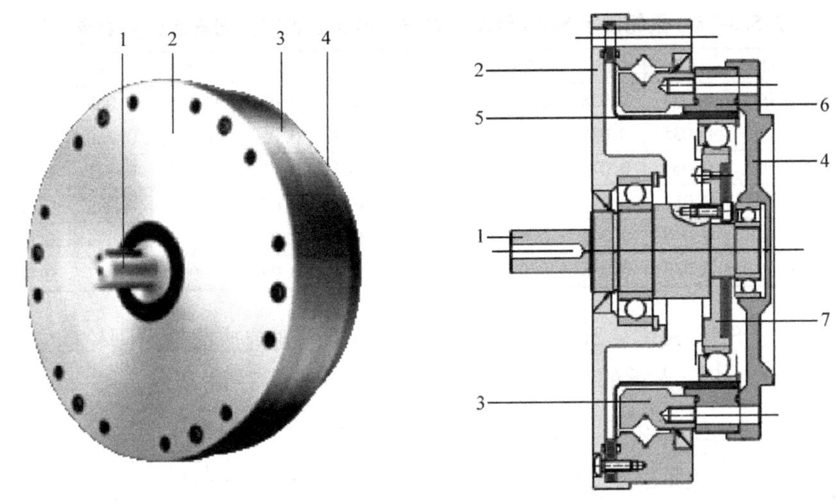

图 5.3-20 SHF/SHG－2UJ 系列减速器的结构

1—输入轴 2—前端盖 3—CRB 4—后端盖 5—柔轮 6—刚轮 7—谐波发生器

SHF/SHG－2UJ 系列轴输入单元型减速器的输入轴端可直接安装同步带轮或齿轮，其使用简单、安装方便，结构刚性和密封性好，因此，特别适用于机器人的手腕摆动、SCARA 结构机器人的末端关节等。

2. 减速器安装要求

SHF/SHG－2UH 和 SHF/SHG－2UJ 系列减速器都可采用柔轮固定或刚轮固定两种安装方式，不同安装方式对支承面的公差要求如下，更换或重新安装减速器时，要检查并保证其公差要求。

1）柔轮固定。SHF/SHG－2UH 和 SHF/SHG－2UJ 系列减速器采用柔轮固定、刚轮输出的安装方式时，它对安装支承的公差要求如图 5.3-21、表 5.3-13 所示。

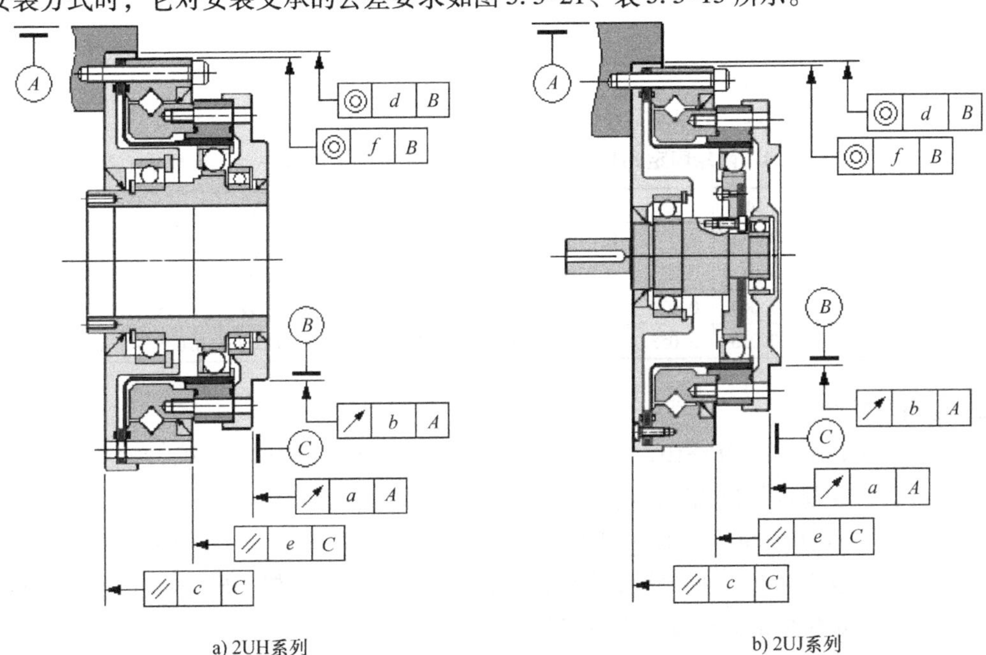

图 5.3-21 柔轮固定 SHF/SHG－2UH、2UJ 系列减速器的安装要求

表 5.3-13　柔轮固定 SHF/SHG-2UH、2UJ 系列减速器安装公差要求（单位：mm）

规格	11	14	17	20	25	32	40	45	50	58	65
a	0.033	0.033	0.038	0.040	0.046	0.054	0.057	0.057	0.063	0.063	0.067
b	0.035	0.035	0.035	0.039	0.041	0.047	0.050	0.053	0.060	0.063	0.063
c	0.053	0.064	0.071	0.079	0.085	0.104	0.111	0.118	0.121	0.121	0.131
d	0.053	0.053	0.050	0.059	0.061	0.072	0.075	0.078	0.085	0.088	0.089
e	0.039	0.040	0.045	0.051	0.057	0.065	0.071	0.072	0.076	0.076	0.082
f	0.038	0.038	0.038	0.047	0.049	0.054	0.060	0.065	0.067	0.070	0.072

2）刚轮固定。SHF/SHG-2UH 和 SHF/SHG-2UJ 系列减速器采用刚轮固定、柔轮输出的安装方式时，它对安装支承的公差要求如图 5.3-22、表 5.3-14 所示。

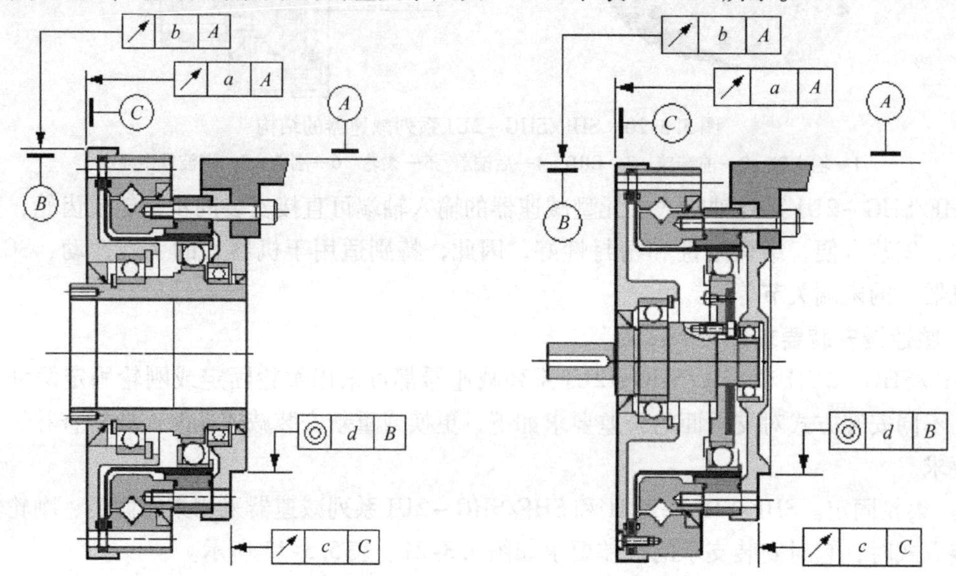

图 5.3-22　刚轮固定 SHF/SHG-2UH、2UJ 系列减速器的安装要求

表 5.3-14　刚轮固定 SHF/SHG-2UH、2UJ 系列减速器安装公差要求（单位：mm）

规格	11	14	17	20	25	32	40	45	50	58	65
a	0.027	0.037	0.039	0.040	0.047	0.059	0.060	0.070	0.070	0.070	0.076
b	0.031	0.031	0.031	0.038	0.038	0.045	0.048	0.050	0.050	0.050	0.054
c	0.053	0.064	0.071	0.079	0.085	0.104	0.111	0.118	0.121	0.121	0.131
d	0.053	0.053	0.053	0.059	0.061	0.072	0.075	0.078	0.085	0.088	0.089

3. 使用与维护

SHF/SHG-2UH 和 SHF/SHG-2UJ 系列减速器为整体完全密封结构，产品出厂时内部已充填润滑脂，在规定的使用时间内，用户无须充填润滑脂。

SHF/SHG-2UH 和 SHF/SHG-2UJ 系列减速器的结构刚性好，对安装精度的要求较低，减速器重新安装或更换时，主要需要检查减速器固定法兰内孔、输出轴连接法兰内孔和减速器前后端盖法兰定位面的同轴度，以及安装面的垂直度，要保证定位孔和定位面的平整、清洁，防止异物卡入和失圆。

5.3.6 SHD－2UH 系列中空轴超薄型减速器

1. 内部结构

SHD－2UH 系列中空轴超薄单元型减速器的组成部件及结构示意图如图 5.3-23 所示。该系列减速器虽然为超薄型结构，但其柔轮为礼帽形，这是它与 CSD－2UF 系列中空轴超薄型减速器的结构区别。

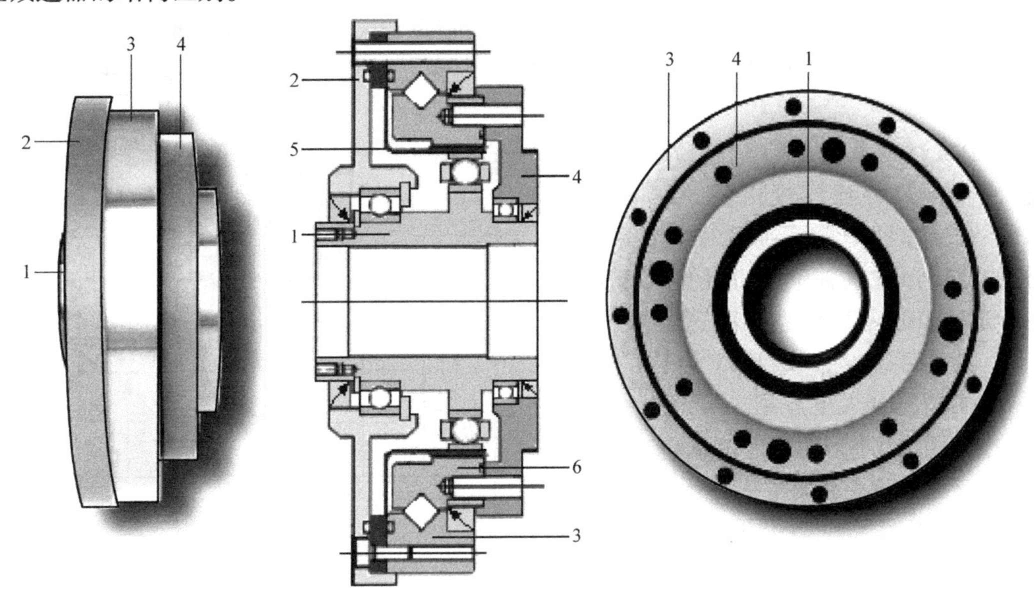

a) 小规格

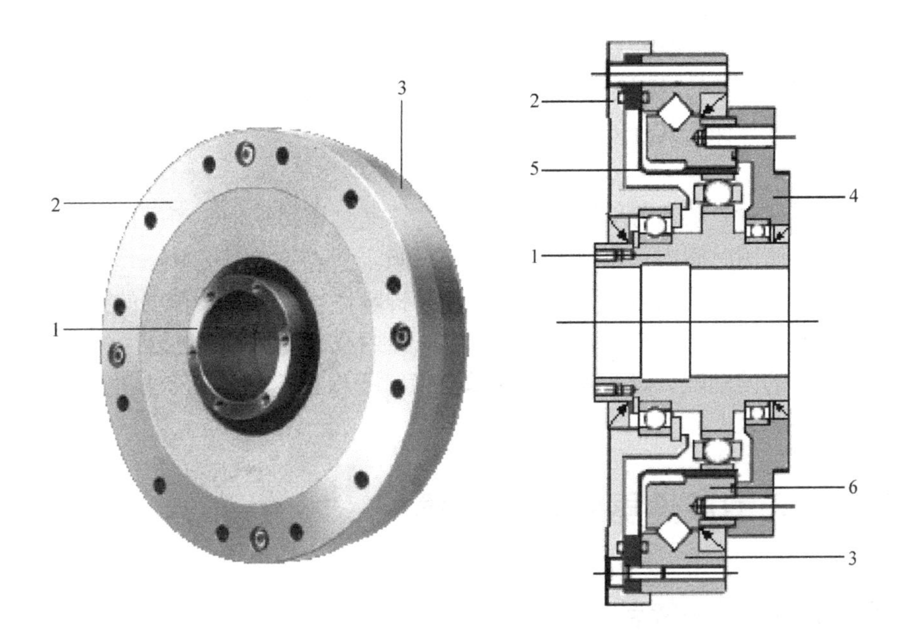

b) 大规格

图 5.3-23 SHD－2UH 系列减速器的结构

1—输入轴 2—前端盖 3—CRB 外圈 4—后端盖 5—柔轮 6—CRB 内圈（刚轮）

为了简化结构、减小体积、缩短轴向尺寸，SHD－2UH 系列中空轴超薄单元型减速器的刚轮和 CRB 采用了一体化设计，刚轮齿直接加工在 CRB 内圈（刚轮）6 上，使得刚轮和 CRB 两者合一。

减速器的输入轴连接方式与 SHF/SHG－2UH 系列中空轴单元型减速器相同，它采用的是中空结构，并贯通整个减速器单元。输入轴的前端面上加工有连接螺孔，可连接谐波发生器的输入；中间部分直接加工成谐波发生器的凸轮；前后两侧都安装有支承轴承，支承轴承分别安装在前端盖 2 和后端盖 4 上。减速器的前端盖 2 与柔轮 5、CRB 外圈 3 连接成一体，用于柔轮的安装连接；减速器的后端盖 4 和 CRB 内圈（刚轮）6 连接成一体，用于刚轮的安装连接。

SHD－2UH 系列中空轴超薄单元型减速器的轴向尺寸比同规格的 SHF/SHG－2UH 系列减速器缩短了约 15%，中等以上规格的减速器输入轴中空直径也大于同规格的 SHF/SHG－2UH 系列减速器，因此，在后驱结构手腕、RRR/BRR 结构手腕及 SCARA 结构机器人上应用，可进一步增加中空的空间、缩小减速器的体积。

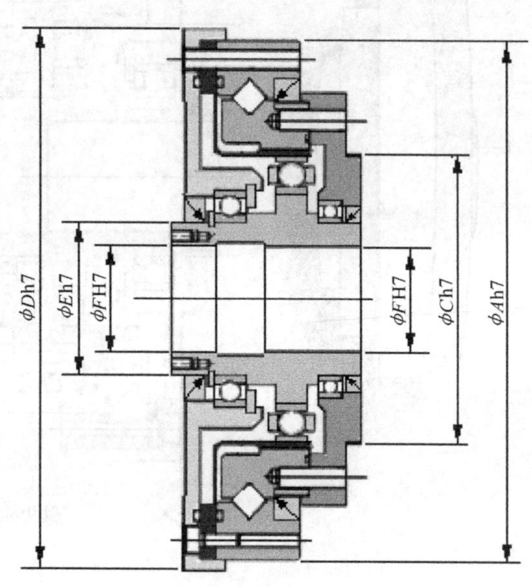

图 5.3-24　SHD－2UH 系列减速器的尺寸公差

2. 减速器安装要求

SHD－2UH 系列中空轴超薄单元型减速器同样可采用柔轮固定或刚轮固定两种安装方式，减速器的安装法兰及中空孔的尺寸公差如图 5.3-24 所示，减速器对安装支承面的公差要求与 SHF/SHG－2UH 系列中空轴单元型减速器相同，更换或重新安装减速器时，要检查并保证其公差要求。

3. 使用与维护

SHD－2UH 系列中空轴超薄单元型减速器为整体完全密封结构，产品出厂时内部已充填润滑脂，在规定的使用时间内，用户无须充填润滑脂。

SHD－2UH 系列中空轴超薄单元型减速器的结构刚性好，对安装精度的要求较低，减速器重新安装或更换时，主要需要检查减速器固定法兰内孔、输出轴连接法兰内孔和减速器前后端盖法兰定位面的同轴度，以及安装面的垂直度，要保证定位孔和定位面的平整、清洁，防止异物卡入和失圆。

5.4　简易单元型减速器的安装与维护

5.4.1　产品系列与结构特点

Harmonic Drive System 简易单元型（Simple Unit Type）谐波减速器是单元型（Unit Type）减速器的简化，它将谐波减速器的刚轮、柔轮、谐波发生器 3 个基本部件和 CRB 整

体设计成统一的单元，但无壳体和输入/输出连接法兰或轴。简易单元型减速器的柔轮形状均为礼帽形。

简易单元型减速器的结构紧凑、使用方便，性能和价格介于部件型和单元型之间，它是机器人手腕、SCARA 结构机器人常用的谐波减速器。

根据产品结构和性能，简易单元型减速器可分为表 5.4-1 所示的 2 大类、3 个系列和 5 个型号。

表 5.4-1 Harmonic Drive System 简易单元型谐波减速器产品一览表

结构类别	产品系列	产品型号	
		标准轴孔	中空轴
标准型	SHF 通用系列	SHF - 2SO	SHF - 2SH
	SHG 高转矩系列	SHG - 2SO	SHG - 2SH
超薄型	SHD 超薄系列	—	SHD - 2SH

1. SHF/SHG - 2SO 系列

SHF/SHG - 2SO 系列简易单元型标准减速器的组成部件及结构示意图如图 5.4-1 所示，其谐波发生器的输入采用标准轴孔连接。

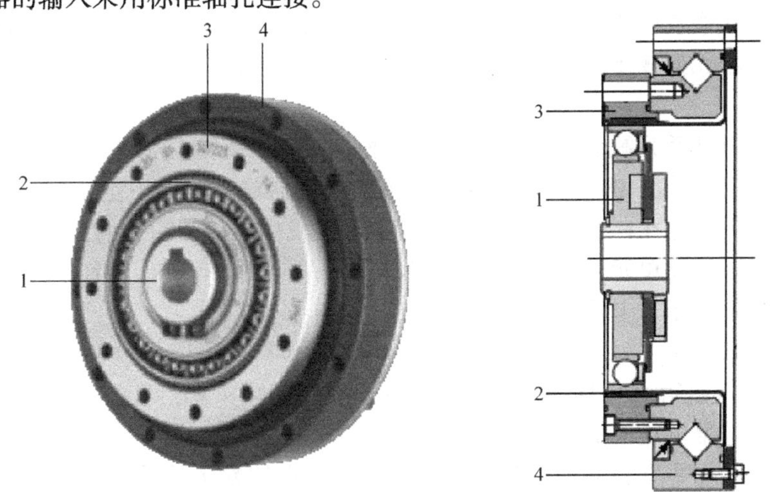

图 5.4-1 SHF/SHG - 2SO 系列减速器的结构

1—谐波发生器输入组件 2—柔轮 3—刚轮 4—CRB

SHF/SHG - 2SO 系列减速器是在部件型 SHF/SHG 系列标准减速器的基础上发展起来的产品，它实际只在部件型产品上增加了连接柔轮和刚轮的 CRB，两种减速器的柔轮、刚轮、谐波发生器输入组件的结构和形状相同。

SHF/SHG - 2SO 系列减速器的 CRB 内圈与刚轮连接，外圈与柔轮连接；这样就使得减速器的柔轮、刚轮和 CRB 构成了一个整体，但谐波发生器仍需要像部件型减速器一样，由用户进行安装。

2. SHF/SHG - 2SH 系列

SHF/SHG - 2SH 系列中空轴简易单元型减速器的组成部件及结构示意图如图 5.4-2 所示，该系列产品的谐波发生器输入轴为中空通孔。

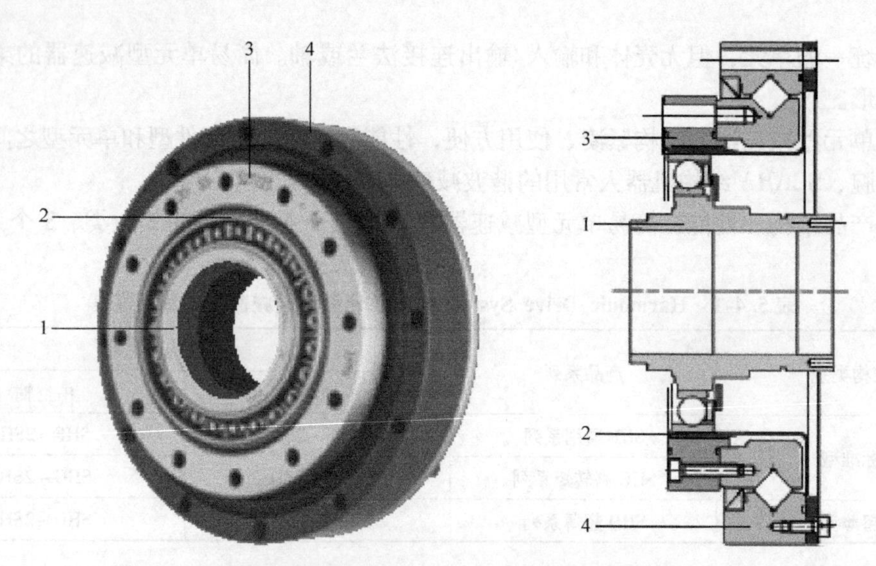

图 5.4-2　SHF/SHG－2SH 系列减速器的结构

1—谐波发生器输入组件　2—柔轮　3—刚轮　4—CRB

SHF/SHG－2SH 系列减速器是在 SHF/SHG－2UH 系列中空轴单元型减速器基础上派生的产品。简易单元型减速器保留了单元型减速器的柔轮、刚轮、CRB 和谐波发生器的中空输入轴；取消了单元型减速器的前后端盖，以及中空轴的前后支承轴承与相关的卡簧、密封等部件。

SHF/SHG－2SH 系列减速器的 CRB 内圈与刚轮连接、外圈与柔轮连接，减速器的柔轮、刚轮和 CRB 组成一个统一的整体。减速器的谐波发生器输入轴为中空结构，轴的前端面上加工有连接输入轴的螺孔；中间部分直接加工成谐波发生器的凸轮；前后两侧加工有安装支承轴承的台阶面。简易单元型减速器的谐波发生器需要由用户安装，用户使用时，需要配置中空轴的前后支承轴承、卡簧等部件。

3. SHD－2SH 系列

采用简易单元型结构的 Harmonic Drive System 超薄减速器，目前只有 SHD－2SH 系列中空轴产品，减速器的组成部件及结构示意图如图 5.4-3 所示。

SHD－2SH 系列中空轴超薄简易单元型减速器的谐波发生器采用的是部件型 CSD 系列超薄减速器结构。减速器的谐波发生器只有中空椭圆凸轮和轴承，无其他连接件；减速器的输入轴直接与椭圆凸轮连接。谐波发生器同样需要由用户安装。

SHD－2SH 系列减速器的柔轮、刚轮及 CRB 结构与 SHD－2UH 系列中空轴超薄单元型减速器相同。减速器的刚轮和 CRB 采用了一体化设计，刚轮齿直接加工在 CRB 内圈上，使刚轮和 CRB 两者合一。

SHD－2SH 系列减速器集其他谐波减速器的超薄型部件于一体，它是目前 Harmonic Drive System 厚度最小的减速器，它特别适合于对轴向长度限制严格的 SCARA 结构机器人的关节驱动。

5.4.2　减速器的安装与维护

1. SHF/SHG 系列减速器安装要求

SHF/SHG－2SO 系列简易单元型标准减速器、SHF/SHG－2SH 系列中空轴简易单元型

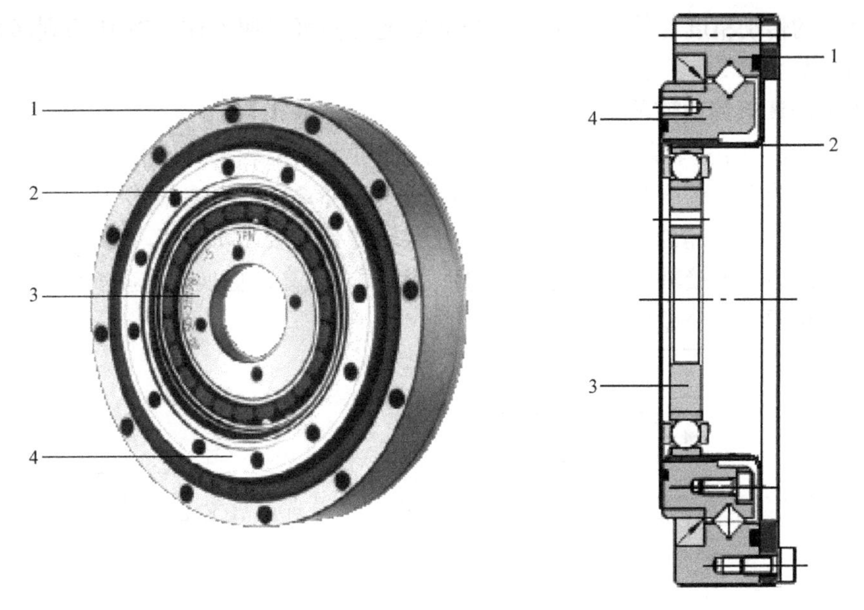

图 5.4-3　SHD－2SH 系列减速器的结构
1—CRB（外圈）　2—柔轮　3—谐波发生器　4—刚轮（CRB 内圈）

减速器的安装要求相同，4 个系列减速器均可采用柔轮固定或刚轮固定两种安装方式。减速器对安装支承面、连接轴的公差要求如图 5.4-4、表 5.4-2 所示。减速器更换或重新安装时，要检查并保证其公差要求。

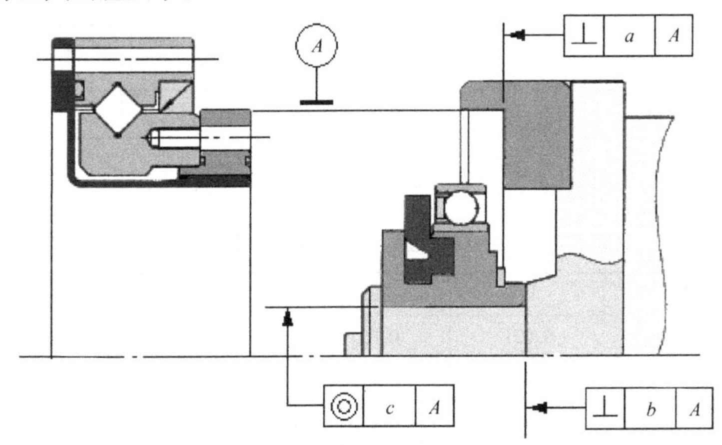

图 5.4-4　SHF/SHG－2SO/2SH 系列减速器的安装要求

表 5.4-2　SHF/SHG－2SO/2SH 系列减速器安装公差要求　　（单位：mm）

规格	14	17	20	25	32	40	45	50	58
a	0.011	0.015	0.017	0.024	0.026	0.026	0.027	0.028	0.031
b	0.017	0.020	0.020	0.024	0.024	0.024	0.032	0.032	0.032
c	0.030	0.034	0.044	0.047	0.047	0.050	0.063	0.066	0.068

安装减速器时，还需要检查减速器外圆、减速器输入/输出轴连接端面对安装座的公差，

为保证减速器的传动精度与使用性能，减速器安装公差可参照 CSD－2UH 系列超薄单元型减速器进行（见图 5.3-9、表 5.3-5）。

2. SHD－2SH 系列减速器安装要求

SHD－2SH 系列中空轴超薄简易单元型减速器可采用柔轮固定或刚轮固定两种安装方式，为了保证减速器的精度与可靠性，减速器的安装公差同样可参照 CSD－2UH 系列超薄单元型减速器进行；减速器对安装支承面、连接轴的公差要求如图 5.4-5、表 5.4-3 所示。减速器对谐波发生器连接轴的法兰定位面的垂直度要求很高，更换或重新安装减速器时，要重点检查并严格保证其公差要求。

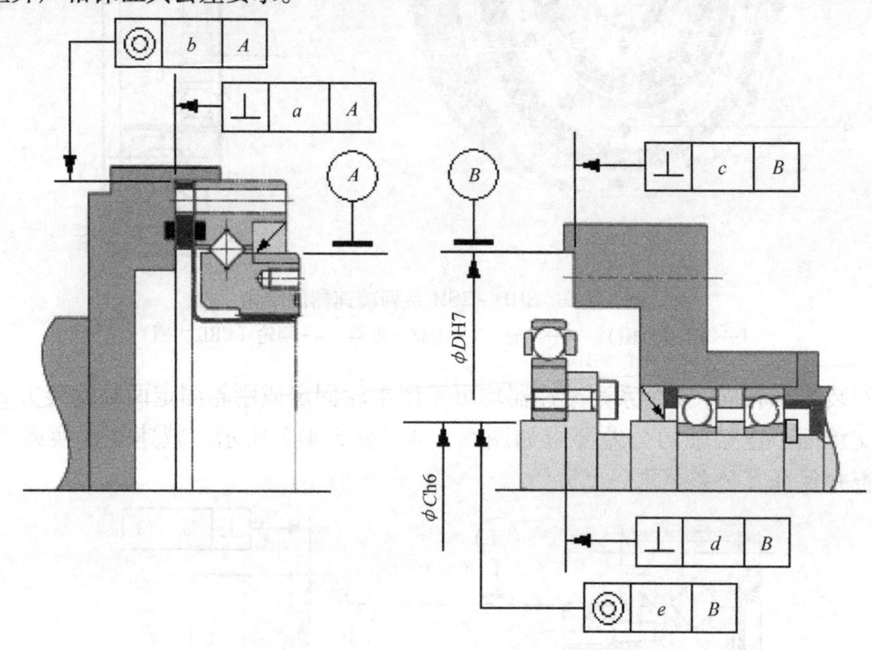

图 5.4-5　SHD－2SH 系列减速器的安装要求

表 5.4-3　SHD－2SH 系列减速器安装公差要求　（单位：mm）

规格	14	17	20	25	32	40
a	0.016	0.021	0.027	0.035	0.042	0.048
b	0.015	0.018	0.019	0.022	0.022	0.024
c	0.011	0.012	0.013	0.014	0.016	0.016
d	0.008	0.010	0.012	0.012	0.012	0.012
e	0.016	0.018	0.019	0.022	0.022	0.024

同样，安装减速器时，需要检查减速器外圆、减速器输入/输出轴连接端面对安装座的公差，为保证减速器的传动精度与使用性能，减速器安装公差，可参照 CSD－2UH 系列超薄单元型减速器进行（见图 5.3-9、表 5.3-5）。

3. 谐波发生器的安装

SHF/SHG－2SO、SHF/SHG/SHD－2SH 简易单元型减速器的谐波发生器需要用户（机器人生产厂家）安装，它一般与驱动电机输出轴或同步带轮、齿轮轴连接，进行减速器安装、维护、更换时，一般需要将其从减速器单元中分离。

与部件型减速器一样，简易单元型的减速器柔轮虽为大直径、中空开口结构，但柔轮根部的变形十分困难，因此，进行谐波发生器装配时，要注意安装方向，禁止图5.4-6所示的谐波发生器反向装入柔轮的现象。

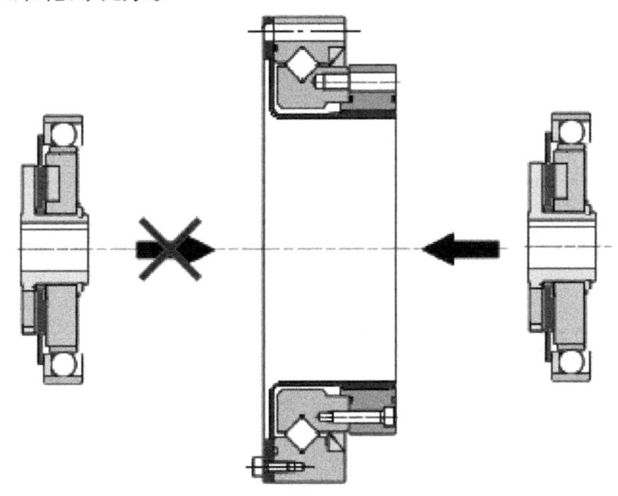

图5.4-6 谐波发生器的安装方向

4. 润滑要求

采用润滑脂润滑的SHF/SHG－2SO、SHF/SHG/SHD－2SH系列标准谐波减速器的润滑要求如图5.4-7所示。

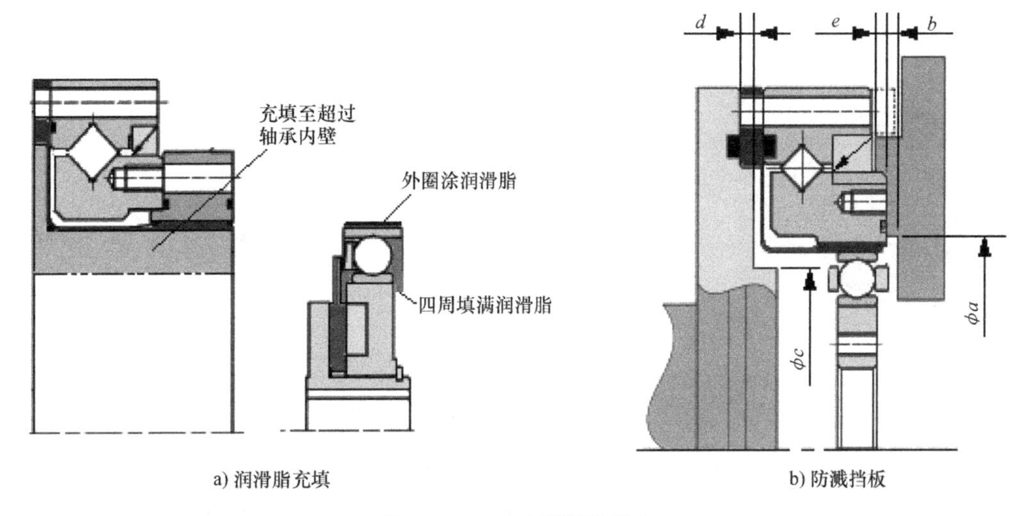

图5.4-7 减速器润滑要求

减速器使用时要按照图5.4-7a所示的要求充填润滑脂。润滑脂的补充和更换时间与减速器的实际工作转速、环境温度有关，实际工作转速、环境温度越高，补充和更换润滑脂的周期就越短。减速器使用时，必须定期检查润滑情况，润滑脂的型号、注入量、补充时间，应按照生产厂家的要求进行。

为了防止谐波发生高速运转时的润滑脂飞溅，简易单元型减速器的安装座上一般都设计有图 5.4-7b 所示的防溅挡板，防溅挡板的尺寸通常见表 5.4-4，减速器维护时应保证防溅区内部的清洁。

表 5.4-4 CSD－2UF 系列减速器防溅区的尺寸要求 （单位：mm）

规格	14	17	20	25	32	40
a	36.5	45	53	66	66	106
b	1（3）	1（3）	1.5（4.5）	1.5（4.5）	2（6）	2.5（7.5）
c	31	38	45	56	73	90
d	1.4	1.8	1.7	1.8	1.8	1.8
e	1.5	1.5	1.5	1.5	3.3	4

注：括号外为谐波发生器水平或向下安装时的尺寸；括号内为谐波发生器向上安装时的尺寸。

5.5 齿轮箱型减速器的安装与维护

5.5.1 产品结构与特点

1. 产品系列

齿轮箱型（Gear Head Type）谐波减速器是 Harmonic Drive System 公司近年研发的新产品，产品外观如图 5.5-1 所示。

a) 法兰连接

b) 轴连接

图 5.5-1 齿轮箱型减速器外观图

齿轮箱型减速器可像普通的齿轮减速箱一样，直接与驱动电机连接，实现减速器和驱动电机的一体化安装，从而简化机械设计，方便安装和维护。在工业机器人上，齿轮箱型减速器一般用于电机的轴向安装尺寸不受太多限制的后驱手腕、SCARA 结构的机器人等。

工业机器人常用的 Harmonic Drive System 齿轮箱型谐波减速器，目前主要有通用型的 CSF－GH 系列和高转矩型的 CSG－GH 系列两大类产品（不包括微型减速器），其中，CSF－GH 系列的额定输出转矩为 5.4～951N·m，允许最高转速为 8500～2800r/min；CSG－GH 系列产品的额定输出转矩为 7～1236N·m，允许最高转速为 8500～2800r/min。两个系列产品的外形、结构均相同，标准减速比均为50/80/100/120/160，可选择减速比均为60/90/120/170/230。

2. 结构与特点

Harmonic Drive System 齿轮箱型减速器的内部结构示意图如图5.5-2、图5.2-3所示。

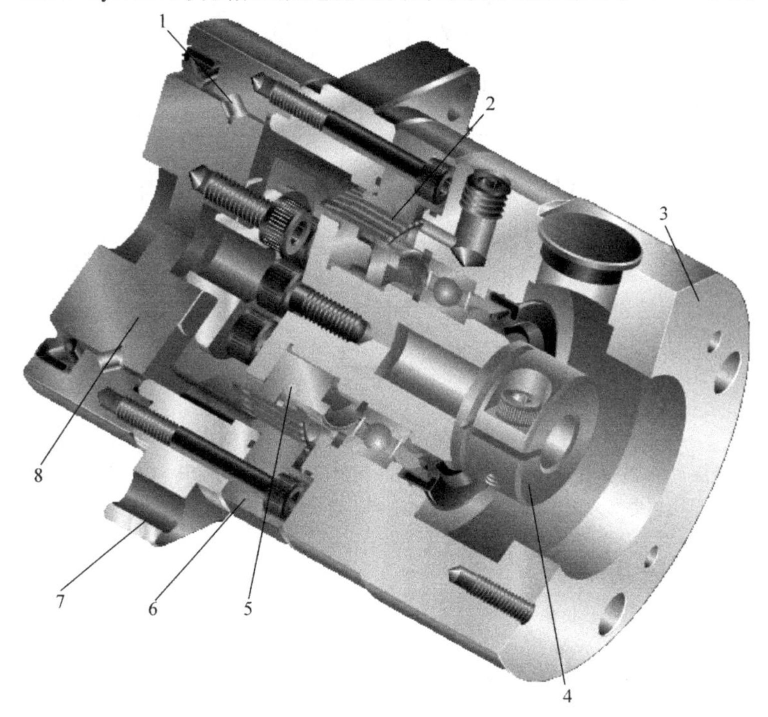

图5.5-2　法兰连接型减速器内部结构图

1—CRB　2—柔轮　3—电机安装座　4—连接轴　5—谐波发生器　6—刚轮
7—减速器安装座　8—输出轴（CRB内圈）

CSF/CSG－GH系列齿轮箱型谐波减速器的谐波减速器、CRB、谐波发生器输入轴联轴器、驱动电机安装法兰被设计成一体。减速器可采用刚轮固定、谐波发生器输入、柔轮输出的安装形式，柔轮均为水杯形。

齿轮箱型谐波减速器的输入一般与驱动电机连接，故谐波发生器的输入轴连接方式采用的是联轴器连接；减速器的输出可根据需要选择法兰连接、输出轴（可以带键或不带键）连接两类。

图5.5-2为法兰连接的减速器，输出轴连接法兰直接加工在CRB内圈上。输出轴连接的减速器结构如图5.5-3所示，输出轴直接安装在图5.5-3所示的CRB内圈上。

齿轮箱型减速器的CRB外圈、减速器安装座、刚轮、电机安装座通过内部连接螺钉固定为一体，构成减速器的外壳。减速器的输出采用的是高刚性、高精度的CRB，可以直接驱动负载。

CSF/CSG－GH系列减速器的谐波发生器的输入轴采用了类似联轴器的连接设计，轴端加工有弹性夹头，可夹紧电机轴；减速器的电机安装座上加工有驱动电机安装、固定用的定位法兰和螺孔，电机安装后便成为一个整体。

齿轮箱型减速器的结构刚性好、精度高，使用简单、维护容易，故可广泛用于工业机器人及其他产品。

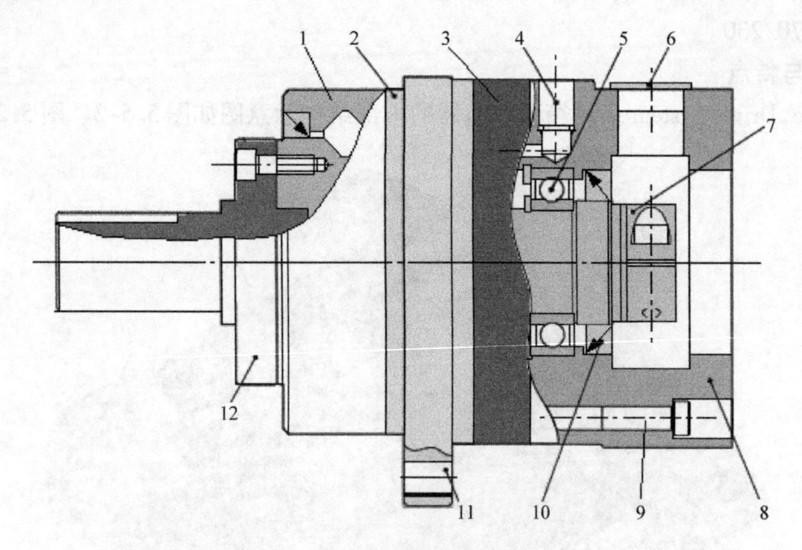

图 5.5-3　轴输出减速器的内部结构图

1—CRB 外圈　2—减速器安装座　3—刚轮　4—润滑孔　5—输入轴承　6—盖帽　7—输入轴　8—电机安装座　9—固定螺钉　10—密封圈　11—安装螺孔　12—输出轴

5.5.2　减速器的安装与维护

1. 安装要求

CSF/CSG－GH 系列齿轮箱型谐波减速器安装时，一般利用 CBR 的外圈作为定位基准。CSF/CSG－GH 系列减速器对安装定位面的公差要求如图 5.5-4、表 5.5-1 所示，减速器维修、更换后，需要进行重新安装时，要检查并保证安装公差要求。

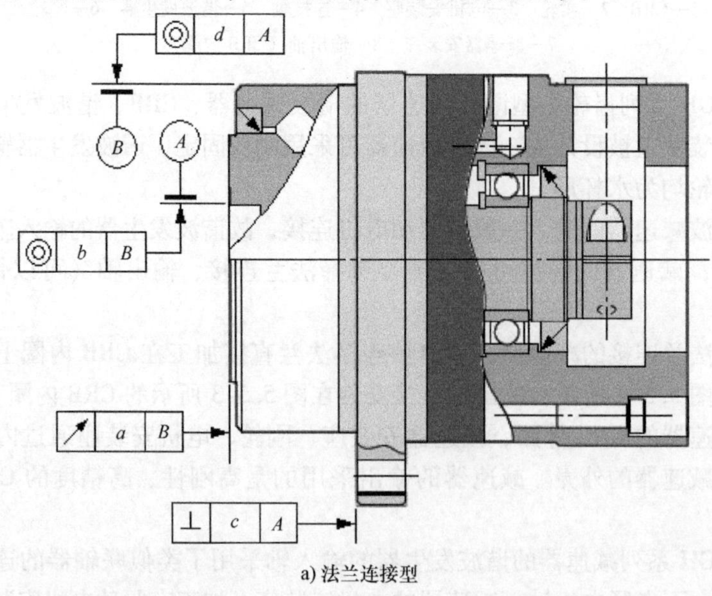

a) 法兰连接型

图 5.5-4　CSF/CSG－GH 系列减速器的安装要求

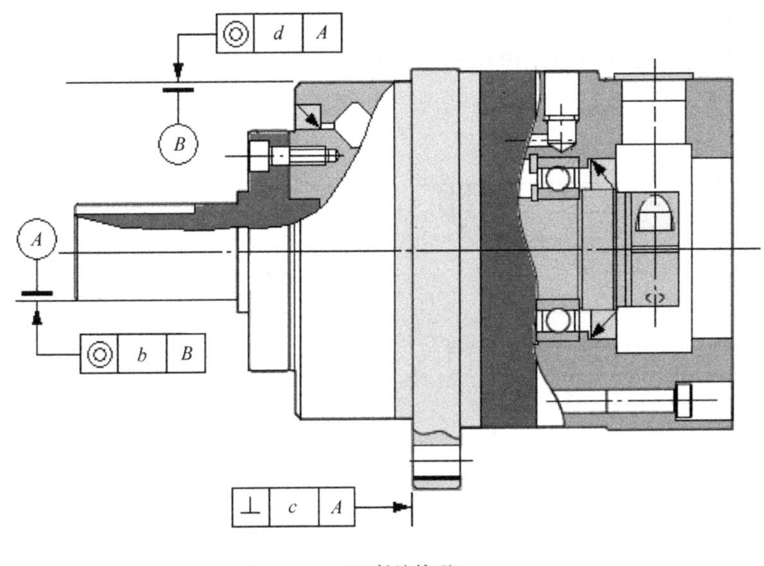

b) 轴连接型

图 5.5-4 CSF/CSG－GH 系列减速器的安装要求（续）

表 5.5-1 CSF/CSG－GH 系列减速器的安装公差要求 （单位：mm）

规格	11	14	20	32	45	65
a	0.020	0.020	0.020	0.020	0.020	0.020
b	0.030	0.040	0.040	0.040	0.040	0.040
c	0.050	0.060	0.060	0.060	0.060	0.060
d	0.040	0.050	0.050	0.050	0.050	0.050

齿轮箱型谐波减速器的结构刚性好，对安装精度的要求较低，减速器重新安装或更换时，主要需要检查减速器输出轴或输出轴连接法兰的公差，安装时要保证定位孔和定位面的平整、清洁，防止异物卡入和失圆。

2. 电机安装

CSF/CSG－GH 系列齿轮箱型谐波减速器安装驱动电机的步骤如图 5.5-5 所示，安装方法如下。

1）取下装拆孔上的盖帽。

2）旋转减速器的谐波发生器，使得联轴器上弹性夹头的锁紧螺钉对准装拆孔。

3）将电机装入减速器电机安装座、电机轴插入联轴器的弹性夹头中。

4）固定电机安装螺钉。

5）利用扭力扳手拧紧联轴器弹性夹头锁紧螺钉、夹紧电机轴。不同规格的锁紧螺钉，其拧紧转矩见表 5.5-2。

表 5.5-2 联轴器锁紧螺钉的拧紧转矩表

螺钉规格	M3	M4	M5	M6	M8	M10	M12
转矩/N·m	2	4.5	9	15.3	37.2	73.5	128

6）安装装拆孔上的盖帽。

如果维护时仅仅需要进行驱动电机检测或更换，可参照上述相反的步骤，将电机从减速器上取出。

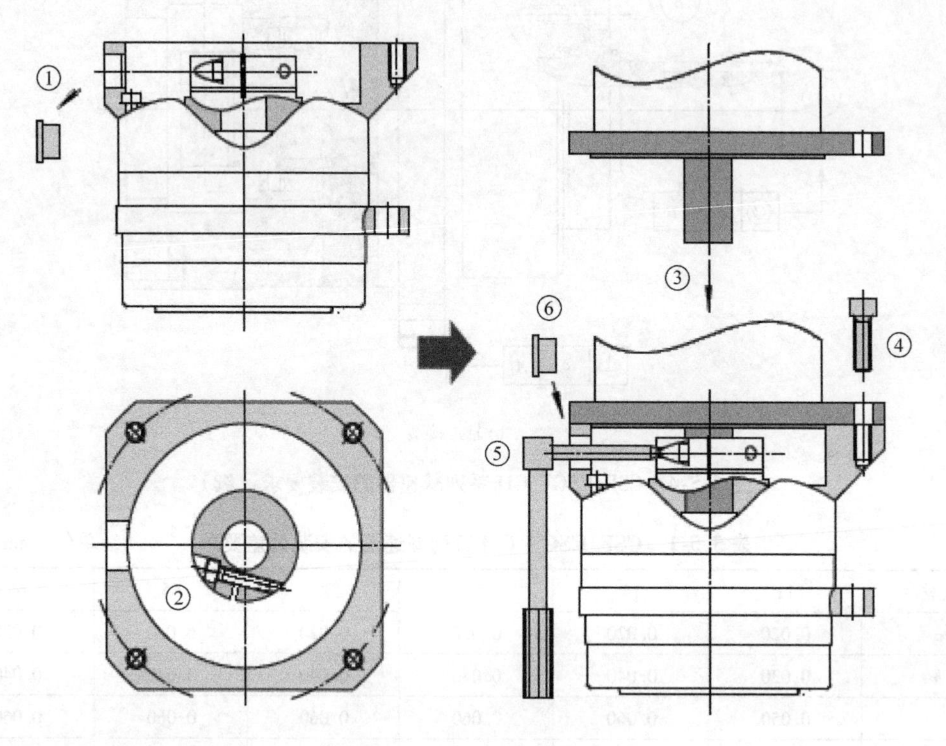

图 5.5-5　驱动电机的安装步骤

由于驱动电机本身的定位法兰、输出轴精度已在电机出厂时保证，安装时只需要保证减速器定位孔和定位面的平整、清洁，防止异物卡入和失圆，便可满足要求。

3. 使用与维护

CSF/CSG - GH 系列齿轮箱型谐波减速器为整体完全密封结构，减速器的结构刚性和密封性已经满足正常使用的要求。减速器在产品出厂时内部已充填润滑脂，在规定的使用时间内，用户无须充填润滑脂。

5.6　微型减速器的安装与维护

5.6.1　产品系列及特点

1. 产品系列

Harmonic Drive System 微型谐波减速器是专门用于小型、轻量工业机器人的特殊产品，它常用于 3C 行业电子产品、食品、药品等小规格搬运、装配、包装工业机器人。

Harmonic Drive System 微型谐波减速器的产品系列及型号见表 5.6-1。

表 5.6-1 CSF 微型减速器产品系列与型号

结构形式			产品系列与型号	
类别	输入连接	输出连接	CSF mini（微型）	CSF supermini（超微型）
单元型	轴	轴	CSF-1U	CSF-1U
		法兰	CSF-1UF	—
	轴孔	轴	CSF-1U-CC	CSF-1U-CC
		法兰	CSF-1U-CCF	—
齿轮箱型	轴孔	轴	CSF-2XH-J	—
		法兰	CSF-2XH-F	—

根据产品规格，Harmonic Drive System 微型谐波减速器可分为 CSF mini 微型、CSF supermini 超微型两大系列，CSF mini 微型系列产品的额定输出转矩为 0.25～7.8N·m，允许最高转速为 10000～6500r/min；CSF supermini 超微型系列产品的额定输出转矩为 0.06～0.15N·m，允许最高转速为 10000r/min。

所谓 CSF supermini 超微型，实际上只是对 CSF mini 单元型小规格产品的补充，其安装使用要求都和 CSF mini 系列相同。Harmonic Drive System 超微型谐波减速器，目前只有轴输入/轴输出的 CSF-1U 和轴孔输入/轴输出的 CSF-1U-CC 两种产品。

Harmonic Drive System 微型、超微型谐波减速器均采用刚轮固定，谐波发生器输入、柔轮输出的安装形式，其柔轮均为水杯形；减速器的基本结构形式有单元型和齿轮箱型两种，产品的主要特点如下。

2. 单元型减速器

Harmonic Drive System 单元型（Unit Type）的 CSF mini 微型减速器和 CSF supermini 超微型减速器的外观如图 5.6-1 所示。单元型减速器的截面为方形，其内部结构与 CSF/CSG-2UH 系列标准单元型减速器类似，减速器带有壳体和输出轴承，其刚轮、柔轮、谐波发生器、输入轴组件、壳体、输出轴承等被整体设计成统一的单元，可直接驱动负载。

图 5.6-1 单元型减速器外观

根据需要，单元型结构的 CSF mini 微型减速器，其谐波发生器的输入连接方式可选择轴孔连接和轴连接两种；柔轮的输出轴连接方式则可选择法兰连接和轴连接两种；但 CSF supermini 超微型的输出连接只能为轴连接。

单元型减速器的安装简单、使用方便，可用于电子产品、食品、药品等搬运、装配、包装用的小型、轻量工业机器人。

3. 齿轮箱型减速器

Harmonic Drive System 齿轮箱型（Gear Head Type）的 CSF mini 微型减速器外观如图 5.6-2 所示。

齿轮箱型减速器可像普通齿轮减速箱一样，与驱动电机连接为一体，进行减速器和驱动电机的一体式安装，从而简化机械结构设计。采用齿轮箱型结构的 CSF mini 微型减速器的

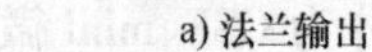

a) 法兰输出　　　　b) 轴输出

图 5.6-2　齿轮箱型减速器外观

谐波发生器输入连接均为标准轴孔；输出轴连接形式有法兰连接或输出轴连接两种。但是，由于微型减速器的体积小，驱动电机安装时，需要通过图 5.6-3 所示的过渡板，连接驱动电机和减速器。

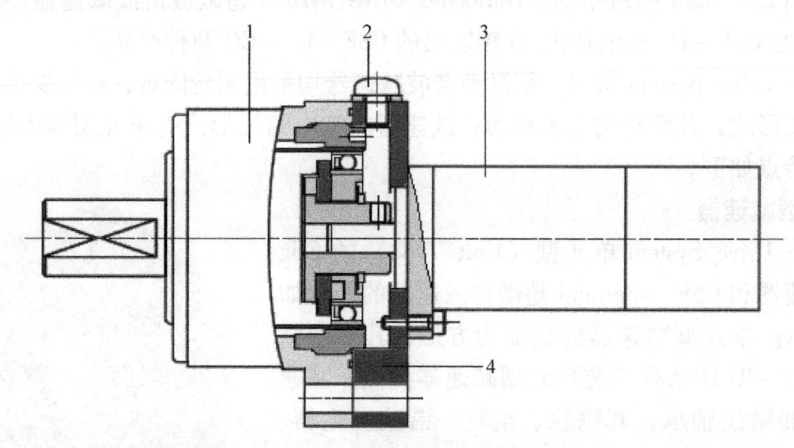

图 5.6-3　减速器与驱动电机的连接

1—微型减速器　2—装拆孔　3—驱动电机　4—过渡板

齿轮箱型减速器的安装和调整方便，它多用于电机的轴向安装尺寸不受太多限制的 3C 行业电子产品搬运、装配、包装用的小型、轻量 SCARA 结构的机器人。

5.6.2　减速器内部结构

1. 单元型减速器

Harmonic Drive System 微型减速器均采用刚轮固定，谐波发生器输入、柔轮输出的安装形式，其柔轮均为水杯形。

单元型结构的微型减速器输入连接方式有轴孔连接和轴连接两种；输出连接方式有法兰连接和轴连接两种；4 个系列微型减速器的内部结构如图 5.6-4 所示。

图 5.6-4a 为轴输入/轴输出的 CSF－1U 系列微型谐波减速器的结构示意图。减速器是

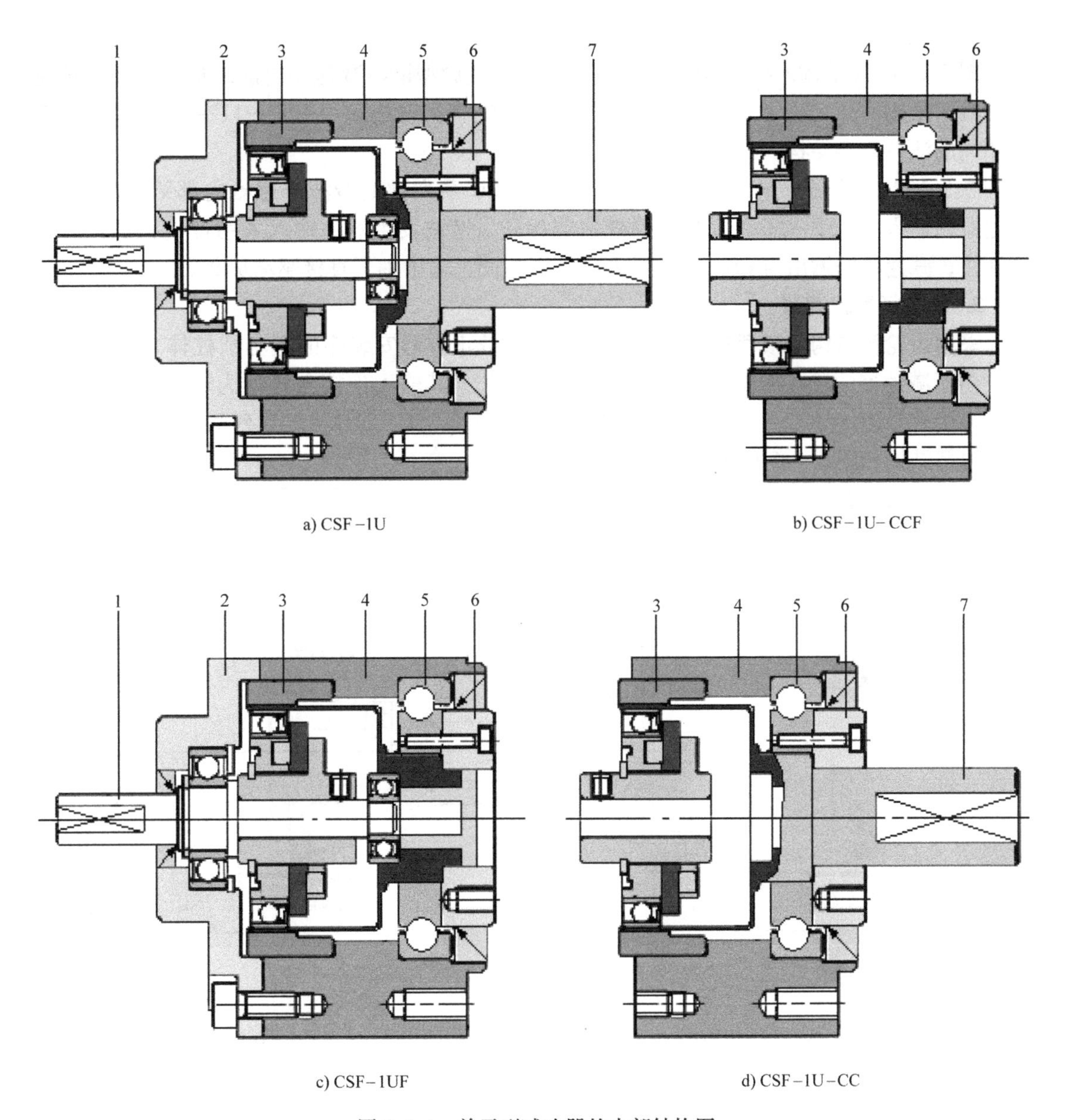

图5.6-4 单元型减速器的内部结构图

1—输入轴组件 2—端盖 3—刚轮 4—壳体 5—输出轴承 6—输出法兰 7—输出轴

一个由端盖、壳体、输入轴组件、输出轴承、输出法兰等部件构成的密封整体；其刚轮3固定在壳体4上；柔轮和输出轴采用一体化设计，柔轮底部为输出轴；谐波发生器与输入轴连接。减速器的输入轴带有前后支承轴承，前轴承安装在端盖2上，后轴承安装在输出轴（柔轮）上；减速器的输出轴与壳体4间安装有Harmonic Drive System公司自主研发的4点接触高精度、高刚性球轴承，输出轴可以直接驱动负载。

图5.6-4b为轴孔输入/法兰输出的CSF－1U－CCF系列微型谐波减速器内部结构示意图。CSF－1U－CCF系列取消了CSF－1U系列减速器的前端盖和输入轴组件，谐波发生器的输入采用带支头螺钉的轴孔连接；减速器的柔轮上也无输出轴，输出直接通过法兰6

连接。

图 5. 6-4c 为轴输入/法兰输出的 CSF－1UF 系列微型谐波减速器内部结构示意图。减速器的输入采用 CSF－1U 系列减速器相同的轴连接结构；输出采用 CSF－1U－CCF 系列减速器相同的法兰连接结构。

图 5. 6-4d 为轴孔输入/轴输出的 CSF－1U－CC 系列微型谐波减速器内部结构示意图。减速器的输入与 CSF－1U－CCF 系列减速器相同，谐波发生器的输入采用带支头螺钉的轴孔连接；减速器的输出与 CSF－1U 系列减速器相同，输出轴可直接驱动负载。

2. 齿轮箱型减速器

采用齿轮箱结构的微型减速器的壳体形状为带正方形安装座的空心圆柱体（见图 5. 6-2），由于减速器的输入需要连接驱动电机轴，因此，其输入连接方式均为轴孔；减速器的输出连接有轴连接的 CSF－2HX－J 系列和法兰连接的 CSF－2HX－F 系列两类。2 个系列产品的内部结构如图 5. 6-5 所示。

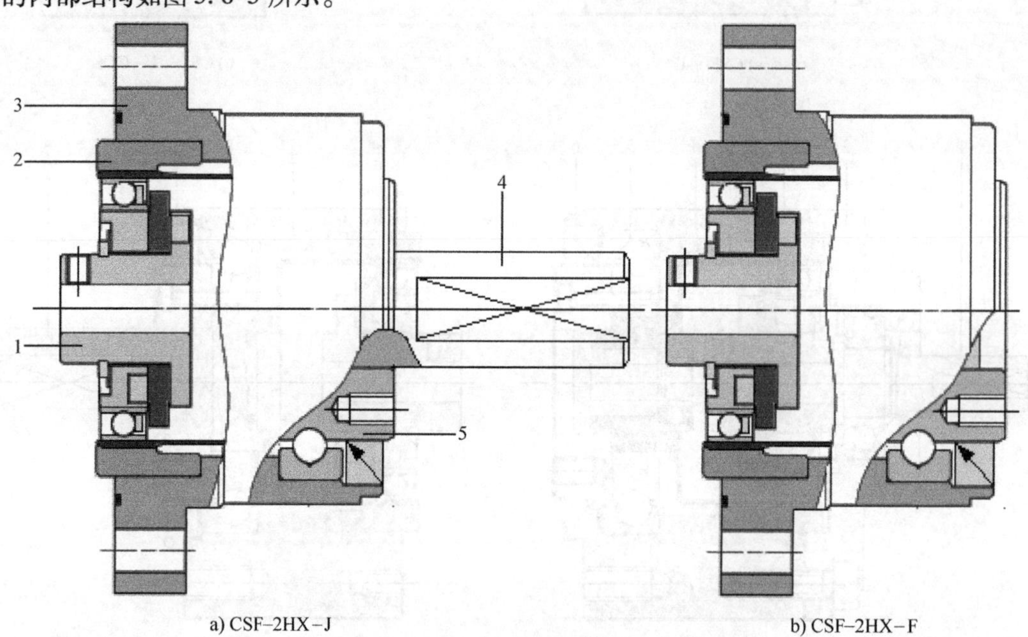

图 5. 6-5　齿轮箱型减速器的内部结构图

1—谐波发生器　2—刚轮　3—安装座　4—输出轴　5—输出法兰

图 5. 6-5a 为轴输出的 CSF－2HX－J 系列微型谐波减速器的结构示意图。减速器除了壳体的形状不同外，其他组成部件的结构与单元型的 CSF－1U－CC 系列减速器基本相同。谐波发生器的输入采用带支头螺钉的轴孔连接；减速器的输出通过轴连接，输出轴 4 与壳体间安装有 Harmonic Drive System 公司自主研发的 4 点接触高精度、高刚性球轴承，输出轴可以直接驱动负载。

图 5. 6-5b 为法兰输出的 CSF－2HX－F 系列微型谐波减速器的结构示意图。同样，减速器除了壳体的形状不同外，其他组成部件的结构与单元型的 CSF－1U－CCF 系列减速器相同。谐波发生器的输入采用带支头螺钉的轴孔连接；减速器的输出直接通过法兰连接。

3. 超微型减速器

CSF supermini 超微型谐波减速器是对 CSF mini 单元型小规格产品的补充，超微型减速

器目前只有轴输入/轴输出的 CSF－1U 和轴孔输入/轴输出的 CSF－1U－CC 两种产品，其内部结构如图 5.6-6 所示。

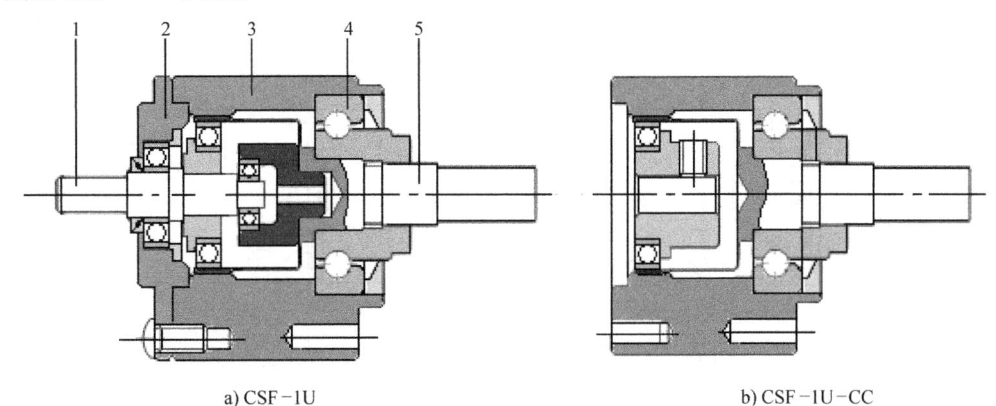

a) CSF－1U　　b) CSF－1U－CC

图 5.6-6　超微型减速器的内部结构图

1—输入轴组件　2—端盖　3—刚轮　4—输出轴承　5—输出轴

图 5.6-6a 为轴输入/轴输出的 CSF－1U 系列超微型谐波减速器的结构示意图，减速器是一个由输入轴组件、端盖、刚轮、输出轴承等部件构成的密封整体。超微型减速器的刚轮 3 和壳体、柔轮和输出轴均采用一体化设计，刚轮即壳体、柔轮即输出轴；谐波发生器与输入轴连接。减速器的输入轴带有前后支承轴承，前轴承安装在端盖 2 上，后轴承安装在输出轴（柔轮）上；减速器的输出轴与刚轮（壳体）间安装有 Harmonic Drive System 公司自主研发的 4 点接触高精度、高刚性球轴承，输出轴可以直接驱动负载。

图 5.6-6b 为轴孔输入/轴输出的 CSF－1U－CC 系列超微型谐波减速器的结构示意图，减速器取消了 CSF－1U 系列超微型减速器的前端盖和输入轴组件，谐波发生器的输入采用带支头螺钉的轴孔连接；减速器的柔轮厚度也较短。

5.6.3　减速器的安装与维护

1. 减速器安装要求

CSF mini 微型、CSF supermini 超微型谐波减速器安装时，一般需要以输出侧的法兰作为定位基准，减速器对安装定位面的公差要求如图 5.6-7、表 5.6-2 所示。微型减速器对输出法兰端面的安装公差要求很高，减速器重新安装时，要认真检查并严格保证安装公差要求，防止减速器的倾斜。

表 5.6-2　微型、超微型减速器的安装公差要求　　（单位：mm）

规格	3	5		8		11		14	
	Supermini 型	1U	1UF	1U	1UF	1U	1UF	1U	1UF
a	0.030	0.030	—	0.030	—	0.030	—	0.030	—
		—	0.005	—	0.005	—	0.005	—	0.005
b	0.020	0.040		0.040		0.055		0.055	
c	0.020	0.020		0.020		0.025		0.025	
d	0.005	0.005		0.005		0.005		0.005	
e	0.015	0.015		0.020		0.030		0.030	

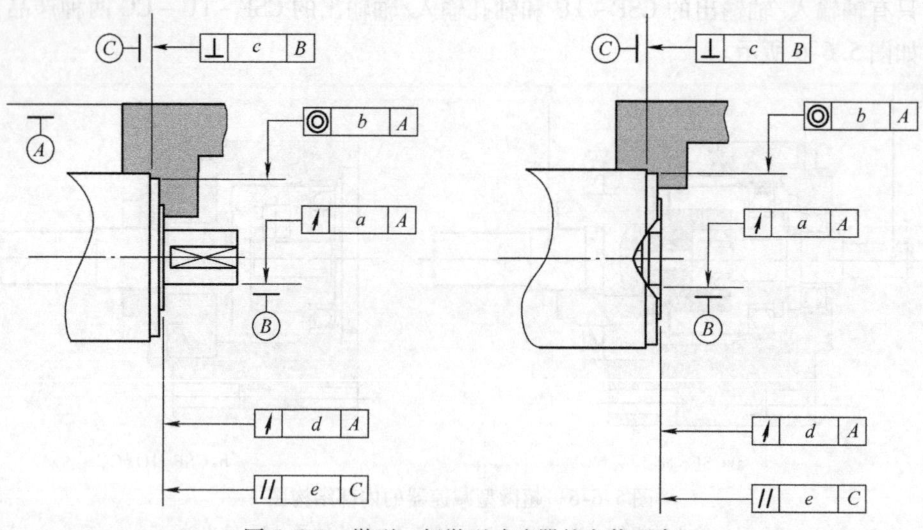

图 5.6-7　微型、超微型减速器的安装要求

2. 输入轴连接要求

CSF mini 微型、CSF supermini 超微型谐波减速器对谐波发生器输入轴的连接要求如图 5.6-8 及表 5.6-3 所示，减速器更换或重新安装时，要检查输入轴与减速器安装定位面的同轴度、垂直度，并保证公差要求，避免两者倾斜。

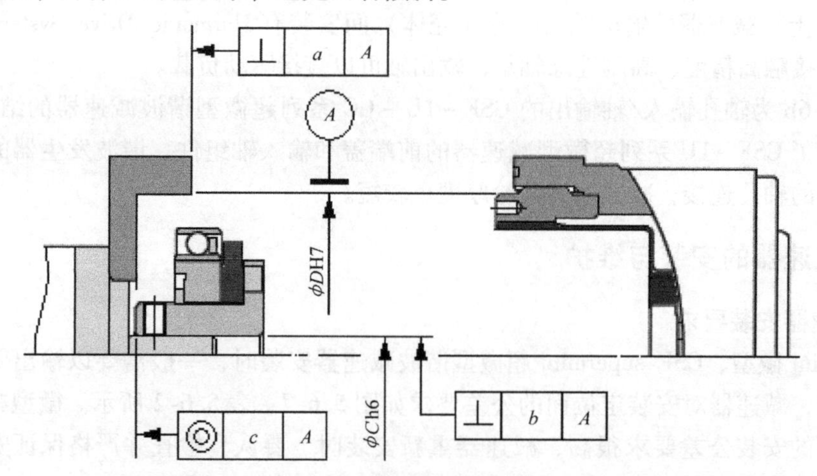

图 5.6-8　微型、超微型减速器的输入轴连接要求

表 5.6-3　微型、超微型减速器的输入轴连接公差要求　　　（单位：mm）

规格	3（Supermini 型）	5	8	11	14
a	0.006	0.008	0.010	0.011	0.011
b	0.004	0.005	0.012	0.012	0.017
c	0.004	0.005	0.015	0.015	0.030

3. 使用与维护

CSF mini 微型、CSF supermini 超微型谐波减速器为整体密封结构，减速器的结构刚性和密封性均已经满足正常使用的要求。减速器在产品出厂时内部已充填润滑脂，在规定的使用时间内，用户无须充填润滑脂。

6

第 6 章 RV 减速器的安装与维护

6.1 RV 减速器结构原理及产品

6.1.1 RV 减速器结构原理

1. 技术起源

RV 减速器是旋转矢量（Rotary Vector）减速器的简称。RV 减速器是在传统的摆线针轮、行星齿轮传动装置的基础上，发展出来的一种新型传动装置。与谐波减速器一样，RV 减速器实际上既可用于减速，也可用于升速，但由于其传动比很大（通常为 30 ~ 260），因此，在工业机器人、数控机床等产品上应用时，一般较少用于升速，故习惯上称为 RV 减速器。本书在一般场合也将使用这一名称。

RV 减速器由日本 Nabtesco Corporation（纳博特斯克公司）的前身——日本的帝人制机（Teijin Seiki）公司于 1985 年率先研制，并获得了日本的专利；从 1986 年开始商品化生产和销售。

帝人制机公司是日本著名的纺织机械、液压、包装机械生产企业，1945 年开始从事化纤、纺织机械的生产；1955 年后，开始拓展航空产品、包装机械、液压等业务；20 世纪 70 年代起开始研发和生产挖掘机的核心部件——低速、高转矩液压马达和减速器。80 年代初，该公司应机器人制造商的要求，对摆线针轮减速器进行了结构改进，并取得了 RV 减速器专利；1986 年开始批量生产和销售。从此，RV 减速器开始成为工业机器人关节驱动的核心部件，在工业机器人上得到了极为广泛的应用。

2003 年，帝人制机公司和具有悠久历史的日本著名制动器、自动门及空压、液压、润滑产品生产企业 NABCO 公司合并，成立了现在的 Nabtesco Corporation，继续进行精密 RV 减速器的研发生产。经过 30 余年的发展，Nabtesco Corporation 已成为了技术领先的 RV 减速器生产企业，其产品占据了全球 60% 以上的工业机器人 RV 减速器市场，以及日本 80% 以上的数控机床自动换刀装置（ATC）RV 减速器市场。世界著名的工业机器人几乎都使用 Nabtesco Corporation 生产的 RV 减速器。

与传统的齿轮传动装置比较，RV 减速器具有传动刚度高、传动比大、惯量小、输出转矩大，以及传动平稳、体积小、抗冲击力强等诸多优点；它与同规格的谐波减速器比较，其结构刚性更好、惯量更小、使用寿命更长。因此，被广泛用于工业机器人、机床、医疗检测设备、卫星接收系统等领域。

RV 减速器的内部结构比谐波减速器复杂得多，其内部通常有 2 级减速机构，其传动链较长、间隙较大，传动精度一般不及谐波减速器；此外，RV 减速器的生产制造成本也较高，维护和修理均较为困难。因此，在工业机器人上，它多用于机器人机身上的腰、上臂、下臂等大惯量、高转矩输出关节的回转减速，在大型搬运和装配工业机器人上，手腕有时也采用 RV 减速器驱动。

2. 基本结构

RV 减速器的基本结构如图 6.1-1 所示。减速器由芯轴、端盖、针轮、输出法兰、行星齿轮、曲轴组件、RV 齿轮等部件构成。

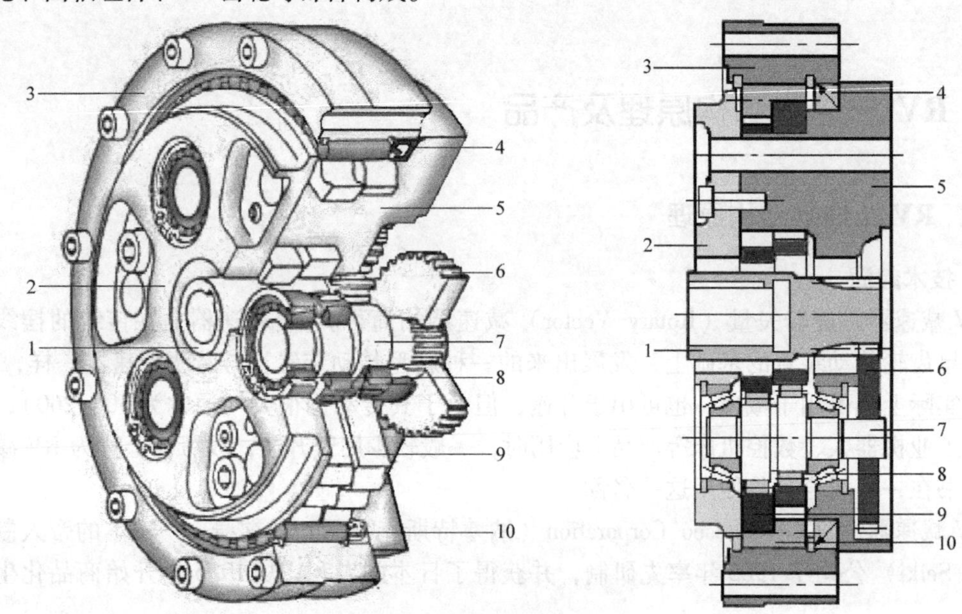

图 6.1-1　RV 减速器的内部结构

1—芯轴　2—端盖　3—针轮　4—密封圈　5—输出法兰　6—行星齿轮　7—曲轴组件　8—圆锥滚柱轴承　9—RV 齿轮　10—针齿销

RV 减速器的径向结构可分为 3 层，由外向内依次为针轮层、RV 齿轮层（包括端盖 2、输出法兰 5 和曲轴组件 7）、芯轴层；3 层部件均可独立旋转。

针轮 3 实际上是一个内齿圈，其内侧加工有针齿；外侧加工有法兰和安装孔，可用于减速器的安装固定。

中间层的端盖 2 和输出法兰（也称输出轴）5，通过定位销及连接螺钉连成一体；两者间安装有驱动 RV 齿轮摆动的曲轴组件 7；曲轴内侧套有两片 RV 齿轮 9。当曲轴回转时，两片 RV 齿轮可在对称方向进行摆动；故 RV 齿轮又称为摆线轮。

里层的芯轴 1 形状与减速器的传动比有关，传动比较大时，芯轴直接加工成齿轮轴；传动比较小时，它是一根套有齿轮的花键轴。芯轴上的齿轮称为太阳轮。用于减速时，芯轴一般连接驱动电机轴输入，故又称为输入轴。太阳轮旋转时，可通过行星齿轮 6 驱动曲轴旋转、带动 RV 齿轮摆动。

太阳轮和行星齿轮间的变速是 RV 减速器的第 1 级变速，称为正齿轮变速。减速器的行星齿轮和曲轴组件的数量与减速器规格有关，小规格减速器一般布置 2 对，中大规格减速器布置 3 对，它们可在太阳轮的驱动下同步旋转。

RV 减速器的曲轴组件 7 是驱动 RV 齿轮摆动的轴，它和行星齿轮 6 间一般为花键连接。曲轴组件 7 的中间部位为 2 段偏心轴，RV 齿轮和偏心轴间安装有滚针；当曲轴旋转时，它们可分别驱动 2 片 RV 齿轮，进行 180°对称摆动。曲轴组件 7 的径向载荷较大，因此，它需要用 1 对安装在端盖 2 和法兰 5 上的圆锥滚柱轴承 8 支承。

RV 齿轮 9 和针轮 3 利用针齿销 10 传动。当 RV 齿轮摆动时，针齿销可推动针轮缓慢旋转。RV 齿轮和针轮构成了减速器的第 2 级变速，即差动齿轮变速。

3. 变速原理

RV 减速器的变速原理如图 6. 1-2 所示，减速器通过正齿轮变速、差动齿轮变速 2 级变速，实现了大传动比变速。

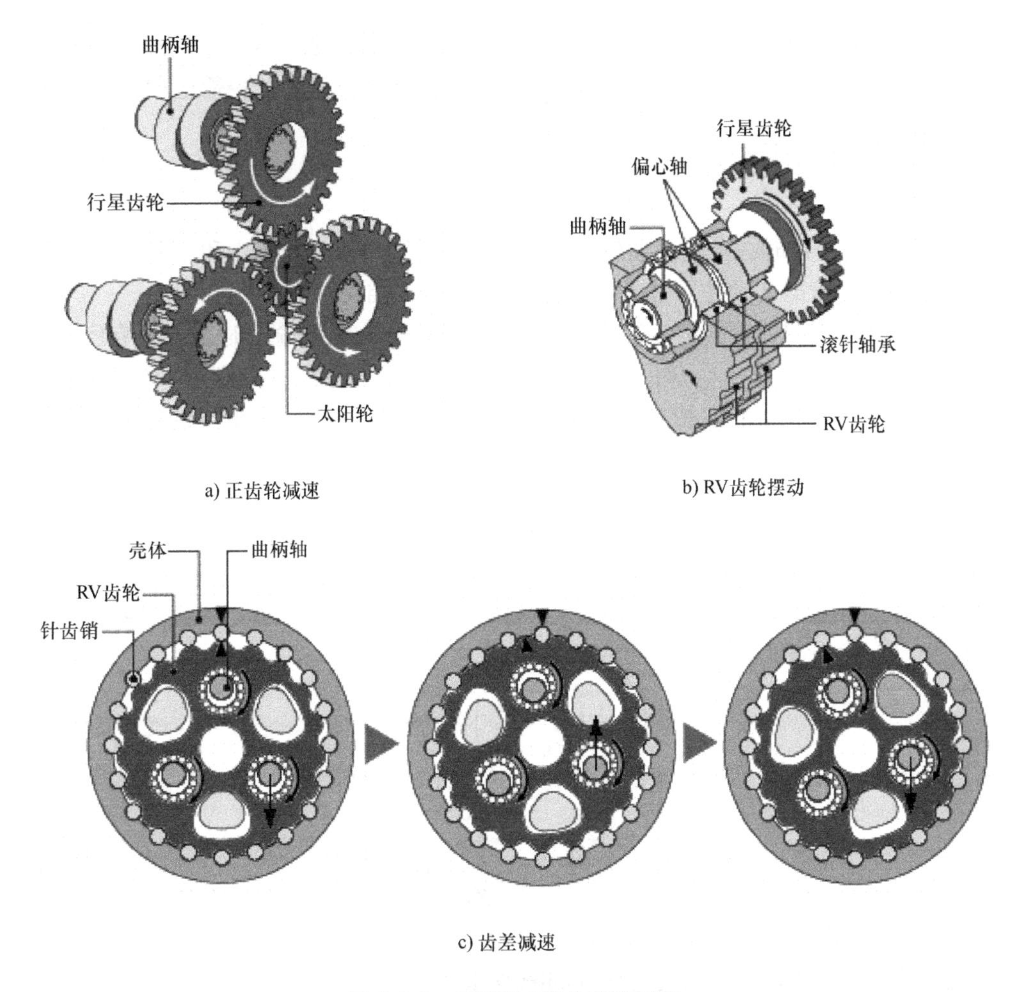

图 6. 1-2　RV 减速器的变速原理

1）正齿轮变速。正齿轮减速原理如图 6. 1-2a 所示，它是由行星齿轮和太阳轮实现的齿轮变速，假设太阳轮的齿数为 Z_1、行星齿轮的齿数为 Z_2，行星齿轮输出/芯轴输入的转速比（传动比）为 Z_1/Z_2、转向相反。

2）差动齿轮变速。当行星齿轮带动曲轴回转时，曲轴上的偏心段将带动 RV 齿轮做图 6. 1-2b 所示的摆动。因曲轴上的 2 段偏心轴为对称布置，故 2 个 RV 齿轮可在对称方向同时摆动。

图 6.1-2c 为其中的 1 片 RV 齿轮的摆动情况，另一片的摆动过程相同，但相位相差 180°。由于减速器的 RV 齿轮和壳体针轮之间安装有针齿销，RV 齿轮摆动时，针齿销将迫使 RV 齿轮沿针轮的齿逐齿回转。

如果 RV 减速器的 RV 齿轮固定、芯轴连接输入、针轮连接输出，并假设 RV 齿轮的齿数为 Z_3，针轮的齿数为 Z_4（齿差为 1 时，$Z_4-Z_3=1$）。当偏心轴带动 RV 齿轮顺时针旋转 360°时，RV 齿轮的 0°基准齿和针轮基准位置间将产生 1 个齿的偏移；相对于针轮而言，其偏移角度为

$$\theta=\frac{1}{Z_4}\times 360°$$

因此，针轮输出/曲轴输入的转速比（传动比）为 $i=1/Z_4$；考虑到行星齿轮（曲轴）输出/芯轴输入的转速比（传动比）为 Z_1/Z_2，故可得到减速器的针轮输出/芯轴输入的总转速比（总传动比）为

$$i=\frac{Z_1}{Z_2}\cdot\frac{1}{Z_4}$$

由于 RV 齿轮固定时，针轮和曲轴的转向相同、行星轮（曲轴）和太阳轮（芯轴）的转向相反，故最终输出（针轮）和输入（芯轴）的转向相反。

但是，当减速器的针轮固定、芯轴连接输入、RV 齿轮连接输出时，情况有所不同。因为，一方面，通过芯轴的（Z_2/Z_1）×360°逆时针回转，可驱动曲轴产生 360°的顺时针回转，使得 RV 齿轮的 0°基准齿相对于固定针轮的基准位置，产生 1 个齿的逆时针偏移，即 RV 齿轮输出的回转角度为

$$\theta_o=\frac{1}{Z_4}\times 360°$$

同时，由于 RV 齿轮套装在曲轴上，当 RV 齿轮偏转时，也将使曲轴的中心逆时针偏转 θ_o；因曲轴中心的偏转方向（逆时针）与芯轴转向相同，因此，相对于固定的针轮，芯轴所产生的相对回转角度为

$$\theta_i=\left(\frac{Z_2}{Z_1}+\frac{1}{Z_4}\right)\times 360°$$

所以，RV 齿轮输出/芯轴输入的转速比（传动比）将变为

$$i=\frac{\theta_o}{\theta_i}=\frac{1}{1+\frac{Z_2}{Z_1}\cdot Z_4}$$

输出（RV 齿轮）和输入（芯轴）的转向相同。

这就是 RV 减速器差动齿轮变速部分的减速原理。

相反，如果减速器的针轮被固定，RV 齿轮连接输入、芯轴连接输出，则 RV 齿轮旋转时，将迫使曲轴快速回转，起到增速的作用。同样，当减速器的 RV 齿轮被固定，针轮连接输入、芯轴连接输出，针轮的回转也可迫使曲轴快速回转，起到增速的作用。

这就是 RV 减速器差动齿轮变速部分的增速原理。

4. 传动比

通过不同形式的安装，RV 减速器可有图 6.1-3 所示的 6 种不同使用方法，图 6.1-3a～c

用于减速；图 6.1-3d～f 用于增速。

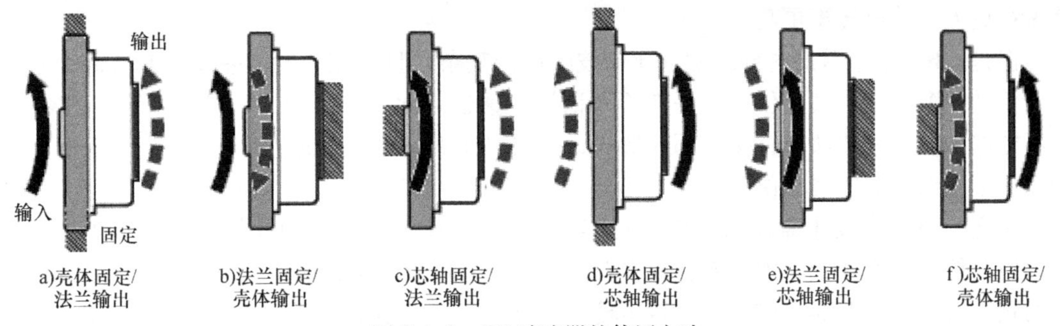

图 6.1-3 RV 减速器的使用方法

如果用正、负号代表转向，并定义针轮固定、芯轴输入、RV 齿轮输出时的基本减速比为 R，即

$$R = 1 + \frac{Z_2}{Z_1} \cdot Z_4$$

则，对于图 6.1-3a 所示的安装，其输出/输入转速比（传动比）为

$$i_a = \frac{1}{R}$$

对于图 6.1-3b 所示的安装，其传动比为

$$i_b = -\frac{Z_1}{Z_2} \cdot \frac{1}{Z_4} = -\frac{1}{R-1}$$

对于图 6.1-3c 所示的安装，其传动比为

$$i_c = \frac{R-1}{R}$$

对于图 6.1-3d 所示的安装，其传动比为

$$i_d = R$$

对于图 6.1-3e 所示的安装，其传动比为

$$i_e = -(R-1)$$

对于图 6.1-3f 所示的安装，其传动比为

$$i_f = \frac{R}{R-1}$$

在 RV 减速器生产厂家的样本上，一般只给出基本减速比 R，用户使用时，可根据实际安装情况，按照上面的方法计算对应的传动比。

5. 主要特点

由 RV 减速器的结构和原理可见，它与其他传动装置相比，主要有以下特点。

1）传动比大。RV 减速器设计有正齿轮、差动齿轮 2 级变速，其传动比不仅比传统的普通齿轮、行星齿轮传动、蜗轮蜗杆、摆线针轮传动大，且还可做得比谐波齿轮传动更大。其他变速装置的推荐传动比，可参见第 5 章 5.1 节。

2）结构刚性好。减速器的针轮和 RV 齿轮间通过直径较大的针齿销传动，曲轴采用的是圆锥滚柱轴承支承；减速器的结构刚性好、使用寿命长。

3）输出转矩高。RV 减速器的正齿轮变速一般有 2～3 对行星齿轮；差动变速采用的是硬齿面多齿销同时啮合，且其齿差固定为1齿，因此，在体积相同时，其齿形可比谐波减速器做得更大、输出转矩更高。

但是，RV减速器的内部结构远比谐波减速器复杂，且有正齿轮、差动齿轮2级变速齿轮，传动间隙较大，其定位精度一般不及谐波减速器。此外，由于RV减速器的结构复杂，它不能像谐波减速器那样直接以部件形式、由用户在工业机器人的生产现场自行安装，故其使用也不及谐波减速器方便。

总之，与谐波减速器比较，RV减速器具有传动比大、结构刚性好、输出转矩高等优点，但其传动精度较低、生产制造成本较高、维护修理较困难，因此，它多用于机器人机身上的腰、上臂、下臂等大惯量、高转矩输出关节减速，或用于大型搬运和装配工业机器人的手腕减速。

6.1.2 纳博特斯克产品与性能

1. 公司及产品简况

日本的Nabtesco Corporation（纳博特斯克公司）既是RV减速器的发明者，又是技术领先的RV减速器生产企业，其产品占据了全球60%以上的多关节工业机器人RV减速器市场，以及日本80%以上的数控机床自动换刀装置（ATC）的RV减速器市场。Nabtesco Corporation的产品代表了当前RV减速器的最高水平，世界著名的工业机器人几乎都使用其生产的RV减速器。

Nabtesco Corporation由日本的帝人制机（Teijin Seiki）公司和NABCO公司于2003年合并成立的大型企业集团，除RV减速器外，纺织机械、液压件、自动门及航空、船舶、风电设备等，也是该公司的主要产品，简介如下。

帝人制机（Teijin Seiki）公司成立于1945年，是日本著名的纺织机械、液压、包装机械生产企业，公司旗下有日本的东洋自动机株式会社、大亚真空株式会社；美国的Teijin Seiki America Inc.（现名Nabtesco Aerospace Inc.）、Teijin Seiki Boston Inc.（现名Harmonic Drive Technologies Nabtesco Inc.）、Teijin Seiki USA Inc.（现名Nabtesco USA Inc.）、Teijin Seiki Advanced Technologies Inc.（现名Nabtesco Motion Control Inc.）；德国Teijin Seiki Europe GmbH（现名Nabtesco Precision Europe GmbH）；以及上海帝人制机有限公司（现名纳博特斯克液压有限公司）、上海帝人制机纺机有限公司（现名上海铁美机械有限公司）等多家子公司，目前这些公司均已并入Nabtesco Corporation（纳博特斯克公司）。

NABCO公司成立于1925年，是日本具有悠久历史的著名制动器、自动门和空压、液压、润滑产品生产企业。NABCO公司早期产品以铁路机车、汽车用的空气、液压制动器闻名，公司曾先后使用过日本空气制动器株式会社（1925年）、日本制动机株式会社（1943年）等名称；1949年起，开始生产液压、润滑、自动门、船舶控制装置等产品。NABCO公司的液压和气动阀、油泵、液压马达、空压机、油压机、空气干燥器是机电设备制造行业的著名产品；NABCO公司的自动门是地铁、高铁、建筑行业的名牌。江苏纳博特斯克液压有限公司、江苏纳博特斯克今创轨道设备有限公司、上海纳博特斯克船舶有限公司，都是原NABCO公司在液压机械、铁路车辆机械、船舶机械方面的合资公司。

在RV减速器产品方面，RV基本型减速器是帝人制机（Teijin Seiki）公司1986年研发的传统产品；20世纪80年代末、90年代初，公司又相继推出了改进型的RV A、RV AE系列产品；90年代中后期，推出了中空轴的RV C、标准型的RV E等系列产品。帝人制机公司和NABCO公司合并后，Nabtesco Corporation先后推出了目前主要生产和销售的RV N紧凑型、GH高速型、RD2齿轮箱型、RS扁平型、回转执行器（Rotary Actuator，又称伺服执行器（Servo Actuator））等一系列的新产品。

2. 产品系列

根据产品的基本结构形式，Nabtesco Corporation目前常用的RV减速器主要有部件型（Component Type）、齿轮箱型（Gear Head Type）、RV减速器/驱动电机集成一体化的回转执行器（Rotary Actuator）3大类。

Nabtesco Corporation回转执行器又称为伺服执行器（Servo Actuator），这是一种RV减速器和驱动电机集成型减速单元，它与Harmonic Drive System回转执行器的区别仅在于减速器的结构，其他的特点、功能、用途均类似；由于其实际用量不大，有关内容可参见第5章5.1节，本书不再对此进行专门介绍。Nabtesco Corporation部件型、齿轮箱型RV减速器是工业机器人的常用产品，产品的分类情况如图6.1-4所示。

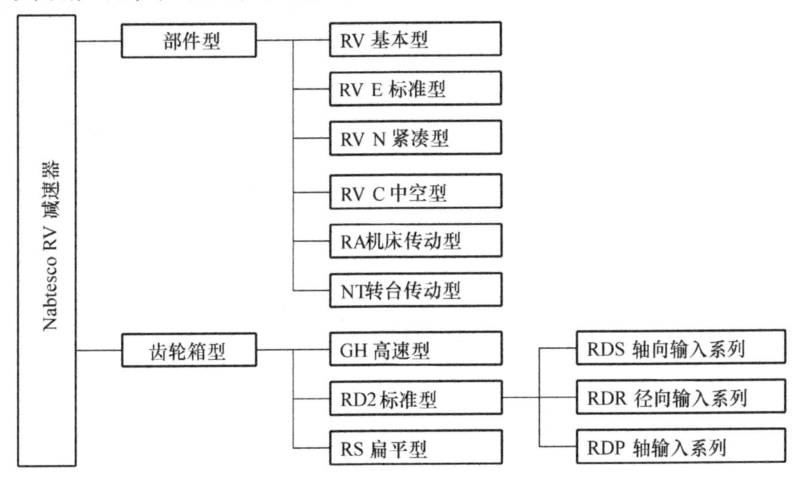

图6.1-4 RV减速器的分类

（1）部件型

部件型（Component Type）RV减速器是以功能部件形式提供的产品，但用户不能自行组装，从这一意义上说，其安装和使用方法相当于Harmonic Drive System的单元型谐波减速器。

在部件型减速器中，RV基本型（Original Type）减速器采用图6.1-1所示的基本结构，这种减速器无外壳和输出轴承，减速器的安装固定和输入/输出连接由针轮、输入轴、输出法兰实现；针轮和输出法兰间的支承轴承需要用户自行安装。

部件型的RA和NT型减速器是专门用于数控车床刀架、加工中心自动换刀装置（Automatic Tool Changer，ATC）以及工作台自动交换装置（Automatic Pallet Changer，APC）的RV减速器，减速器的基本结构与RV E标准型类似，但其结构刚性更好、承载能力更强。

RV E标准型、RV N紧凑型、RV C中空型是工业机器人当前常用的产品，减速器的外形如图6.1-5所示。

RV E标准型减速器采用的是当前RV减速器常用的标准结构，减速器带有外壳和输出

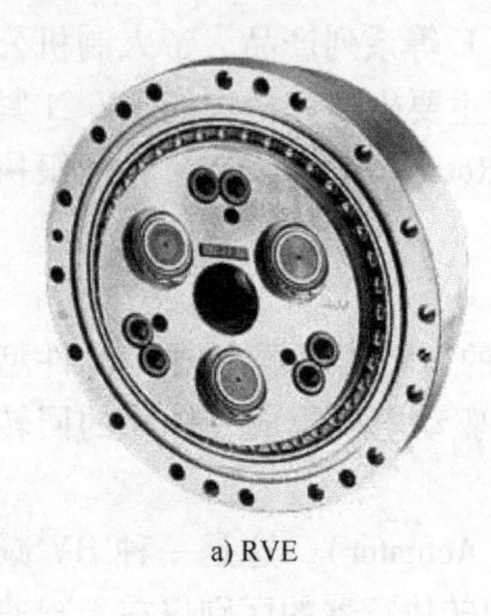

a) RVE

b) RVN

c) RVC

图 6.1-5 常用的部件型 RV 减速器

轴承及用于减速器安装固定、输入/输出连接的安装法兰、输入轴/输出法兰；输出法兰和壳体可以同时承受径向及双向轴向载荷、直接驱动负载。

RV N 紧凑型减速器是在 RV E 标准型减速器的基础上派生的轻量级、紧凑型产品，同规格的 RV N 型减速器的体积和质量，分别比 RV E 标准型减少了 8%～20% 和 16%～36%；它是 Nabtesco Corporation 当前推荐的新产品。

RV C 中空型减速器采用了大直径、中空结构，减速器的输入轴和太阳轮需要选配或由用户自行设计、制造和安装。中空型减速器的中空部分可用来布置管线，故多用于工业机器人手腕、SCARA 机器人等中间关节的驱动。

（2）齿轮箱型

齿轮箱型（Gear Head Type）减速器设计有直接连接驱动电机的安装法兰和电机轴的连接部件，它可像齿轮减速箱一样，直接安装和连接驱动电机，实现减速器和驱动电机的结构整体化，以简化减速器的安装。

RD2 标准型减速器是早期 RD 系列减速器的改进型产品，它对壳体、电机安装法兰、输入轴连接部件进行了整体设计，使之成为了一个可直接安装驱动电机的完整减速器单元。为了便于使用，RD2 型减速器与驱动电机的安装形式有图 6.1-6 所示的轴向（RDS 系列）、径向（RDR 系列）和轴连接（RDP 系列）3 类；每类又分实心芯轴和中空芯轴 2 个系列，它们分别是 RV E 标准型和 RV C 中空轴型减速器的齿轮箱化。

GH 高速型减速器的外形如图 6.1-7 所示。这种减速器的输出转速较高、总减速比较小，其第 1 级正齿轮基本不起减速作用，因此，其太阳轮直径较大，故多采用芯轴和太阳轮分离型结构，两者通过花键进行连接。GH 型减速器芯轴的输入轴连接形式为标准轴孔；RV 齿轮的输出连接形式有输出法兰、输出轴两种，用户可根据需要选择。GH 型减速器的减速比一般只有 10～30，其额定输出转速为标准型的 3.3 倍、过载能力为标准型的 1.4 倍，故常用于转速相对较高的工业机器人上臂、手腕等关节驱动。

RS 扁平型减速器的外形如图 6.1-8 所示。RS 型减速器为 Nabtesco Corporation 近年开发的新产品，为了减小厚度，减速器的驱动电机统一采用径向安装，芯轴为中空。RS 扁平型减速器的额定输出转矩高（可达 8820N·m）、额定转速低（一般为 10r/min）、承载能力强（载重可达 9000kg），故可用于大规格搬运、装卸、码垛工业机器人的机身、中型机器人的腰关节，以及回转工作台等的重载驱动。

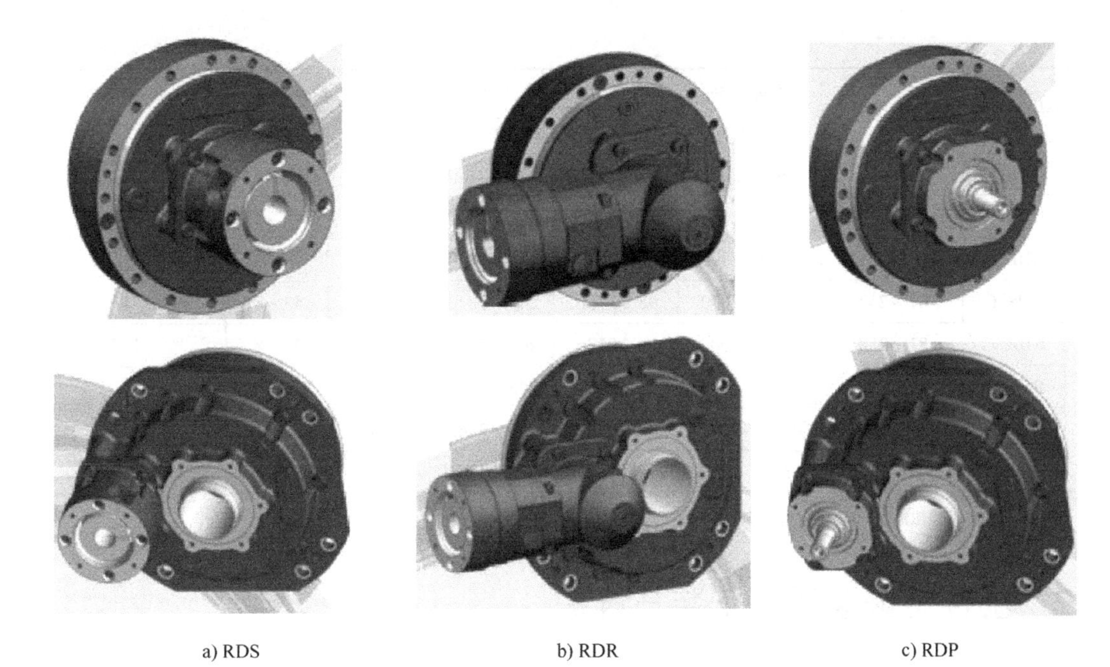

a) RDS　　b) RDR　　c) RDP

图 6.1-6　RD2 标准型减速器

图 6.1-7　GH 高速型减速器

图 6.1-8　RS 扁平型减速器

3. 基本性能

Nabtesco Corporation 当前常用的 RV 减速器基本性能见表 6.1-1，表中的额定输出转速仅仅是计算额定输出转矩、使用寿命用的基准值，它并不代表减速器可以在此转速下长时间、连续工作。

表 6.1-1　Nabtesco Corporation 常用 RV 减速器基本性能表

产品系列		传动比 R	允许输入转速/(r/min)	输出转矩/N·m		输出转速/(r/min)		传动间隙(′)
				额定	加减速	额定	允许	
部件型	RV	57～192.4	3500～2000	137～5390	274～13475	15	60～20	1
	RV E	31～192.4	3500～2000	58～4410	117～18620	30①/15	100～25	1.5①/1
	RV N	41～203.52	3500～2000	245～7000	612～17500	15	110～19	1
	RV C	27～37.34	3500～2000	98～4900	245～12250	15	80～20	1

（续）

产品系列		传动比 R	允许输入转速 /(r/min)	输出转矩/N·m		输出转速/(r/min)		传动间隙 (′)
				额定	加减速	额定	允许	
齿轮箱型	RDS E	31~185	3500~2000	58~3136	117~7840	30①/15	100~11	1.5①/1
	RDR E	31~185	3500~2000	58~3136	117~7840	30①/15	100~11	2①/1.5
	RDP E	57~81	3500~2000	167~3136	412~7840	15	43~25	1
	RDS C	81~258	3500~2000	98~3136	245~7840	15	43~8	1
	RDR C	81~258	3500~2000	98~3136	245~7840	15	43~8	1.5
	RDP C	100~157	3500~2000	98~3136	245~7840	15	32~13	1
	GH	11~31	4650~2000	69~980	206~2942	50	150~65	6~10
	RS	120~240	3500~2000	2548~8820	6370~17640	15	21.5~10	1

① 仅 RV-6E、RDS/RDR-006E 型。

6.2 部件型减速器的安装与维护

6.2.1 减速器安装的基本要求

虽然 RV 减速器的规格、型号众多，结构形式有所不同，但是其基本安装要求一致，为了压缩篇幅、便于阅读，现将所有减速器共同的安装要求统一介绍如下。

1. 输入轴连接

在绝大多数情况下，RV 减速器的输入轴（芯轴）都和电机轴连接，两者的连接形式与驱动电机的输出轴结构有关，常用的连接形式有图 6.2-1 所示的 3 种。驱动电机、RV 减速器维护后，需要重新安装时，必须根据不同的连接形式，检查键、键紧固螺钉或中心孔螺钉、过渡螺钉和紧固螺母的连接情况，确保连接可靠。

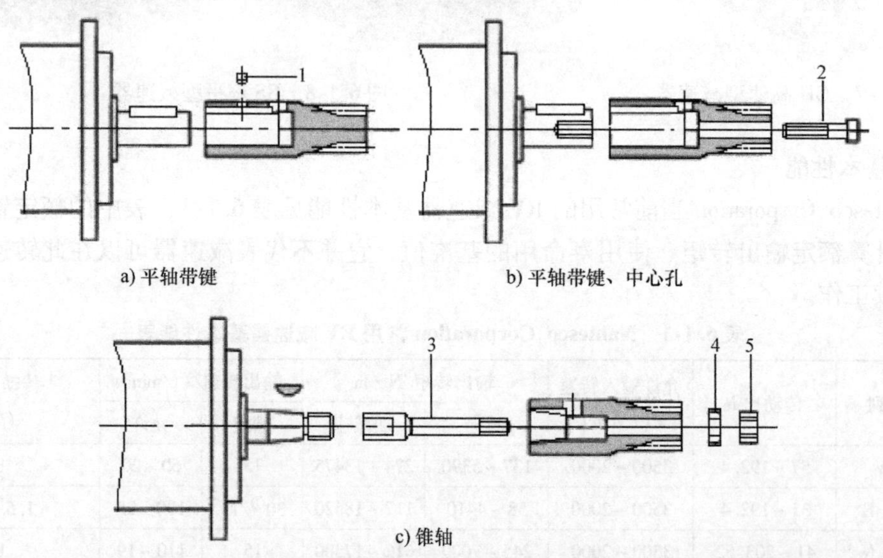

图 6.2-1 输入轴（芯轴）的连接

1—键紧固螺钉 2—中心孔螺钉 3—过渡螺钉 4—蝶形弹簧垫圈 5—螺母

（1）平轴连接

一般而言，中大规格的伺服电机输出轴为平轴，并且有带键或不带键、带中心孔或无中心孔等形式；由于工业机器人对位置精度的要求较低，但其负载惯量和输出转矩很大，因此，电机轴一般选用带键的结构。

为了避免输入轴的窜动和脱落，确保连接可靠，输入轴安装时，应通过图6.2-1a所示的键紧固螺钉，或利用图6.2-1b所示的中心孔螺钉固定。芯轴安装和维护时，应检查并保证图6.2-2中的公差在$a \leqslant 0.050$mm、$b \leqslant 0.040$mm的范围。

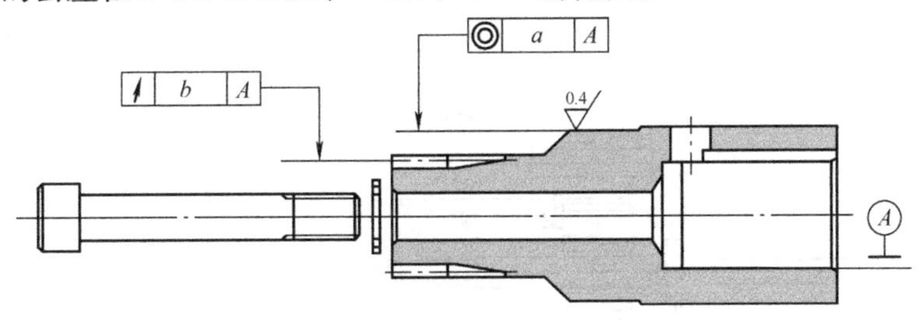

图6.2-2　平轴连接的输入轴公差要求

（2）锥轴连接

小规格的伺服电机输出轴可能是带键的锥轴。由于RV减速器的输入轴通常较长，它一般不能直接利用锥轴前端的螺母紧固，因此，需要采用图6.2-1c所示的过渡螺钉连接电机轴和输入轴。为了保证连接可靠，安装输入轴时，一方面要保证过渡螺钉和电机轴间的连接可靠，同时，还应使用后述带蝶形弹簧垫圈的固定螺母，固定输入轴和过渡螺钉。

连接锥轴时，过渡螺钉一般有图6.2-3所示的两种形式，芯轴安装和维护时，应检查并保证芯轴的安装间隙为$a \geqslant 0.25$mm、$b \geqslant 1$mm、$c \geqslant 0.25$mm；公差在$d \leqslant 0.040$mm的范围。

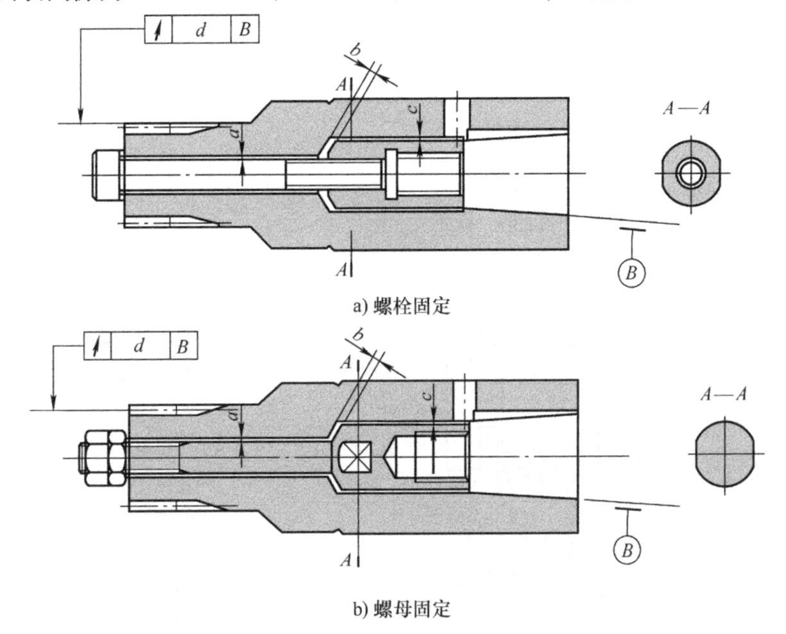

图6.2-3　锥轴连接的输入轴公差要求

2. 减速器安装步骤

工业机器人安装或维修时，如果进行 RV 减速器的维护或更换，需要进行重新安装。作为一般方法，安装 RV 减速器时，通常先进行输出侧的连接；完成 RV 减速器和负载输出轴（或连接板）的连接后，再依次进行减速器输入侧的芯轴、驱动电机安装座、驱动电机等部件的安装。

RV 减速器安装的基本步骤见表 6.2-1。

表 6.2-1　RV 减速器安装的基本步骤

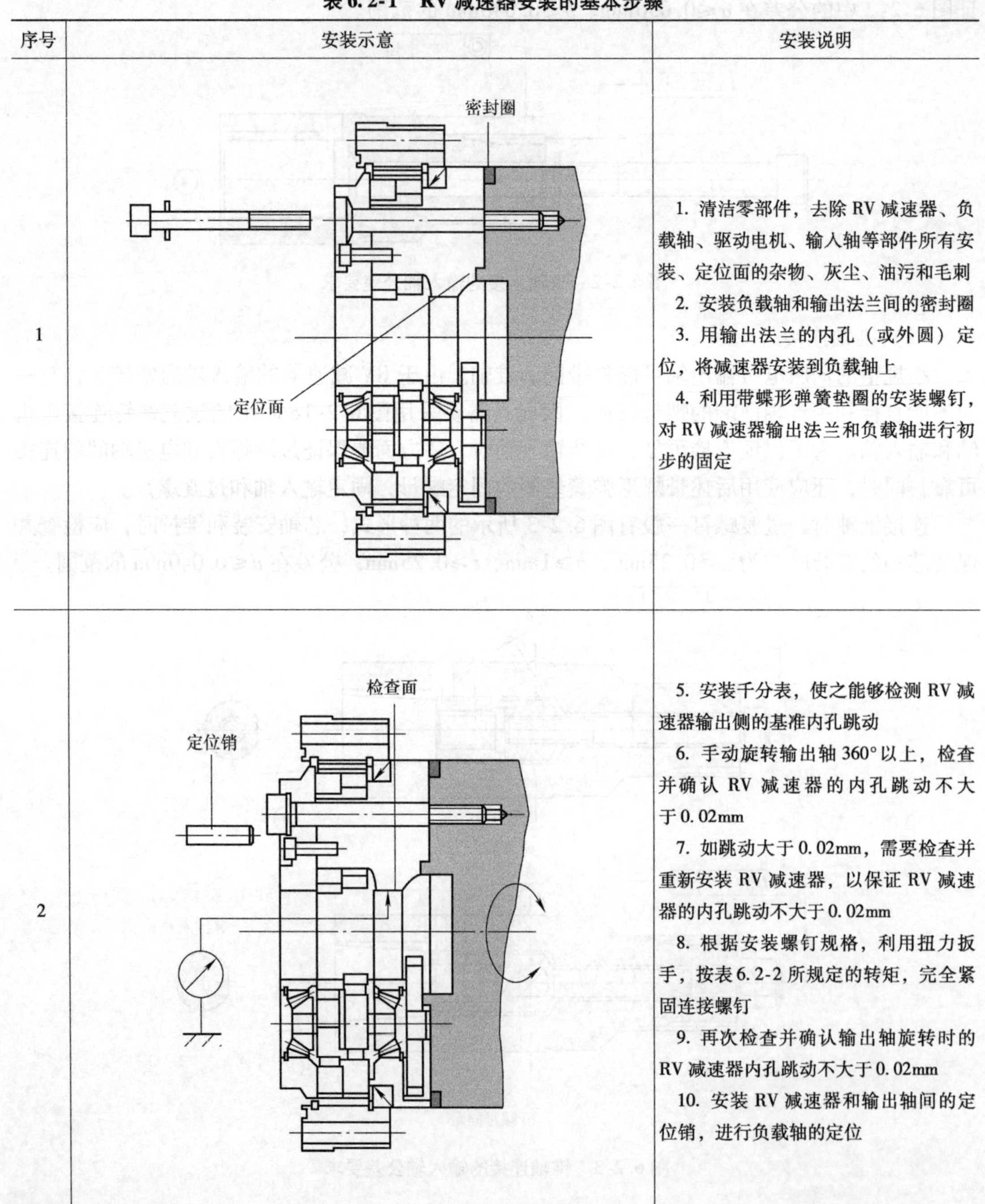

序号	安装示意	安装说明
1	密封圈 定位面	1. 清洁零部件，去除 RV 减速器、负载轴、驱动电机、输入轴等部件所有安装、定位面的杂物、灰尘、油污和毛刺 2. 安装负载轴和输出法兰间的密封圈 3. 用输出法兰的内孔（或外圆）定位，将减速器安装到负载轴上 4. 利用带蝶形弹簧垫圈的安装螺钉，对 RV 减速器输出法兰和负载轴进行初步的固定
2	检查面 定位销	5. 安装千分表，使之能够检测 RV 减速器输出侧的基准内孔跳动 6. 手动旋转输出轴 360°以上，检查并确认 RV 减速器的内孔跳动不大于 0.02mm 7. 如跳动大于 0.02mm，需要检查并重新安装 RV 减速器，以保证 RV 减速器的内孔跳动不大于 0.02mm 8. 根据安装螺钉规格，利用扭力扳手，按表 6.2-2 所规定的转矩，完全紧固连接螺钉 9. 再次检查并确认输出轴旋转时的 RV 减速器内孔跳动不大于 0.02mm 10. 安装 RV 减速器和输出轴间的定位销，进行负载轴的定位

（续）

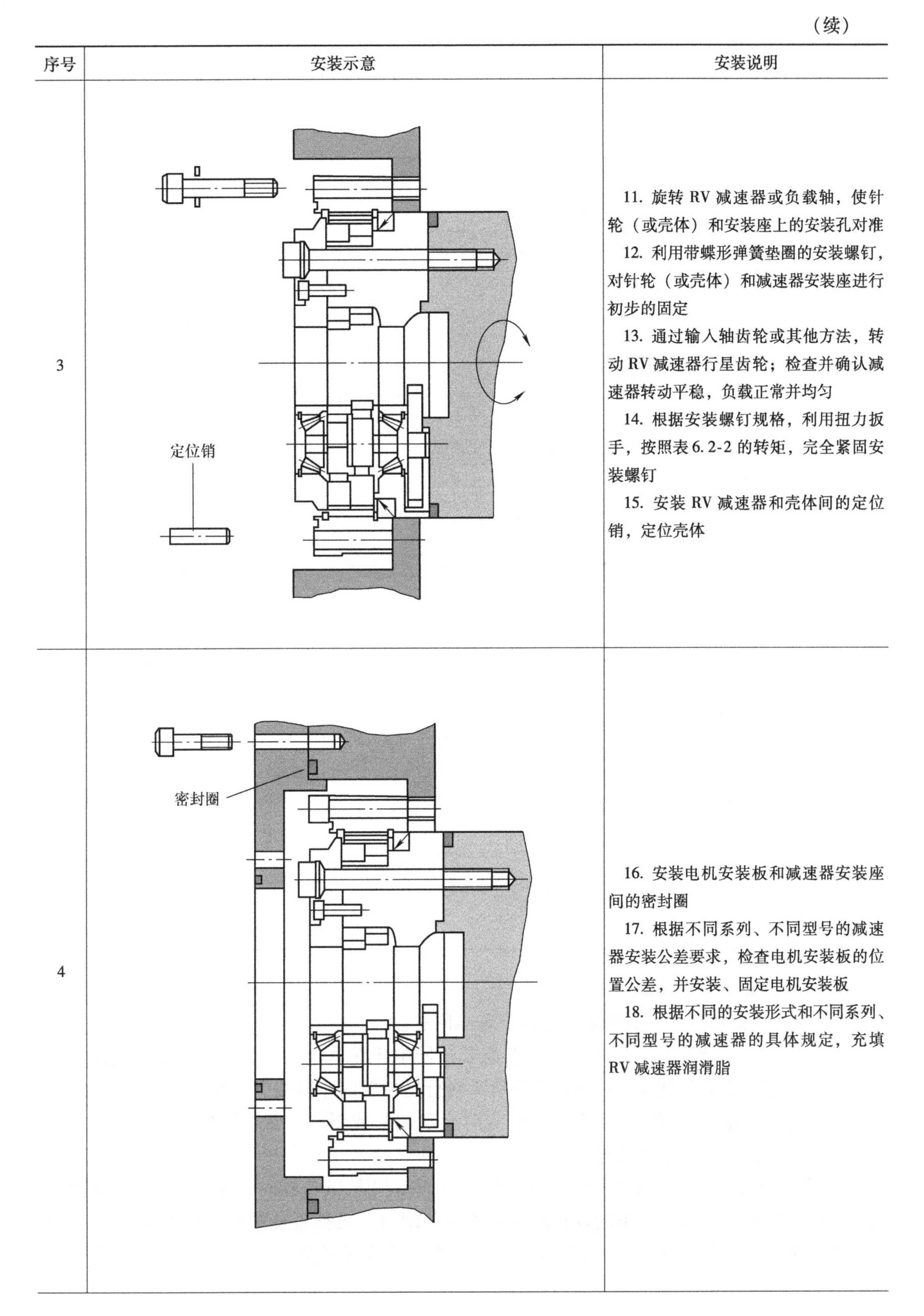

序号	安装示意	安装说明
3		11. 旋转RV减速器或负载轴，使针轮（或壳体）和安装座上的安装孔对准 12. 利用带蝶形弹簧垫圈的安装螺钉，对针轮（或壳体）和减速器安装座进行初步的固定 13. 通过输入轴齿轮或其他方法，转动RV减速器行星齿轮；检查并确认减速器转动平稳，负载正常并均匀 14. 根据安装螺钉规格，利用扭力扳手，按照表6.2-2的转矩，完全紧固安装螺钉 15. 安装RV减速器和壳体间的定位销，定位壳体
4		16. 安装电机安装板和减速器安装座间的密封圈 17. 根据不同系列、不同型号的减速器安装公差要求，检查电机安装板的位置公差，并安装、固定电机安装板 18. 根据不同的安装形式和不同系列、不同型号的减速器的具体规定，充填RV减速器润滑脂

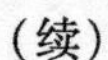
（续）

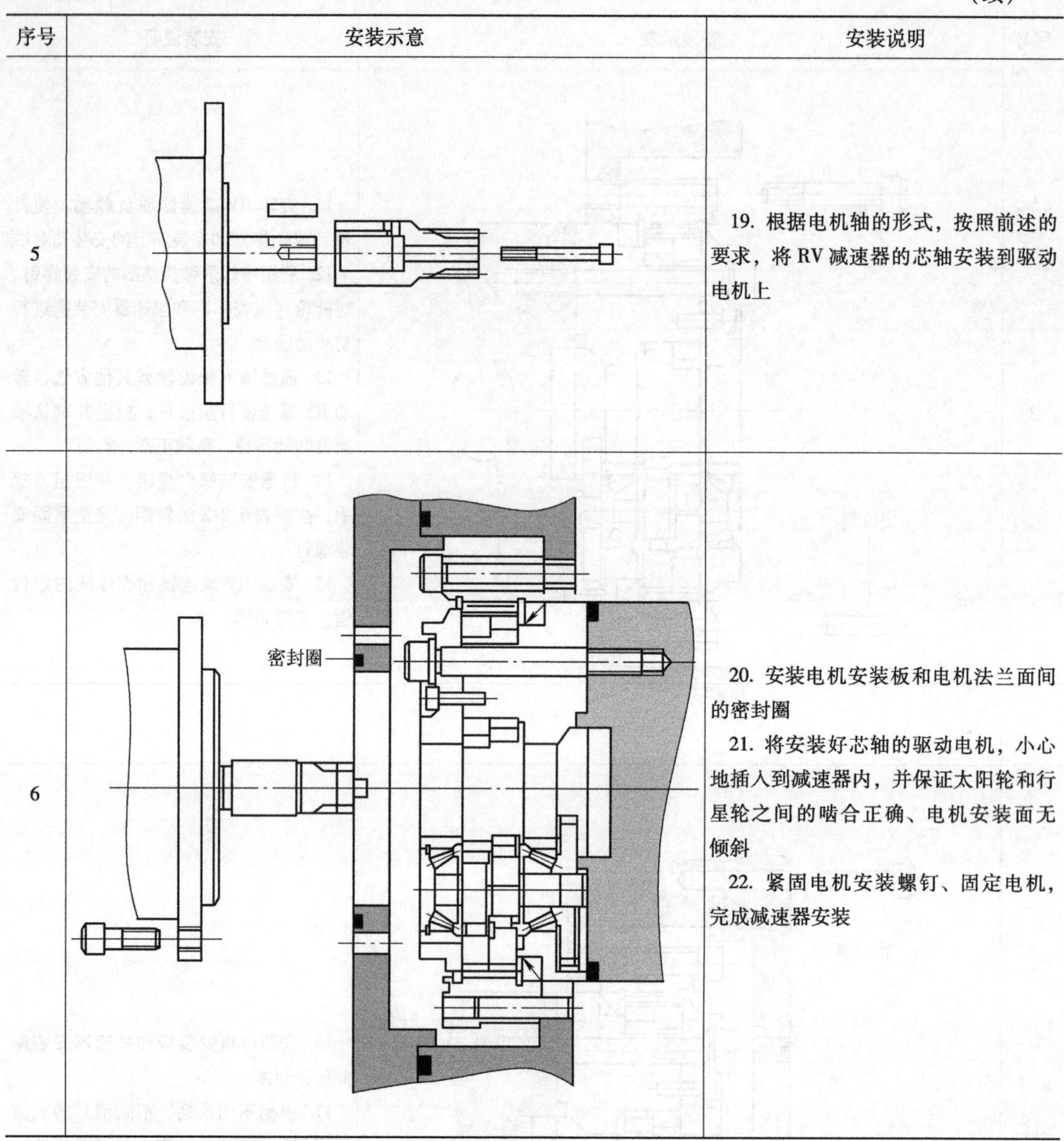

序号	安装示意	安装说明
5		19. 根据电机轴的形式，按照前述的要求，将 RV 减速器的芯轴安装到驱动电机上
6		20. 安装电机安装板和电机法兰面间的密封圈 21. 将安装好芯轴的驱动电机，小心地插入到减速器内，并保证太阳轮和行星轮之间的啮合正确、电机安装面无倾斜 22. 紧固电机安装螺钉、固定电机，完成减速器安装

3. RV 减速器安装要点

RV 减速器安装时，一般需要注意以下基本问题。

1）芯轴安装。RV 减速器的芯轴一般需要连同电机装入减速器，安装时必须保证太阳轮和行星齿轮间的啮合良好。特别对于只有 2 对行星齿轮的小规格 RV 减速器，由于太阳轮无法利用行星齿轮进行定位，如果芯轴装入时出现偏移或歪斜，就可能导致出现图 6.2-4b 所示的错误啮合，从而损坏减速器。

2）螺钉固定。为了保证连接螺钉可靠固定，安装 RV 减速器时，应使用拧紧转矩可调的扭力扳手拧紧连接螺钉。不同规格的减速器安装螺钉，其拧紧转矩要求见表 6.2-2，表中的转矩适用于 RV 减速器的所有安装螺钉，它与螺钉的连接对象无关。

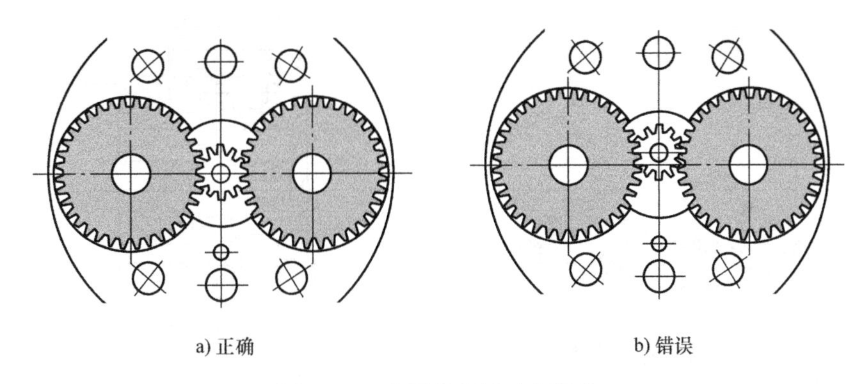

图 6.2-4 行星齿轮的啮合要求

表 6.2-2 RV 减速器安装螺钉的拧紧转矩表

螺钉规格	M5×0.8	M6×1	M8×1.25	M10×1.5	M12×1.75	M14×2	M16×2	M18×2.5	M20×2.5
转矩/N·m	9	15.6	37.2	73.5	128	205	319	441	493
锁紧力/N	9310	13180	23960	38080	55100	75860	103410	126720	132155

3）垫圈选配。为了保证连接螺钉的可靠，除非特殊规定，RV 减速器的固定螺钉一般都应选择图 6.2-5 所示的蝶形弹簧垫圈，垫圈的公称尺寸应符合表 6.2-3 的要求。

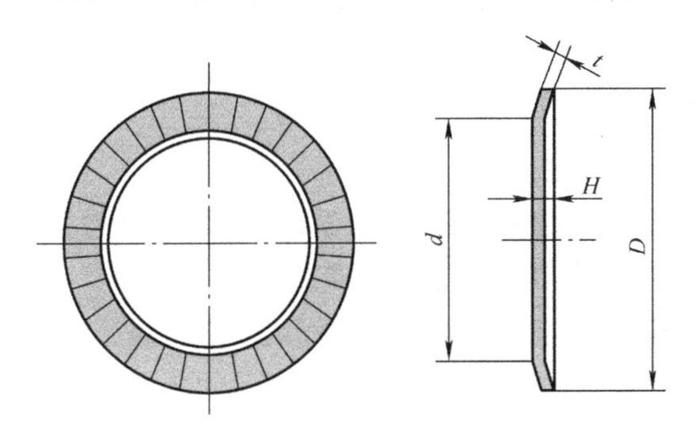

图 6.2-5 蝶形弹簧垫圈的要求

表 6.2-3 蝶形弹簧垫圈的公称尺寸 （单位：mm）

螺钉规格	M5	M6	M8	M10	M12	M14	M16	M20
d	5.25	6.4	8.4	10.6	12.6	14.6	16.9	20.9
D	8.5	10	13	16	18	21	24	30
t	0.6	1.0	1.2	1.5	1.8	2.0	2.3	2.8
H	0.85	1.25	1.55	1.9	2.2	2.5	2.8	3.55

6.2.2 RV 基本型减速器的安装与维护

1. 内部结构

RV 基本型减速器是早期工业机器人的常用产品，减速器外观和内部结构如图 6.2-6 所示。

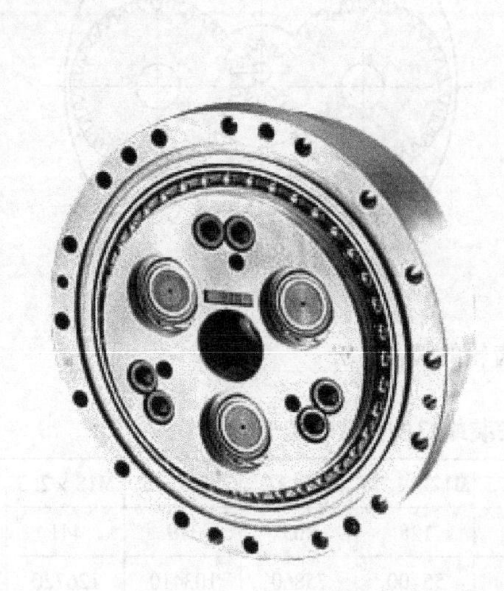

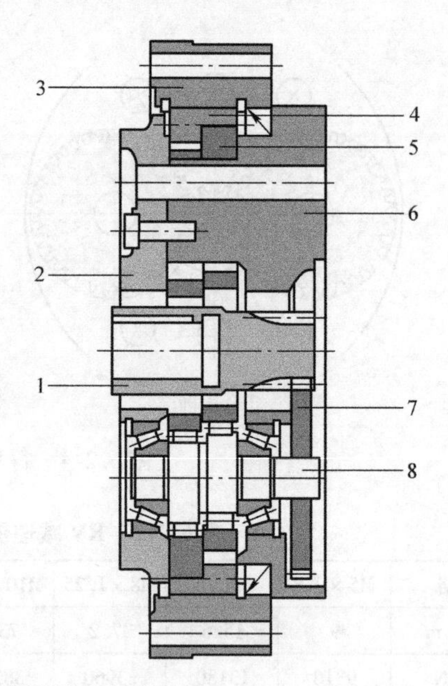

图 6.2-6 RV 减速器的内部结构

1—芯轴 2—端盖 3—针轮 4—针齿销 5—RV 齿轮 6—输出法兰 7—行星齿轮 8—曲轴

RV 基本型减速器采用的是 RV 减速器的基本结构，减速器的内部结构和组成部件说明可参见 6.1 节。由于基本型减速器的规格及可选择的传动比较多，不同型号减速器的行星齿轮和输入轴（芯轴）结构有如下区别。

（1）行星齿轮

RV 减速器行星齿轮的数量越多，轮齿单位面积的承载就越小，误差均化性能也越好，但是，它受减速器结构尺寸的限制，通常只能布置 2～3 对。

RV 减速器的行星齿轮数量与减速器规格（额定输出转矩）有关。RV-30（额定输出转矩为 333N·m）及以下规格，采用的是图 6.2-7a 所示的 2 对行星齿轮；RV-60（额定输出转矩为 637N·m）及以上规格，采用的是图 6.2-7b 所示的 3 对行星齿轮。

a) 2对

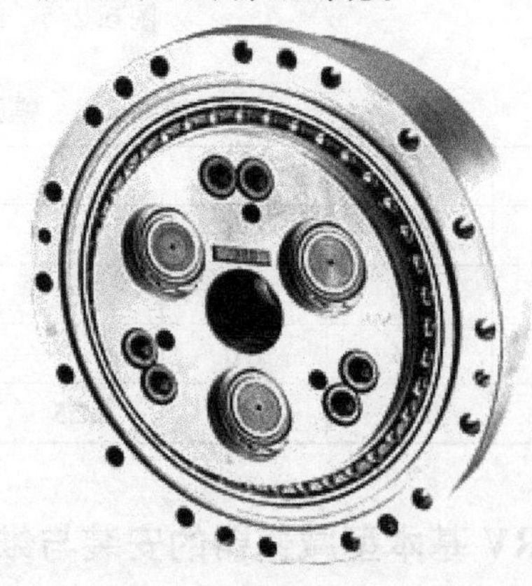

b) 3对

图 6.2-7 行星齿轮的结构

（2）输入轴

RV减速器的输入轴（芯轴）结构与传动比有关。为了简化设计，RV减速器的传动比一般直接通过改变第1级正齿轮减速比改变，因此，当传动比较小时（70以下），就需要增加太阳轮的齿数、减少行星齿轮的齿数；使太阳轮的直径变大，以至于芯轴无法从输入侧安装。因此，RV减速器的输入轴有图6.2-8所示的两种结构。在传动比 $R \geqslant 70$ 的减速器上，太阳轮一般如图6.2-8a所示，直接加工在输入轴上；当传动比 $R < 70$ 时，则采用输入轴和太阳轮分离型结构，利用图6.2-8b所示的方式安装。

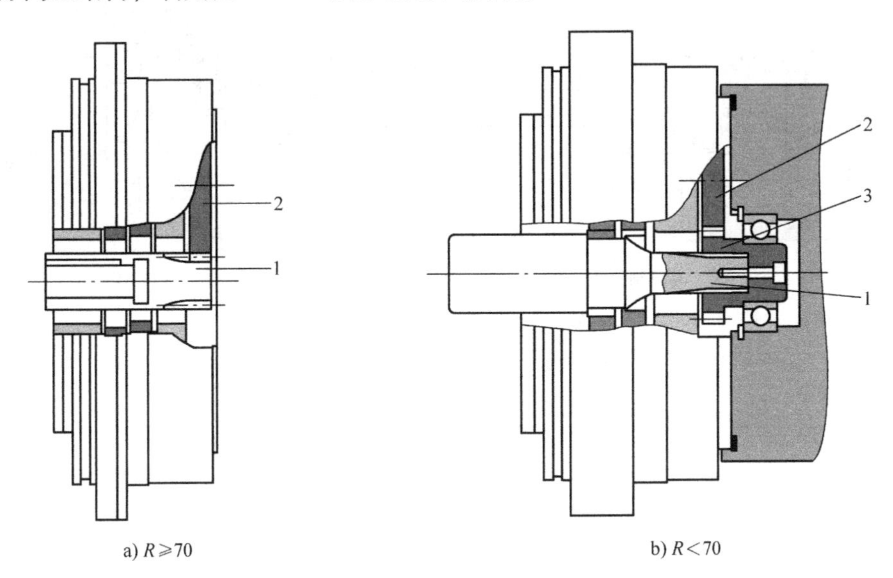

a) $R \geqslant 70$　　b) $R < 70$

图6.2-8　输入轴结构

1—输入轴　2—行星齿轮　3—太阳轮

输入轴和太阳轮分离型减速器，一般通过花键连接输入轴和太阳轮，此时，太阳轮需要有相应的支承轴承，太阳轮的安装将在减速器的输出侧进行。

2. 安装要求

RV基本型减速器无输出轴承和壳体，因此，减速器使用时，必须根据实际传动系统的结构和承受的载荷情况，由机器人生产厂家在针轮和输出轴之间，安装1对图6.2-9a所示的、能承受径向载荷或能同时承受径向及双向轴向载荷、可驱动负载的高精度、高刚性球轴承；或者，安装1只图6.2-9b所示的CRB。

RV基本型减速器的输入轴、针轮、输出轴均需要用户安装和连接。当减速器更换或维护后，需要重新安装时，应检查和保证输出轴、减速器输出法兰、电机安装法兰之间的同轴度，以及输出法兰端面、针轮安装端面的垂直度和平行度要求，以防止输入轴、减速器和输出轴的不同轴或歪斜。

RV基本型减速器的基本安装步骤可参见表6.2-1；电机座及针轮安装座、输出轴的公差要求如图6.2-10及表6.2-4所示。

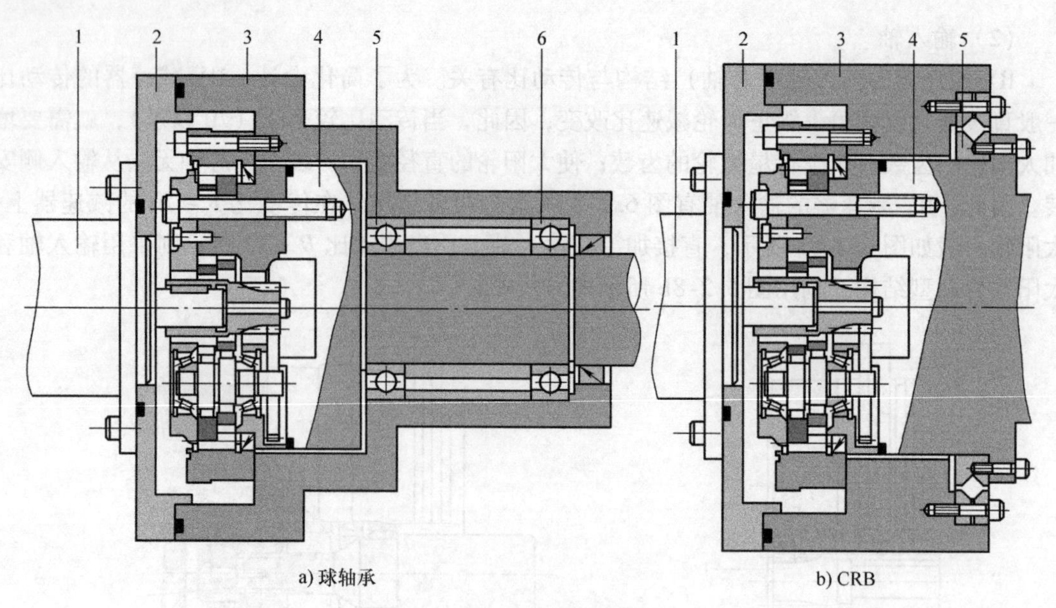

图 6.2-9　输出轴承的安装

1—驱动电机　2—电机安装板　3—针轮安装座　4—输出轴　5、6—输出轴承

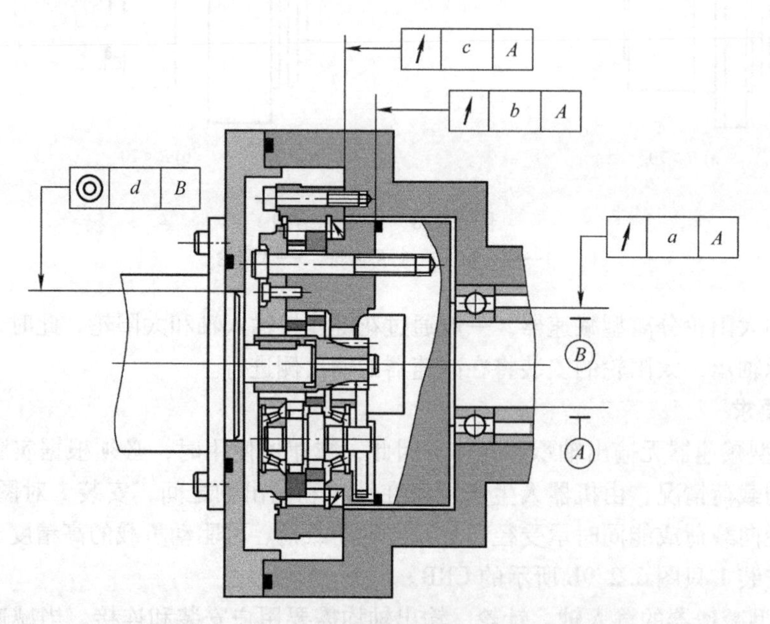

图 6.2-10　RV 基本型减速器的安装公差要求

表 6.2-4　RV 基本型减速器的安装公差要求　　（单位：mm）

规格	15	30	60	160	320	450	550
a	0.020	0.020	0.050	0.050	0.050	0.050	0.050
b	0.020	0.020	0.030	0.030	0.030	0.030	0.030
c	0.020	0.020	0.030	0.030	0.050	0.050	0.050
d	0.050	0.050	0.050	0.050	0.050	0.050	0.050

3. 润滑要求

良好的润滑是保证 RV 减速器正常使用的重要条件，为了方便使用、减少污染，工业机器人用的 RV 减速器一般采用润滑脂润滑。为了保证润滑良好，Nabtesco Corporation 的 RV 减速器，原则上应使用配套的 Vigo grease Re0 品牌 RV 减速器专业润滑脂。

RV 基本型减速器的润滑脂充填要求与减速器安装方式有关。当减速器输出法兰向上垂直安装时，润滑脂的充填高度应超过行星齿轮上端面；当减速器输出法兰向下垂直安装时，润滑脂的充填高度应超过端盖面；当减速器水平安装时，润滑脂的充填高度应达到输出法兰直径的3/4 左右。

润滑脂的补充和更换时间与减速器的实际工作转速、环境温度有关，实际工作转速、环境温度越高，补充和更换润滑脂的周期就越短。在正常情况下，Nabtesco Corporation 生产的 RV 减速器的润滑脂更换周期为 20000h，但是，如果减速器的工作环境温度高于 40℃、工作转速较高，或者污染严重的环境下工作时，需要缩短更换周期。

RV 减速器的润滑脂的型号、注入量和补充时间，通常在机器人生产厂家的说明书上已经有明确的规定，用户应按照生产厂家的要求进行。

6.2.3 RV E 标准型减速器的安装与维护

1. 内部结构

RV E 标准型减速器是目前工业机器人最常用的 RV 减速器产品，该系列减速器通过对壳体、针轮、输出法兰及输出轴承的整体设计，使减速器成为一个可直接连接和驱动负载的完整单元，从而方便了用户的使用。

RV E 标准型减速器的内部结构如图 6.2-11 所示，它与 RV 基本型减速器的最大区别在于：RV E 标准型减速器在输出法兰和壳体（针轮）间增加了一对可以同时承受径向和双向轴向载荷的高精度、高刚性角接触球轴承，从而使减速器的输出法兰（或壳体）可直接连接和驱动负载。减速器的其他部件结构及作用均和 RV 基本型减速器相同。

RV E 标准型减速器的行星齿轮数量同样与减速器规格（额定输出转矩）有关。RV-40E（额定输出转矩为 412N · m）及以下规格，采用的是 2 对行星齿轮；RV-80E（额定输出转矩为 784N · m）及以上规格，采用的是 3 对行星齿轮。

RV E 标准型减速器的输入轴（芯轴）结构也决定于减速器的传动比。在传动比 R 大于或等于 70 的减速器上，太阳轮直接加工在输入轴上；在传动比 R 小于 70 的减速器上，则采用输入轴和太阳轮分离型结构，两者通过花键连接，太阳轮需要有相应的支承轴承。

2. 安装要求

由于 RV E 标准型减速器的组成部件为整体单元式结构，其安装相对简单。当减速器更换或维护后，需要重新安装时，可按表 6.2-1 的基本安装步骤，安装减速器、连接输出侧负载。

RV E 标准型减速器的输入侧的输入轴和壳体定位法兰、减速器输出连接法兰之间安装公差要求如图 6.2-12 及表 6.2-5 所示。当 RV 减速器的输入轴与驱动电机轴连接时，电机轴和电机法兰间的同轴度已由电机生产厂家保证；而减速器输出法兰和壳体定位法兰间的同轴度，则由减速器生产厂家保证；故用户完成减速器和输出轴连接后，只需要检查、保证电

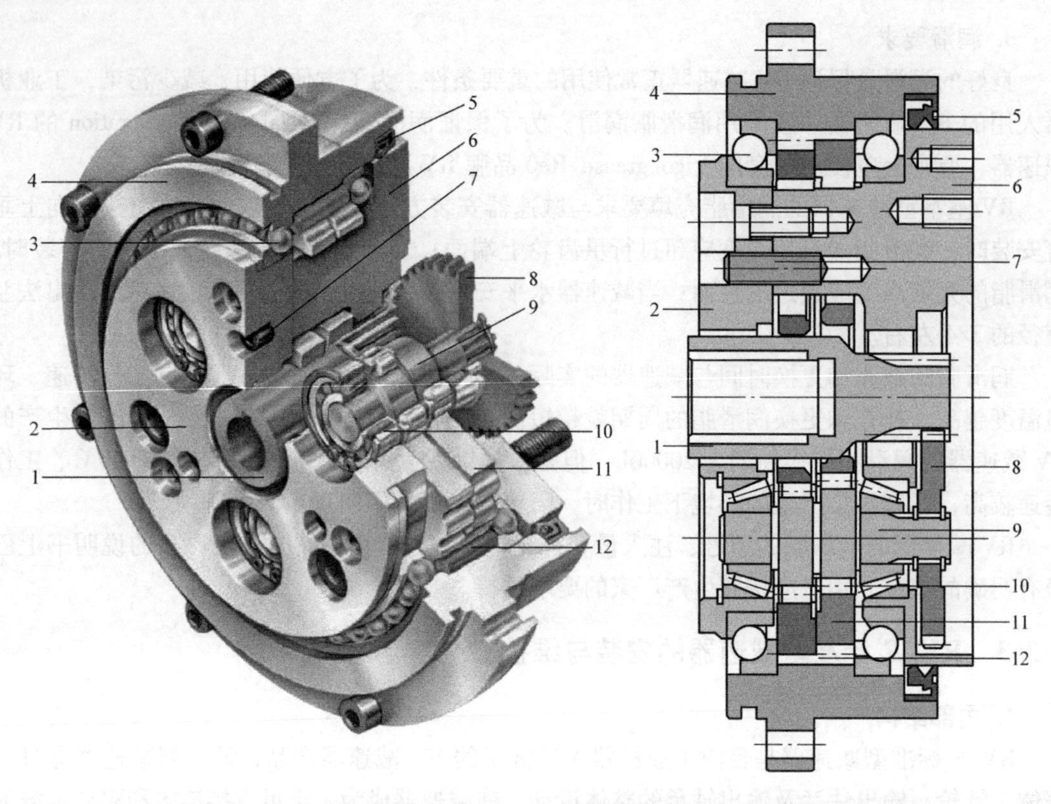

图 6.2-11 RV 减速器的内部结构

1—芯轴 2—端盖 3—输出轴承 4—壳体（针轮） 5—密封圈 6—输出法兰（输出轴） 7—定位销 8—行星齿轮 9—曲轴组件 10—滚针轴承 11—RV 齿轮 12—针齿销

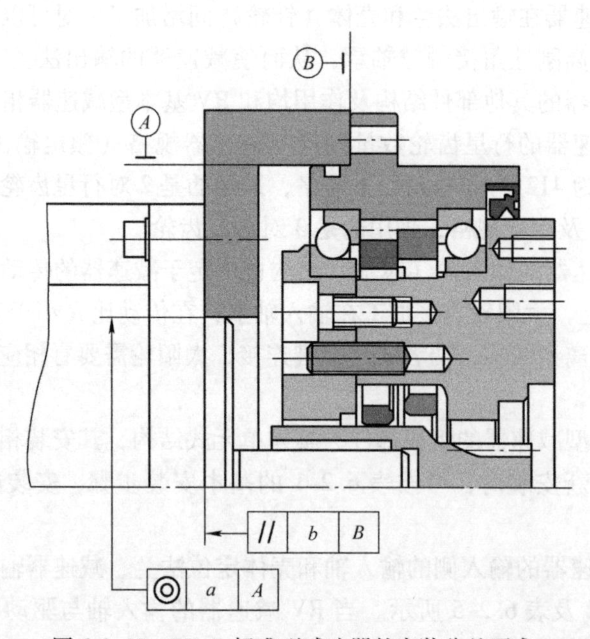

图 6.2-12 RV E 标准型减速器的安装公差要求

机安装法兰的公差，使之达到表 6.2-5 所示的公差要求。

表 6.2-5　RV E 标准型减速器的安装公差要求　　（单位：mm）

规格	6E	20E	40E	80E	110E	160E	320E	450E
a/b	0.030	0.030	0.030	0.030	0.030	0.050	0.050	0.050

3. 润滑要求

RV E 标准型减速器润滑的基本要求与 RV 基本型减速器相同，减速器原则上应使用配套的 Vigo grease Re0 品牌的专业润滑脂，正常使用时的润滑脂更换周期为 20000h。润滑脂的型号、注入量和补充时间，可参照减速器使用说明书或机器人使用说明书进行。

RV E 标准型减速器的润滑充填同样需要安装到机器人后才能进行。根据减速器的不同安装情况，RV E 标准型减速器的润滑脂充填要求如图 6.2-13 所示。

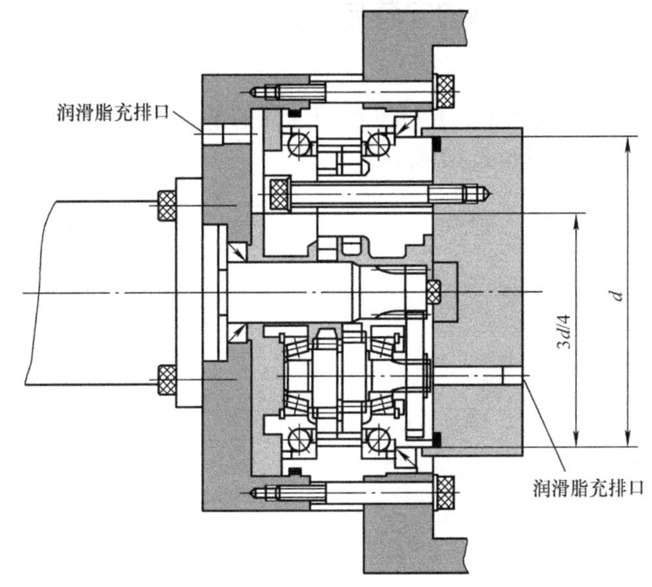

a) 水平安装

润滑脂充排口
充填高度
润滑脂充排口

b) 垂直向下安装

润滑脂充排口
充填高度
润滑脂充排口

c) 垂直向上安装

图 6.2-13　RV E 标准型减速器的润滑要求

图 6.2-13a 为减速器水平安装的情况，此时，润滑脂的充填高度应达到减速器输出法兰直径的 3/4 处，以保证输出轴承、行星齿轮、曲轴、RV 齿轮、输入轴等旋转部件都能够得到充分的润滑。

图 6.2-13b 为减速器垂直向下安装的情况，润滑脂的充填高度应达到 RV 减速器的输入端面，完全充满减速器的全部空间，以保证旋转部件都能够得到充分的润滑。

图 6.2-13c 为减速器垂直向上安装的情况，润滑脂的充填高度应达到减速器的输出法兰面，完全充满减速器的全部空间，以保证旋转部件都能够得到充分的润滑。

为了防止润滑脂的溢出，对可能导致润滑脂溢出的减速器壳体定位面、输出法兰安装面，以及输出轴端面、电机安装面等部位，都需要安装密封圈。

6.2.4 RV N 紧凑型减速器的安装与维护

1. 内部结构

RV N 紧凑型减速器是在 RV E 标准型减速器的基础上发展起来的轻量级、紧凑型新产品，其外观与内部结构如图 6.2-14 所示。

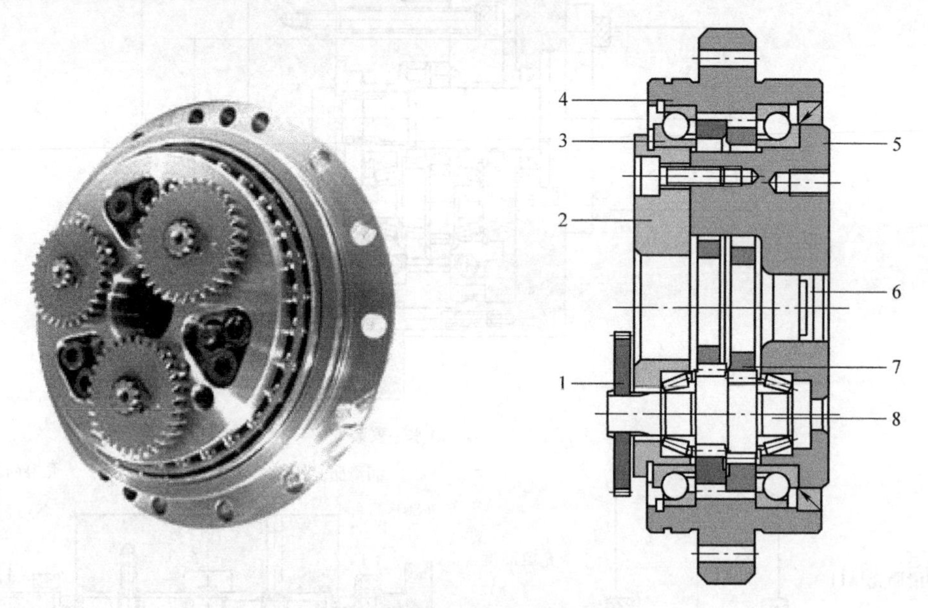

图 6.2-14 RV N 紧凑型减速器的内部结构

1—行星齿轮 2—端盖 3—输出轴承 4—壳体（针轮） 5—输出法兰（输出轴） 6—密封盖 7—RV 齿轮 8—曲轴

为了减小体积、缩小直径，RV N 紧凑型减速器的输入轴不穿越减速器，其行星齿轮 1 直接安装在输入侧，外部为敞开；同时，减速器的输出连接法兰也被缩短。通过上述设计，使 RV N 紧凑型减速器的体积和质量，分别比同规格的 RV E 标准型减少了 8% ~20% 和 16% ~36%。而且，其输入轴的安装调整方便、维护容易，因此，目前已开始逐步替代标准型减速器，在工业机器人上得到越来越多的应用。

为了保证减速器的结构刚性，RV N 紧凑型减速器的行星齿轮数量均为 3 对。标准产品不提供输入轴，输入轴原则上需要用户自行加工制造，但是，当用户齿轮加工存在困难时，也可购买 Nabtesco Corporation 配套的齿轮轴半成品，然后补充加工电机轴安装孔；输入轴的形状、加工精度及公差要求可参见6.2.1节。

2. 安装要求

RV N紧凑型减速器的一般安装方法及要求如图6.2-15所示。

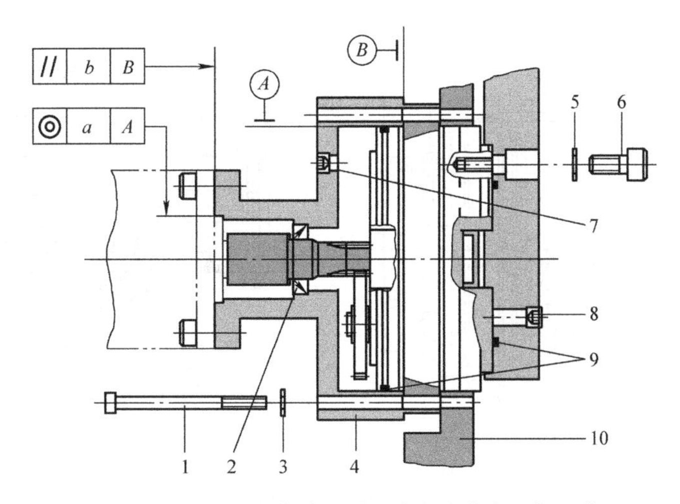

图6.2-15 RV N紧凑型减速器的安装方法与要求

1、6—螺钉 2、9—密封圈 3、5—碟形弹簧垫圈 4—电机安装座 7、8—润滑脂充排口 10—减速器安装座

在减速器的输入侧，驱动电机需要通过电机安装座4和减速器连接；输入轴直接安装在电机轴上。出于减速器润滑脂充填和更换的需要，电机安装座4上需要加工润滑脂充排口7。此外，在输入轴和电机安装座、减速器和电机安装座等配合件间，需要安装密封圈2和9，以防止润滑脂溢出。

在减速器的输出侧，负载连接板或输出轴连接到减速器的输出法兰上，其定位基准为减速器输出法兰的端面、内孔（或外圆）。同样，为了能够充填和更换润滑脂，并防止润滑脂溢出，负载连接板上需要加工润滑脂充排口8，以及在减速器输出法兰和连接板之间安装密封圈9。

由于驱动电机输出轴和电机安装法兰间的位置公差由伺服电机生产厂家保证，减速器的输出连接法兰和壳体定位法兰间的公差由减速器生产厂家保证；因此，减速器安装时，一般只需要按表6.2-1的基本安装步骤，完成输出侧连接后，再对照图6.2-15、表6.2-6，检查电机安装座的公差，保证电机安装法兰和壳体定位法兰的同轴度、平行度要求。

表6.2-6 RV N紧凑型减速器的安装公差要求 （单位：mm）

规格	25N	42N	60N	80N	100N	125N	160N	380N	500N	700N
a	0.030	0.030	0.030	0.030	0.030	0.030	0.030	0.050	0.050	0.050
b	0.030	0.030	0.030	0.030	0.030	0.030	0.030	0.050	0.050	0.050

3. 润滑要求

RV N紧凑型减速器的润滑脂充填也需要在减速器安装完成后进行，润滑脂的充填要求如图6.2-16所示。

当减速器水平安装或垂直向下安装时，润滑脂需要填满行星齿轮至输出法兰端面的全部内部空间；输入轴周围部分可适当予以充填，但为防止润滑脂受热后的膨胀，充填润滑脂的区域一般不能超过总空间的90%。

当减速器垂直向上安装时，润滑脂需要充填至输出法兰的端面，为了防止润滑脂受热膨胀后的溢出，在负载连接板或输出轴上，需要预留图示的膨胀空间，膨胀空间的体积应不小于润滑脂充填区域的10%。

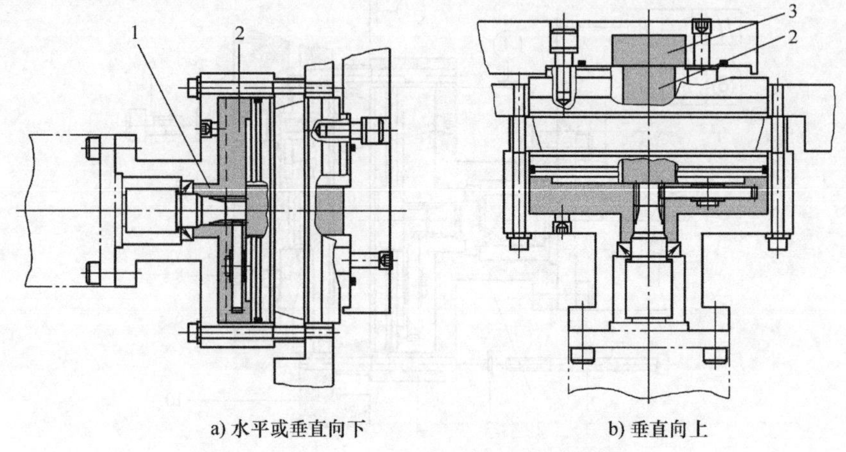

a) 水平或垂直向下　　b) 垂直向上

图6.2-16　RV N紧凑型减速器的润滑要求

1—可充填的区域　2—必须充填的区域　3—预留的膨胀区

RV N紧凑型减速器原则上应使用Nabtesco Corporation配套的Vigo grease Re0品牌RV减速器专业润滑脂。润滑脂更换周期为20000h，但是，如果减速器的工作环境温度高于40℃、工作转速较高，或者在污染严重的环境下工作时，需要缩短润滑脂更换周期。润滑脂的型号、注入量和补充时间，可根据减速器使用说明书或机器人使用说明书进行。

6.2.5　RV C中空型减速器的安装与维护

1. 内部结构

RV C中空型减速器是RV减速器的变形产品，减速器的外观如图6.2-17所示。

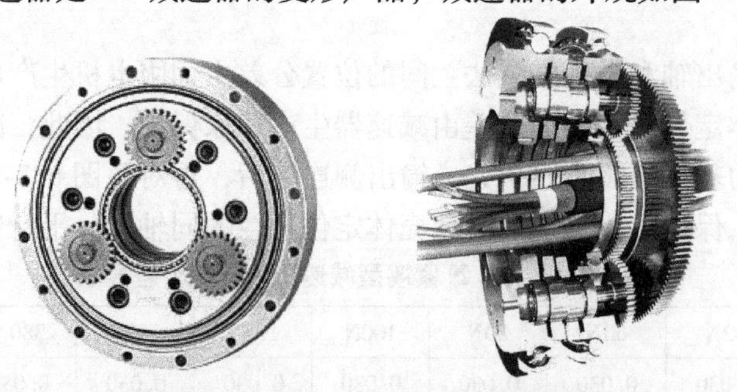

图6.2-17　RV C中空型减速器的外观

RV C中空型减速器无芯轴，其RV齿轮和端盖及输出轴中间的空间，可用来布置管线或其他传动轴。因此，特别适用于垂直串联机器人的腰关节、手腕回转和摆动关节或SCARA结构机器人中间关节的驱动。

RV C中空型减速器的内部结构如图6.2-18所示。减速器的结构类似RV N紧凑型，减速器的行星齿轮也直接安装在输入侧，标准产品不提供输入轴，因此，图中的输入轴1、双联太阳轮3及其支承轴承等部件，均需要用户自行设计制造，或另行选购Nabtesco Corporation的RV C中空型减速器附件。

RV C中空型减速器的壳体（针轮）、RV齿轮、行星齿轮、曲轴、输出轴承等均与RV N紧凑型减速器一致。但是，为了便于安装太阳轮和中空轴套，RV C中空型减速器设计时，已在端盖4、输出法兰7的内侧，分别加工有安装双联太阳轮支承轴承的定位面、中空轴套的安装定位面和固定螺孔。

RV C中空型减速器的行星齿轮数量同样与减速器规格（额定输出转矩）有关，RV－50C（额定输出转矩为490N·m）及以下规格，采用的是2对行星齿轮；RV－100C（额定输出转矩为980N·m）及以上规格，采用的是3对行星齿轮。

2. 安装要求

RV C中空型减速器的输入轴、双联太阳轮需要用户安装，因此，当减速器更换或维护后，需要重新安装时，主要应检查双联太阳轮的轴承支承面和壳体定位法兰之间的同轴度要求、电机安装法兰面和减速器安装法兰面之间的平行度要求，以防止双联太阳轮、输入轴的不同轴或歪斜，导致太阳轮和行星轮间出现错误啮合，而损坏减速器。此外，还需要检查、控制电机轴和减速器轴之间的中心距偏差，防止输入轴和双联太阳轮啮合间隙过大或过小，产生传动误差，噪声或负载过大。

RV C中空型减速器的基本安装步骤可参见表6.2-1；电机及电机安装座的公差要求如图6.2-19及表6.2-7所示。

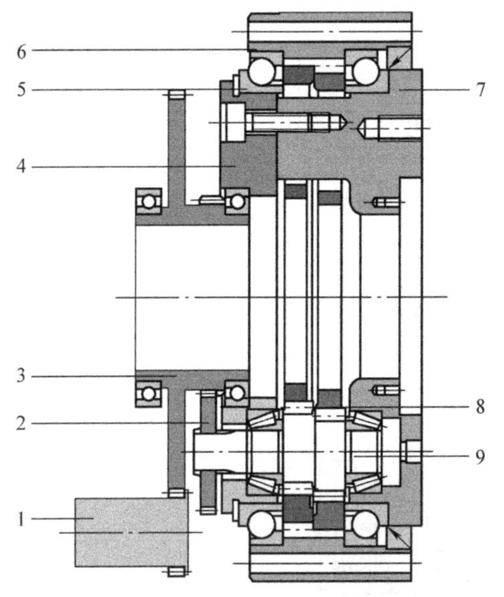

图6.2-18 RV C中空型减速器的内部结构
1—输入轴 2—行星齿轮 3—双联太阳轮 4—端盖
5—输出轴承 6—壳体（针轮）
7—输出法兰（输出轴） 8—RV齿轮 9—曲轴

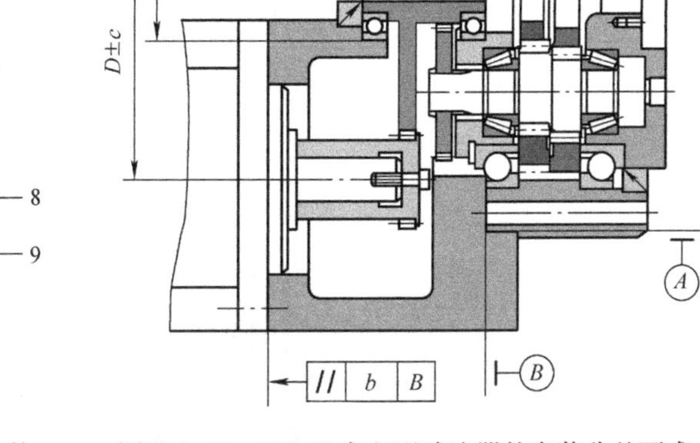

图6.2-19 RV C中空型减速器的安装公差要求

表6.2-7 RV C中空型减速器的安装公差要求

规格	10C	27C	50C	100C	200C	320C	500C
$a/b/c$	0.030	0.030	0.030	0.030	0.030	0.030	0.030

3. 润滑要求

RV C 中空型减速器出厂时不充填润滑脂，减速器维护或更换后，需要根据减速器的安装情况，按照图 6.2-20 所示的要求充填润滑脂。

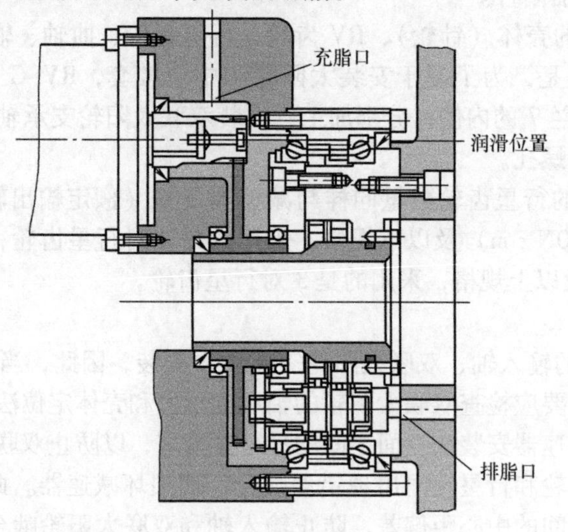

a) 水平安装

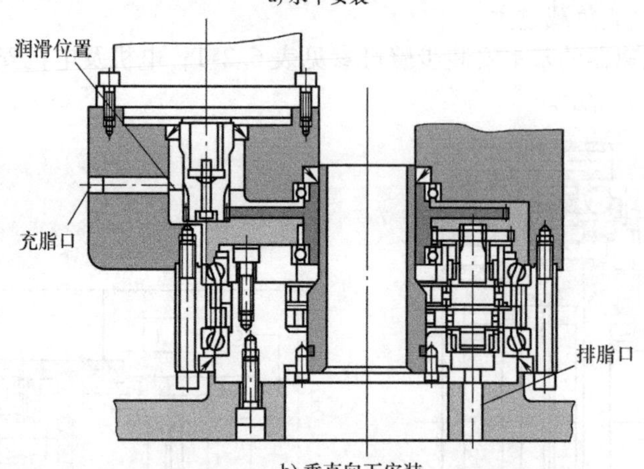

b) 垂直向下安装

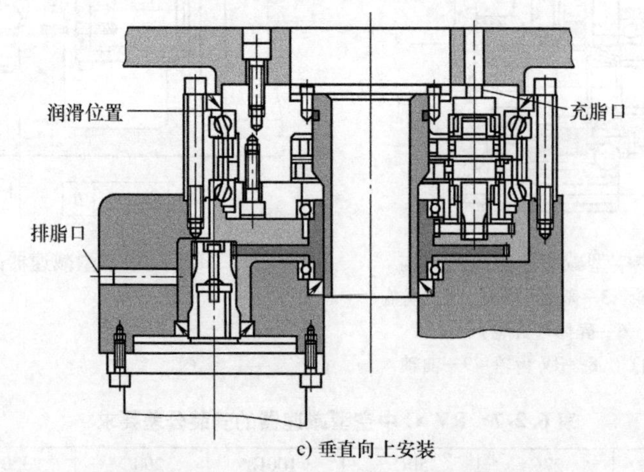

c) 垂直向上安装

图 6.2-20 RV C 中空型减速器的润滑要求

当减速器进行图 6.2-20a 所示的水平安装时，润滑脂的充填高度应保证能填没减速器的输出轴承以及部分双联太阳轮驱动齿轮；对于图 6.2-20b 所示的减速器垂直向下安装，润滑脂的充填高度应保证能够填没输入轴上的双联太阳轮驱动齿轮；对于图 6.2-20c 所示的减速器垂直向上安装，润滑脂的充填高度应保证能够填没减速器的输出轴承。

RV C 中空型减速器同样应使用 Nabtesco Corporation 配套的 Vigo grease Re0 品牌 RV 减速器专业润滑脂。在正常使用的情况下，RV C 中空型减速器的润滑脂更换周期为 20000h，但如减速器的工作环境温度高于 40℃、工作转速较高，或者在污染严重的环境下工作时，需要缩短更换周期。RV 减速器的润滑脂的型号、注入量和补充时间，应按照生产厂家的要求进行。

6.3　齿轮箱型减速器的安装与维护

6.3.1　GH 高速型减速器的安装与维护

1. 基本结构

GH 高速型减速器采用的是齿轮箱型（Gear Head Type）结构，减速器的基本结构如图 6.3-1 所示，图中的电机安装法兰 6、输入轴组件 8 可以根据驱动电机的要求选配。

齿轮箱型（Gear Head Type）减速器采用的是整体结构，减速器的外壳由输出法兰或输出法兰 2、针轮（壳体）4、端盖 5、电机安装法兰 6 组成，整个减速器可像齿轮箱一样，直接

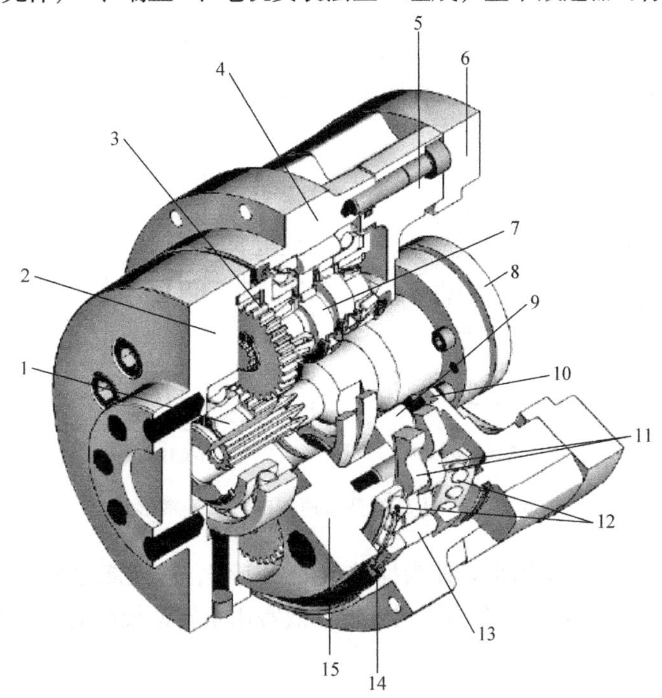

图 6.3-1　GH 高速型减速器结构

1—太阳轮　2—输出法兰　3—行星齿轮　4—壳体（针轮）　5—端盖　6—电机安装法兰　7—曲轴　8—输入轴组件　9—连接杆　10、14—密封圈　11—RV 齿轮　12—输出轴承　13—针形销　15—输出法兰或轴　16—轴承

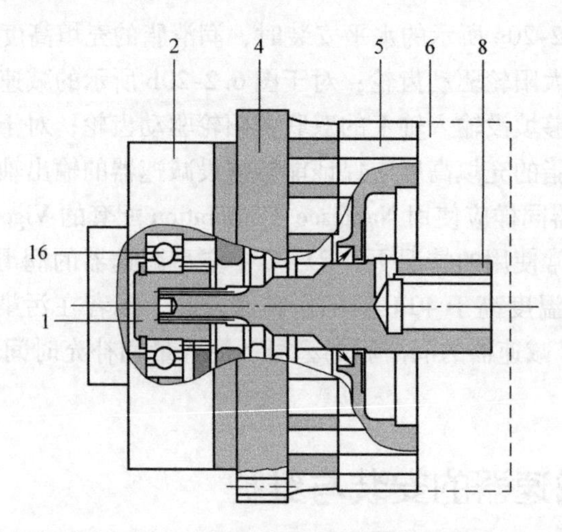

图 6.3-1　GH 高速型减速器结构（续）

1—太阳轮　2—输出法兰　3—行星齿轮　4—壳体（针轮）　5—端盖　6—电机安装法兰　7—曲轴　8—输入轴组件　9—连接杆　10、14—密封圈　11—RV 齿轮　12—输出轴承　13—针形销　15—输出法兰或轴　16—轴承

在电机安装法兰 6 上安装驱动电机，实现减速器和驱动电机的结构整体化。电机安装法兰 6 的形状与规格可根据驱动电机的实际情况选配。

GH 高速型减速器的传动比较小，因此，其第 1 级正齿轮减速比较小、太阳轮直径较大，减速器采用的是花键连接的输入轴和太阳轮分离型结构。输入轴组件 8 的形状与规格也可根据驱动电机的实际情况选配。

GH 高速型减速器的输出连接形式，可根据需要选择图 6.3-2 所示的输出法兰（GH－P 系列）和输出轴（GH－S 系列）两种，两者的区别仅在于输出连接形式，其他结构都相同。

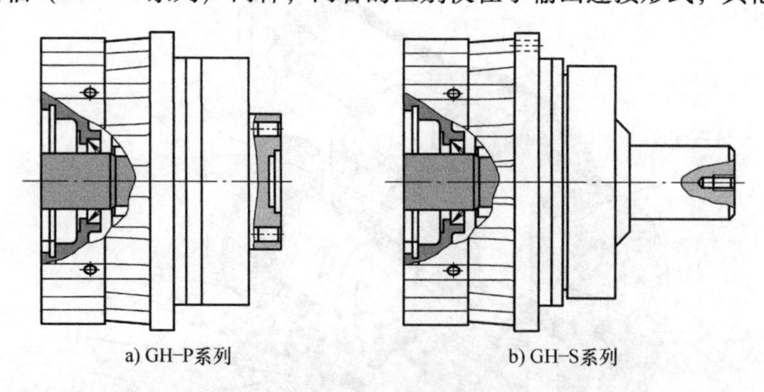

图 6.3-2　GH 高速型减速器的输出连接形式

GH 高速型减速器的额定输出转速为标准型的 3.3 倍，过载能力为标准型的 1.4 倍；减速器结构刚性好、传动精度高、安装使用方便，故常用于转速较高的工业机器人上臂、手腕等关节驱动。

2. 选配件

GH 高速型减速器的电机安装法兰、输入轴组件可根据驱动电机的结构选配，Nabtesco Corporation 配套的选配件如下。

1）电机安装法兰。Nabtesco Corporation 可提供图 6. 3-3 所示的 2 种电机安装法兰，用于标准伺服电机的安装。工业机器人大多使用交流伺服电机，法兰一般为方形。

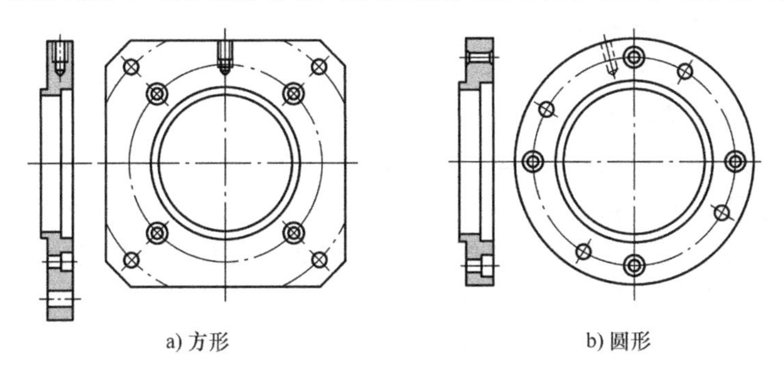

图 6. 3-3　GH 高速型减速器配套电机安装法兰

2）输入轴组件。Nabtesco Corporation 可提供图 6. 3-4 所示的 4 种输入轴组件，它们可直接连接减速器和标准伺服电机。

图 6. 3-4a 为平轴弹性胀套连接组件，适用于平轴、无键的伺服电机轴连接；图 6. 3-4b 为两种平轴键连接组件，分别适用于键固定和中心孔螺钉固定的平轴、带键的伺服电机轴；图 6. 3-4c 为锥轴键连接组件，适用于锥轴、带键的伺服电机轴。

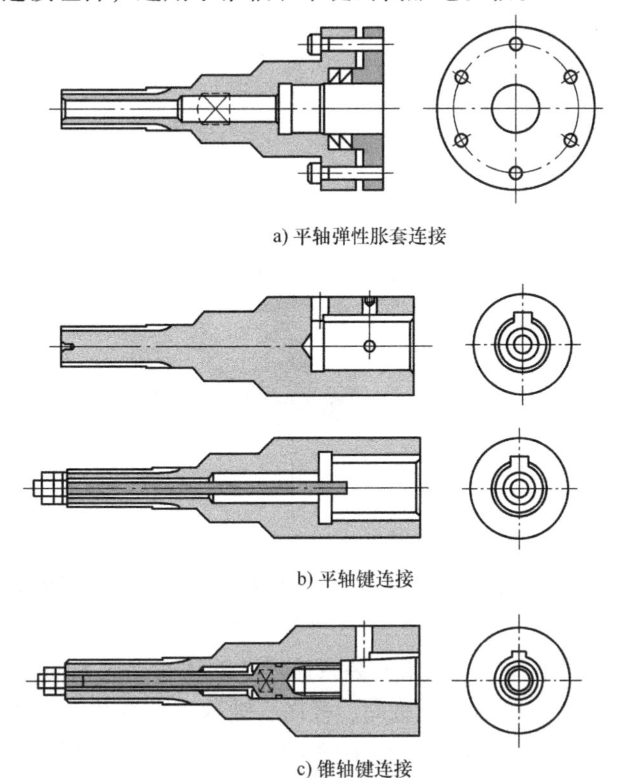

图 6. 3-4　GH 高速型减速器配套输入轴组件

3. 安装和润滑

GH 高速型减速器采用的是整体设计，产品结构紧凑、刚性好，安装非常方便。由于减速器输入侧的驱动电机连接组件全部由 Nabtesco Corporation 配套提供并安装完成，零部件的加工精度已满足减速器的安装要求，用户使用时只需要按照规定步骤安装相关连接件、保证连接可靠，便可满足减速器的要求。

减速器输出法兰或输出轴及壳体的安装要求可参见表 6.2-1，减速器输出轴连接完成、壳体固定后，应保证减速器内孔或输出轴的跳动不超过 0.02mm。

GH 高速型减速器为整体密封结构，减速器出厂时已按规定充填润滑脂，用户无须另行充填。在正常情况下，润滑脂更换周期为 20000h，但是，如果减速器的工作环境温度高于 40℃、工作转速较高，或者在污染严重的环境下工作时，需要缩短更换周期。减速器应使用 Nabtesco Corporation 配套的 Vigo grease Re0 品牌 RV 减速器专业润滑脂，不同规格减速器的润滑脂注入量在减速器生产厂家或机器人生产厂家的说明书上已有规定，维修时可按生产厂家的要求进行。

6.3.2 RD2 标准型减速器的安装与维护

1. 基本组成

RD2 标准齿轮箱型减速器是 Nabtesco Corporation 早期 RD 型减速器的改进型产品，这种减速器对壳体、电机安装法兰、输入轴连接部件进行了整体设计，使之成为一个可直接安装驱动电机的完整减速器单元。

为了便于用户使用，RD2 标准型减速器的输入轴连接形式有轴向（RDS 系列）、径向（RDR 系列）和轴连接（RDP 系列）三类；每类又分实心芯轴和中空芯轴两个系列。

RD2 标准齿轮箱型减速器与部件型减速器的结构区别如图 6.3-5 所示。总体而言，它在部件型减速器的基础上，增加了输入轴连接组件 2、轴套 3 和电机安装法兰 4，并对端盖 1 的结构进行了改进，使之可安装输入轴组件。

图 6.3-5　RD2 标准型减速器的结构组成
1—端盖　2—输入轴连接组件　3—轴套　4—电机安装法兰

RD2 标准型减速器端盖 1 的作用与部件型减速器相同，但它在外侧增加了安装输入轴连接组件的连接法兰，在内侧增加了输出轴承的密封。

减速器的输入轴连接组件 2 是用来安装减速器芯轴和连接输入轴的部件，它与芯轴结构（实心、空心）、输入轴的连接形式（轴向、径向、轴输入）有关，具体见后述。

减速器的轴套 3 是一个变径套，它用来增大输入轴直径，使之与输入轴组件上的弹性联轴器内径匹配；对于锥轴，则可选配锥/平轴转换套，先将锥轴变换为平轴，然后再使用变径套变径。电机安装法兰 4 是用来连接输入轴组件和驱动电机的中间座，可直接安装驱动电机。轴套、电机安装法兰的规格需要根据驱动电机的型号、规格选配。

2. 减速器结构

（1）RDS系列

RDS系列减速器的输入轴为轴向标准轴孔连接，输入轴的轴线和减速器轴线同轴或平行；根据需要，RDS系列减速器可选择图6.3-6所示的RDS－E实心轴系列和RDS－C中空轴系列两类产品。

RDS－E实心轴系列减速器的本体结构类似RV N紧凑型减速器。减速器的输入轴连接组件由芯轴1、输入轴承5、安装座6组成。芯轴1是一根带联轴器的齿轮轴，轴的内侧加工有减速器的太阳轮，外侧是可连接电机轴的弹性联轴器；安装座6用来连接减速器端盖3和安装电机安装座，内侧安装有芯轴1的支承轴承5。

RDS－C中空轴系列减速器的本体结构类似带双联太阳轮和中空内套的RV C中空型减速器。输入轴组件的结构和RDS－E系列一致，但它用于减速器双联太阳轮的驱动。

两个系列减速器均可根据驱动电机的规格，选配后述的轴套和电机安装法兰后，便可直接安装驱动电机，组成一个带驱动电机的完整减速单元。

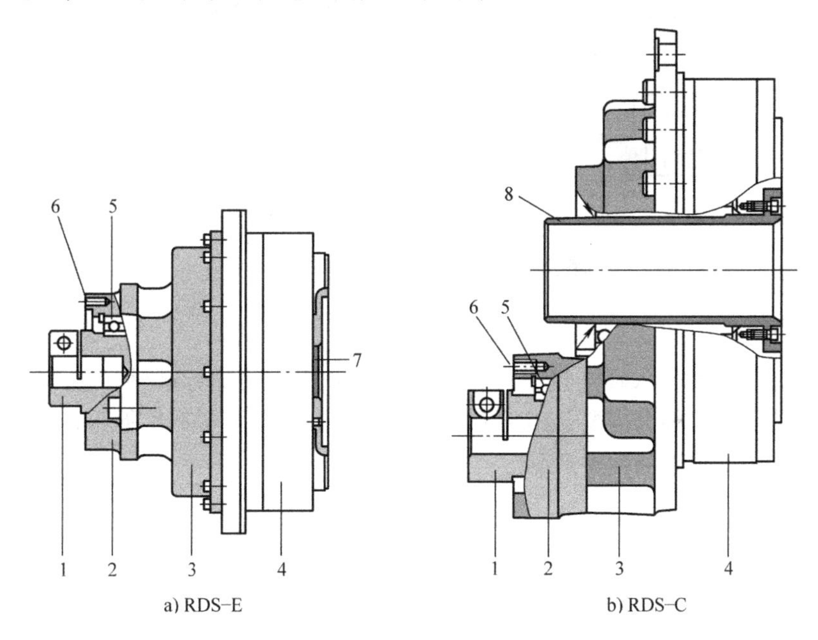

图6.3-6 RDS系列减速器的结构

1—芯轴 2—输入轴组件 3—减速器端盖 4—减速器本体 5—输入轴承 6—安装座 7—盖帽 8—中空轴套

（2）RDR系列

RDR系列减速器的输入轴连接为径向标准轴孔，输入轴的轴线和减速器轴线垂直；根据需要，RDR系列减速器可以选择图6.3-7所示的RDR－E实心轴系列和RDR－C中空轴系列两类产品。

RDR－E、RDR－C系列减速器的本体结构分别与RDS－E、RDS－C系列减速器相同，但其输入轴组件具有传动方向变换功能。

RDR－E、RDR－C系列减速器的输入轴组件内部安装有一对十字交叉的齿轮轴及对应的支承轴承，两齿轮轴间采用伞齿轮传动，以实现传动方向的90°变换。连接电机的齿轮轴的输入端同样加工有弹性联轴器，输出端为伞齿轮，中间安装有支承轴承。连接减速器的齿轮轴的中间部分为伞齿轮，内侧为太阳轮（RDR－E 实心轴系列）或双联太阳轮的驱动齿轮（RDR－C 中空轴系列），支承轴承安装在两端。输入轴组件的安装座上的减速器连接面和电机安装法兰面相互垂直。

两个系列减速器同样均可根据驱动电机的规格，选配后述的轴套和电机安装法兰后，便可直接安装驱动电机，组成一个带驱动电机的完整减速单元。

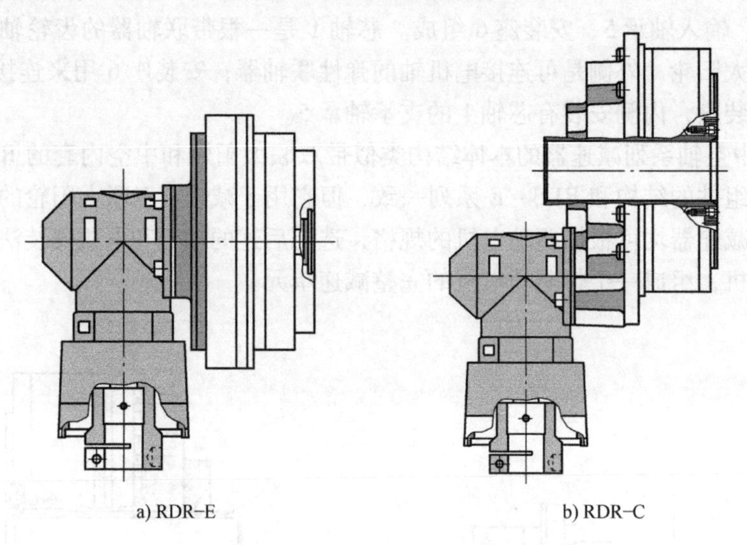

图 6. 3-7　RDR 系列减速器的结构

（3）RDP 系列

RDP 系列减速器的输入轴连接采用的是带键槽和中心孔的标准轴，输入轴的轴线和减速器轴线同轴或平行。根据需要，RDP 系列减速器可以选择图 6. 3-8 所示的 RDP－E 实心轴系列和 RDP－C 中空轴系列两类产品。

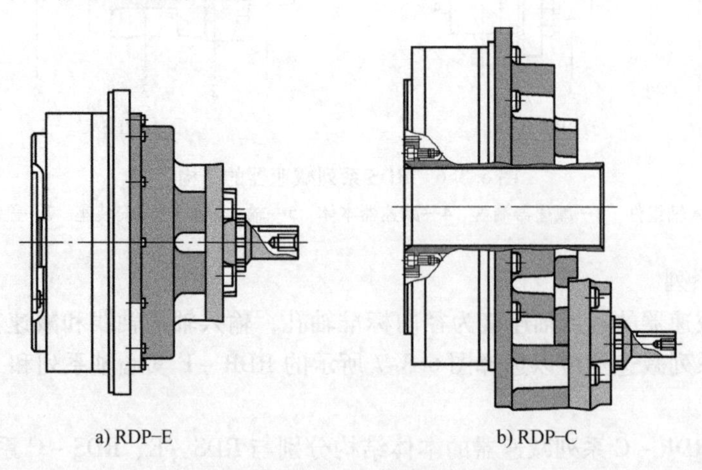

图 6. 3-8　RDP 系列减速器的结构

RDP－E、RDP－C 系列减速器的本体结构分别与 RDS－E、RDS－C 系列减速器相同，两者的区别在于输入轴组件的结构。

RDP系列减速器的输入轴为可直接安装齿轮或同步带轮的齿轮轴。齿轮轴的输入侧（外侧）是一段带键槽、中心孔的标准轴，可用来安装齿轮或同步带轮，实现驱动电机和减速器的分离型安装；齿轮轴的输出侧（内侧）为减速器的太阳轮（RDP－E实心轴系列）或双联太阳轮的驱动齿轮（RDP－C中空轴系列）；齿轮轴的中间部分安装有支承轴承。

RDP系列减速器的驱动电机与减速器分离安装，两者可通过齿轮或同步带轮进行传动，驱动电机的安装需要由用户进行。

3. 选配件

一般而言，RDS和RDR系列减速器的驱动电机直接安装在减速器上，为了便于用户使用，两类产品均可根据驱动电机的结构，选配图6.3-9所示的标准安装部件。

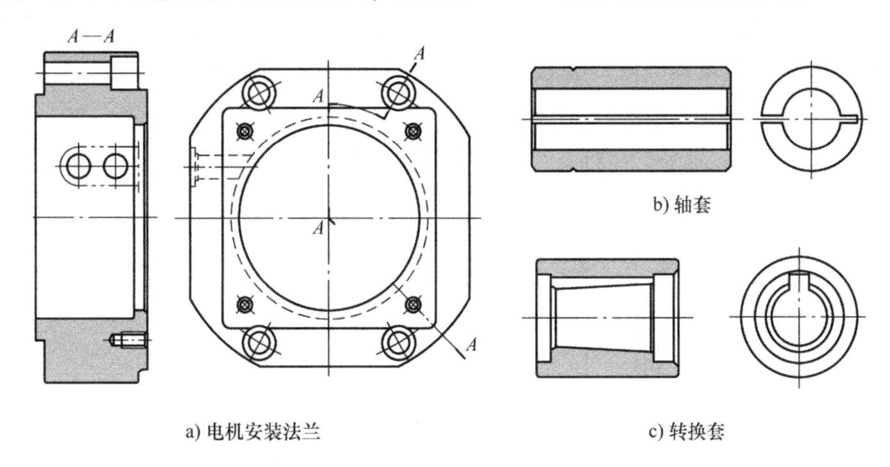

图6.3-9　RD2标准型减速器的安装部件

1）电机安装法兰。Nabtesco Corporation提供的电机安装法兰如图6.3-9a所示，它可用于标准伺服电机的安装。

2）轴套。Nabtesco Corporation提供的轴套如图6.3-9b所示，它是一个开口的弹性变径套，变径套的外径和弹性联轴器的内径一致；变径套的内径可以根据电机轴选择。通过使用变径套，使得弹性联轴器可以和不同轴径的驱动电机相配合。如果电机轴为锥轴，为了连接弹性联轴器，可以选配图6.3-9c所示的锥/平轴转换套，先将锥轴转换为平轴，然后根据需要，决定是否再需要选配变径轴套。

4. 安装与维护

RD2标准齿轮箱型减速器是一个整体设计的完整减速单元，其结构刚性好、安装十分简单。由于减速器输入侧的驱动电机连接组件，全部由Nabtesco Corporation配套提供，零部件的加工精度已经满足减速器的安装要求，用户使用时只需要按照规定步骤安装相关连接组件，并保证连接可靠，便可满足减速器的要求。

减速器输出法兰或输出轴及壳体的安装要求可参见表6.2-1，减速器输出轴连接完成、壳体固定后，应保证减速器内孔的跳动小于0.02mm。

RD2标准齿轮箱型减速器均为整体密封结构，减速器出厂时已按规定充填润滑脂，用户无须另行充填。在正常情况下，润滑脂更换周期为20000h，但是，如果减速器的工作环境温度高于40℃、工作转速较高，或者在污染严重的环境下工作时，需要缩短更换周期。

减速器应使用Nabtesco Corporation配套的Vigo grease Re0品牌RV减速器专业润滑脂，不同规格减速器的润滑脂注入量在减速器生产厂家或机器人生产厂家的说明书上已有规定，维修时可按生产厂家的要求进行。

6.3.3 RS扁平型减速器的安装与维护

1. 结构简介

RS扁平齿轮箱型减速器是Nabtesco Corporation最新推出的大型重载减速器产品，其额定输出转矩可达8820N·m、载重可达9000kg，故可用于大规格搬运、装卸、码垛工业机器人的机身、中型机器人的腰关节，以及回转工作台等的重载驱动。

RS扁平型减速器的结构如图6.3-10所示，减速器实际上由1个带双联太阳轮和中空轴套的大型中空轴减速器本体以及安装底座、太阳轮驱动轴组件三大部分组成。

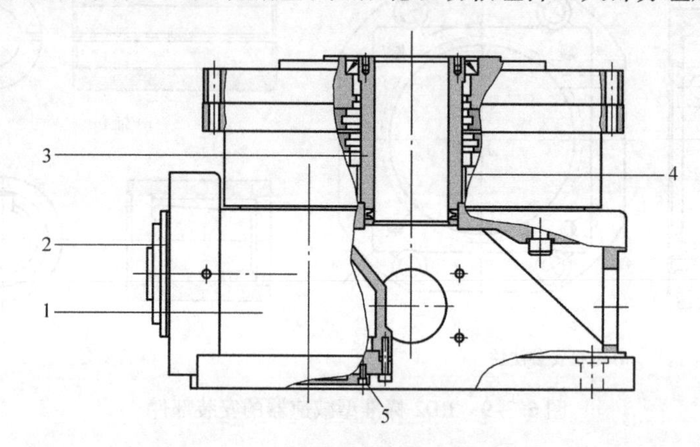

图6.3-10 RS扁平型减速器结构
1—底座 2—电机安装法兰 3—中空轴套 4—双联太阳轮 5—输入轴组件

RS扁平型减速器的本体结构和RV C中空型减速器相同，但它安装有中空轴套和双联太阳轮组件；减速器的上端为输出轴，它可直接用来安装机器人机身等负载。

安装底座用于减速器的安装和支承。与其他减速箱型RV减速器不同的是，RS扁平型减速器的安装底座已设计有地脚安装孔、驱动电机安装法兰、管线连接孔等，它可直接作为工业机器人的基座使用。

减速器的输入轴组件安装在底座上，输入轴组件内部安装有一对十字交叉的齿轮轴及对应的支承轴承，两齿轮轴间采用伞齿轮传动，以实现传动方向的90°变换。连接减速器的齿轮轴的轴线与减速器轴线平行，其中间部分为伞齿轮，上端为双联太阳轮的驱动齿轮，下端是支承轴承及端盖等部件。连接驱动电机的齿轮轴的轴线与减速器轴线垂直，其内侧是伞齿轮，外侧是连接电机轴输入的内花键，中间为支承轴承部件。

RS扁平型减速器通过整体设计，组成了一个结构刚性好、承载能力强、输出转矩大，可直接安装和驱动负载的回转工作台单元，因此，在工业机器人上，它可直接作为底座和腰关节驱动部件使用。

2. 电机连接

RS扁平型减速器的驱动电机一般采用图6.3-11所示的方式连接。

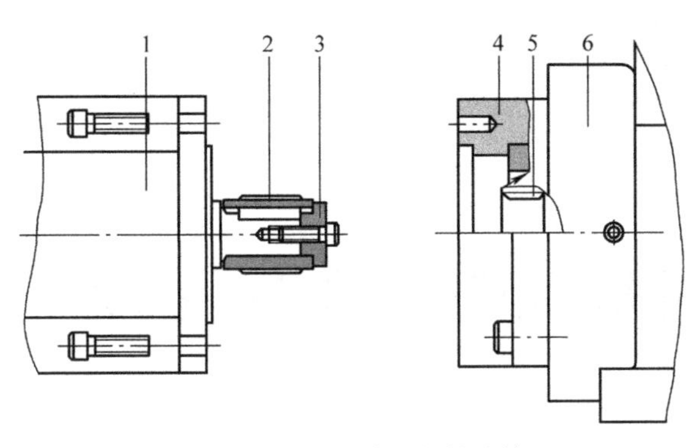

图 6.3-11 驱动电机的连接

1—电机 2—花键套 3—端盖 4—电机安装座 5—输入轴花键 6—减速器底座

驱动电机和减速器底座间需要安装电机安装座 4；电机轴上需要安装与输入轴花键配合的花键套及固定部件，例如图中的端盖 3 及键、中心孔固定螺钉等。作为常用的结构，花键套和电机轴的连接方式一般有图 6.3-12 所示的 3 种。

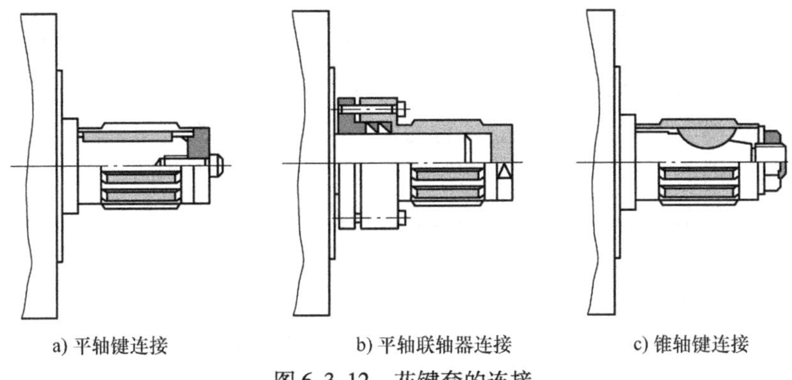

a) 平轴键连接　b) 平轴联轴器连接　c) 锥轴键连接

图 6.3-12 花键套的连接

图 6.3-12a 为平轴键连接，花键套可以通过中心孔螺钉固定；图 6.3-12b 为平轴联轴器连接，花键套需要配套弹性联轴器组件；图 6.3-12c 为锥轴键连接，适用于锥轴、带键的伺服电机轴。

3. 安装和润滑

RS 扁平型减速器是一个可独立安装的整体，它对支承部位无精度要求，可直接安装于水平地面或垂直墙面。但是，当减速器安装于垂直墙面时，需要注意驱动电机的位置，原则上说，驱动电机轴线应为水平；要避免电机垂直向下的安装，以防止输入轴的润滑恶化。

RS 扁平型减速器同样可根据驱动电机的结构，一般直接选择 Nabtesco Corporation 配套的电机安装法兰、花键套等配套部件。这些连接部件的加工精度已经满足减速器的安装要求，用户使用时只需要按照规定步骤安装，并保证连接可靠，便可满足减速器的要求。

RS 扁平型减速器均为整体密封结构，减速器出厂时已按规定充填润滑脂，用户无须另行充填。在正常情况下，润滑脂更换周期为 20000h，但是，如果减速器的工作环境温度高于 40℃、工作转速较高，或者在污染严重的环境下工作时，需要缩短更换周期。减速器应使用 Nabtesco Corporation 配套的 Vigo grease Re0 品牌 RV 减速器专业润滑脂，不同规格减速器的润滑脂注入量在减速器生产厂家或机器人生产厂家的说明书上已有规定，维修时可按生产厂家的要求进行。

第 7 章 电气控制系统的安装与连接

7

7.1 系统组成与连接总图

7.1.1 DX100 控制系统组成

1. 机器人控制系统简述

具有自身完整、独立的电气控制系统（以下简称控制系统），是工业机器人与数控机床、自动生产线上的机械手的根本区别。截至目前，全世界还没有专业生产厂家统一生产、销售专门的工业机器人控制系统产品，现行的机器人控制系统都是由机器人生产厂家自行研发、设计和制造；因而，不同机器人的控制系统外观、结构各不相同。

工业机器人控制系统主要用于运动轴的位置和轨迹控制，它在组成和功能上，与数控机床所使用的数控系统并无本质的区别。机器人控制系统同样需要有控制器、伺服驱动器、操作面板、辅助控制电路等控制部件。

1）控制器。工业机器人控制器（IR 控制器）可由工业 PC、接口板及相关软件构成；也可像 PLC 一样，由 CPU 模块、轴控模块、测量模块等构成。IR 控制器的主要作用是控制机器人坐标轴的位置和轨迹、输出插补脉冲，以及进行 DI/DO 信号的逻辑运算处理、通信处理等，其功能与数控装置（CNC）相同。机器人的末端执行器运动轨迹，同样需要通过插补运算生成，但是，机器人的运动轴多且多为回转轴，因此，其插补运算比以直线轴为主的数控机床更为复杂。

2）操作单元。操作单元是用于工业机器人操作、编程及数据输入/显示的人机界面。工业机器人的编程以现场示教为主，其操作单元一般设计成可移动式手持单元，故又称示教器。早期的机器人操作单元以显示器和按键为主，目前的操作单元则以菜单式触摸屏、无线智能手机型为主。

3）伺服驱动器。伺服驱动器是用于插补脉冲功率放大的装置，它具有伺服电机位置、速度和转矩控制的功能，需要与驱动电机配套使用。工业机器人的驱动器以交流伺服驱动器为主，早期的直流伺服驱动器、步进电机驱动器现已很少使用。工业机器人的控制轴数量较多，为了缩小体积、降低成本，伺服驱动器一般采用多轴集成型模块式驱动器结构，但也可使用独立型驱动器。

4）辅助控制电路。辅助控制电路主要用于控制器、驱动器电源的通断控制和接口信号的转换。由于工业机器人的控制要求类似，接口信号的类型基本统一，为了缩小体积、降低成本、方便安装，辅助控制电路常被制成标准的控制模块。

除以上基本部件外，用于自动生产线的工业机器人还需要有与上级管理计算机、工作站、数控系统、PLC 等控制器通信的网络接口和相关的通信软件。

对于同一机器人生产厂家，不同用途的工业机器人虽然在外形、机械结构上有所区别，但它们对电气控制系统的要求实际上并无太大区别，因此，通常都使用相同的机器人控制器。例如，安川公司的 MA、MH、MS、VA、FS、VS 等系列的焊接、搬运、包装机器人，可统一配套 DX100 或 DX200 通用控制系统等。

日本安川公司是世界著名的工业机器人生产企业，又是全球闻名的变频器、交流伺服驱动产品生产企业，其机器人控制系统的技术水平同样居世界领先地位。安川 DX100 是该公司机器人控制系统的基本产品，在现有的机器人上使用较广，最近推出的 DX200、DXM100、FS100 等控制系统都是 DX100 的改进型产品。本章将以 DX100 为例，来介绍机器人的电气控制系统的连接、调试和维修技术。

2. DX100 的组成

安川 DX100 控制系统的外形及基本组成如图 7.1-1 所示，系统由控制柜和示教器两大部分组成。

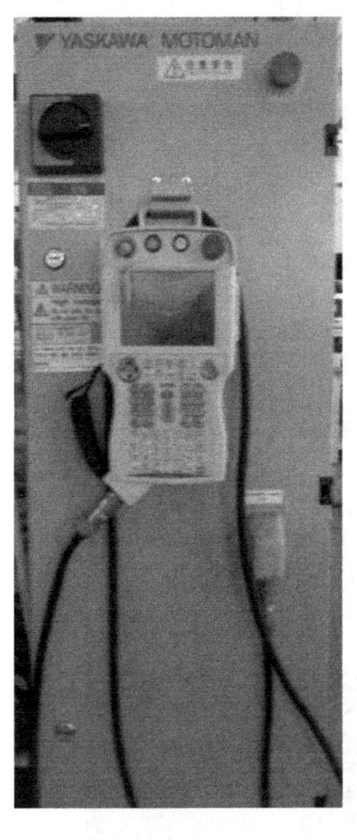

a) 外观　　b) 组成

图 7.1-1　安川 DX100 控制系统的组成

1—急停按钮　2—电源总开关　3—示教器　4—控制柜

1）示教器。示教器就是 DX100 的手持式操作单元，它是用于工业机器人操作、编程及数据输入/显示的人机界面。DX100 的示教器为有线连接，面板按键及显示信号通过网络电缆连接，急停按钮连接线直接连接至控制柜。

2）控制柜。除示教器以及安装在机器人本体上的伺服驱动电机、行程开关外，控制系统的全部电气件都安装在控制柜内。控制柜的正面左上方安装有机器人的进线总电源开关，它用来断开控制系统的全部电源，使设备与电网隔离；正面右上方安装有急停开关，它可在机器人出现紧急情况时，快速分断控制系统电源、紧急停止机器人的全部动作，确保设备安全停机。

DX100 控制系统的电路和部件为统一设计，但控制柜外形、伺服驱动器规格、输入电源容量等与工业机器人的型号有关。

3. 部件安装

DX100 控制柜采用风机冷却的密封结构，控制柜前门内侧安装有内部空气循环冷却风机 11，后部设计有隔离散热区，柜内的控制器件安装与布置如图 7.1-2 所示。

DX100 控制系统的控制器件大都设计成单元或模块的形式。系统电源通断控制 ON/OFF 单元 4、紧急分断安全单元 3 安装在控制柜上部；伺服驱动器的电源模块 6、集成型驱动器 8、制动单元 7，以及连接机器人输入/输出信号的 I/O 单元 15 安装在中部；控制柜下方为电源单元（CPS 单元）9、IR 控制器 10。控制柜的散热风机 13、驱动器制动电阻 14 安装在后部隔离散热区。

a)器件安装

图 7.1-2　DX100 控制柜结构

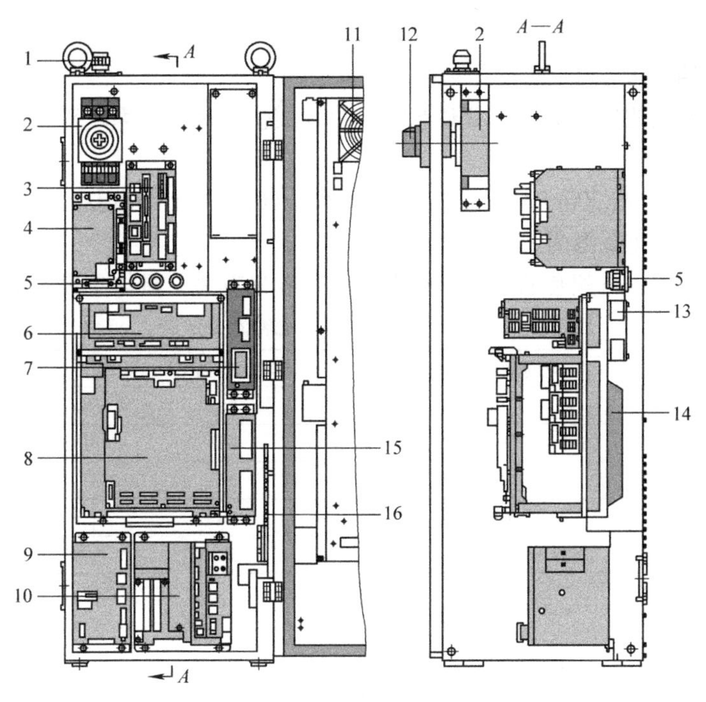

b) 器件布置

图 7.1-2 DX100 控制柜结构（续）

1—电源进线 2—总开关 3—安全单元 4—ON/OFF 单元 5—电缆插头 6—伺服电源模块 7—制动单元 8—伺服驱动器 9—电源单元 10—IR 控制器 11、13—风机 12—手柄 14—制动电阻 15—I/O 单元 16—接线端

用于 MH6 机器人控制的 DX100 控制系统，其组成部件的规格型号见表 7.1-1。

表 7.1-1 DX100 控制系统部件规格与型号

部件名称		型号	数量	备注
手持操作单元（示教器）		JZRCR－YPP01－1	1	
ON/OFF 单元		JZRCR－YPU01－1	1	
安全单元		JZNC－YSU01－1E	1	
电源单元（CPS 单元）		JZNC－YPU01－1	1	
IR 控制器	机架	JANCD－YBB01	1	
	CPU 模块	JANCD－YCP01－E	1	
	接口模块（I/F 模块）	JANCD－YIF01－1E	1	
I/O 单元		JZNC－YIU01－E	1	
制动单元		JANCD－YBK01－1E	1	
冷却风机	正面	4715MS－22T－B50－B00	1	
	背面	4715MS－22T－B50－B00	2	
伺服驱动器型号		SRDA－MH6	—	不同型号的机器人组成模块有区别
驱动器配置	电源模块	SRDA－COA12A01A－E	1	
	S/L/U 轴驱动模块	SRDA－SDA14A01A－E	3	
	R/B/T 轴驱动模块	SRDA－SDA06A01A－E	3	

4. 使用条件

（1）电源供给

DX100 控制系统的供电应符合 IEC 60034 的 B 类供电标准，系统对输入电源的主要技术要求如下。

电源电压：三相 AC200/50Hz 或三相 AC220V/60Hz；允许电压变化范围为 +10% ~ -15%；允许频率变化范围为 ±2%。

电源容量及进线：与配套的工业机器人型号、规格有关，具体见表 7.1-2。

表 7.1-2　DX100 控制系统输入要求表

机器人型号	电源容量/kVA	断路器规格/A	电源线规格/mm^2
MH5L	1	15	3.5
MH6、MA1400、VA1400	1.5	15	3.5
HP20D、MA1900	2.0	15	3.5
MH50、MS80	4.0	30	5.5
VS50、ES165D、ES200D	5.0	30	5.5

（2）使用环境

DX100 控制系统对使用环境的要求如下。

环境温度：0 ~ 45℃，运输、存储温度 -10 ~ 60℃；

相对湿度：10% ~ 90% RH，不结露；

振动和冲击：小于 0.5g（4.9m/s^2）；

海拔：低于 1000m。

当环境温度超过 40℃、海拔超过 1000m 时，控制系统各组件的额定工作电流、电压通常应做图 7.1-3 所示的修正。

DX100 控制系统不能在有易燃、易爆、腐蚀性气体及大量灰尘、粉尘、油烟、水雾的环境下安装使用；控制系统周边应无大容量的电噪声源。控制柜的正面、侧面应有通畅的操作、维护空间；背面至少应距离墙面有 500mm 以上的维护、维修空间。控制柜应使用 10mm 以上的地脚螺钉，固定于地面。

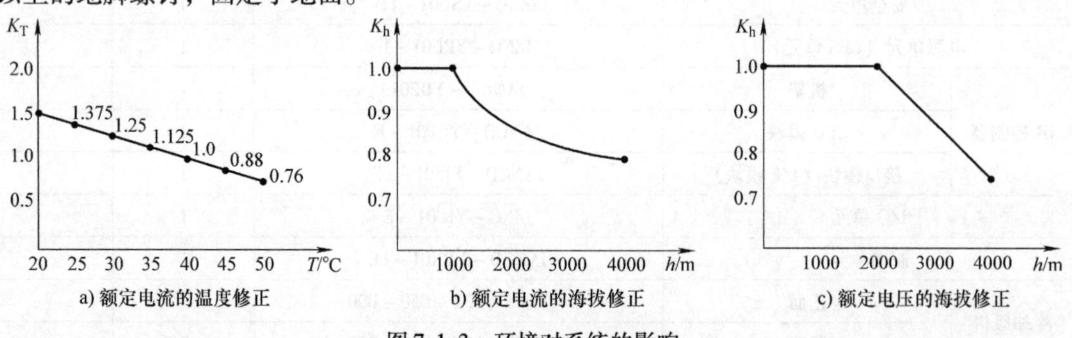

图 7.1-3　环境对系统的影响

7.1.2　DX100 电源连接总图

1. 电源规格

根据电路原理，DX100 控制系统总体可分为强电控制回路、机器人控制器和伺服驱动器三大部分。强电控制回路主要用于系统电源的通断控制；机器人控制器用于运动轴的位置控制；伺服驱动器用于运动轴控制信号的功率放大。

DX100控制系统的输入电源为三相AC200V，系统内部控制电源有三相AC200V、单相AC 200V及直流DC 24V、DC 5V等。

1）三相AC200V。三相AC200V用于伺服驱动器的主回路供电。伺服驱动器主回路是高电压、大电流控制的大功率部件，它需要由驱动器配套的伺服电源模块进行单独供电。电源模块的容量与系统配套的驱动电机数量、型号、规格有关。

伺服电源模块有集成型和分离型两种结构。容量小于2kVA，用于MH5L、MH6、MA1400、MA 900、VA1400、HP20D等小规格机器人控制的DX100控制系统，伺服驱动器采用的是电源模块和伺服模块集成的一体型结构；容量大于4kVA，用于MH50、MS80、VS50、ES165D、ES200D等中规格机器人控制的DX100控制系统，伺服驱动器采用的是电源模块和伺服模块分离型结构。

2）单相AC200V。单相AC200V主要用于DX100控制系统的风机、IR控制器等控制装置的供电；它也是DX100控制系统的交流控制回路、伺服驱动器控制回路的控制电源。如需要，也可用于其他AC200V外部控制部件的供电。

3）直流DC24V、DC5V。DC24V是DX100控制系统的直流主电源和控制电源；DC5V可用于IR控制器的电子电路供电。在DX100控制系统中，DC24V/DC5V由电源单元（CPS单元）统一提供。系统的IR控制器、安全单元、I/O单元、伺服驱动器轴控模块，以及伺服电机的制动器、编码器、机器人的DI/DO器件，都使用DC24V直流电源。

2. 电源连接总图

DX100控制系统的电源连接总图如图7.1-4所示。安装在柜门上的电源总开关QF1，是通断整个控制系统三相AC200V输入电源的部件，它可使DX100与电网完全隔离，并具有设备短路保护的功能。

在DX100控制系统上，用于AC200V电源通断控制的强电控制回路及主接触器、熔断器、滤波器等控制强电器件，集成安装在ON/OFF单元上。在ON/OFF单元内部，来自总开关QF1的三相AC200V输入主电源，分为三相AC200V伺服驱动器主电源、单相AC200V风机电源和单相AC200V控制电源三部分。

1）伺服驱动器主电源。三相AC200V伺服驱动器主电源主要用来产生驱动器PWM逆变主回路用的直流母线电压，输入电源经过驱动器电源模块内部的三相整流，被转换成DC310V左右的直流母线电压，提供各伺服模块的PWM逆变主回路使用。

伺服驱动器主电源的通断，由ON/OFF单元内部两只主接触器的串联主触点，进行安全冗余控制，主接触器的通断控制信号来自系统的安全单元。在正常情况下，主接触器可通过示教器上的伺服ON/OFF开关控制通断，当机器人出现超程等紧急情况时，可通过安全单元紧急分断驱动器主电源。

2）风机电源。单相AC200V风机电源，用于控制柜正门和背部的冷却风机供电。在ON/OFF单元内部，风机电源直接取自三相AC200V输入，因此，冷却风机在电源总开关QF1合上后，便可直接起动。ON/OFF单元安装有专门的AC200V风机电源短路保护熔断器。

3）控制电源。单相AC200V控制电源主要用于主接触器通断控制、伺服驱动器电源模块的AC200V控制，以及系统电源单元（CPS单元）的AC200V供电。

DX100控制系统内部的直流控制电压由电源单元（CPS单元）统一提供。电源单元实

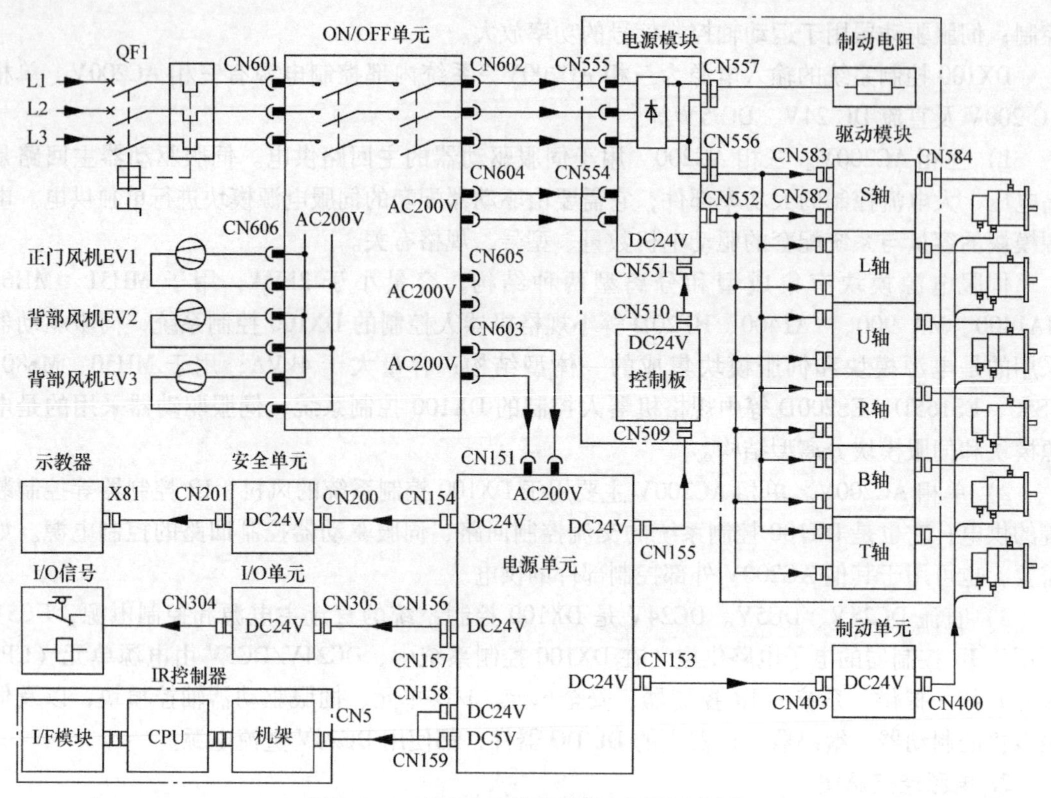

图 7.1-4 DX100 控制系统的电源连接总图

际上是一个 AC200V 输入、DC24/5V 输出的直流稳压电源。电源单元的 DC24V 主要用于 IR 控制器的接口电路、示教器以及安全单元、I/O 单元、伺服驱动器轴控模块等部件的供电；DC5V 主要用于 IR 控制器内部电子电路的供电。此外，伺服电机的 DC24V 制动器控制电源，也可以由电源单元提供。

7.1.3 DX100 信号连接总图

1. 信号规格

DX100 控制系统所使用的信号主要有安全触点输入信号、DC24V 开关量输入/输出信号以及网络通信总线信号三大类。

1）安全触点输入信号。DX100 控制系统的安全触点输入信号来自急停按钮、超程开关、安全联锁开关等紧急分断的指令电器，信号主要用于安全单元的安全电路控制。安全触点输入信号可通过安全单元，转换为控制 ON/OFF 单元电源通断的控制信号。

2）开关量输入/输出信号。DC24V 开关量输入/输出信号简称 DI/DO 信号。DI 信号主要来自机器人及执行器控制装置的检测开关、传感器，信号可通过 DX100 的 I/O 单元，转换成 IR 控制器的可编程输入信号。DO 信号可用于机器人及执行器控制装置的继电器、接触器、指示灯等器件的通断控制，信号可由 IR 控制器的可编程输出控制通断，并通过 DX100 的 I/O 单元，转换为外部执行器件的通断控制信号。

作为 DI 信号连接到 I/O 单元的检测开关、传感器，其输出驱动能力应在 DC24V/50mA 以上，信号 ON 时的实际工作电流约为 DC24V/8mA。

I/O 单元输出的 DO 信号有光耦或继电器触点两类。光耦输出信号的负载驱动能力为 DC30V/50mA；继电器触点输出信号的负载驱动能力为 DC24V/500mA。

3）网络通信总线信号。DX100 控制系统的内部数据传输均以网络总线通信的形式进行。DX100 的通信总线主要有系统内部的伺服总线、I/O 总线及连接外设的 LAN 总线接口、USB 接口和 RS232C 串行接口等；其中，连接 IR 控制器的接口模块（I/F 模块）和伺服驱动器的轴控模块的伺服总线为并行 Drive 总线。

2. 控制信号连接总图

DX100 控制系统的信号连接总图如图 7.1-5 所示，各单元连接的信号主要如下。

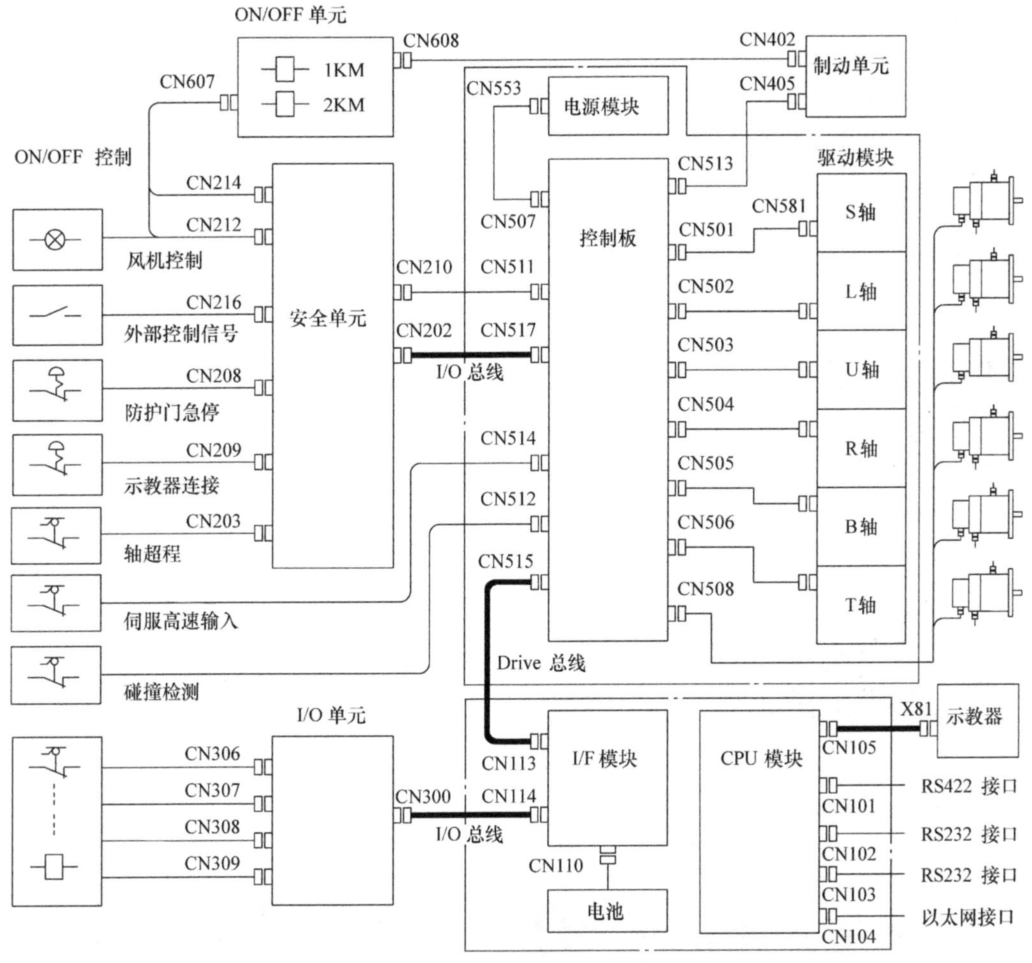

图 7.1-5　DX100 控制系统信号连接总图

1）ON/OFF 单元。ON/OFF 单元是控制伺服主电源、控制电源通断的强电控制装置。电源通断的控制信号来自安全单元；主接触器的辅助触点需要输出到制动单元，以控制伺服电机的制动器通断。

2）安全单元。安全单元是控制整个系统电源正常通断和紧急分断的装置。它需要连接来自控制柜正门、示教器的急停按钮、机器人上的超程开关、防护门开关等安全器件，如需要，还可连接来自外部控制装置的电源通断、超程等输入信号。安全单元输出的控制信号，包括 ON/OFF 单元的主接触器控制、风机控制及驱动器控制等，驱动器的安全控制信号通过 DI/DO 接口和 I/O 总线进行连接。

3）I/O 单元。I/O 单元实际上就是 IR 控制器的 DI/DO 模块，它可将来自机器人或其他装置的外部开关量输入（DI）信号，转换为 IR 控制器的可编程逻辑信号；将 IR 控制器的可编程逻辑状态，转换为控制外部执行元件通断的开关量输出（DO）信号。DX100 的 I/O 单元最大可以连接 40/40 点 DI/DO，其中，部分信号的功能已被定义。I/O 单元和 IR 控制器间通过 I/O 总线连接。

4）驱动器。驱动器控制板和 IR 控制器间通过并行 Drive 总线连接；驱动器和安全单元间的 DI/DO 信号通过 I/O 总线连接；驱动器和电机编码器间通过串行总线连接。伺服控制板可连接少量直接处理的急停、碰撞检测等高速输入信号；驱动器的输出信号主要有电源模块控制信号、制动器控制信号和伺服模块的 PWM 信号等。

5）IR 控制器。IR 控制器的信号主要通过总线连接。IR 控制器和示教器、外部设备的连接，可通过 CPU 模块上的 LAN 总线、USB 接口、RS232C 接口进行。IR 控制器与驱动器的连接、IR 控制器与 I/O 单元的连接，则分别通过接口模块（I/F 模块）上的并行 Drive 总线、I/O 总线实现。

7.2 控制部件的安装与连接

7.2.1 ON/OFF 单元

1. 结构

DX100 控制系统的 ON/OFF 单元（JZRCR - YPU01）用于驱动器主电源的通断控制和系统 AC200V 控制电源的保护、滤波，单元外观和内部电路原理简图如图 7.2-1 所示。

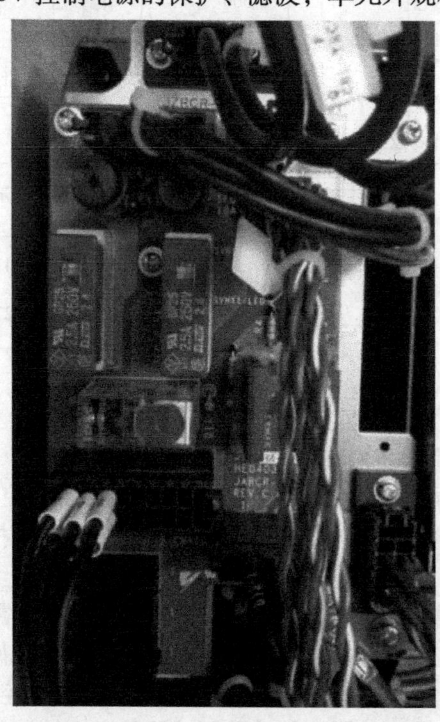

a）外观

b）连接器布置

图 7.2-1　ON/OFF 单元

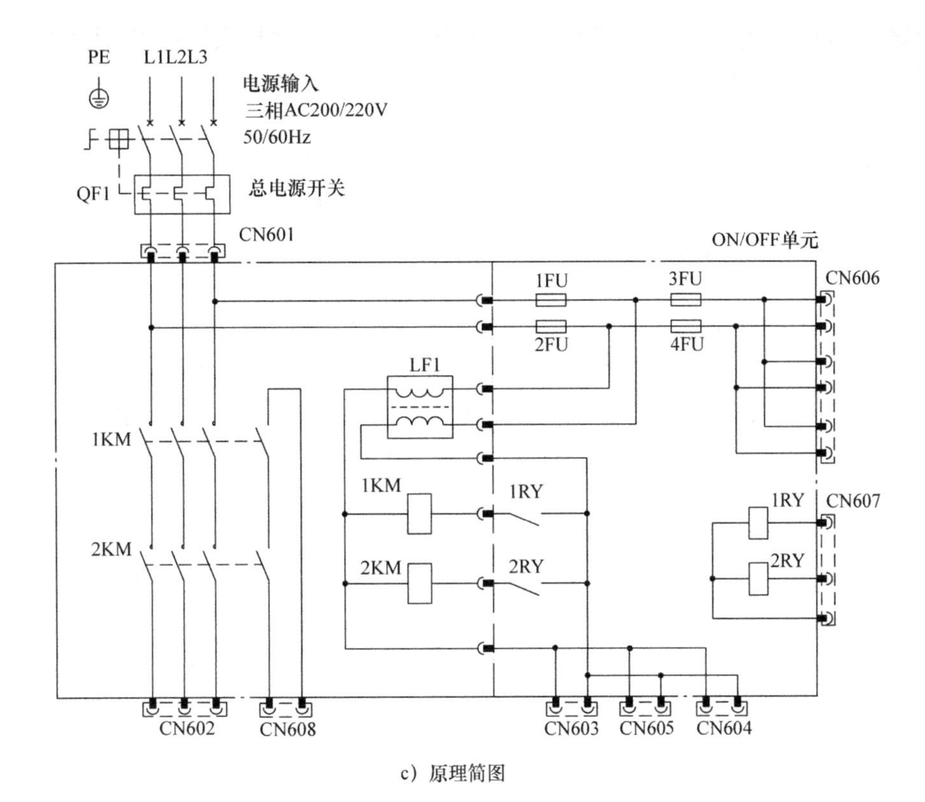

c）原理简图

图7.2-1 ON/OFF单元（续）

ON/OFF单元由基架和控制板组成。驱动器主电源通断控制的主接触器1KM、2KM及AC200V控制电源的滤波器LF1等大功率器件安装在基架上；AC200V保护熔断器1FU～4FU及继电器1RY、2RY等小型控制器件安装在控制板上；基架和控制板间通过内部连接器CN609、CN610、CN611、CN612连接。ON/OFF单元的连接器功能见表7.2-1。

表7.2-1 ON/OFF单元连接器功能表

连接器编号	功能	连接对象
CN601	三相AC200/220V主电源输入	电源总开关QF1（二次侧）
CN602	三相AC200/220V驱动器主电源输出	伺服驱动器电源模块CN555
CN603	AC200V控制电源输出1	电源单元（CPS单元）CN151
CN604	AC200V控制电源输出2	伺服驱动器电源模块CN554
CN605	AC200V控制电源输出3	备用，用于其他控制装置供电
CN606	AC200V风机电源	控制柜风机
CN607	主接触器通断控制信号输入	安全单元CN214
CN608	伺服电机制动器控制信号输出	制动单元CN402
CN609～CN612	单元内部连接器	控制板与基架连接

2. 电路原理

ON/OFF单元的主电源输入连接器CN601直接与电源总开关QF1的二次侧连接，QF1的一次侧为DX100系统的总电源输入。总开关QF1用于DX100与电网的隔离，并兼有主回路短路保护功能。QF1 为通用型设备保护断路器，其操作手柄安装在控制柜的正门上，当控制柜门关闭后，可进行正常的总电源通断操作。

ON/OFF 单元的电路原理如图 7.2-1c 所示。

1）驱动器主电源。来自电源总开关 QF1 的三相 AC200V 输入电源，直接连接至 ON/OFF 单元的连接器 CN601 上，当主接触器 1KM、2KM 同时接通时，三相 AC200V 主电源可通过连接器 CN602，输出至伺服驱动器的电源模块上。驱动器电源模块的主电源短路保护功能，由电源总开关 QF1 承担。

DX100 系统的驱动器主电源采用了安全冗余控制电路，主接触器 1KM、2KM 的主触点串联后，构成了主电源分断安全电路。主接触器的通断由单元内部的继电器 1RY、2RY 控制；1RY、2RY 控制信号来自安全单元输出，它们从连接器 CN607 上输入。当驱动器主电源接通后，ON/OFF 单元可通过连接器 CN608，输出伺服电机制动器松开控制信号；该信号被连接至制动单元上。

2）AC200V 控制电源。DX100 系统的 AC200V 控制电源（单相），从三相 AC200V 上引出，并安装有保护熔断器 1FU/2FU（250V/10A）。在单元内部，AC200V 控制电源分为风机电源和控制装置电源两部分。

安装在控制柜正门的冷却风机和背部的 2 个冷却风机电源，均从连接器 CN606 上输出，风机电源安装有独立的短路保护熔断器 3FU/4FU（200V/2.5A）。

系统的控制装置电源经滤波器 LF1 滤波后，从连接器 CN603 ~ CN605 上输出。一般而言，CN603 用于系统电源单元（CPS 单元）供电；CN604 作为驱动器控制电源；CN605 则可用于其他控制装置的 AC200V 供电（备用）。

7.2.2 安全单元

1. 功能

DX100 系统的安全单元（JZNC - YSU01）实际上是一个多功能安全继电器，它可用于 DX100 系统的三相 AC200V 伺服驱动器的主电源通断、紧急分断控制，以及驱动器的 ON/OFF 控制、安全防护门控制、安全运行控制等。

安全单元内部设计有主接触器通断控制的安全电路，伺服驱动器的安全控制电路、I/O 总线通信接口等，电源输入回路安装有 2 个 250V/3.15A 的短路保护快速熔断器 F1/F2。安全单元外观及连接器功能如图 7.2-2、表 7.2-2 所示。

2. 安全信号连接

安全单元的大多数连接器均用于 6 轴标准型机器人的系统内部信号连接，这些连接已在控制柜出厂时完成，用户无须改变。但是，对于带有附加轴（如变位器等）或其他辅助控制装置的工业机器人系统，一般需要通过连接器 CN211、CN216，连接部分外部安全信号。辅助控制装置的安全信号连接要求如下。

（1）CN211

接线端 CN211 用于外部伺服使能信号 ON EN 和第 2 超程开关信号 OT2 的连接，信号连接要求如图 7.2-3 所示。

输入信号 ON EN 和 OT2，均需要连接同步动作的安全冗余输入触点，即允许 DX100 系统的伺服驱动器 ON 时，输入触点 ON EN1 和 ON EN2 必须同步接通；附加轴未超程时，输

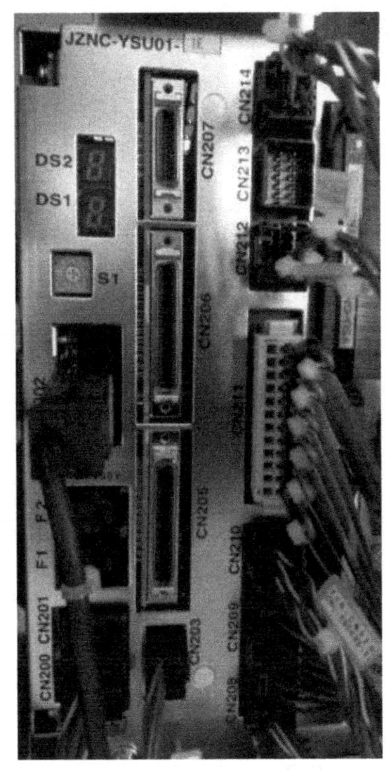

a) 外观

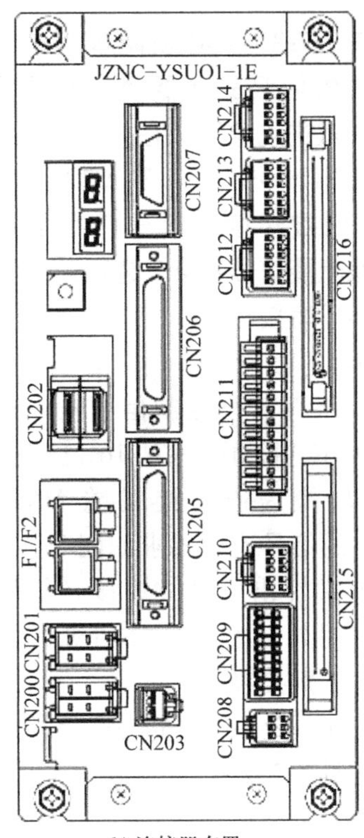

b) 连接器布置

图 7.2-2 安全单元

表 7.2-2 安全单元连接器功能表

连接器	功　　能	连接对象
CN200	DC24V 电源输入	电源单元（CPS 单元）CN155
CN201	DC24V 电源输出	示教器 DC24V 电源 X81
CN202	I/O 总线接口	伺服控制板 CN517
CN203	超程开关输入	机器人超程开关
CN205	安全单元互连接口（输出）	其他安全单元 CN206（一般不使用）
CN206	安全单元互连接口（输入）	其他安全单元 CN205（一般不使用）
CN207	安全单元互连接口	其他安全单元 CN207（一般不使用）
CN208	防护门急停输入	安全防护门开关
CN209	示教器急停输入	示教器急停按钮
CN210	伺服安全控制信号输出	伺服控制板 CN511
CN211 接线端	附加轴安全输入信号连接端	伺服使能、超程保护开关输入连接端
CN212	风机控制、指示灯输出	指示灯、风机（一般不使用）
CN213	主接触器控制输出 2	一般不使用
CN214	主接触器控制输出 1	ON/OFF 单元 CN607
CN215	系统扩展接口	一般不使用
CN216（MXT）	外部安全信号输入连接器	外部安全信号

入触点 OT2 – 1、OT2 – 2 必须同步接通。如果触点 ON EN1 和 ON EN2 有一个被断开，DX100 控制系统的伺服驱动器就不允许启动；触点 OT2 – 1 和 OT2 – 2 有一个被断开，DX100 控制系统就进入急停状态。

触点 ON EN1、ON EN2 和 OT2 – 1、OT2 – 2 在出厂时被短接（信号不使用），当使用外部伺服使能信号和第 2 超程开关信号时，应去掉出厂短接端。

（2）CN216

连接器 CN216 为安全控制信号输入连接器。在 DX100 控制柜内，CN216 已通过端子转换器，转换为通用接线端 MXT。CN216（MXT）的信号连接要求如图 7.2-4 所示，部分连接端在出厂时被短接（信号不使用），在使用外部安全信号的机器人上，需要去掉出厂短接端。

CN216（MXT）允许连接的安全信号及功能、典型应用见表 7.2-3。

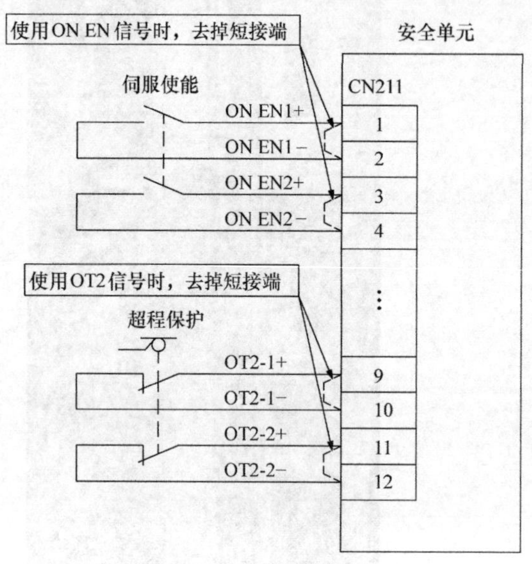

图 7.2-3　CN211 连接

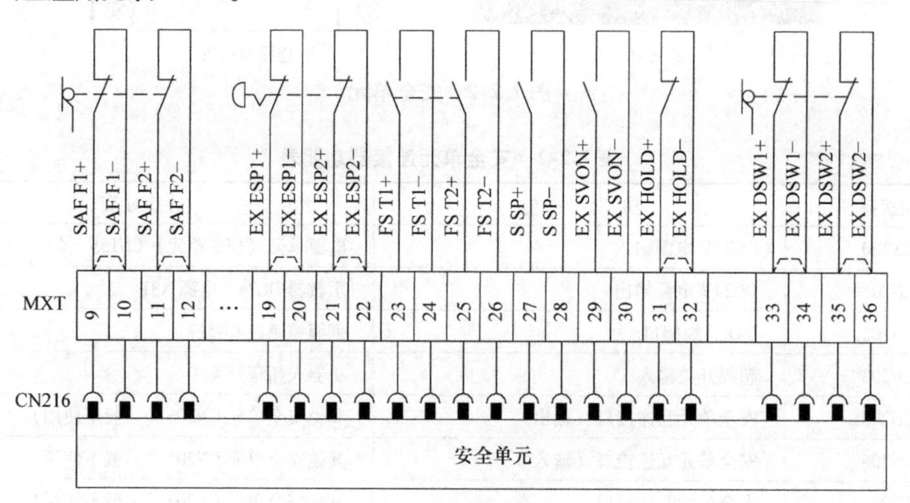

图 7.2-4　CN216 连接

表 7.2-3　CN216 连接信号及功能表

引脚	信号代号	功　　能	典型应用	备　注
9/10	SAF F1	自动运行安全信号、冗余输入	安全门开关	信号对示教方式无效，出厂时短接
11/12	SAF F2			
19/20	EX ESP1	外部急停信号、冗余输入	外部急停按钮	出厂时短接
21/22	EX ESP2			

（续）

引脚	信号代号	功　　能	典型应用	备　注
23/24	FS T1	全速测试信号、冗余输入	速度调节按钮	ON：100%示教速度测试 OFF：低速测试
25/26	FS T2			
27/28	S SP	低速测试速度倍率选择信号	速度调节按钮	ON：16%；OFF：2%
29/30	EX SVON	外部伺服ON信号	伺服ON输入	使用方法见“3. 外部伺服ON控制电路”
31/32	EX HOLD	外部进给保持信号	进给保持输入	出厂时短接
33/34	EX DSW1	安全信号、冗余输入	急停按钮等	出厂时短接
35/36	EX DSW2			

安全单元的自动运行安全输入SAF F、外部急停输入EX ESP一般用于机器人工作现场的安全防护门控制。根据安全标准规定，在安装防护门的工业机器人上，防护门必须安装用于控制系统紧急分断的急停按钮，及防护门打开/关闭状态检测的行程开关，此时，急停按钮可连接至DX100安全单元的EX ESP输入；防护门关闭开关则可连接至SAF F输入；由于SAF F输入对示教操作无效，故示教操作允许在防护门打开时进行。

安全单元的其他输入信号可用来连接机器人现场的操纵台控制信号。在操纵台上，可通过安装相关按钮，利用安全单元的EX SVON输入，控制伺服驱动器的通断；利用EX DSW输入，控制系统急停；利用EX HOLD输入，使机器人的运动轴进给保持；利用FS T、S SP输入，调整运动速度等。

DX100系统对伺服驱动器的通断控制信号有时序要求，通过安全单元EX SVON信号通断驱动器时，应按照以下要求设计相关控制电路。

3. 外部伺服ON控制电路

安全单元的外部伺服ON（EX SVON）输入、急停（EX ESP）输入的功能与示教器上的伺服ON、急停按钮相同，它们都可用来控制驱动器主接触器的通断，接通或分断驱动器的主电源。

DX100系统的驱动器主电源控制要求如图7.2-5a所示，伺服ON信号的接通时间应大于主接触器动作延时（约100ms）。对于使用外部伺服ON信号控制驱动器通断的机器人，推荐采用图7.2-5b所示的控制电路，并按图7.2-5c所示连接DX100控制系统的输入/输出。

图7.2-5所示电路的伺服启动过程如下。

1）按下伺服ON按钮S2，图7.2-5b上的继电器K1将接通并自锁。K1接通后，将接通DX100安全单元上的外部伺服ON信号EX SVON，此时，如系统无急停信号输入，则驱动的主接触器1KM、2KM将接通，启动伺服；伺服启动完成后，DX100系统I/O单元上的SVON输出将为“1”、继电器K3被接通。

2）继电器K3接通后，图7.2-5b上的继电器K2被接通。K2接通后，将断开继电器K1、撤销DX100安全单元上的外部伺服ON信号（EX SVON），完成启动过程。

由于K1的自锁，安全单元上的外部伺服ON信号，可一直保持至I/O单元的SVON输出，使系统能可靠地完成伺服启动过程，它对按钮S2的操作时间无要求。当伺服启动完成

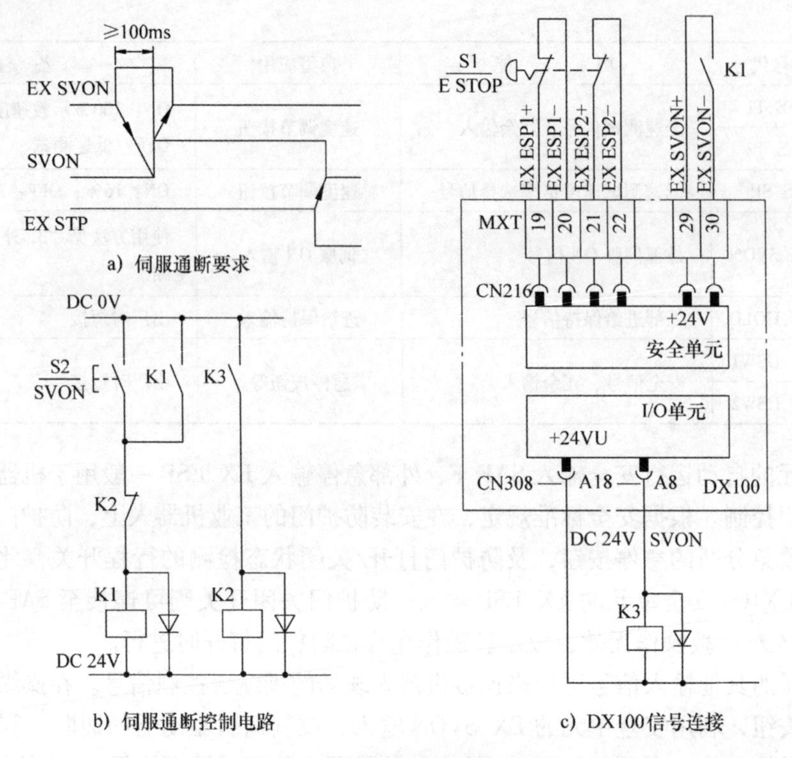

图 7.2-5 外部伺服通断控制

后，图7.2-5b 上的继电器 K2 将一直保持接通，它一方面禁止了伺服启动后的 S2 重复操作，同时还可用于指示灯控制。

7.2.3 I/O 单元

1. 功能与外观

DX100 系统的 I/O 单元（JZNC－YIU01）实际上就是 IR 控制器的 DI/DO 模块，它可将机器人或其他装置上的开关量输入（DI）信号，转换为 IR 控制器的可编程逻辑信号；将 IR 控制器的可编程逻辑状态，转换为控制外部执行元件通断的开关量输出（DO）信号；I/O 单元和 IR 控制器间通过 I/O 总线连接。

I/O 单元的外观和接口电路原理如图 7.2-6 所示；连接器功能见表 7.2-4。

2. 电源连接

I/O 单元的 DC24V 基本工作电源由 DX100 系统的电源单元（CPS）提供；用于 DI/DO 接口的 DC24V 电源 DC 24VU 可采用下述两种方式供给，接口电源安装有 250V/3.15A 短路保护快速熔断器 F1/F2。

1）使用内部电源 DC 24V2。此时，I/O 单元上的 DI/DO 接口电源输入连接端 CN303－1/2，应直接与 CN303－3/4 短接（出厂设置），CN303－1/2 无须再连接外部电源。

接口电路使用 DC 24V2 电源时应注意：由于容量的限制，DX100 电源单元（CPS）可提供给 I/O 单元接口电路使用的 DC24V 容量大致为 DC24V/1A（最大不得超过 1.5A），因此，当同时接通的 DI/DO 点数较多或 DO 负载容量较大时，必须使用外部电源供电。

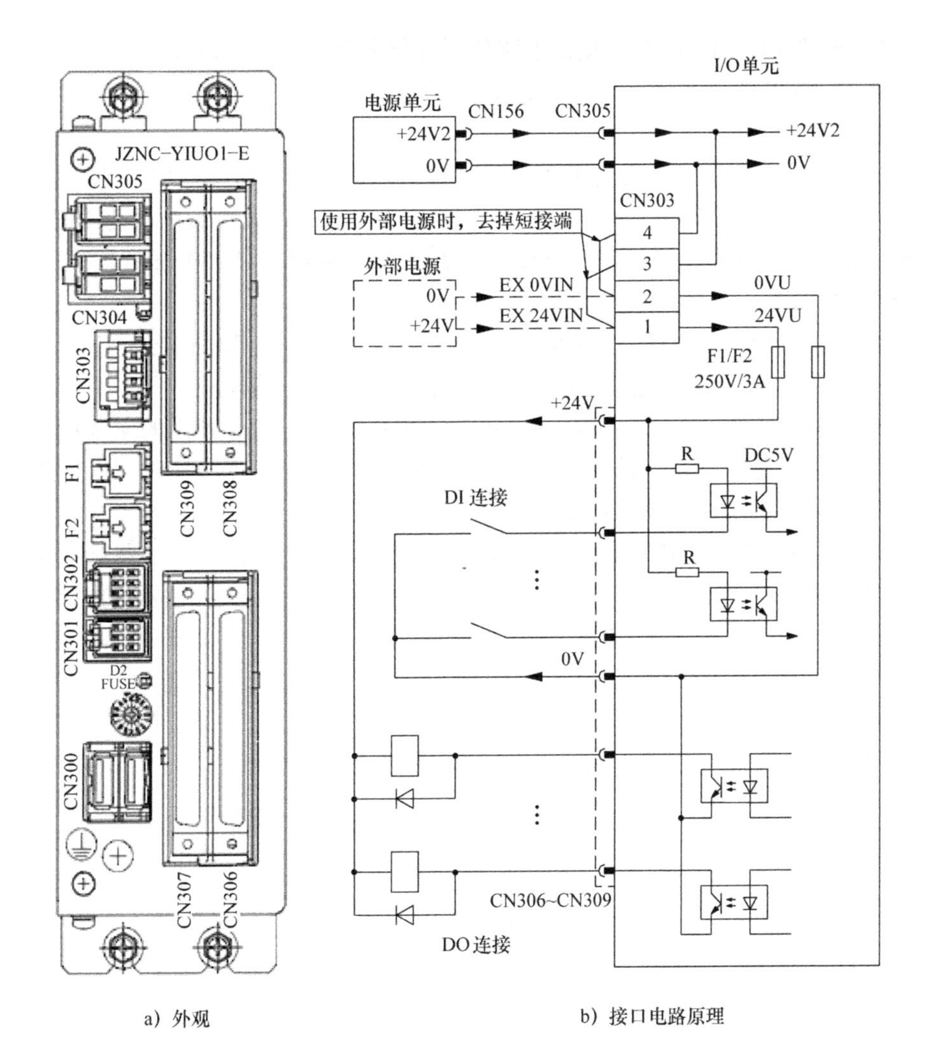

a）外观　　b）接口电路原理

图 7.2-6　I/O 单元外观与接口电路原理

表 7.2-4　I/O 单元连接器功能表

连接器	功　　能	连接对象
CN300	I/O 总线接口	IR 控制器接口模块 CN114
CN301	面板 I/O 接口	一般不使用
CN302	通用输入接口	一般不使用
CN303 接线端	DC 24V 电源连接/切换端	外部 DC24V 电源
CN304	DC 24V 电源输出	其他单元供电（一般不使用）
CN305	DC 24V 电源输入	电源单元（CPS）CN156
CN306	DI/DO 连接器	机器人开关量输入/输出
CN307	DI/DO 连接器	机器人开关量输入/输出
CN308	DI/DO 连接器	机器人开关量输入/输出
CN309	DI/DO 连接器	机器人开关量输入/输出

2）使用外部 DC 24V 电源。接口电路使用外部电源供电时，DC 24V 电源应连接至 I/O 单元的连接端 CN303－1/2 上，同时，还必须断开连接 CN303－1/2 和 CN303－3/4 的短接线，以防止 DC 24V 电源短路。

外部 DC 24V 电源的容量决定于系统同时接通的 DI/DO 点数及 DO 负载容量，每一 DI 点的正常工作电流为 DC 24V/8mA，每一光耦输出 DO 点的最大负载电流为 DC 24V/50mA；继电器触点输出的 DO 点容量决定于负载（每点的极限为 DC 24V/500mA）。

3. DI/DO 连接

I/O 单元的连接器 CN306～CN309 最大可连接 40/40 点 DI/DO 信号，这些 DI/DO 信号都有对应的 IR 控制器可编程地址，可通过逻辑控制指令进行编程。

DX100 的 DI 信号采用"汇点输入（Sink）"连接方式，输入光耦的驱动电源由 I/O 单元提供。DI 信号的输入接口电路原理如图 7.2-6b 所示，输入触点 ON 时，IR 控制器的内部信号为"1"，光耦的工作电流大约为 DC 24V/8mA。

DX100 的 DO 信号分 NPN 型达林顿光耦晶体管输出（32 点）和继电器触点输出（8 点，CN307 连接）两类。光耦输出接口电路原理如图 7.2-6b 所示，IR 控制器的内部状态为"1"时，光耦晶体管接通；光耦输出的驱动能力为 DC 24V/50mA。连接器 CN307 上的 8 点继电器为独立触点输出，其驱动能力为 DC 24V/500mA。

I/O 单元的连接器 CN306～CN309 为 40 芯微型连接器，为了便于接线，实际使用时一般需要通过图 7.2-7 所示的端子转换器及电缆，转换为接线端子。

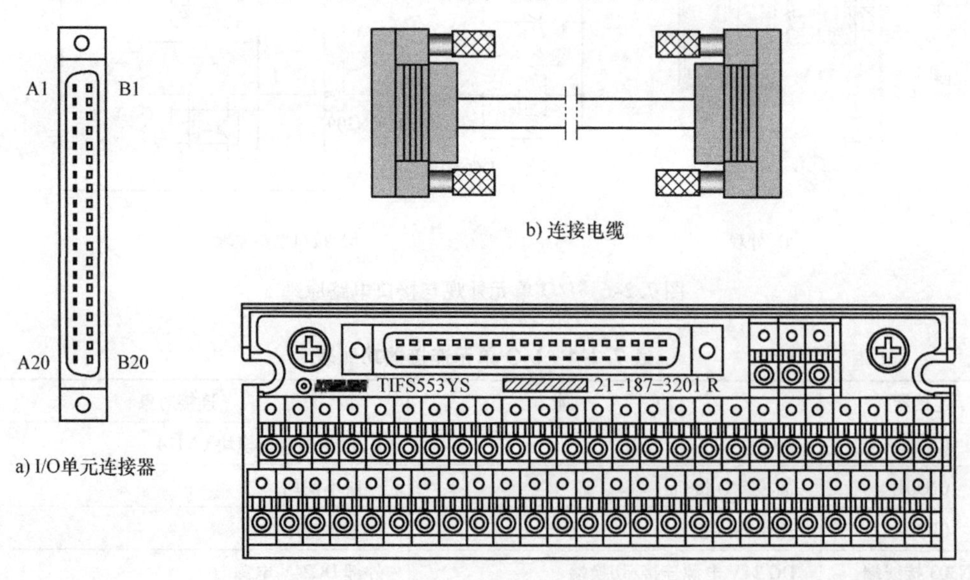

a) I/O单元连接器

b) 连接电缆

c) 端子转换器

图 7.2-7　DI/DO 信号连接

4. DI/DO 地址及功能

在 DX100 系统上，CN306～CN309 的 DI/DO 信号编程地址已由安川公司分配，部分 DI/DO 的功能也已规定。对于不同的应用，连接器 CN306～CN309 的 DI/DO 信号编程地址及信号功能，分别见表 7.2-5～表 7.2-8。

表 7.2-5 CN308 信号编程地址和功能表

类别	引脚号	编程地址	功能	应用			
				通用	搬运	点焊	弧焊
输入信号 DI	B1	20010	外部启动，远程（REMOTE）模式的启动信号	●	●	●	●
	A1	20011	—	—	—	—	—
	B2	20012	主程序调用	●	●	●	●
	A2	20013	报警清除	●	●	●	●
	B3	20014	—	—	—	—	—
	A3	20015	操作方式选择：再现	●	●	●	●
	B4	20016	操作方式选择：示教	●	●	●	●
	A4	20017	—	—	—	—	—
	B5	20020	干涉区 1 禁止	●	●	●	●
	A5	20021	干涉区 2 禁止	●	●	●	●
	B6	20022	执行器禁止（工具、焊接、引弧）	●	—	●	●
	A6	20023	焊接关闭（点焊）、引弧确认（弧焊）	—	—	●	●
	B7/A7	—	DC 0V 公共端 0VU	●	●	●	●
输出信号 DO	B8	30010	循环启动	●	●	●	●
	A8	30011	伺服 ON	●	●	●	●
	B9	30012	主程序选定	●	●	●	●
	A9	30013	报警	●	●	●	●
	B10	30014	电池报警	●	●	●	●
	A10	30015	远程操作模式	●	●	●	●
	B11	30016	再现操作模式	●	●	●	●
	A11	30017	示教操作模式	●	●	●	●
	B12	30020	加工区 1	●	●	●	●
	A12	30021	加工区 2	●	●	●	●
	B13	30022	作业原点	●	●	●	●
	A13	30023	程序运行	●	●	●	●
	B14/A14	—	—	—	—	—	—
	B15/A15	—	—	—	—	—	—
电源	B16/A16	—	DC 0V 公共端 0VU	●	●	●	●
	B17/A17	—	DC 0V 公共端 0VU	●	●	●	●
	B18/A18	—	DC 24V 公共端 24VU	●	●	●	●
	B19/A19	—	DC 24V 公共端 24VU	●	●	●	●
	B20	—	屏蔽地 FG	●	●	●	●
	A20	—	不使用	—	—	—	—

注：“●”代表已使用；“○”代表可根据情况使用；“—”代表不能使用（表 7.2-6 ~ 表 7.2-8 同）。

表 7.2-6　CN309 信号编程地址和功能表

类别	引脚号	编程地址	功　　能	应用			
				通用	搬运	点焊	弧焊
输入信号 DI	B1	20024	干涉区 3 禁止	●	—	●	—
	A1	20025	干涉区 4 禁止	●	—	●	—
	B2	20026	碰撞检测（搬运）、禁止摆弧（弧焊）	—	●	—	●
	A2	20027	气压不足（搬运）、弧焊检测关闭（弧焊）	—	●	—	●
	B3	20030	用户自定义输入 IN01	○	○	○	○
	A3	20031	用户自定义输入 IN02	○	○	○	○
	B4	20032	用户自定义输入 IN03	○	○	○	○
	A4	20033	用户自定义输入 IN04	○	○	○	○
	B5	20034	用户自定义输入 IN05	○	○	○	○
	A5	20035	用户自定义输入 IN06	○	○	○	○
	B6	20036	用户自定义输入 IN07	○	○	○	○
	A6	20037	用户自定义输入 IN08	○	○	○	○
	B7/A7	—	DC 0V 公共端 0VU	●	●	●	●
输出信号 DO	B8	30024	加工区 3（通用）、断气监控	●	—	●	●
	A8	30025	加工区 4（通用）、断丝监控	●	—	●	●
	B9	30026	粘丝监控	—	—	—	●
	A9	30027	断弧监控	—	—	—	●
	B10	30030	用户自定义输出 OUT01	○	○	○	○
	A10	30031	用户自定义输出 OUT02	○	○	○	○
	B11	30032	用户自定义输出 OUT03	○	○	○	○
	A11	30033	用户自定义输出 OUT04	○	○	○	○
	B12	30034	用户自定义输出 OUT05	○	○	○	○
	A12	30035	用户自定义输出 OUT06	○	○	○	○
	B13	30036	用户自定义输出 OUT07	○	○	○	○
	A13	30037	用户自定义输出 OUT08	○	○	○	○
	B14/A14	—	—	—	—	—	—
	B15/A15	—	—	—	—	—	—
电源	B16	—	同 CN308	●	●	●	●
	…	…		●	●	●	●
	A20	—		●	●	●	●

表 7.2-7 CN306 信号编程地址和功能表

类别	引脚号	编程地址	功能	应用			
				通用	搬运	点焊	弧焊
输入信号 DI	B1	20040	用户自定义输入 IN09（点焊为 IN17）	○	○	○	○
	A1	20041	用户自定义输入 IN10（点焊为 IN18）	○	○	○	○
	B2	20042	用户自定义输入 IN11（点焊为 IN19）	○	○	○	○
	A2	0043	用户自定义输入 IN12（点焊为 IN20）	○	○	○	○
	B3	20044	用户自定义输入 IN13（点焊为 IN21）	○	○	○	○
	A3	20045	用户自定义输入 IN14（点焊为 IN22）	○	○	○	○
	B4	20046	用户自定义输入 IN15（点焊为 IN23）	○	○	○	○
	A4	20047	用户自定义输入 IN16（点焊为 IN24）	○	○	○	○
	B5/A5	—	—	—	—	—	—
	B6/A6	—	—	—	—	—	—
	B7/A7	—	DC 0V 公共端 0VU	●	●	●	●
输出信号 DO	B8	30040	用户自定义输出 OUT09（点焊为 OUT17）	○	○	○	○
	A8	30041	用户自定义输出 OUT10（点焊为 OUT18）	○	○	○	○
	B9	30042	用户自定义输出 OUT11（点焊为 OUT19）	○	○	○	○
	A9	30043	用户自定义输出 OUT12（点焊为 OUT20）	○	○	○	○
	B10	30044	用户自定义输出 OUT13（点焊为 OUT21）	○	○	○	○
	A10	30045	用户自定义输出 OUT14（点焊为 OUT22）	○	○	○	○
	B11	30046	用户自定义输出 OUT15（点焊为 OUT23）	○	○	○	○
	A11	30047	用户自定义输出 OUT16（点焊为 OUT24）	○	○	○	○
	B12/A12	—	—	—	—	—	—
	B13/A13	—	—	—	—	—	—
	B14/A14	—	—	—	—	—	—
	B15/A15	—	—	—	—		—
电源	B16		同 CN308	●	●	●	●
	…	…		●	●	●	●
	A20			●	●	●	●

表 7.2-8 CN307 信号编程地址和功能表

类别	引脚号	编程地址	功能	应用			
				通用	搬运	点焊	弧焊
输入信号 DI	B1	20050	用户自定义输入 IN17、冷却异常 1（点焊）	○	○	●	○
	A1	20051	用户自定义输入 IN18、冷却异常 2（点焊）	○	○	●	○
	B2	20052	用户自定义输入 IN19、变压器过热（点焊）	○	○	●	○
	A2	20053	用户自定义输入 IN20、水压低（点焊）	○	○	●	○
	B3	20054	用户自定义输入 IN21（点焊为 IN13）	○	○	○	○
	A3	20055	用户自定义输入 IN22（点焊为 IN14）	○	○	○	○
	B4	20056	用户自定义输入 IN23（点焊为 IN15）	○	○	○	○

（续）

类别	引脚号	编程地址	功　　能	应用			
				通用	搬运	点焊	弧焊
输入信号 DI	A4	20057	用户自定义输入 IN24（点焊为 IN16）	○	○	○	○
	B5/A5	—	—	—	—	—	—
	B6/A6	—	—	—	—	—	—
	B7/A7	—	DC 0V 公共端 0VU	●	●	●	●
输出信号 DO	B8/A8	30050	用户自定义继电器输出 OUT17、焊接通断	○	○	●	○
	B9/A9	30051	用户自定义继电器输出 OUT18、焊接复位	○	○	●	○
	B10/A10	30052	用户自定义继电器输出 OUT19、焊接条件 1	○	○	●	○
	B11/A11	30053	用户自定义继电器输出 OUT20、焊接条件 2	○	○	●	○
	B12/A12	30054	用户自定义继电器输出 OUT21、焊接条件 3	○	○	●	○
	B13/A13	30055	用户自定义继电器输出 OUT22、焊接条件 4	○	○	●	○
	B14/A14	30056	用户自定义继电器输出 OUT23、焊接条件 5	○	○	●	○
	B15/A15	30057	用户自定义继电器输出 OUT24、电极更换	○	○	●	○
电源	B16		同 CN308	●	●	●	●
	…	…		●	●	●	●
	A20			●	●	●	●

7.2.4 电源单元及 IR 控制器

1. 功能与外观

DX100 系统的电源单元（CPS 单元，JZNC－YPS01）是一个 AC 200V 输入、DC 24/5V 输出的直流稳压电源。电源单元的 DC 24V 主要用于 IR 控制器的接口电路、示教器及安全单元、I/O 单元、伺服驱动器控制板等部件的供电；此外，伺服电机的 DC 24V 制动器控制电源，也可由电源单元提供。DC 5V 主要用于 IR 控制器内部电子电路的供电。

DX100 控制系统的 IR 控制器（JZNC－YRK01）是控制工业机器人坐标轴位置和轨迹、输出插补脉冲、进行 I/O 信号逻辑运算及通信处理的装置，其功能与数控系统的数控装置（CNC）类似。IR 控制器由基架（JZNC－YBB01）、接口模块（I/F 模块，JZNC－YIF01）、CPU 模块（JZNC－YCP01）组成。CPU 模块是用于控制系统通信处理、运动轴插补运算、DI/DO 逻辑处理的中央控制器，模块安装有连接示教器和外部设备的 RS232C、以太网（LAN）、USB 接口。通信接口模块（I/F 模块）主要用于工业机器人内部的 I/O 总线、Drive 总线的通信控制。

DX100 控制系统的电源单元（CPS）与 IR 控制器的结构、安装方式相同，两者通常并列安装，组成类似于模块式 PLC 的控制单元。电源单元和 IR 控制器的外观如图 7.2-8 所示，连接器功能见表 7.2-9。

2. 电源单元连接

电源单元（CPS）的输入为 AC 200～240V/2.8～3.4A，输入电源来自 ON/OFF 单元；电源单元的 DC 24V 输出分为 24V1、24V2、24V3 三组，24V1/24V2 可用于系统的安全单

元、I/O 单元、伺服控制板等控制装置的供电；24V3 用于伺服电机的制动器控制。在 DX100 系统上，以上输入/输出均为内部连接线路，它们已通过标准电缆连接。

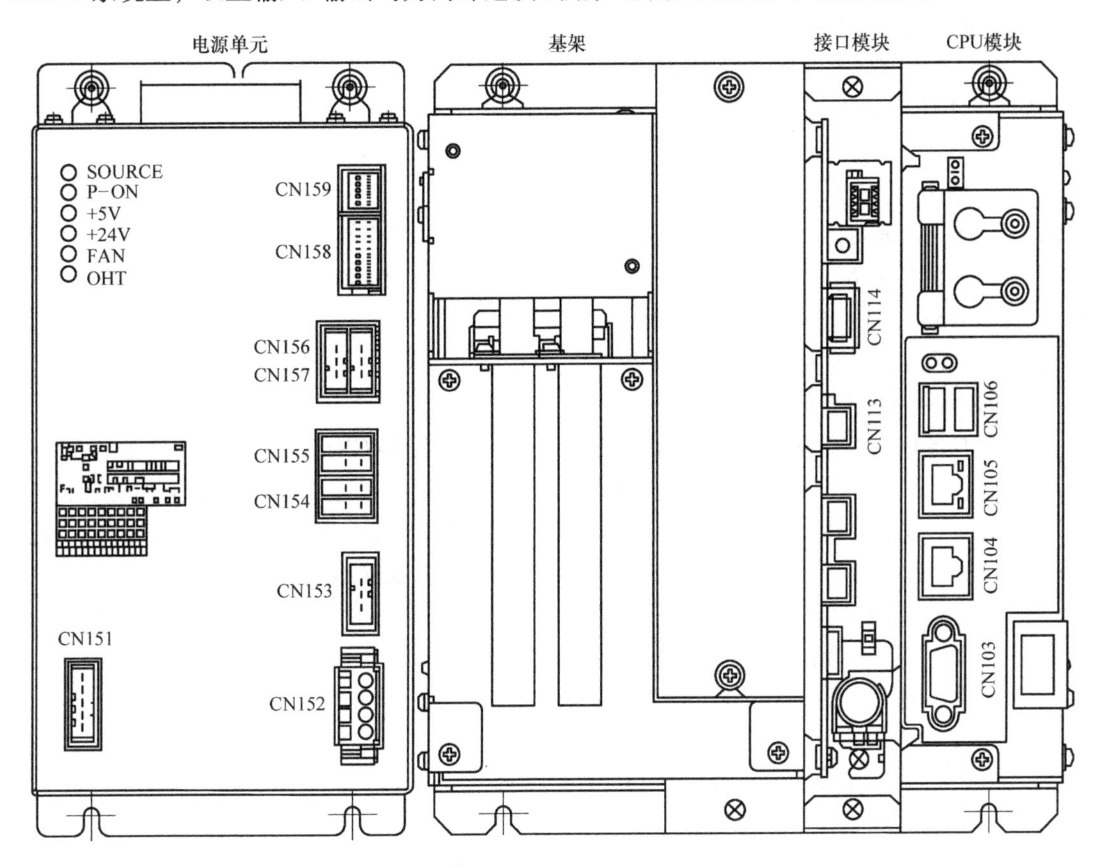

图 7.2-8　电源单元（CPS）和 IR 控制器的外观

表 7.2-9　电源单元、IR 控制器连接器功能表

部件	连接器	功　　能	连接对象
电源单元	CN151	AC 200～240V 电源输入（2.8～3.4A）	ON/OFF 单元 CN603
	CN152 接线端	外部（REMOTE）ON 信号连接端	外部 ON 控制信号
	CN153	DC 24V3 制动器电源输出（最大 3A）	制动单元 CN403
	CN154	DC 24V1/DC24V2 电源输出	安全单元 CN200
	CN155	DC 24V1/DC24V2 电源输出	伺服控制板 CN509
	CN156	DC 24V2 电源输出（最大 1.5A）	I/O 单元 CN305
	CN157	DC 24V2 电源输出（最大 1.5A）	—
	CN158	DC 5V 控制总线接口	IR 控制器基架 CN5
	CN159	DC 24V 控制总线接口	IR 控制器基架 CN5
IR 控制器	CN113	Drive 总线接口	伺服控制板 CN515
	CN114	I/O 总线接口	I/O 单元 CN300
	CN103	RS232C 通信接口	外设
	CN104	以太网通信接口	外设
	CN105	示教器通信接口	示教器
	CN106	USB 接口	外设

在DX100标准型系统上，电源单元的启动/停止直接由ON/OFF单元控制，如需要，也可通过接线端CN152上的外部ON控制信号（也称为远程控制信号，REMOTE），控制电源单元的启动。

电源单元的外部ON控制信号POWER ON，需要按图7.2-9所示，连接到CN152的连接端CN152－1（R－IN）和CN152－1（R－INCOM）上，同时，应取下连接端CN152－1/2上安装的短接线。

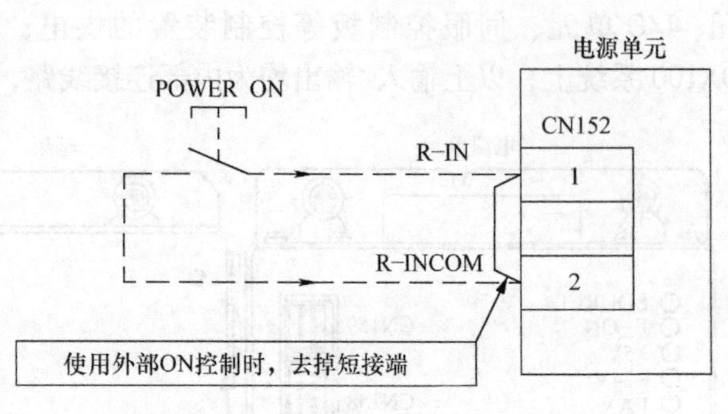

图7.2-9 电源单元的外部ON控制

3. IR控制器的连接

IR控制器机架控制总线CN5和电源单元（CPS）连接器CN158/CN159的连接，在系统出厂时已完成；CPU模块、接口模块（I/F模块）与基架间，直接通过基架上的总线连接。CPU模块和示教器之间，可通过标准网络电缆连接；CPU模块与外设间的通信接口，均为USB、RS232C、LAN等通用标准串行接口，可直接使用标准网络电缆。

接口模块（I/F模块）的Drive总线接口CN113，需要通过系统的标准网络电缆，与伺服驱动器的控制板连接；模块的I/O总线接口CN114，可通过系统配套的标准网络电缆，与DX100的I/O单元连接。

7.3 伺服驱动器的安装与连接

7.3.1 电源模块

1. 连接要求

DX100系统的基本控制轴数为6轴，为了缩小调节、降低成本，系统采用了图7.3-1所示的6轴驱动器集成型结构，伺服驱动器由电源模块、6轴集成一体的控制板和各轴独立的逆变模块等部件组成。

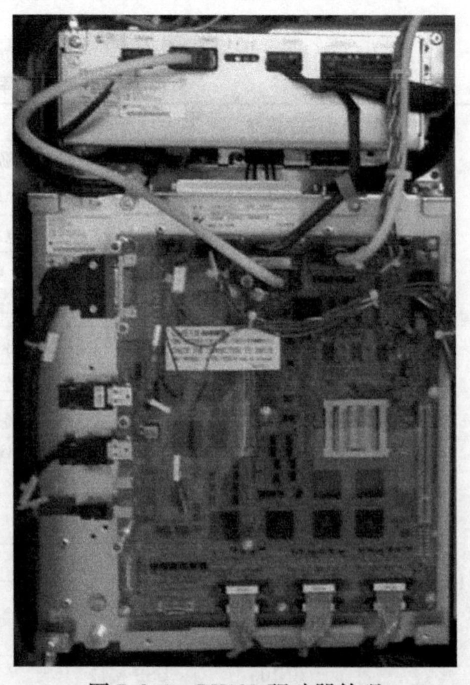

图7.3-1 DX100驱动器外观

驱动器的电源模块主要用来产生6轴逆变所需要的公共直流母线电压和驱动器内部控制电压。DX100系统的电源模块有分离型和集成型两种结构形式：用于MH5L、MH6、MA1400、VA1400、HP20D、MA1900工业机器人的小功率（1～2kVA）电源模块，采用电源模块、控制板、6轴逆变模块集成一体型结构；用于MH50、MS80、VS50、ES165D、ES200D机器人的大功率（4～

5kVA）电源模块，采用分离型结构，电源模块为独立的组件，控制板和6轴逆变模块集成一体。

集成型电源模块和分离型电源模块只是体积、安装方式上的区别，模块的作用、原理及连接器布置、连接要求均一致。DX100系统电源模块的连接器布置及功能分别如图7.3-2、表7.3-1所示。

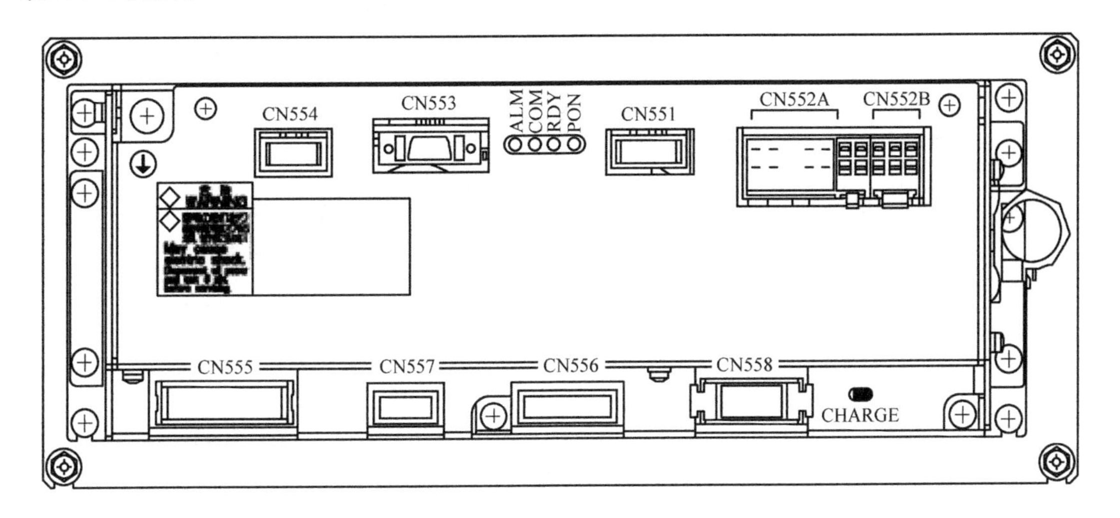

图7.3-2　电源模块连接器布置

表7.3-1　驱动器电源模块连接器功能表

连接器	功　　能	连接对象
CN551	DC 24V 电源输入	伺服控制板 CN510
CN552	逆变控制电源输出	6 轴逆变模块 CN582
CN553	整流控制信号输入	伺服控制板 CN501
CN554	AC 200V 控制电源输入	ON/OFF 单元 CN604
CN555	三相 AC 200V 主电源输入	ON/OFF 单元 CN602
CN556	直流母线输出	6 轴逆变模块 CN583
CN557	制动电阻连接	制动电阻
CN558	附加轴直流母线输出	附加轴逆变模块（一般不使用）

2. 模块原理

电源模块的原理框图如图7.3-3所示。电源模块的三相200V主电源输入和AC 200V控制电源，均安装有过电压保护器件；模块内部还设计有电压检测、控制和故障指示电路。

在电源模块上，来自ON/OFF单元的三相200V主电源，从CN555输入后，可通过模块内部的三相桥式整流电路，转换成DC 270～300V的直流母线电压，并通过CN556输出到6轴PWM逆变模块上。电源模块启动时，可通过内部继电器RY，进行直流母线预充电控制；模块工作后，直流母线电压可通过IPM（功率集成模块）对制动电阻的控制，消耗电机制动时的能量，对母线电压进行闭环自动调节。

从CN554输入的AC200V控制电源，可通过整流电路与直流调压电路，转换为伺服驱动器内部电子线路使用的±5V、±12V 直流电压和 PG5V 编码器的电源。模块的 DC24V 控制电源来自伺服控制板的输出。

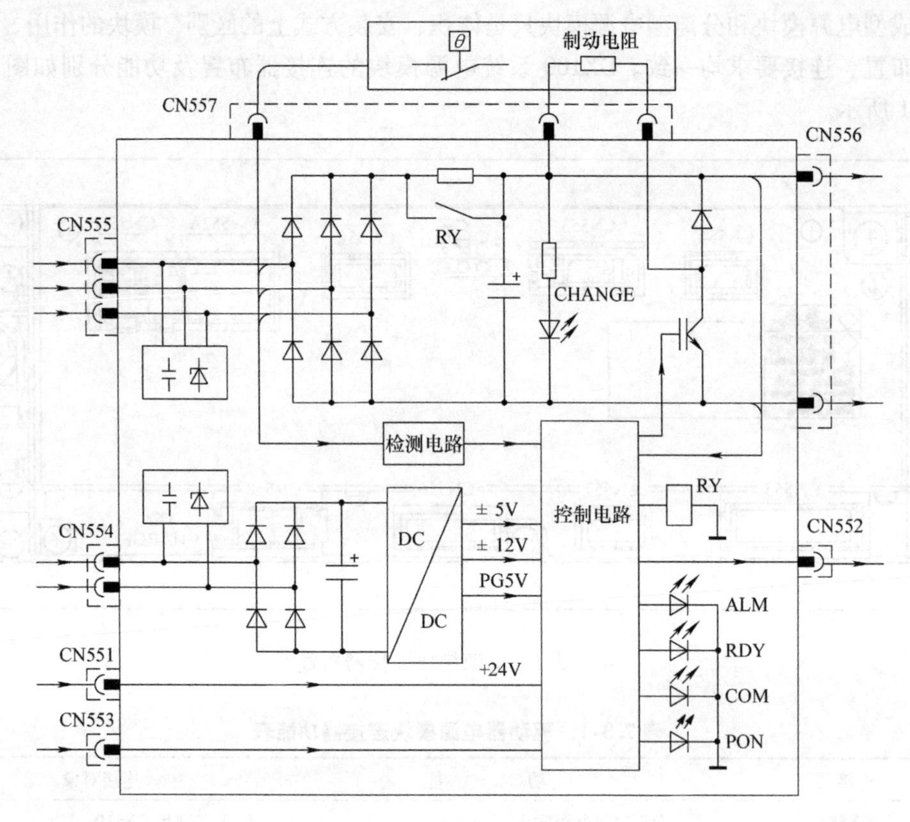

图 7.3-3 电源模块原理框图

7.3.2 伺服控制板

1. 连接要求

驱动器的伺服控制板主要用于伺服轴的位置、速度和转矩的闭环控制，生成逆变功率管的 PWM 控制信号。DX100 控制系统的伺服控制板采用 6 轴集成型结构，控制板安装在逆变模块的上方，其外形及连接器功能分别如图 7.3-4、表 7.3-2 所示。

表 7.3-2 伺服控制板连接器功能表

连接器	功　　能	连接对象
CN501～CN506	第 1～6 轴 PWM 控制及检测信号连接	各轴逆变模块 CN581
CN507	整流控制信号输出	电源模块 CN553
CN508	第 1～6 轴编码器信号输入	S/L/U/R/B/T 轴伺服电机编码器
CN509	DC 24V 电源输入	电源单元（CPS）CN155
CN510	DC 24V 电源输出	电源模块 CN551
CN511	伺服安全控制信号输入	安全单元 CN210
CN512	碰撞开关输入及编码器电源单元供电	机器人碰撞开关及编码器电源单元

（续）

连接器	功　　能	连接对象
CN513	电机制动器控制信号输出	制动单元 CN405
CN514	驱动器直接输入信号	外部检测开关
CN515	Drive 并行总线接口（输入）	I/R 控制器接口模块 CN113
CN516	Drive 并行总线接口（输出）	其他伺服控制板（一般不使用）
CN517	I/O 总线接口（输入）	安全单元 CN202
CN518	I/O 总线接口（输出）	终端电阻

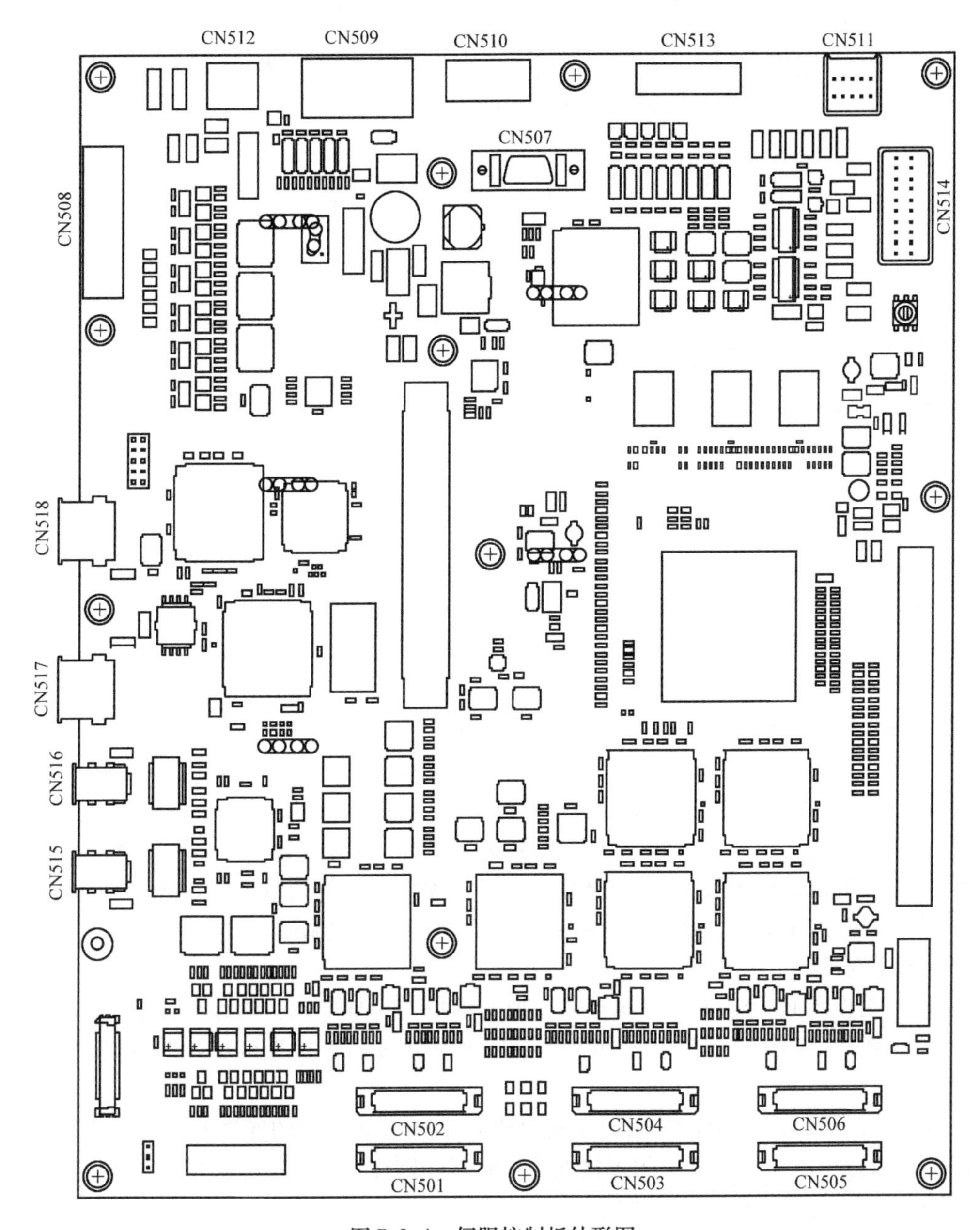

图 7.3-4　伺服控制板外形图

2. 控制板原理

伺服控制板的原理框图如图 7.3-5 所示，控制板安装有统一的伺服处理器、6 轴独立的位置控制处理器以及相关的接口电路。

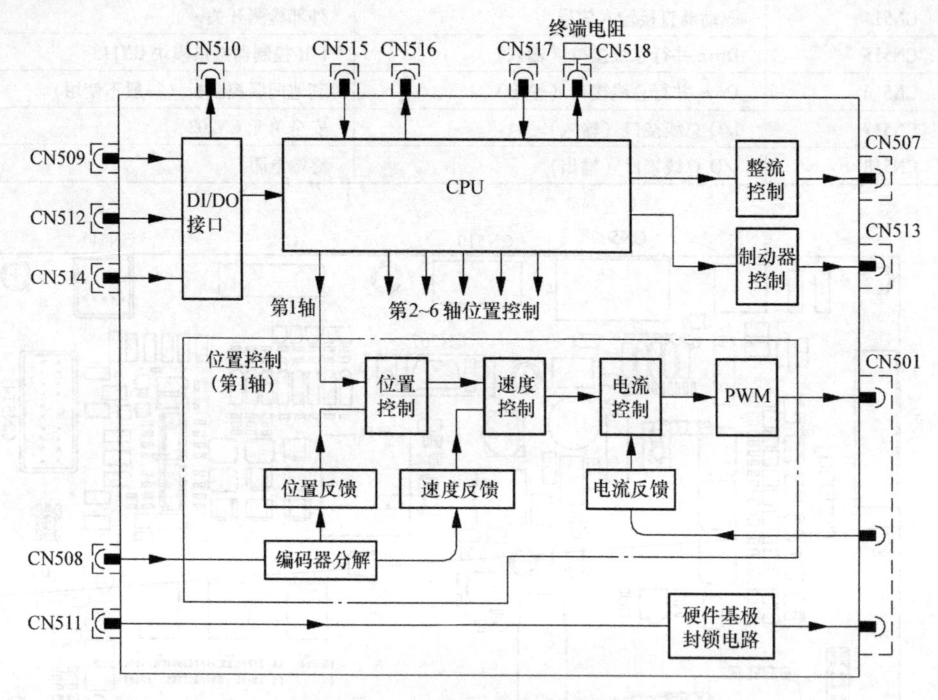

图 7.3-5　伺服控制板的原理框图

伺服处理器主要用于并行 Drive 总线、串行 I/O 总线的通信处理，以及公共的电源模块整流控制、伺服电机制动器控制，向各伺服轴的位置控制处理器发送位置控制命令等。如果需要，控制板还可利用连接器 CN512、CN514，连接碰撞开关、测量开关等高速 DI 信号；高速 DI 信号可不通过 IR 控制器，直接控制驱动器中断。

各轴独立的位置控制处理器用于该轴的位置控制，其内部包含有位置、速度、电流（转矩）3 个闭环控制，以及 PWM 脉冲生成、编码器分解、硬件基极封锁等电路。位置、速度反馈信号来自伺服电机内置编码器输入连接器 CN508，编码器输入信号可通过控制板的编码器分解电路的处理，转换为位置、速度检测信号；电流（转矩）反馈信号来自逆变模块的伺服电机电枢检测输入（见逆变模块连接）；硬件基极封锁信号来自安全单元输出，该信号可在电机紧急制动时，直接封锁逆变管，断开电机电枢输出。

3. DI 信号连接

伺服控制板与 IR 控制器、电源模块、逆变模块、安全单元、电源单元等的连接，均可通过标准电缆内部连接；控制板的 DI 信号，可根据需要，连接直接输入的碰撞开关、测量开关信号。

碰撞开关是驱动器所有轴共用的高速中断 DI 信号，该信号的连接要求如图 7.3-6 所示。连接时需要断开 CN512－3/4 上的短接插头，将其分别连接至碰撞开关的常闭触点上。碰撞开关的输入驱动电源，也可使用机器人上的 DI 信号电源，此时无须连接 CN512－3。

除碰撞开关外，驱动器的每一轴还可使用 1 个独立的高速中断 DI 信号 AXDI，该信号的

连接要求如图 7.3-7 所示。

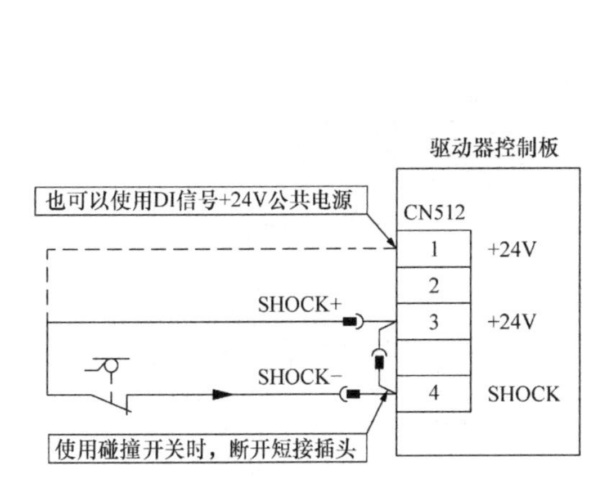

图 7.3-6　碰撞开关的连接

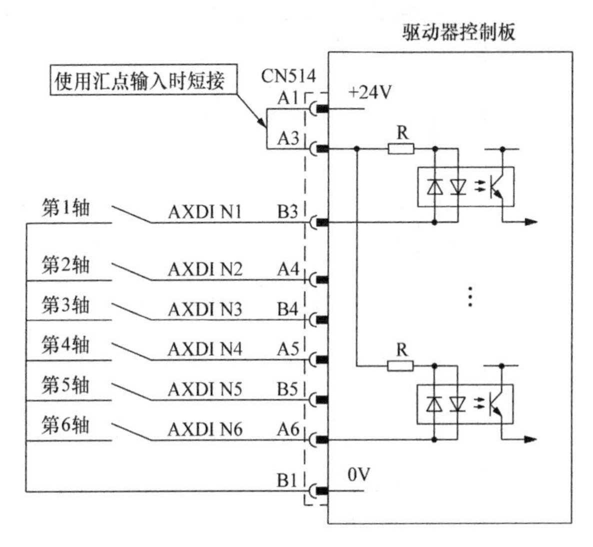

图 7.3-7　信号 AXDI N1 ~6 的连接

信号 AXDI N1 ~6 的输入采用双向光耦，可使用汇点输入或源输入连接方式；汇点输入连接时，应将 CN514 – A1/A3 短接，以 A1 上的 DC 24V 作为光耦公共驱动电源；同时将输入触点的一端短接后，连接至控制板的 0V 连接端 B1。

7.3.3　逆变模块

1. 连接要求

驱动器的逆变模块是进行 PWM 信号功率放大的器件，每一轴都有独立的逆变模块。DX100 系统的逆变模块安装在伺服驱动器控制板下方的基架上。

驱动器的逆变模块安装有三相逆变主回路的功率集成模块（IPM），以及 IPM 基极控制、伺服电机电流检测、动态制动（Dynamic Braking，DB）控制等电路。驱动器的逆变模块安装及连接器功能如图 7.3-8、表 7.3-3 所示。

2. 模块原理

逆变模块的原理框图如图 7.3-9 所示，模块主要包括功率集成模块（IPM）、控制电路、电流检测、动态制动等部分。

DX100 伺服驱动器的逆变模块使用了第四代电力电子器件 IPM。IPM 是一种以 IGBT（Insulated Gate Bipolar Transistor，绝缘栅双极晶体管）为功能器件，集成有过电压、过电流、过热等故障监测电路的复合型电力电子器件，它具有体积小、可靠性高、使用方便等优点，是目前交流伺服驱动器最为常用的电力电子器件。

IPM 的容量与驱动电机的功率有关，不同容量的 IPM 外形、体积稍有区别，但连接方式相同。IPM 的直流母线电源来自驱动器电源模块输出，它们通过连接器 CN583 连接；IPM 的三相逆变输出可通过连接器 CN584，连接各自的伺服电机电枢；IPM 的基极由伺服控制板的 PWM 输出信号控制。

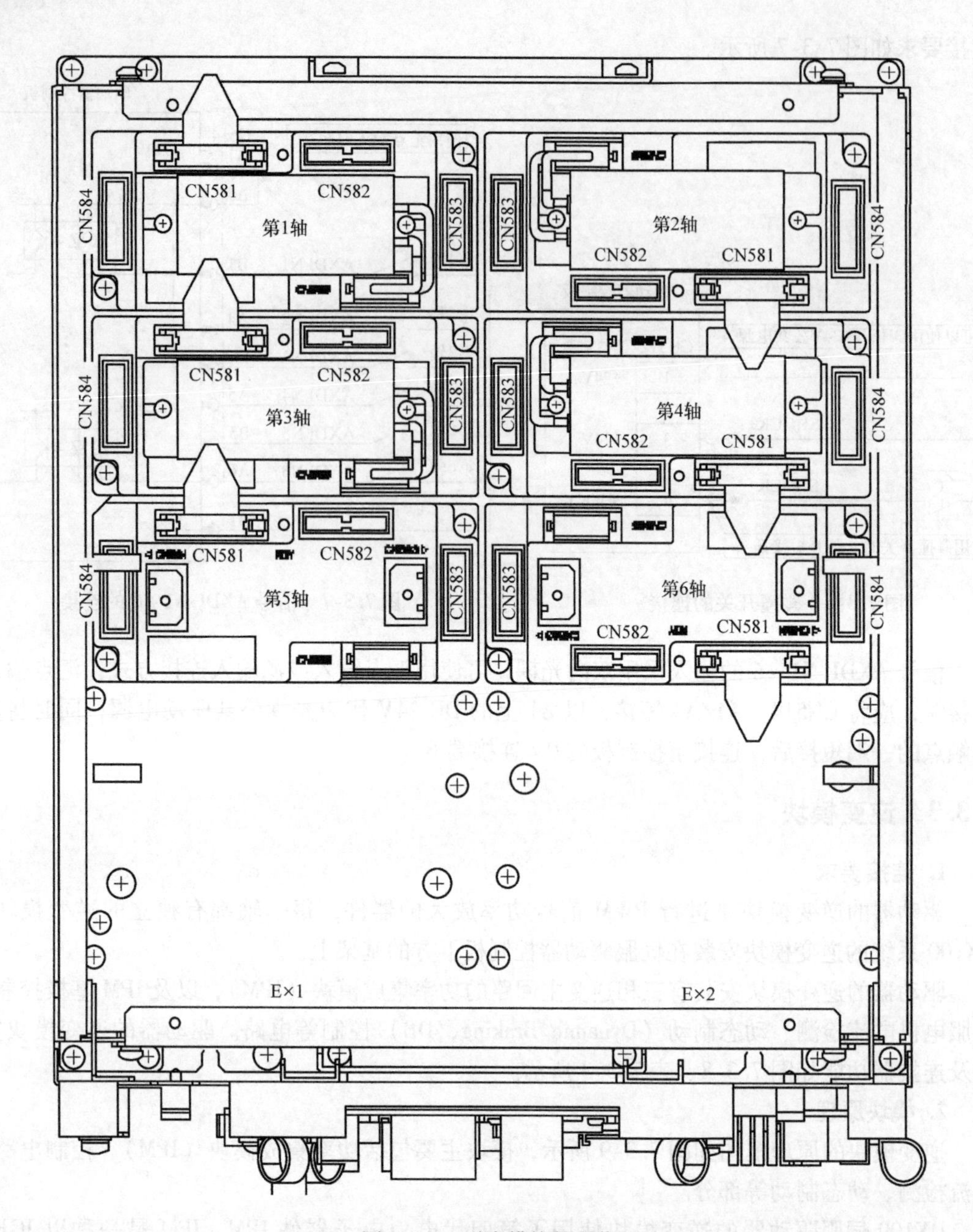

图 7.3-8　逆变模块的安装

表 7.3-3　逆变模块连接器功能表

连接器	功　　能	连接对象
CN581	PWM 控制及检测信号连接	伺服控制板 CN501 ~ CN506
CN582	逆变控制电源输入	驱动器电源模块 CN552
CN583	直流母线输入	驱动器电源模块 CN556
CN584	伺服电机电枢输出	伺服电机电枢

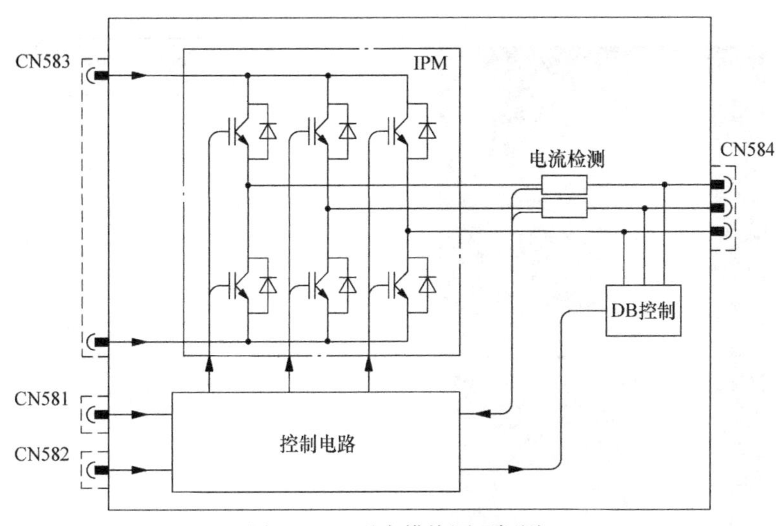

图 7.3-9 逆变模块原理框图

模块的电流检测信号用于伺服控制板的闭环电流控制，信号通过连接器 CN581 反馈至伺服控制板。动态制动电路用于伺服电机的急停，动态制动时，电机的三相绕组将直接加入直流，以控制电机快速停止。

7.3.4 制动单元

1. 连接要求

为了使工业机器人的运动轴能够在控制系统电源关闭时，保持关机前的位置不变，同时，也能在系统出现紧急情况时，使运动轴快速停止，工业机器人的所有运动轴，一般都需要安装机械制动器。

为缩小体积、方便安装和调试，工业机器人通常直接采用带制动器的伺服电机驱动，机械制动器直接安装在伺服电机内（称为内置制动器）。

在 DX100 系统上，伺服电机的制动器由图 7.3-10 所示的制动单元（JANCD－YBK01）进行控制，制动单元的连接器功能见表 7.3-4。

2. 内部原理

制动单元的内部电路原理框图如图 7.3-11 所示。

DX100 系统的伺服电机采用 DC 24V 制动器，在标准产品上，制动器的 DC 24V 电源由系统的电源单元供给、从连接器 CN403 上输入；如伺服电机的规格较大，从安全、可靠的角度，制动器最好使用外部 DC 24V 电源供电，连接器 CN404 可用于外部电源输入连接。同样，采用外部电源供电时，必须断开电源单元连接器 CN403，以防止 DC 24V 电源的短路。

所有电机的制动器都受驱动器主接触器 1KM、2KM 的控制，主接触器互锁触点从连接器 CN402 引入，主接触器断开时，所有轴的制动器（BK1～BK6）将立即断电制动。

伺服系统正常工作时，制动器由伺服控制板上的伺服 ON 信号控制。当伺服 ON 时，伺服控制板在开放逆变模块的 IPM、使电机电枢通电的同时，将输出对应轴的制动器松开信号，接通制动单元的继电器 RYn、松开制动器 BKn。伺服 OFF 时，经过规定的延时后，撤销制动器松开信号，制动器制动。

a) 外观

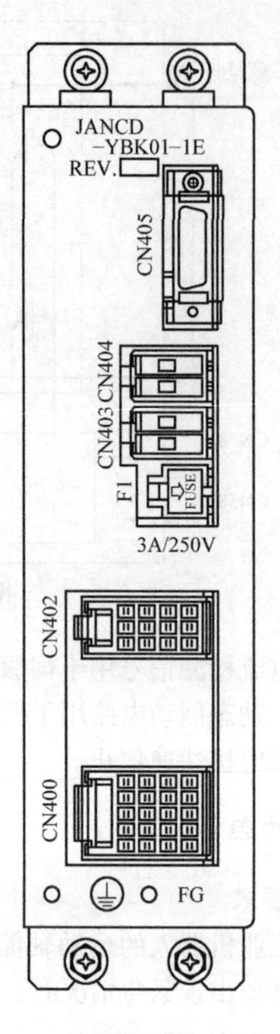

b) 连接器布置

图 7.3-10　制动单元

表 7.3-4　制动单元连接器功能表

连接器	功　　能	连接对象
CN400	制动器输出	第 1 ~6 轴伺服电机
CN402	主接触器互锁信号	ON/OFF 单元 CN608
CN403	制动器电源输入 1	电源单元 CN153
CN404	制动器电源输入 2	一般不使用
CN405	制动器控制信号输入	伺服控制板 CN513

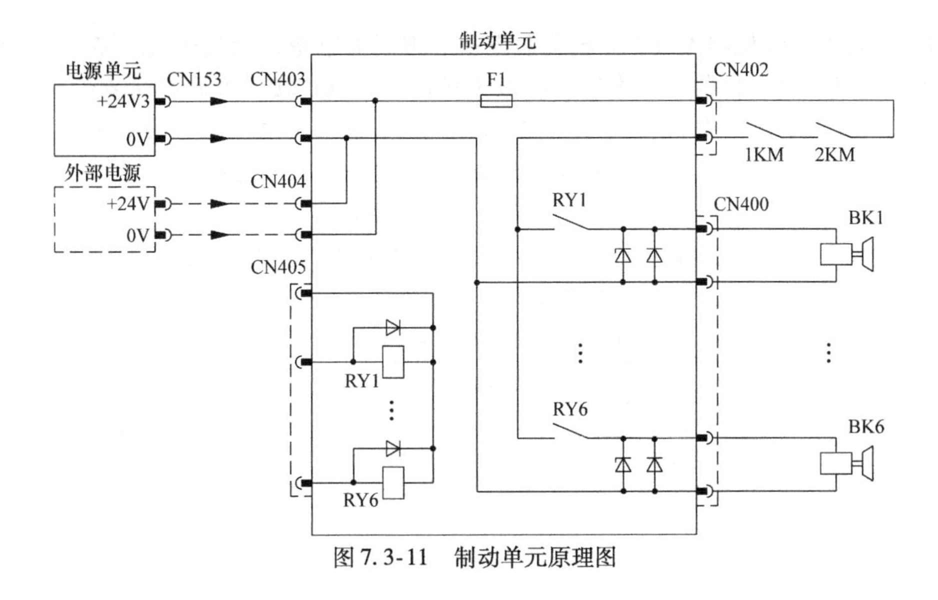

图 7.3-11　制动单元原理图

7.4　机器人本体的电气连接

7.4.1　器件安装和连接概述

1. 电气件安装

工业机器人属于简单机电一体化设备，机器人本体上一般只有伺服电机及少量的行程开关。MH6 机器人本体的基本电气件安装如图 7.4-1 所示。

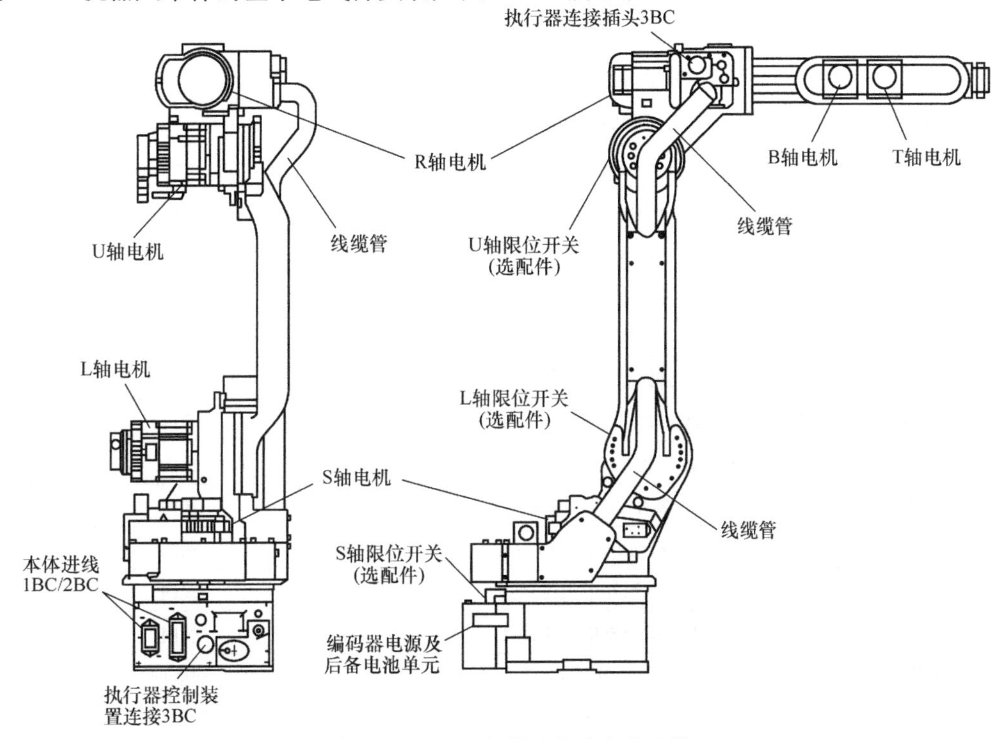

图 7.4-1　MH6 机器人的电气件安装

标准配置的MH6机器人只有6轴伺服电机、编码器电源单元及相关连接电缆，S/L/U轴超程开关为选配件。机器人本体和DX100系统间的电气连接，可通过安装在底座上的连接器1BC、2BC进行，考虑到末端执行器的控制需要，MH6机器人已预设有14芯装备电缆3BC及气管。装备电缆和执行器控制装置连接的连接器3BC，安装在底座接线板上；3BC电缆和末端执行器连接的出线插头，安装在机器人的上臂后端。

为了连接机器人上的伺服电机及开关，机器人本体内部安装有较多的分线插头，MH6机器人的分线插头编号、安装位置及作用见表7.4-1。

表7.4-1　MH6机器人本体分线插头一览表

插头编号	用　途	安装位置
1BC	MH6与DX100信号电缆连接	底座接线板
2BC	MH6与DX100动力电缆连接	底座接线板
3BC（进）	MH6与执行器控制装置连接	底座接线板
3BC（出）	MH6与末端执行器连接	上臂接线板
1CN	B轴编码器（电机内置）	前臂内
2CN	B轴编码器DC 5V电源	前臂内
3CN	T轴编码器（电机内置）	前臂内
4CN	T轴编码器DC 5V电源	前臂内
5CN	B轴伺服电机电枢	前臂内
6CN	B轴制动器（电机内置）	前臂内
7CN	T轴伺服电机电枢	前臂内
8CN	T轴制动器（电机内置）	前臂内
9CN	R轴编码器（电机内置）	上臂分线盒内
10CN	R轴编码器DC 5V电源	上臂分线盒内
11CN	R轴伺服电机电枢	上臂分线盒内
12CN	R轴制动器（电机内置）	上臂分线盒内
13CN	B/T轴编码器中间连接器	上臂分线盒内
14CN	B/T轴电枢中间连接器	上臂分线盒内
15CN	B/T轴制动器中间连接器	上臂分线盒内
16CN	U轴编码器（电机内置，含DC 5V电源）	上臂分线盒内
17CN	U轴电机动力线（含制动器）	上臂分线盒内
18CN	S轴编码器（电机内置，含DC 5V电源）	腰内
19CN	L轴编码器（电机内置，含DC 5V电源）	腰内
20CN	S轴电机动力线（含制动器）	腰内
21CN	L轴电机动力线（含制动器）	腰内
22CN	S轴编码器中间连接器	腰内
23CN	L轴编码器中间连接器	腰内
X1①	电池单元DC 24V输入	底座内
X2①	电池单元后备电池连接器1	底座内

（续）

插头编号	用　　途	安装位置
X3①	电池单元后备电池连接器 2	底座内
X4①	编码器电源输出	底座内

① 编号 X1 ~ X4 为本书编著者所加。

2. 机器人本体连接

DX100 控制系统和 MH6 机器人的连接，通过如图 7.4-2 所示的连接电缆和连接器 1BC、2BC 实现。

a) 控制柜背面

b) 机器人底座

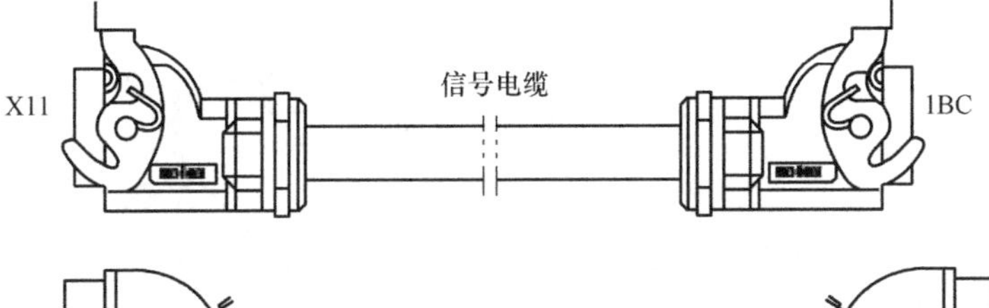

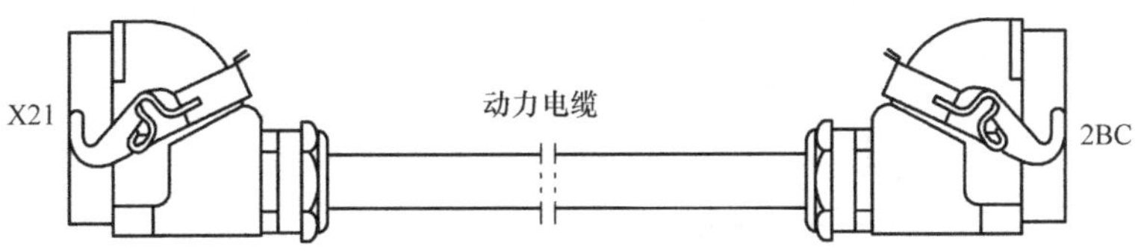

c) 连接器布置与连接电缆

图 7.4-2　DX100 和机器人本体的连接

机器人上的伺服电机编码器和行程开关为控制回路，在 DX100 系统上将其归为另一组，它们通过安川配套提供的 40 芯信号电缆 1BC 连接。信号电缆连接器在 DX100 控制柜侧的编号为 X11、在机器人底座侧的编号为 1BC。伺服电机电枢和制动器属于动力主回路，在 DX100 系统上将其归为一组，它通过安川配套提供的 36 芯动力电缆 2BC 连接。动力电缆连接器在 DX100 控制柜侧的编号为 X21、在机器人底座侧的编号为 2BC。

机器人底座上的连接器 1BC、2BC，在机器人内部有较多的分线插头，以便连接到各伺服电机的电枢、制动器、编码器及后备电池单元、行程开关，这些连接在机器人制造时已完成，用户无须进行改变。

3. 末端执行器连接

除机器人本体外，不同用途的工业机器人需要安装不同的末端执行器。末端执行器同样需要有相应的电气控制装置和执行部件，如焊接机器人的焊接控制装置、搬运机器人的手爪控制装置和电磁阀等。

在安川 MH6 等机器人上，末端执行器可通过图 7.4-3 所示、机器人上预设的装备电缆 3BC 和气管 A、B 进行连接。

装备电缆 3BC 和气管 A、B 已预先安装在机器人本体内部。电缆进线插头和气管进气口安装在底座的连接板上，它可用来连接执行器控制装置和压缩空气源；电缆出线插头和出气口安装在上臂后端接线盒上，它可用来连接末端执行器上的电磁阀、气缸等执行器件。

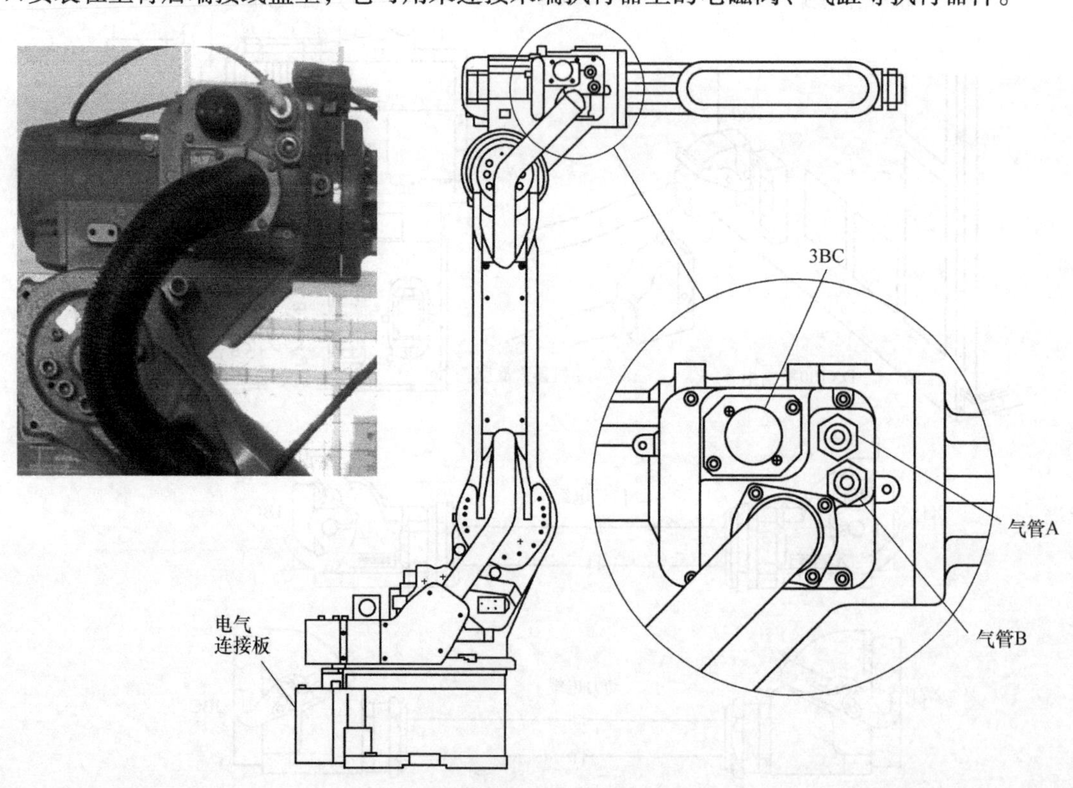

a) 执行器连接位置

图 7.4-3　装备电缆和气管连接图

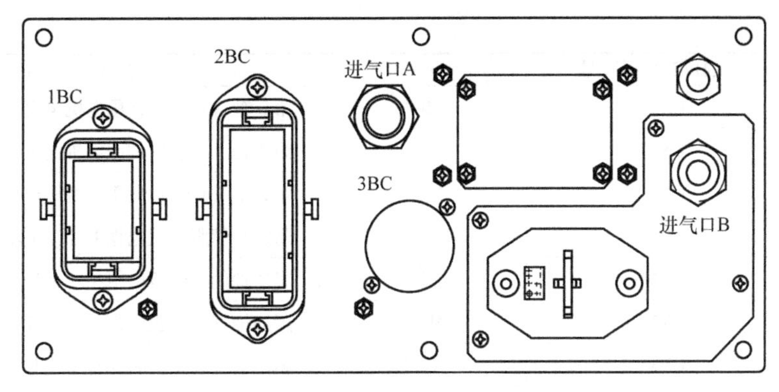

b) 执行器进线连接

图 7.4-3 装备电缆和气管连接图（续）

MH6 等机器人预设的气管 A、B 的内径分别为 8mm、6mm，允许的最大压缩空气压力为 490kPa。

机器人上预设的装备电缆 3BC 为 $8\times0.2mm^2+2\times0.75mm^2+4\times1.25mm^2$ 的 14 芯屏蔽线，其引脚布置、连接线规格见表 7.4-2。根据连接导线的截面积，用户可参考 IEC 60204—2005 标准，确定导线的载流容量（见表 7.4-2），但 3BC 电缆全部导线的正常工作总载流容量应在 40A 以下。

表 7.4-2 装备电缆引脚功能与连接线规格表

引脚布置	引脚	导线规格	载流容量	说　　明
	1～6	$0.2mm^2$	≤3A	用户自由使用
	7	—		上臂连接碰撞开关 +24V，底座为空脚
	8	—		上臂连接碰撞开关输入，底座为空脚
	9～10	$0.2mm^2$	≤3A	用户自由使用
	11、12	$0.75mm^2$	≤8.5A	用户自由使用
	13～16	$1.25mm^2$	≤12A	用户自由使用
	PE	接地线		

7.4.2 动力电缆的安装与连接

1. 进线连接器 2BC

机器人的动力电缆 2BC 为 36 芯（6×6）屏蔽线，它用来连接机器人上的伺服电机电枢和制动器。动力电缆在 DX100 控制柜侧的连接器编号为 X21，在机器人侧的连接器编号为 2BC，X21/2BC 的引脚分配见表 7.4-3。

表 7.4-3 动力电缆 2BC 连接表

引脚组	X21/2BC 引脚号	代号	功 能 说 明
CN1	CN1－1	ME1	第 1 轴（S 轴）伺服电机保护接地线 PE
	CN1－2	ME2	第 2 轴（L 轴）伺服电机保护接地线 PE
	CN1－3	ME2	附加轴伺服电机保护接地线 PE（一般不使用）
	CN1－4	MU1	第 1 轴（S 轴）伺服电机电枢 U
	CN1－5	MV1	第 1 轴（S 轴）伺服电机电枢 V
	CN1－6	MW1	第 1 轴（S 轴）伺服电机电枢 W

（续）

引脚组	X21/2BC 引脚号	代号	功 能 说 明
CN2	CN2 - 1	MU2	第 2 轴（L 轴）伺服电机电枢 U
	CN2 - 2	MV2	第 2 轴（L 轴）伺服电机电枢 V
	CN2 - 3	MW2	第 2 轴（L 轴）伺服电机电枢 W
	CN2 - 4	MU2	附加轴伺服电机电枢 U（一般不使用）
	CN2 - 5	MV2	附加轴伺服电机电枢 V（一般不使用）
	CN2 - 6	MW2	附加轴伺服电机电枢 W（一般不使用）
CN3	CN3 - 1	MU3	第 3 轴（U 轴）伺服电机电枢 U
	CN3 - 2	MV3	第 3 轴（U 轴）伺服电机电枢 V
	CN3 - 3	MW3	第 3 轴（U 轴）伺服电机电枢 W
	CN3 - 4	MU4	第 4 轴（R 轴）伺服电机电枢 U
	CN3 - 5	MV4	第 4 轴（R 轴）伺服电机电枢 V
	CN3 - 6	MW4	第 4 轴（R 轴）伺服电机电枢 W
CN4	CN4 - 1	MU5	第 5 轴（B 轴）伺服电机电枢 U
	CN4 - 2	MV5	第 5 轴（B 轴）伺服电机电枢 V
	CN4 - 3	MW5	第 5 轴（B 轴）伺服电机电枢 W
	CN4 - 4	MU6	第 6 轴（T 轴）伺服电机电枢 U
	CN4 - 5	MV6	第 6 轴（T 轴）伺服电机电枢 V
	CN4 - 6	MW6	第 6 轴（T 轴）伺服电机电枢 W
CN5	CN5 - 1	ME3	第 3 轴（U 轴）伺服电机保护接地线 PE
	CN5 - 2	ME4	第 4 轴（R 轴）伺服电机保护接地线 PE
	CN5 - 3	ME5	第 5 轴（B 轴）伺服电机保护接地线 PE
	CN5 - 4	ME6	第 6 轴（T 轴）伺服电机保护接地线 PE
	CN5 - 5	BA1	第 1 轴（S 轴）伺服电机制动器（+24V）
	CN5 - 6	BB1	第 1/2/3 轴（S/L/U 轴）伺服电机制动器（0V）
CN6	CN6 - 1	BA2	第 2 轴（L 轴）伺服电机制动器（+24V）
	CN6 - 2	BA3	第 3 轴（U 轴）伺服电机制动器（+24V）
	CN6 - 3	BA4	第 4 轴（R 轴）伺服电机制动器（+24V）
	CN6 - 4	BB4	第 4/5/6 轴（R/B/T 轴）伺服电机制动器（0V）
	CN6 - 5	BA5	第 5 轴（B 轴）伺服电机制动器（+24V）
	CN6 - 6	BA6	第 6 轴（T 轴）伺服电机制动器（+24V）

2. 内部连接

从底座连接器 2BC 引入的动力电缆，在机器人内部需要分别连接到各轴伺服电机上，MH6 机器人的动力电缆连接总图如图 7.4-4 所示。

（1）S/L 轴电机连接

S 轴和 L 轴伺服电机均安装在机器人的腰部。在 S/L 轴伺服电机上，电枢线 U/V/W/PE 和制动器连接线 BA/BB，分别通过 6 芯插头 20CN、21CN 连接；2 只伺服电机的动力线，直

接通过 12 芯屏蔽电缆，连接到底座的进线连接器 2BC 上；其中，制动器的 0V 连接线 BB 使用公共线 BB1，它们用中间插接端短接后，连接到 2BC 的 CN5－6（BB1）脚上。

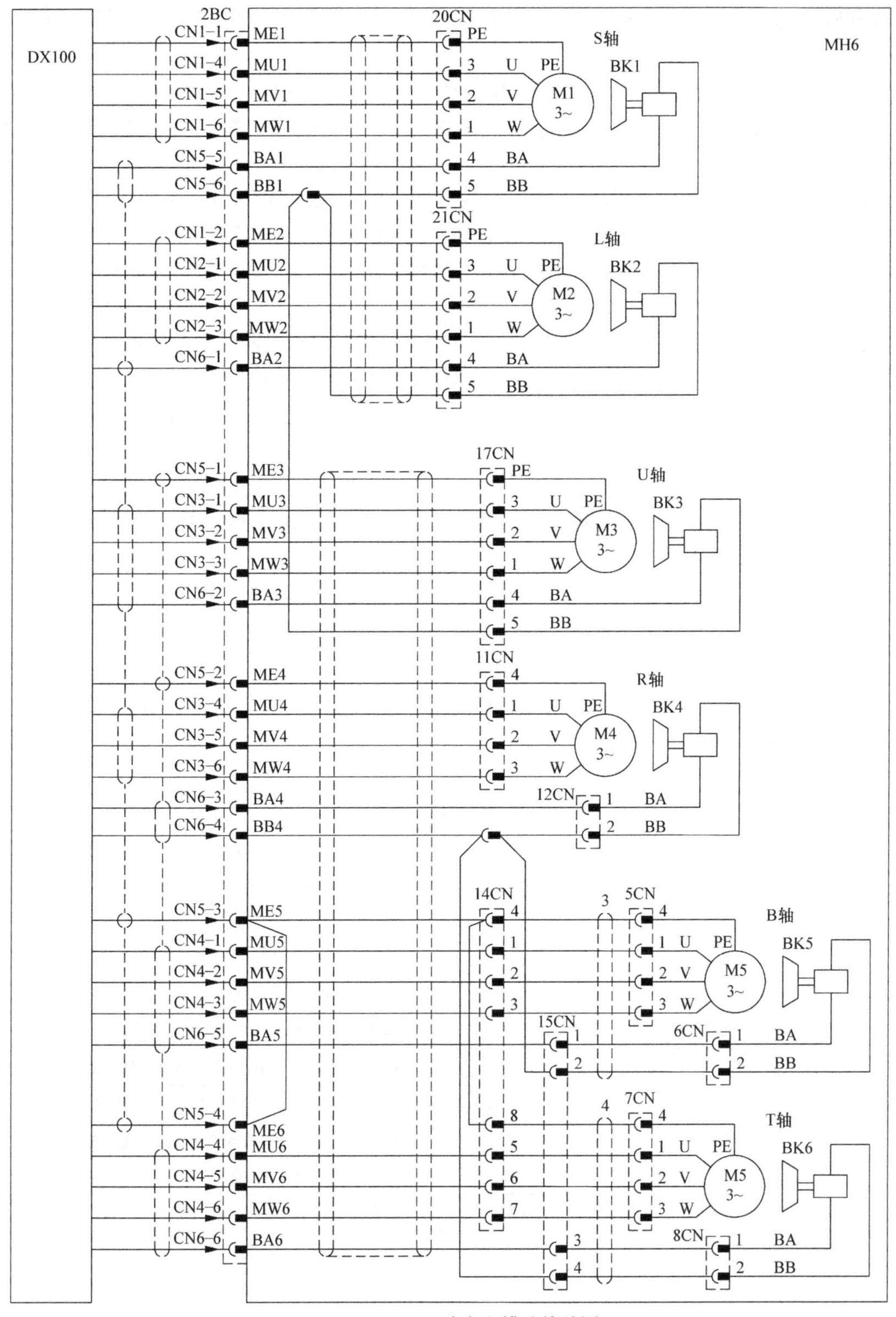

图 7.4-4 MH6 动力电缆连接总图

(2) U/R 轴电机连接

U 轴和 R 轴伺服电机均安装在机器人的上臂回转关节处。U/R 轴电机动力线和 B/T 轴伺服电机的动力线一起，通过 21 芯屏蔽电缆，从线缆管引至底座后，连接到连接器 2BC 上。

U 轴伺服电机的电枢线 U/V/W/PE 和制动器连接线 BA/BB，采用的是 6 芯插头 17CN 连接；U 轴制动器的 0V 连接线 BB，在底座侧通过中间插接端短接后，连接到 2BC 的 CN5－6（BB1）脚。

R 轴伺服电机的电枢线和制动器连接线分离，电枢线 U/V/W/PE 采用的是 4 芯插头 11CN 连接、制动器线 BA/BB 采用的是 2 芯插头 12CN 连接。R 轴制动器的 0V 连接线 BB，在上臂接线盒内，通过中间插接端短接后，连接到 2BC 的 CN6－4（BB4）脚上。

(3) B/T 轴电机连接

腕摆动的 B 轴伺服电机和手回转的 T 轴伺服电机均安装在机器人的手腕回转臂（前臂）内，电机的电枢线和制动器连接线分离，电枢线 U/V/W/PE 用 4 芯插头、制动器线 BA/BB 用 2 芯插头连接。B/T 轴电机的动力线通过各自的 6 芯屏蔽电缆，连接到上臂回转关节处后，通过转接插头 14CN、15CN 和来自线缆管的 21 芯电缆连接。

转接插头 14CN 用于 B/T 轴电机电枢线连接，两电机的保护接地线连接端在 14CN 上短接。转接插头 14CN 用于 B/T 轴制动器连接，制动器的 0V 连接线 BB，在上臂接线盒内，通过中间插接端和 R 轴制动器的 BB4 短接。

7.4.3 信号电缆的安装与连接

1. 进线连接器 1BC

机器人的信号电缆 1BC 为 40 芯（10×4）屏蔽线，它用来连接机器人上的超程开关和伺服电机编码器。信号电缆在 DX100 控制柜侧的连接器编号为 X11，在机器人侧的连接器编号为 1BC，X11/1BC 的引脚分配见表 7.4-4。

表 7.4-4 信号电缆 1BC 连接表

引脚组	X11/1BC 引脚号	代号	功能说明
CN1	CN1－1	SPG＋1	第 1 轴（S 轴）编码器串行数据总线 DATA＋
	CN1－2	SPG－1	第 1 轴（S 轴）编码器串行数据总线 DATA－
	CN1－3	FG1	第 1 轴（S 轴）编码器串行数据总线屏蔽线
	CN1－4	0V	编码器电源单元 0V 输入 1
	CN1－5	＋24V	编码器电源单元＋24V 输入 1
	CN1－6	SPG＋2	第 2 轴（L 轴）编码器串行数据总线 DATA＋
	CN1－7	SPG－2	第 2 轴（L 轴）编码器串行数据总线 DATA－
	CN1－8	FG2	第 2 轴（L 轴）编码器串行数据总线屏蔽线
	CN1－9	0V	编码器电源单元 0V 输入 2
	CN1－10	＋24V	编码器电源单元＋24V 输入 2

（续）

引脚组	X11/1BC 引脚号	代号	功能说明
CN2	CN2-1	SPG+3	第3轴（U轴）编码器串行数据总线 DATA+
	CN2-2	SPG-3	第3轴（U轴）编码器串行数据总线 DATA-
	CN2-3	FG3	第3轴（U轴）编码器串行数据总线屏蔽线
	CN2-4	SPG+7	附加轴编码器串行数据总线 DATA+（一般不使用）
	CN2-5	SPG-7	附加轴编码器串行数据总线 DATA-（一般不使用）
	CN2-6	SPG+4	第4轴（R轴）编码器串行数据总线 DATA+
	CN2-7	SPG-4	第4轴（R轴）编码器串行数据总线 DATA-
	CN2-8	FG4	第4轴（R轴）编码器串行数据总线屏蔽线
	CN2-9	FG7	附加轴编码器串行数据总线屏蔽线（一般不使用）
	CN2-10	+24V	超程开关（选配件）冗余输入连接端 LA1（DC 24V）
CN3	CN3-1	SPG+5	第5轴（B轴）编码器串行数据总线 DATA+
	CN3-2	SPG-5	第5轴（B轴）编码器串行数据总线 DATA-
	CN3-3	FG5	第5轴（B轴）编码器串行数据总线屏蔽线
	CN3-4	0V	（一般不使用）
	CN3-5	5V	（一般不使用）
	CN3-6	SPG+6	第6轴（T轴）编码器串行数据总线 DATA+
	CN3-7	SPG-6	第6轴（T轴）编码器串行数据总线 DATA-
	CN3-8	FG6	第6轴（T轴）编码器串行数据总线屏蔽线
	CN3-9	0V	（一般不使用）
	CN3-10	5V	（一般不使用）
CN4	CN4-1	+24V	指示灯和碰撞检测开关（选配件）DC 24V 电源
	CN4-2	SS2	碰撞检测开关（选配件）输入 DI
	CN4-3	BC2	指示灯（选配件）输出 DO
	CN4-4	+24V	超程开关（选配件）冗余输入连接端 LC1（DC 24V）
	CN4-5	LD1	超程开关（选配件）冗余输入连接端 LD1
	CN4-6	LB1	超程开关（选配件）冗余输入连接端 LB1
	CN4-7	AL1	报警信号连接（一般不使用）
	CN4-8	AL2	报警信号连接（一般不使用）
	CN4-9	FG8	超程开关屏蔽线
	CN4-10	0V	编码器电源单元0V 输入3

2. 电池单元连接

工业机器人的运动轴和三维空间内的笛卡儿坐标系无对应关系，X、Y、Z 轴的直线运动，需要多个关节的摆动合成；因此，它不能像数控机床那样，通过坐标轴回参考点操作，来建立和确定笛卡儿坐标系的原点。

为了能够记忆关机后的运动轴位置，避免每次开机时都进行参考点设定操作，工业机器人所使用的伺服电机内置编码器，其内部一般都安装有存储器芯片，这一存储器可通过后备电池的支持，来保持控制系统断电后的位置数据。当控制系统开机时，通过系统的初始化操作，可自动读入存储器中所保存的位置数据，将各运动轴的位置重新设定至关机前的状态。因此，只要能保证存储器连续供电，采用后备电池保存位置数据的增量式编码器，实际上具有了类似绝对位置检测编码器同样的记忆功能，故习惯上也称之为“绝对编码器”。

为了便于电池的更换，后备电池一般采用外置式安装，电池可安装在伺服驱动器上、机器人上或安装在编码器连接电缆线上。由于机器人的控制系统，一般不能采用数控机床那样的机电一体化安装形式，为了能够在本体和控制系统分离时（如安装、运输时）保存数据，后备电池通常安装在机器人上。

在安川 MH6 等工业机器人上，编码器电源及后备电池单元安装在工业机器人的底座后侧的接线盒内（见图 7.4-1）。这一单元包括了机器人正常工作时的 DC 24V 输入/DC 5V 输出编码器电源单元、断电时保存编码器数据后备电池两部分，内部连接如图 7.4-5 所示。

图 7.4-5 的上部为机器人正常工作时的编码器 DC 5V 电源单元，单元最大可连接 8 轴编码器；下部为编码器后备电池单元。电源单元的输入为 DC 24V，它来自 DX100 控制系统的伺服控制板 CN512 连接器；输出为编码器的 DC 5V 电源。电池单元安装有 4 只并联的 DC 3.6V锂电池，单元有 2 个同样的连接器 X2 和 X3。电池更换时，应先将新电池安装到空余的连接器上，然后再取下旧电池，以保证电池更换时的编码器连续供电、避免数据丢失。

3. 编码器连接

DX100 系统的编码器均为伺服电机内置，其连接总图如图 7.4-6 所示，连接方法如下。

（1）S/L 轴编码器连接

腰回转的 S 轴伺服电机和下臂摆动的 L 轴伺服电机安装在机器人的腰部，电机内置编码器的输出为独立的连接器 18CN、19CN，它们分别与腰部的中间连接器 22CN、23CN 连接。

中间连接器 22CN、23CN 通过 16 芯双绞屏蔽电缆，连接到底座系统信号电缆连接器 1BC、编码器电源单元输出连接器 X4 上。其中，S/L 轴的串行数据线 DATA + /DATA -，分别与连接器 1BC 上的第 1/2 轴串行数据线 SPG + /SPG - 连接，作为伺服控制板的位置反馈信号；编码器的 DC 5V/0V 工作电源线，分别与编码器电源单元的输出连接器上的第 1/2 轴 PG5V/PG0V 电源线连接；后备电池连接线 BAT/0BT，通过中间连接器合并后，再连接到编码器电源单元输出连接器 X4 的第 1 ~3 轴电池线 BAT1/0BAT1 上。

16 芯双绞线中的其他 3 对连接线，分别用于第 4 ~6 轴电池线 BAT4/0BAT4，以及超程开关的冗余输入线 LA1/LB1、LC1/LD1 的连接。

（2）U/R 轴编码器连接

上臂摆动的 U 轴伺服电机和手腕回转的 R 轴伺服电机均安装在机器人的上臂回转关节处，U 轴编码器的输出为独立的连接器 16CN；R 轴编码器有 9CN、10CN 两个连接插头和一个后备电池引出端。R 轴编码器的后备电池引出端，用于机器人维修时的电机装拆；当电机从机器人上取下时，可先在后备电池引出端上，安装独立的后备电池，然后，断开连接器 9CN 和 10CN、取下电机，这样即使电机从机器人上取下后，也可保存编码器上的位置数据。

U/R 轴编码器的连接器安装在上臂接线盒内，上臂接线盒和底座间通过 16 芯双绞屏蔽电缆连接；上臂接线盒和腰部通过 4 芯双绞屏蔽电缆连接；电缆从线缆管引至底座和腰部。

连接器 16CN、9CN 的串行数据线，以及 16CN、10CN 上的 DC 5V/0V 工作电源线，通过 16 芯双绞屏蔽电缆，分别和底座上的系统信号电缆连接器 1BC、编码器电源单元输出连接器 X4 连接。其中，U/R 轴的串行数据线 DATA +/DATA -，分别连接至 1BC 的第 3/4 轴串行数据线 SPG + /SPG - 上，作为伺服控制板的位置反馈信号；编码器的 DC 5V/0V 工作电源线，分别与编码器电源单元输出连接器上的第 3/4 轴 PG5V/PG0V 电源线连接。16 芯双绞屏蔽电缆的其他 4 对连接线，用于 B/T 轴编码器的连接，它们通过上臂接线盒内的中间连接器 13CN 连接到前臂。

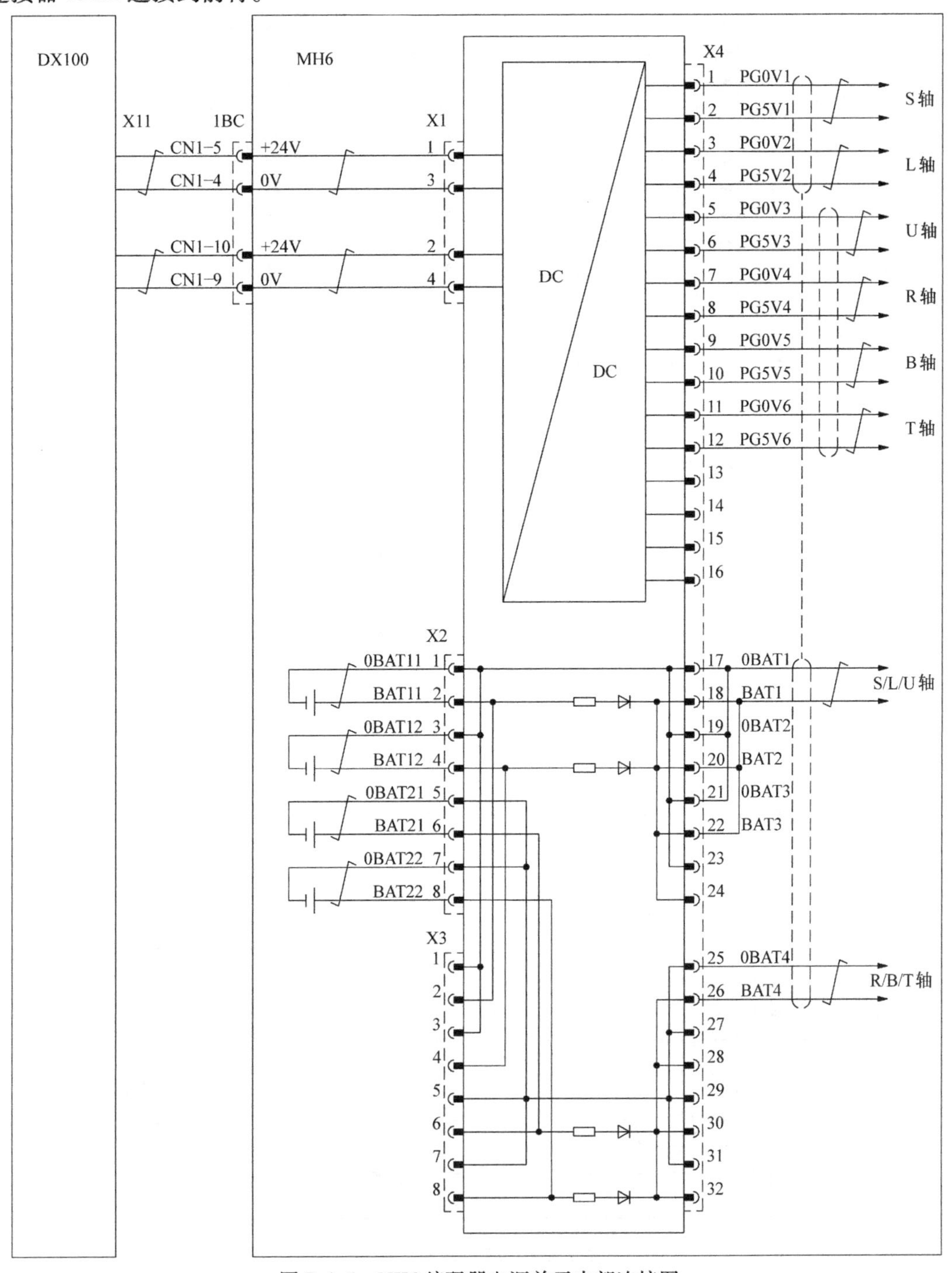

图 7.4-5　MH6 编码器电源单元内部连接图

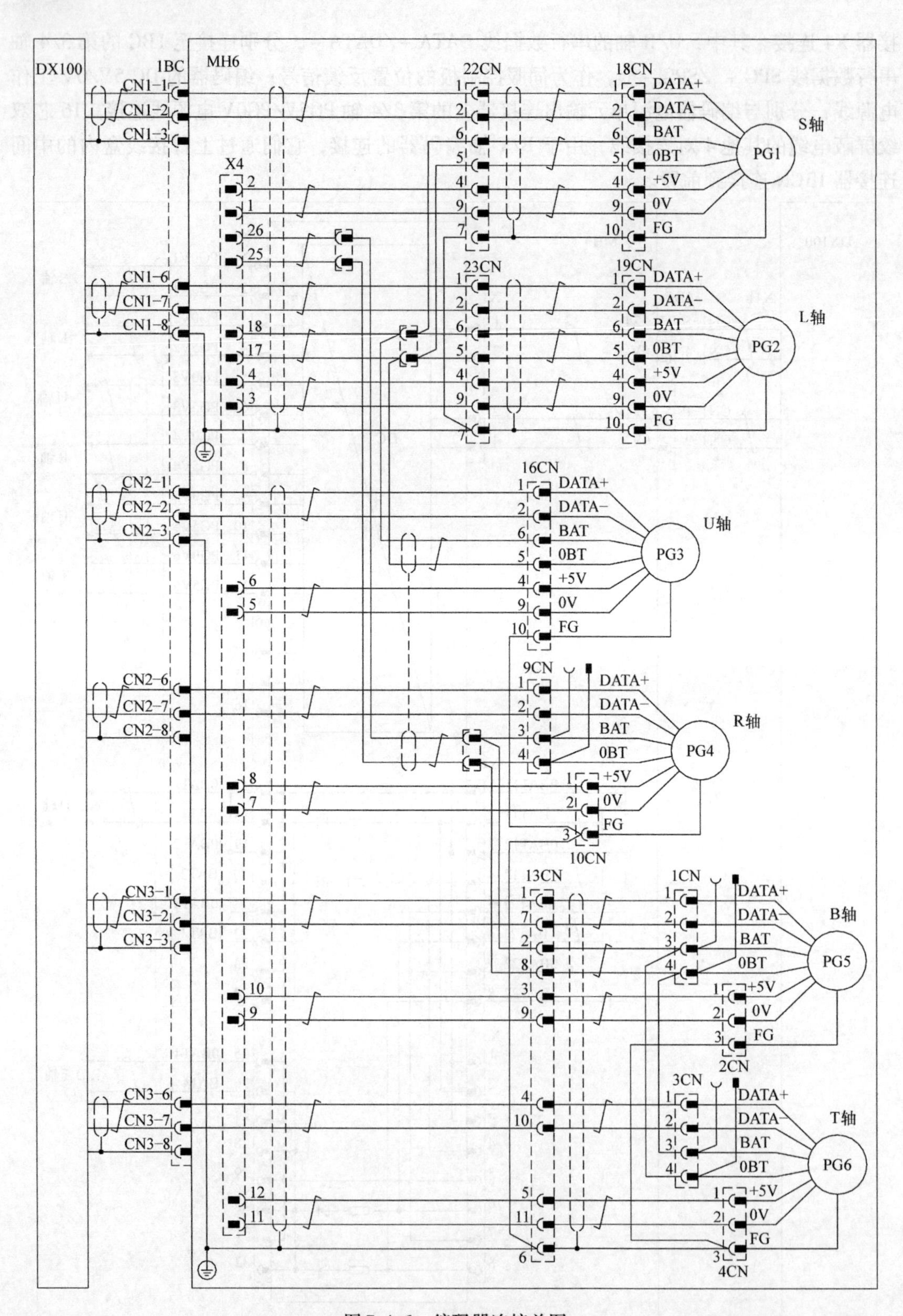

图 7.4-6　编码器连接总图

U/R 轴编码器的后备电池连接线 BAT/0BT，利用 4 芯双绞屏蔽电缆和腰部的中间短接插头连接。其中，U 轴编码器后备电池线，在中间插头上和 S/L 轴合并后，连接到编码器电源单元输出连接器 X4 的第 1～3 轴电池线 BAT1/0BAT1 上；R 轴编码器后备电池线，通过中间插头，连接到编码器电源单元输出连接器 X4 的第 4～6 轴电池线 BAT4/0BAT4 上。

(3) B/T 轴编码器连接

腕摆动的 B 轴伺服电机和手回转的 T 轴伺服电机均安装在机器人的手腕回转臂（前臂）内，编码器均有 2 个连接插头和 1 对后备电池引出端。编码器的后备电池引出端，同样用于机器人维修时的电机装拆；当 B/T 轴电机从前臂取下时，需要先在后备电池引出端上，安装独立的后备电池，然后，断开连接器 1～4CN、取下电机，以保证电机从机器人上取下后，仍然可保存编码器上的位置数据。

B/T 轴编码器通过 10 芯双绞屏蔽电缆，连接到上臂接线盒的中间连接器 13CN 上。13CN 上的串行数据线 DATA+/DATA－，通过 16 芯双绞屏蔽电缆，分别连接至底座 1BC 的第 5/6 轴串行数据线 SPG+ /SPG－上，作为伺服控制板的位置反馈信号；13CN 上的编码器 DC 5V/0V 工作电源线，通过 16 芯双绞屏蔽电缆，分别与编码器电源单元输出连接器 X4 上的第 5/6 轴 PG5V/PG0V 电源线连接；13CN 上的后备电池线通过中间连接器和 R 轴合并后，利用 4 芯双绞屏蔽电缆连接至腰部的中间连接器上；然后，再通过腰部连接电缆，连接至编码器电源单元输出连接器 X4 的第 4～6 轴电池线 BAT4/0BAT4 上。

4. 超程开关连接

在安川 MH6 等工业机器人上，超程开关属于选配件，但连接线已在机器人内部布置。根据超程开关的不同配置情况，其连接有如下 4 种情况。

1) 无超程开关。当机器人上不安装超程开关时，可按照图 7.4-7a，将底座接线盒内的超程开关冗余输入信号连接线接头 LB1、LD1，直接和 DC 24V 电源连接线接头 LA1、LC1 短接，取消超程安全保护功能。

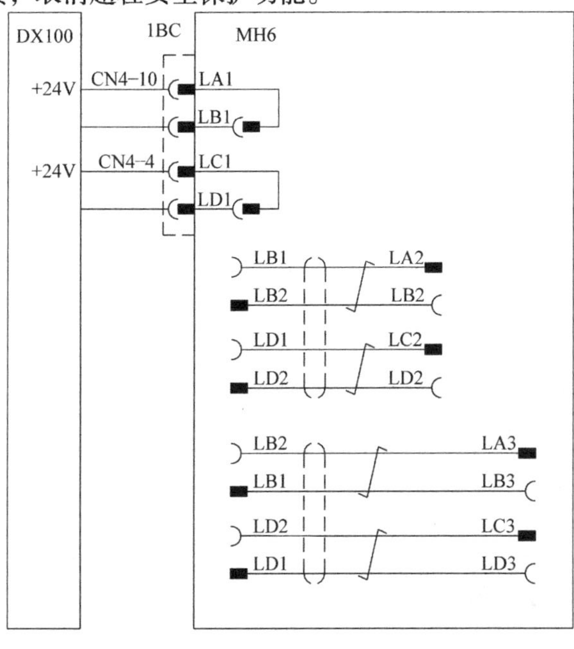

a) 不使用

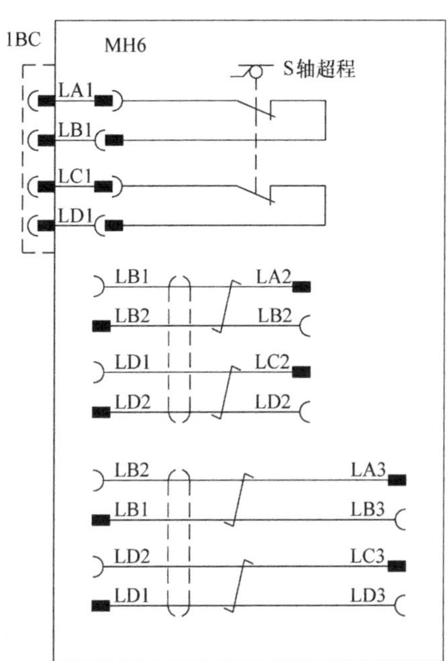

b) 仅S轴使用

图 7.4-7 S 轴超程开关的连接

2）仅 S 轴安装超程开关。当机器人的 S 轴安装超程开关时，可按照图 7.4-7b，将 S 轴超程开关的 2 对输入触点，分别串联接入到接头 LA1/LB1 和 LC1/LD1 上，作为控制系统的超程保护安全信号的冗余输入。

3）S、L 轴安装超程开关。当机器人的 S 轴和 L 轴同时安装超程开关时，需要将 2 个超程开关的触点串联后，作为控制系统的超程安全保护信号，其连接方法如图 7.4-8 所示。这时，应将 L 轴超程开关的 2 对输入触点，分别串联到腰部连接电缆接头 LA2/LB2 和 LC2/LD2 上。在底座接线盒内，S 轴超程开关的 2 对冗余输入触点的一端与 DC 24V 电源连接线接头 LA1、LC1 连接，另一端分别与腰部连接电缆的接头 LB1、LD1 连接；腰部连接电缆的另一接头 LD2、LB2，则连接到 1BC 的超程开关冗余输入连接线接头 LB1、LD1 上。这样就可使得 S 轴和 L 轴的超程开关触点串联后，作为控制系统的超程保护安全信号输入。

4）S、L、U 轴安装超程开关。当机器人的 S、L、U 轴均安装超程开关时，需要将 3 个超程开关的触点串联后，作为控制系统的超程安全保护信号，其连接方法如图 7.4-9 所示。这时，S、L 轴超程开关按照上述方法串联，但腰部连接电缆的接头 LD2、LB2 应与上臂连接电缆的 LD2、LB2 连接，然后，将 L 轴超程开关的 2 对输入触点，串联到上臂连接电缆的 LA3/LB3、LC3/LD3 上，上臂连接电缆的 LB1、LD1 端，则和信号电缆连接器 1BC 的 LB1、LD1 连接。这样，控制系统的超程保护安全信号，便成了 S、L、U 轴 3 个超程开关串联的冗余输入信号。

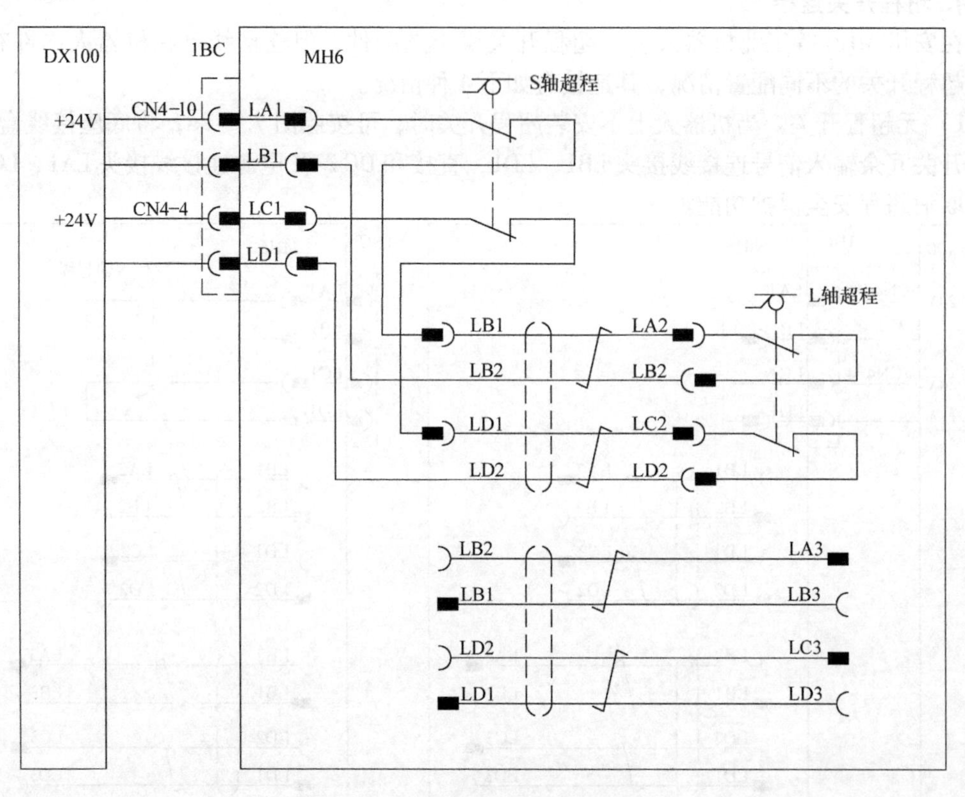

图 7.4-8　S/L 轴超程开关的连接

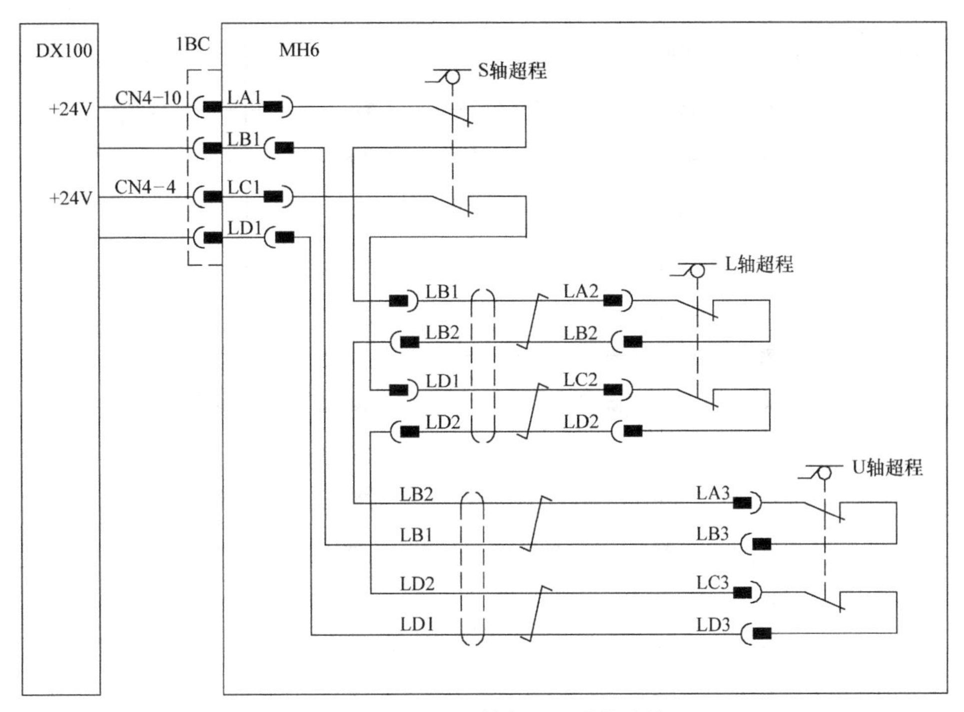

图 7.4-9 S/L/U 轴超程开关的连接

7.4.4 其他部件的安装与连接

1. 连接总图

除了机器人本体用的动力电缆和信号电缆外，MH6 机器人还可根据需要，选配指示灯、碰撞开关；此外，机器人本体内还预设有装备电缆 3BC，它可用来连接末端执行器及执行器控制装置。指示灯、碰撞开关及装备电缆的内部连接总图如图 7.4-10 所示。

2. 内部连接

指示灯、碰撞开关及装备电缆的输入连接端和连接器均安装在机器人底座上，输出连接端和连接器安装在上臂接线盒上；输入和输出间通过 1 根 $16\times0.2\text{mm}^2$ 双绞屏蔽信号电缆和 1 根（$2\times0.75\text{mm}^2+4\times1.25\text{mm}^2$）6 芯屏蔽动力电缆连接。6 芯屏蔽动力电缆用于末端执行器的动力线连接，它是底座和上臂接线盒连接器 3BC 的直连线，3BC 的引脚布置及允许的载流容量可参见表 7.4-2。

$16\times0.2\text{mm}^2$ 双绞屏蔽信号电缆中的 2 对（LA3/LB3、LC3/LD3），用于前述的 U 轴超程开关冗余输入信号连接，1 对（U/V）用来连接指示灯；这 3 对连接线在上臂接线盒内的连接接头，可用来连接 U 轴超程开关和指示灯，在底座侧的连接接头可与 DX100 系统信号电缆连接器 1BC 的对应端连接。16 芯屏蔽电缆中的其余 5 对双绞线，都引出到上臂接线盒的装备电缆连接器 3BC 上，可用来连接碰撞开关和末端执行器。

在上臂接线盒连接器 3BC 上引出的 5 对双绞线中，其中 1 对（9/10）为底座和上臂接线盒连接器 3BC 的直连线；1 对（5/6）为底座侧可转接的 3BC 连接线；另外 3 对（1/2、3/4、SS1/SS2）为底座和上臂接线盒内均可转接的 3BC 连接线；用户可根据不同的要求，连接末端执行器或其他控制信号。

3BC 转接线 SS1/SS2 是用于碰撞开关和末端执行器连接的公用连接线。如果机器人不使

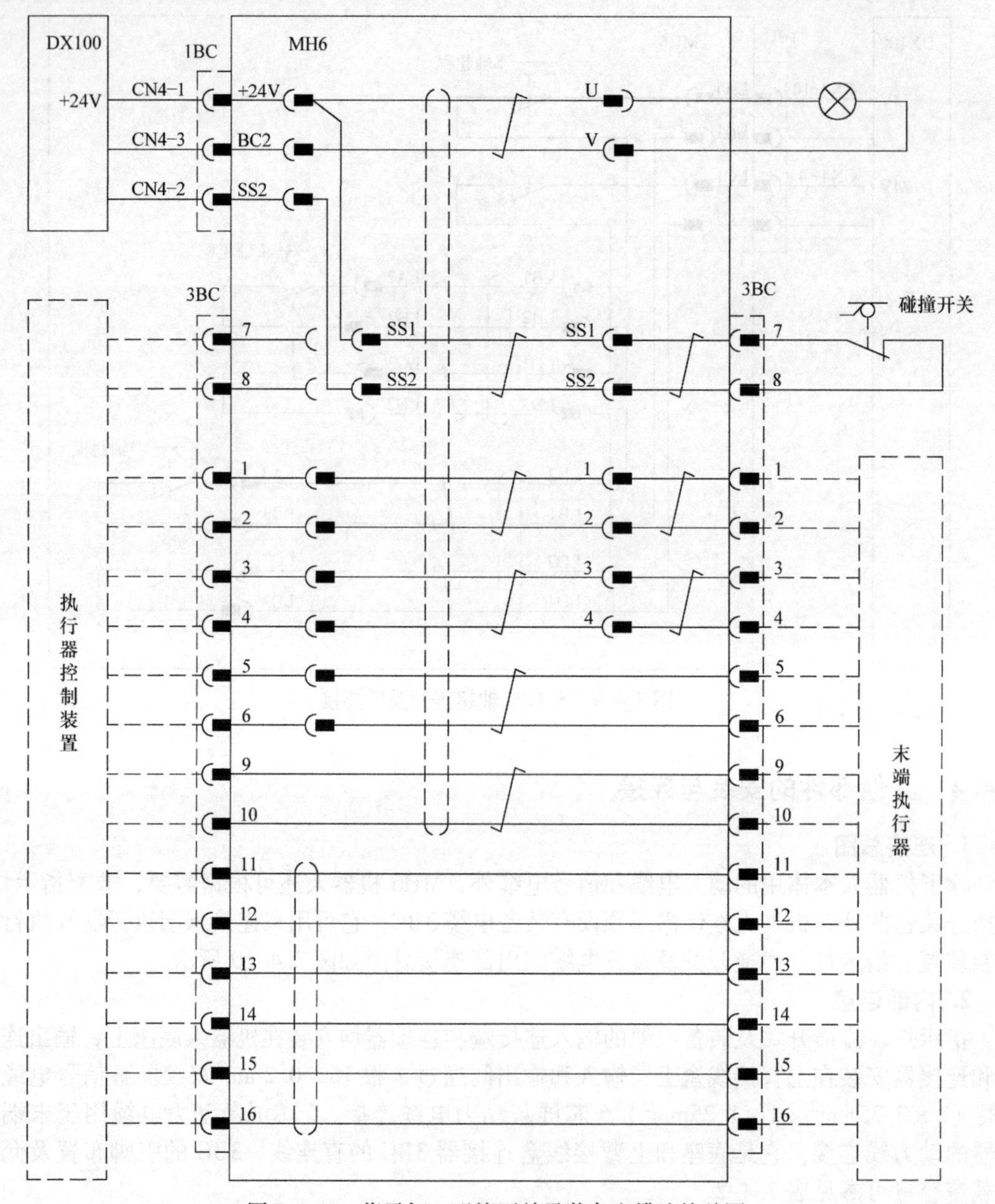

图 7.4-10　指示灯、碰撞开关及装备电缆连接总图

用碰撞检测开关，底座侧的 SS1/SS2 可直接和装备电缆连接器 3BC－7/8 连接，上臂接线盒上的输出 3BC－7/8 连接末端执行器信号。如果机器人使用碰撞检测开关，3BC 转接线 SS1/SS2 用于碰撞开关的连接；此时，在底座侧，应断开 SS1/SS2 和装备电缆连接器 3BC－7/8 的连接，并将其连接到 DX100 系统信号电缆连接器 1BC 的＋24V/SS2 上；碰撞开关常闭触点应串联接到上臂接线盒的装备电缆连接器 3BC－7/8 上。

由于不同机器人的末端执行器差别较大，装备电缆的连接情况难以一一说明，用户使用时应根据实际要求，进行检查与连接。

第 8 章 工业机器人的操作与编程

8.1 示教器及其功能

8.1.1 操作开关与按钮

1. 示教器组成

工业机器人的操作与编程一般需要通过示教器进行。不同的机器人控制系统，其示教器结构与外形不同，但功能类似。DX100 控制系统的示教器的组成与外观如图 8.1-1 所示。

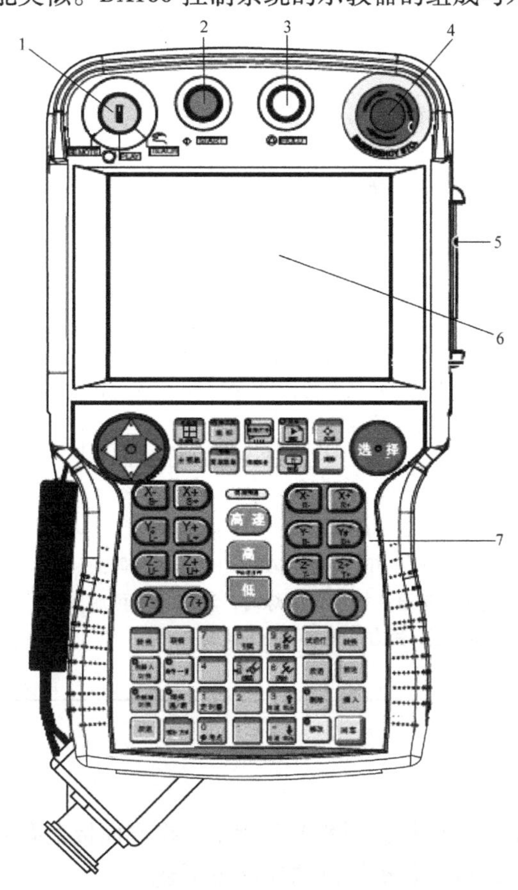

图 8.1-1　DX100 系统的示教器组成与外观

1—模式转换按钮　2—启动按钮　3—停止按钮　4—急停按钮　5—CF 卡插槽　6—显示器　7—操作面板

DX100系统示教器的上部为模式转换、启动、停止和急停4个基本操作按钮；中间为液晶显示器和CF卡插槽；下部为操作面板，示教器的背面为伺服ON/OFF开关。示教器的操作按钮和开关的功能如下。

2. 操作按钮和开关功能

DX100示教器上部的模式转换、启动、停止、急停4个基本操作按钮及开关的功能见表8.1-1。

表8.1-1　DX100示教器操作按钮功能表

操作按钮	名称与功能	备　注
REMOTE PLAY TEACH	操作模式转换开关 TEACH：示教模式，可进行示教编程操作 PLAY：再现模式，可运行示教操作编制的程序 REMOTE：远程操作模式，可利用外部的DI信号选择操作示教、再现操作，启动程序的再现运行	选择远程操作模式时，程序运行通过I/O单元上的外部启动信号启动，示教器的【START】按钮无效
START	程序启动按钮及指示灯 按钮：启动程序再现运行 指示灯：亮，程序运行中；灭，程序停止或暂停运行	远程操作模式程序启动时，指示灯同样亮
HOLD	程序暂停按钮及指示灯 按钮：程序暂停 指示灯：亮，程序暂停按钮被按下，或安全单元的EX HOLD信号有效，或机器人进入报警状态	程序暂停操作对任何模式均有效；指示灯灭后，程序仍处于暂停状态，直至按下程序启动按钮
EMERGENCY STOP	系统急停按钮 紧急停止机器人运动；伺服驱动器主电源紧急分断；示教器的伺服ON指示灯灭；显示器显示急停报警	控制柜上急停按钮、安全单元的外部急停信号EX ESP的功能相同
	伺服ON/OFF开关 模式转换开关选择【TEACH】、示教器的【伺服接通】指示灯闪烁时，轻握开关可启动伺服，用力按开关可关闭伺服	

8.1.2　操作面板

DX100示教器下部的操作面板如图8.1-2所示，操作面板上有显示操作、轴点动、数据输入与运行控制3个按键区域，各操作键的功能见下述。

同时按【主菜单】键和光标上下键，调整显示器的亮度；在多语言显示的系统上，同时按【区域】键和【转换】键，进行显示语言的切换。

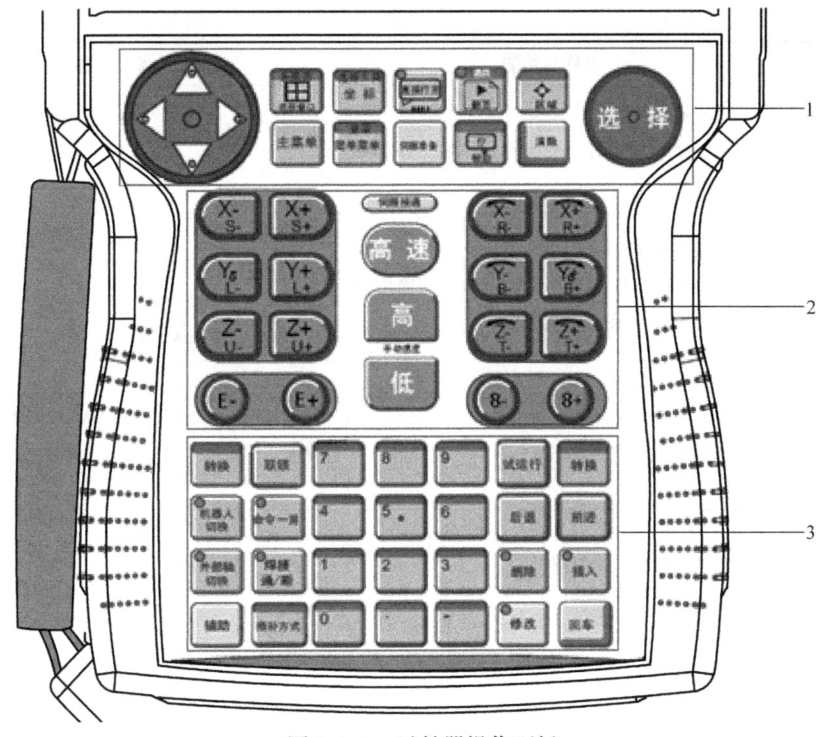

图 8.1-2 示教器操作面板
1—显示操作键 2—轴点动键 3—数据输入与运行控制键

1. 显示操作键

显示操作键主要用于显示器的显示内容选择和调整，操作按键的功能见表 8.1-2。

表 8.1-2 显示操作键功能一览表

操作按键	名称与功能	备 注
	光标移动键 移动显示器上的光标位置	同时按【转换】键和光标移动键，可使页面滚动或改变设定
	选择键 选定光标所在的项目	菜单区：选定菜单 通用显示区：选定设定项 信息显示区：显示多条信息
	多画面显示键 多画面显示时，可切换活动画面	同时按【多画面】键和【转换】键，可进行单画面和多画面的显示切换
	坐标及工具选择键 点动操作时，可进行关节、直角、圆柱、工具、用户坐标系切换	同时按【转换】键，可变更工具、用户坐标系序号
	直接打开键 直接切换到与当前操作相关的显示页。直接打开有效时，按键指示灯亮，再次按该键，可返回至原显示页	直接打开的显示内容： 程序调用（CALL）：显示被调用的程序 程序显示：显示光标选定的命令内容 I/O 命令：显示 DI/DO 信号状态

（续）

操作按键	名称与功能	备　注
返回 翻页	选页键 按键指示灯亮时，按该键，可逐一显示下一页面	同时按【翻页】键和【转换】键，可逐一显示上一页面
区域	区域选择键 按该键，可依次使光标在菜单区、通用显示区、信息显示区、主菜单区移动	在多语言显示的系统上，同时按【区域】键和【转换】键，可切换语言 同时按【区域】键和光标上下键，可进行通用显示区/操作键区的光标切换
主菜单	主菜单选择/关闭键 选择或关闭主菜单	同时按【主菜单】键和光标上下键，可改变显示器亮度
登录 简单菜单	简单菜单选择/关闭键 选择或关闭简单菜单	
伺服准备	伺服准备键 接通驱动器主电源。用于开机、急停或超程后的伺服主电源接通。主电源接通后【伺服接通】指示灯闪烁	示教模式：按该键可直接接通伺服主电源 再现模式：在安全单元输入 SAF F 信号 ON 时，按该键可接通伺服主电源
!? 帮助	帮助键 显示当前页面的帮助操作菜单	同时按【帮助】键和【转换】键，可显示转换操作功能一览表 同时按【帮助】键和【联锁】键，可显示联锁操作功能一览表
清除	清除键 撤销当前操作，清除操作错误	撤销子菜单、输入数据和多行信息显示；清除操作错误

2. 轴点动键

轴点动键用于机器人的运动轴手动移动控制，操作按键的功能见表 8.1-3。

表 8.1-3　轴点动操作键功能一览表

操作按键	名称与功能	备　注
伺服接通	伺服 ON 指示灯 亮：驱动器主电源接通、伺服启动 闪烁：主电源接通、伺服未启动	指示灯闪烁时，可通过示教器背面的伺服 ON/OFF 开关启动伺服
高 手动速度 低	手动（点动）速度调节键 选择微动（增量进给）和低、中、高速点动 2 种点动方式和 3 种点动速度	轴运动速度可以在点动运动时改变

（续）

操作按键	名称与功能	备　注
高速	手动快速键 同时按轴运动方向键，可以选择手动快速运动	手动快速速度通过参数设定
X-/S-、X+/S+、Y-/L-、Y+/L+、Z-/U-、Z+/U+、E-、E+	定位方向键 选择机器人定位运动的坐标轴及运动方向；可同时选择2轴进行点动运动 在6轴机器人上，【E－】、【E＋】用于辅助轴（第7轴）的点动操作；在7轴机器人上，【E－】、【E＋】用于下臂回转轴的定向操作	运动速度由手动速度调节键选择；同时按【高速】键，选择手动快速运动
X-/R-、X+/R+、Y-/B-、Y+/B+、Z-/T-、Z+/T+、8-、8+	定向方向键 选择机器人定向运动的坐标轴及运动方向；可同时选择2轴进行点动运动 【8－】、【8＋】用于辅助轴（第8轴）的点动操作	运动速度由手动速度调节键选择；同时按【高速】键，选择手动快速运动

机器人本体的基本运动轴名称及方向如图8.1-3所示，点动运动的轴和方向与坐标系的选择有关。例如，选择关节坐标系时，按键【X－/S－】、【X＋/S＋】可直接控制腰进行逆时针（S＋）或顺时针（S－）回转；如选择直角坐标系，按键【X－/S－】、【X＋/S＋】将控制上、下臂的U、L轴摆动，使得执行器安装基准点进行X－、X＋向运动等。

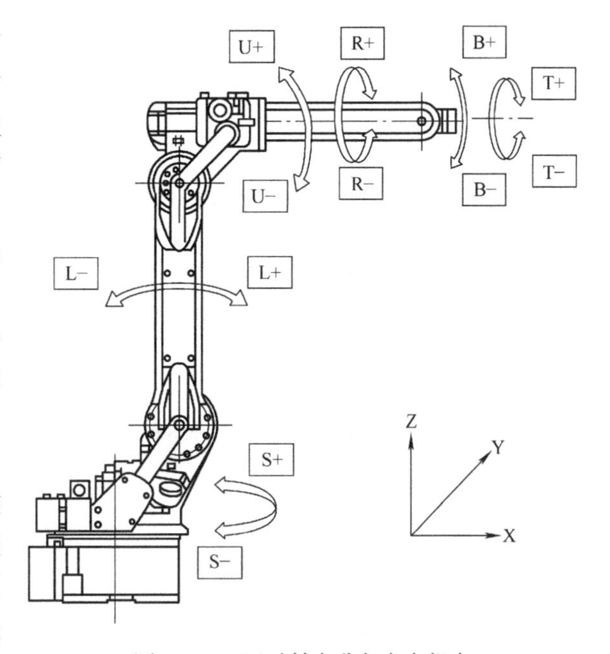

图8.1-3　运动轴名称与方向规定

3. 数据输入与运行控制键

数据输入与运行控制键包括数字键和功能键，这些按键主要用于机器人程序、参数的输入及编辑，示教器显示页面、语言的切换，试运行、前进、后退等控制。在不同用途的机器人上，部分按键还可能定义有专门的功能与用途，如焊接的通/断控制以及焊接过程的引弧、息弧、送丝、退丝控制，焊接电压、电流调整等。

DX100示教器主要的数据输入与程序运行控制按键功能见表8.1-4。

表 8.1-4 数据输入与程序运行控制键功能一览表

操作按键	名称与功能	备注
转换	显示切换键 和其他键同时操作，可以切换示教器的控制轴组、显示页面、语言等	同时按【转换】键和【帮助】键，可显示转换操作功能一览表
联锁	联锁键 和【前进】键同时操作，可执行机器人的非移动命令	同时按【联锁】键和【帮助】键，可显示联锁操作功能一览表
命令一览	命令显示键 程序编辑时，按该键可显示控制命令一览表	
机器人切换	机器人切换键 可选定机器人运动轴	仅用于带变位器等外部辅助运动轴或多机器人控制的 DX100 系统
外部轴切换	外部轴切换键 可选定变位器等外部辅助运动轴	仅用于带变位器等外部辅助运动轴的 DX100 系统
辅助	辅助键	用于编辑移动命令时的恢复
插补方式	插补方式选择键 选择插补方式，按该键可进行 MOVJ（关节）、MOVL（直线）、MOVC（圆弧）、MOVS（自由曲线）方式的切换	同时按【插补方式】键和【转换】键，可进行标准插补、外部基准点插补（选配）、传送带插补（选配）模式的切换
试运行	机器人试运行键 同时按【试运行】键和【联锁】键，机器人可沿示教点连续运动；松开【试运行】键，运动停止	可选择连续、单循环、单步 3 种循环方式运行
前进	前进键 按该键，机器人按照示教点轨迹向前（正向）运行	仅执行机器人移动命令。如需执行其他命令，可同时按【前进】键和【联锁】键
后退	后退键 按该键，机器人按照示教点轨迹向后（逆向）运行	仅执行机器人移动命令
删除	删除键 删除命令或数据	灯亮时，按【回车】键，完成删除操作
插入	插入键 插入命令或数据	灯亮时，按【回车】键，完成插入操作
修改	修改键 修改命令或数据	灯亮时，按【回车】键，完成修改操作

（续）

操作按键	名称与功能	备　注
回车	回车键 确认输入缓冲行的数据输入及所选的操作	
7 8 9 4 5 6 1 2 3 0 . -	数字键 数字0~9及小数点、负号输入键	在不同机器人上，部分数字键可能定义有专门的功能与用途，可以直接用来输入作业命令

8.1.3　显示器

DX100系统的示教器一般采用6.5in⊖、640×480彩色液晶显示器，显示器分图8.1-4所示的主菜单、菜单、状态、通用显示和信息显示5个显示区域。显示区域可通过按示教器【区域】操作键或直接触摸对应的显示区予以选定，各显示区的主要显示功能如下。

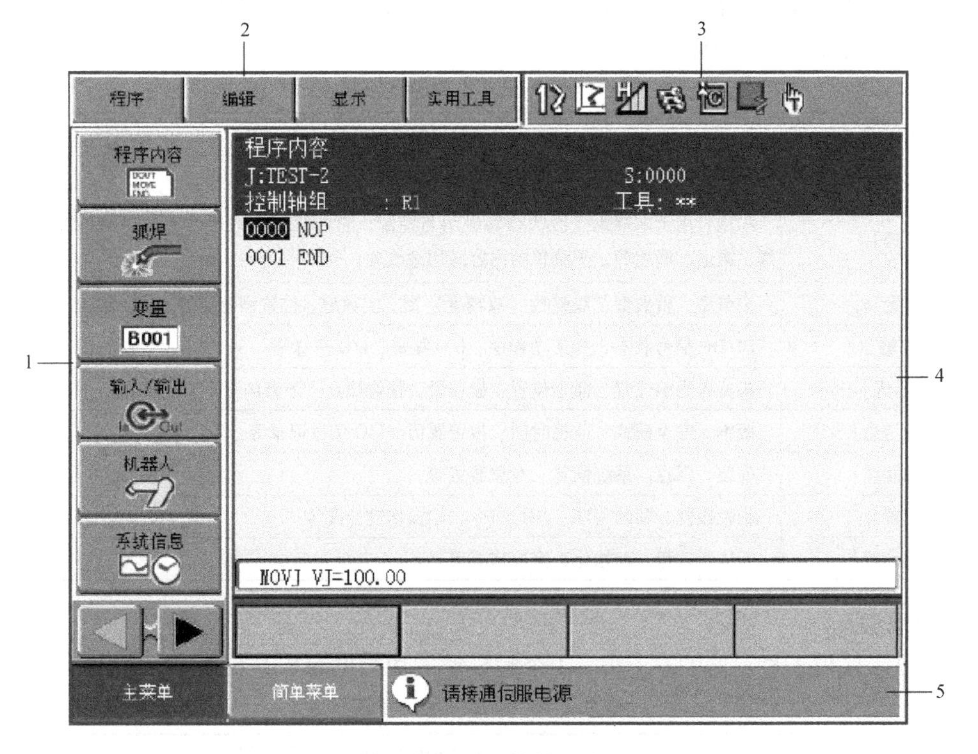

图8.1-4　示教器显示
1—主菜单　2—菜单　3—状态　4—通用显示区　5—信息显示区

⊖　1in=0.0254m。

由于系统软件版本或系统所设定的安全模式等方面的不同，示教器的显示形式、菜单键的数量和名称等可能稍有区别，但显示内容、操作方法基本一致。为了便于区分，本书将以“【＊＊＊】”表示示教器操作面板上的按键；以“[＊＊＊]”表示显示器显示的操作键。

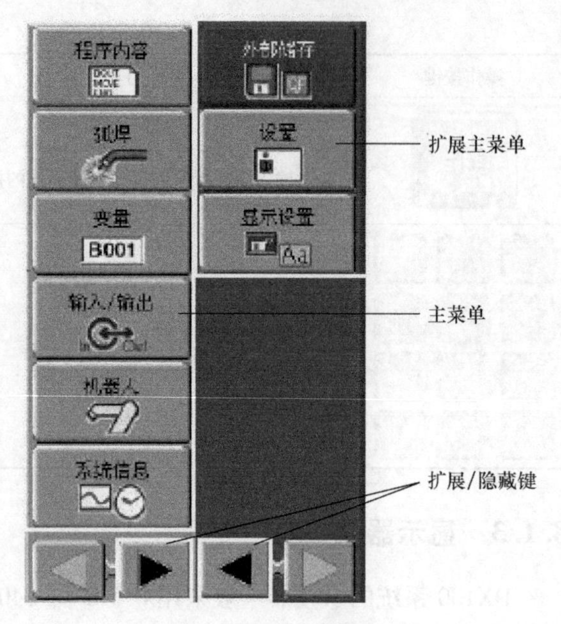

图 8.1-5　主菜单扩展

1. 主菜单显示

主菜单显示区位于显示器左侧，它可通过示教器【主菜单】操作键（或［主菜单］触摸键）选定。主菜单选定后，可通过［▶］或［◀］扩展键，显示或隐藏图 8.1-5 所示的扩展主菜单。

通过选定主菜单的不同项目，示教器便可显示表 8.1-5 所示的内容，并对部分项目进行输入、修改等编辑操作。主菜单的项目显示和编辑，还与示教器的安全模式选择有关，部分项目只能在“编辑模式”或“管理模式”下，才能显示或编辑。

表 8.1-5　主菜单功能一览表

主菜单键	显示与编辑的内容（子菜单）
［程序内容］或［程序］	程序选择、程序编辑、新建程序、程序容量、作业预约状态等
［弧焊］	本项目用于末端执行器状态的显示与控制，它与机器人的用途有关，菜单键有弧焊、点焊、搬运、通用等，子菜单的内容随用途改变
［变量］	字节型、整数型、双整数（双精度）型、实数型、位置型变量等
［输入/输出］	DI/DO 信号状态、梯形图程序、I/O 报警、I/O 信息等
［机器人］	机器人当前位置、命令位置、偏移量、作业原点、干涉区等
［系统信息］	版本、安全模式、监视时间、报警履历、I/O 信息记录等
［外部储存］	安装、保存、系统恢复、对象装置等
［设置］	示教条件、预约程序、用户口令、轴操作键分配等
［显示设置］	字体、按钮、初始化、窗口格式等

2. 菜单显示

菜单显示区位于显示器的左上方，4 个触摸键的功能见表 8.1-6。

表 8.1-6　菜单功能一览表

菜单键	显示与编辑的内容（子菜单）
［程序］	程序选择、主程序调用、新建程序、程序重命名、复制程序、删除程序等
［编辑］	程序检索、复制、剪切、粘贴、速度修改等
［显示］	循环周期、程序堆栈、程序点编号等
［实用工具］	校验、重心位置测量等

3. 状态显示

状态显示区位于显示器的右上方，它有图 8.1-6 所示的 10 个状态图标显示位置，不同位置可显示的图标及含义见表 8.1-7。

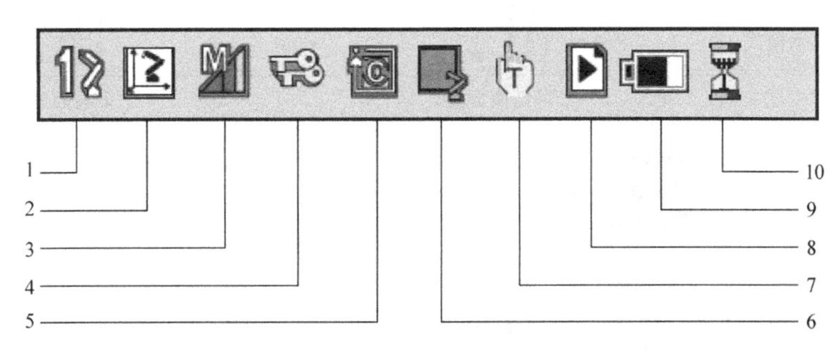

图 8.1-6 状态显示

表 8.1-7 状态显示及图标含义表

位置	显示内容	状态图标及含义				
1	现行控制轴组	机器人 1～8	基座轴 1～8	工装轴 1～24		
2	当前坐标系	关节坐标系	直角坐标系	圆柱坐标系	工具坐标系	用户坐标系
3	点动速度选择	微动	低速	中速	高速	
4	安全模式选择	操作模式	编辑模式	管理模式		
5	当前动作循环	单步	单循环	连续循环		
6	机器人状态	停止	暂停	急停	报警	运动
7	操作模式选择	示教	再现			

（续）

位置	显示内容	状态图标及含义	
8	页面显示模式	可切换页面	多画面显示
9	存储器电池	电池剩余电量显示	
10	数据保存	正在进行数据保存	

4. 通用显示

通用显示区位于显示器的中间，它分为图 8.1-7 所示的显示区、输入缓冲行、操作键 3 个基本区域。同时按操作面板的【区域】键和光标向下键，光标可从显示区移到操作键区；同时按操作面板的【区域】键和光标向上键，或选择操作键区的［取消］键，光标可从操作键区返回显示区。

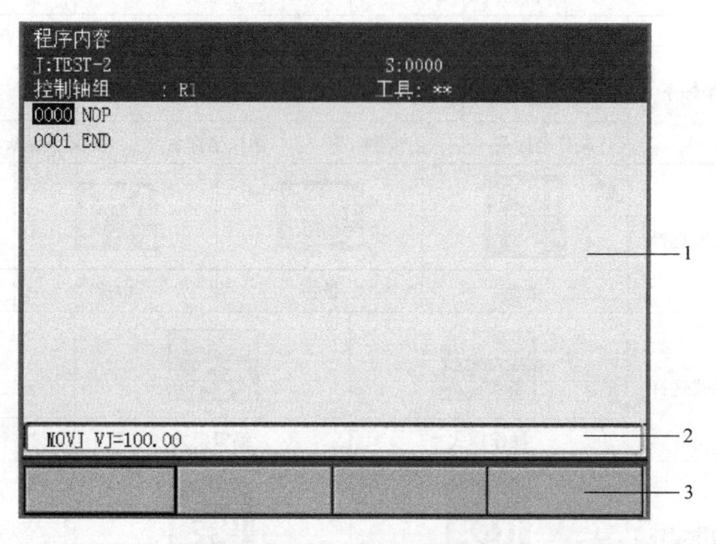

图 8.1-7　通用显示区
1—显示区　2—输入缓冲行　3—操作键

显示区可用来显示所选择的程序、参数、文件等内容。在程序编辑时，按操作面板的【命令一览】键，可在显示区的右侧显示相关的编辑命令键；显示区所选择或需要输入的内容，可在输入缓冲行显示和编辑。

操作键的显示与示教器所选择的操作有关，操作键一般用来执行、取消、结束或中断显示区所选的操作。当操作键区域选定后，可通过操作面板的光标左右移动键选择操作键，然后用操作面板的【选择】键执行指定的操作。在不同操作方式下，示教器可使用的操作键

及功能见表8.1-8。

表8.1-8 操作键功能一览表

操作键	操作键功能
[执行]	执行当前显示区所选择的操作
[取消]	放弃当前显示区所选择的操作
[结束]	结束当前显示区所选择的操作
[中断]	中断外部存储器安装、保持、校验等操作
[解除]	解除超程、碰撞等报警功能
[清除] 或 [复位]	清除报警
[页面]	对于多页面显示，可输入页面号，按【回车】键，直接显示指定页面

5. 信息显示

信息显示区位于显示器的右下方，它可用来显示操作、报警提示信息。在进行正确的操作或排除故障后，可通过操作面板上的【清除】键，清除操作、报警提示信息。

当系统有多个提示信息显示时，显示行的左侧将出现图8.1-8a所示的多行信息显示提示。出现多行信息显示提示时，如通过操作面板的【区域】键选定信息显示区、按操作面板的【选择】键，可显示图8.1-8b所示的多行信息一览表；按图8.1-8b上的［关闭］键或操作面板的【清除】键，则可关闭多行信息一览表。

a) 多行信息显示标记

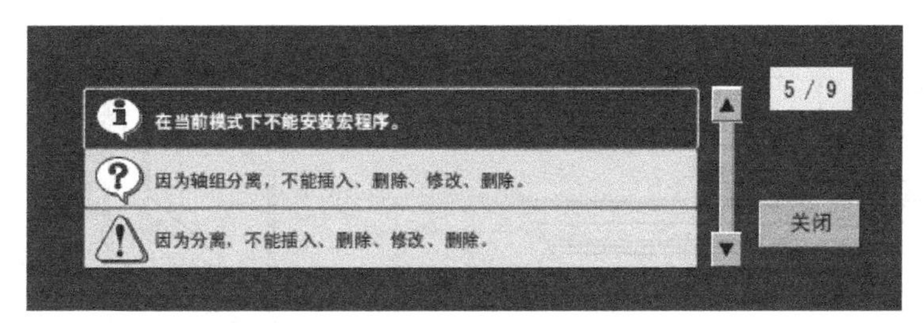

b) 多行信息一览表

图8.1-8 多行信息显示

8.2 机器人的安全操作

8.2.1 开机与关机

1. 开机前的检查

DX100控制系统开机前应检查以下事项。

1）确认DX100控制柜与示教器、机器人的连接电缆已按照图8.2-1所示正确连接并固定。

2）确认系统的三相电源进线（L1/L2/L3）及接地保护线（PE）已按照图 8.2-2 所示正确连接到 DX100 控制柜的电源总开关进线侧，电源进线的电缆固定接头已拧紧。电源进线（L1/L2/L3）的电压为三相 AC 200V/50Hz 或 AC 220V/60Hz，电压变化范围在 +10% ~ -15% 之内，频率变化范围小于 ±2% 。

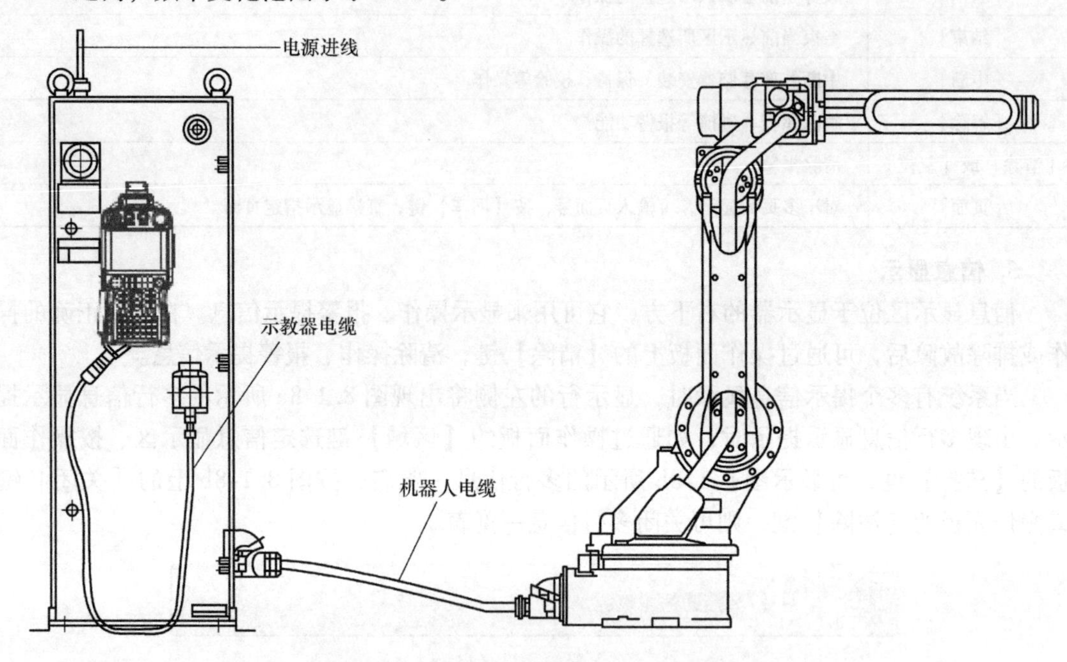

图 8.2-1　控制柜、示教器和机器人的连接

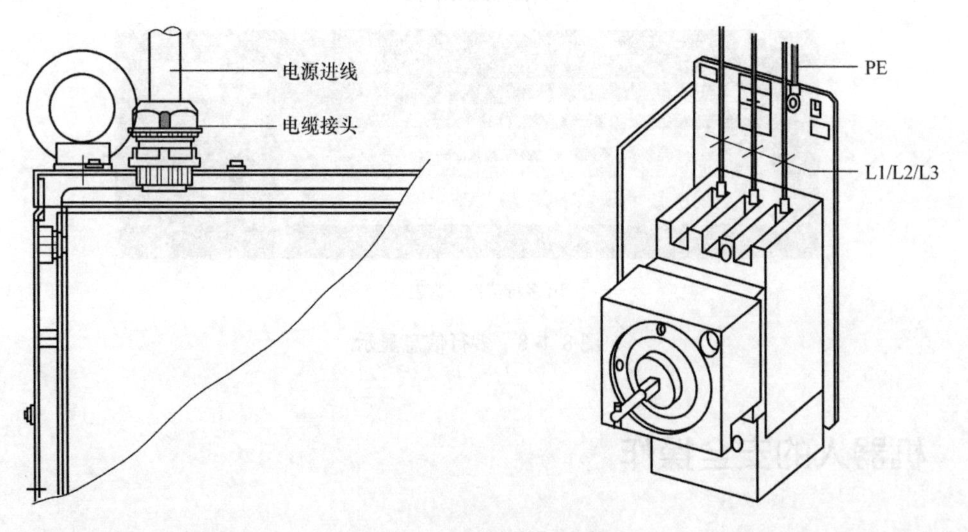

图 8.2-2　进线电缆的连接

3）确认 DX100 控制柜门已关闭、电源总开关置于 OFF 位置；机器人运动范围内无操作人员及可能影响机器人正常运动的其他无关器件。

2. 开机

当系统符合开机条件时，可按照以下步骤完成开机操作。

1）将DX100控制柜门上的电源总开关按图8.2-3所示旋转到ON位置，接通DX100系统控制电源。DX100系统的控制电源接通后，将进入系统的初始化和诊断操作，示教器将显示图8.2-4所示的开机启动画面。

2）系统完成初始化和诊断操作后，示教器将显示图8.2-5所示的开机初始页面，信息显示区显示操作提示信息“请接通伺服电源”。

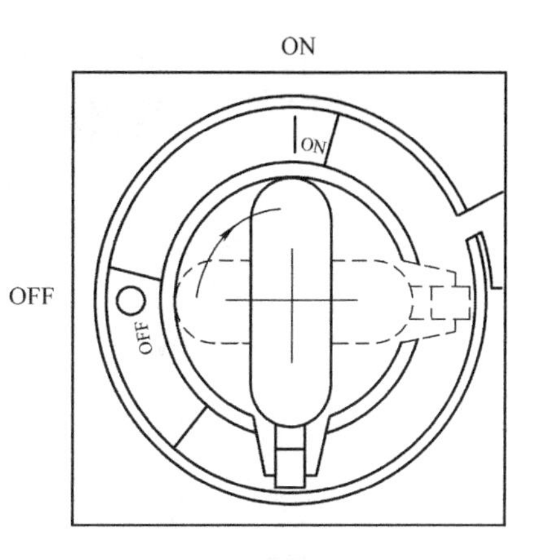

图8.2-3 接通总电源

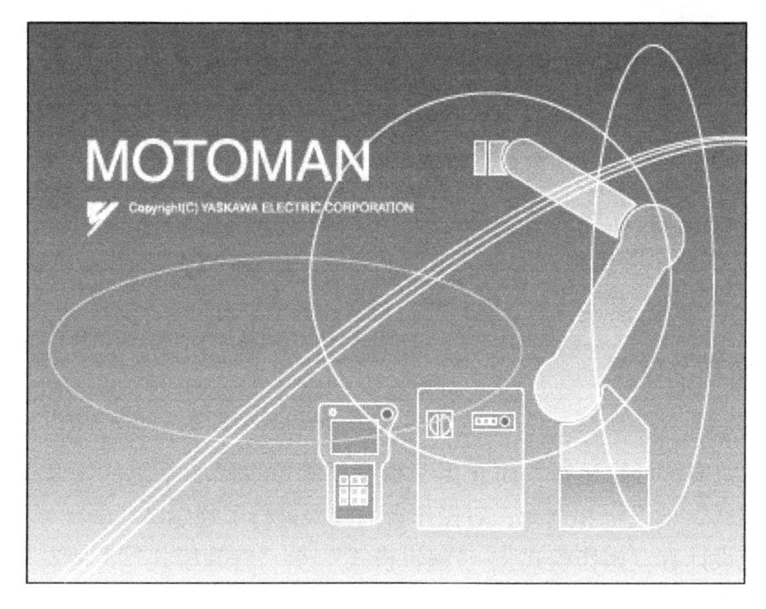

图8.2-4 DX100开机启动画面

3）复位控制柜门、示教器以及其他辅助控制装置、辅助操作台、安全防护罩等（如存在）的全部急停按钮。

4）当示教器操作模式选择开关选择【再现（PLAY）】模式时，如果机器人安装有安全防护门，则应关闭机器人安全防护门；然后，按操作面板上的【伺服准备】键，接通伺服主电源、启动伺服。

当示教器操作模式选择开关选择【示教（TEACH）】模式时，按操作面板上的【伺服准备】键，接通伺服主电源；然后，轻握示教器背面的【伺服ON/OFF】开关，启动伺服。

伺服启动后，示教器上的【伺服接通】指示灯亮。

3. 关机

对于DX100系统的正常关机，关机前应确认机器人的程序运行已结束，机器人已完全停止运动，然后按以下步骤关机；当系统出现紧急情况时，可直接关机。

1）按下示教器或控制柜上的急停按钮，切断伺服驱动器主电源。驱动器主电源切断，

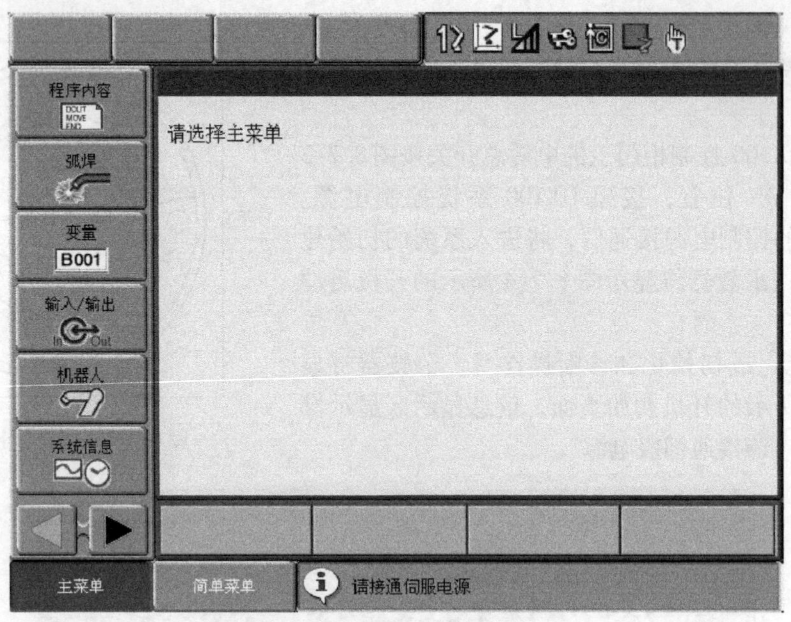

图 8.2-5　DX100 开机初始页面

所有伺服电机的制动器将立即制动，禁止机器人运动。

2）将图 8.2-3 所示的控制柜门上的电源总开关，旋转到 OFF 位置，关闭 DX100 系统的控制电源。

8.2.2　安全模式及设定

1. 安全模式

为了保证系统安全可靠运行，防止由于误操作等原因影响系统的正常运行，DX100 系统通过“安全模式”的设定和选择，对操作者的权限进行了规定。

DX100 系统设计有“操作模式”、“编辑模式”和“管理模式”3 种安全模式，不同安全模式可进行的操作如下。

操作模式：操作模式是 DX100 最基本的安全模式，在任何情况下都可以进入。选择操作模式时，操作者只能对机器人进行最基本的操作，如进行程序的选择、启动或停止操作，进行系统变量、输入/输出信号、坐标轴位置的显示等。

编辑模式：选择编辑模式，操作者可以进行示教和编程，也可对系统的变量、通用输出信号、作业原点和第 2 原点、用户坐标系、执行器控制装置等进行设定操作。进入编辑模式需要操作者输入正确的口令，DX100 系统出厂时设定的进入编辑模式初始口令为“00000000”。

管理模式：管理模式一般为维修人员使用，选择管理模式后，操作者可以进行系统的全部操作，如显示和编辑梯形图程序、I/O 报警、I/O 信息、定义 I/O 信号；设定干涉区、碰撞等级、原点位置、系统参数、操作条件、解除超程等。进入管理模式需要操作者输入更高一级的口令，DX100 系统出厂时设定的进入管理模式初始口令为“99999999”。

安全模式的选择与示教器的显示和编辑功能密切相关，表 8.2-1 为示教器基本操作和安全模式的对应表。

表 8.2-1 示教器操作和安全模式对应表

主菜单		子菜单	安全模式	
			显示	编辑
程序内容		程序选择、循环	操作模式	操作模式
		程序容量、作业预约状态	操作模式	—
		程序内容、主程序、预约启动程序	操作模式	编辑模式
		建立新程序	编辑模式	编辑模式
变量		字节型、整数型、双整数（双精度）型、实数型	操作模式	编辑模式
		位置型（机器人、基座、工装轴）	操作模式	编辑模式
		局部变量	操作模式	—
输入/输出		外部输入/输出、专用输入/输出、辅助继电器、控制输入、网络输入/输出、模拟量输出、伺服电源状态	操作模式	—
		通用输入/输出	操作模式	编辑模式
		模拟量输入信号	操作模式	管理模式
		梯形图程序、I/O 报警、I/O 信息	管理模式	管理模式
机器人		当前位置、命令位置、电源通/断（焊接）位置、偏移量	操作模式	—
		作业原点、第 2 原点	操作模式	编辑模式
		碰撞检测等级	操作模式	管理模式
		工具、用户坐标、机器人校准、超程和碰撞传感器	编辑模式	编辑模式
		超程解除	编辑模式	管理模式
		伺服监视、机种	管理模式	—
		落下量、干涉区、原点位置、模拟量监视、控制设定	管理模式	管理模式
系统信息		版本	操作模式	—
		安全	操作模式	操作模式
		管理时间、报警履历、I/O 信息履历	操作模式	管理模式
外部存储		保存、安装、校验、删除、系统恢复	操作模式	—
		装置	操作模式	操作模式
		文件夹	编辑模式	管理模式
设置		示教条件设定、预约程序名、用户口令	编辑模式	编辑模式
		数据不匹配日志	操作模式	管理模式
		操作条件、日期/时间、设置轴组、再现速度登录、轴操作键分配、预约启动连接、自动升级设定	管理模式	管理模式
显示设置		字体、按钮、初始化、窗口格式	操作模式	操作模式
参数		所有参数	管理模式	管理模式
执行器控制	弧焊	电弧监视	操作模式	—
		引弧/息弧条件、焊接辅助条件、焊机特性、诊断、摆弧	操作模式	编辑模式
	点焊	焊接诊断、间隙设定	操作模式	编辑模式
		电极更换管理	操作模式	管理模式
		焊钳压力、空打压力	编辑模式	编辑模式
		I/O 信号分配、焊钳特性、焊机特性	管理模式	管理模式
	通用/搬运	I/O 变量定义	操作模式	操作模式
		摆焊、用途诊断	操作模式	编辑模式

2. 安全模式设定

DX100 系统的安全模式可限制操作者的权限，避免误操作引起的故障，系统开机后应首先予以设定。安全模式的设定可在主菜单［系统信息］下进行，其操作步骤如下。

1）选择主菜单［系统信息］，示教器显示图 8.2-6 所示的系统信息子菜单。

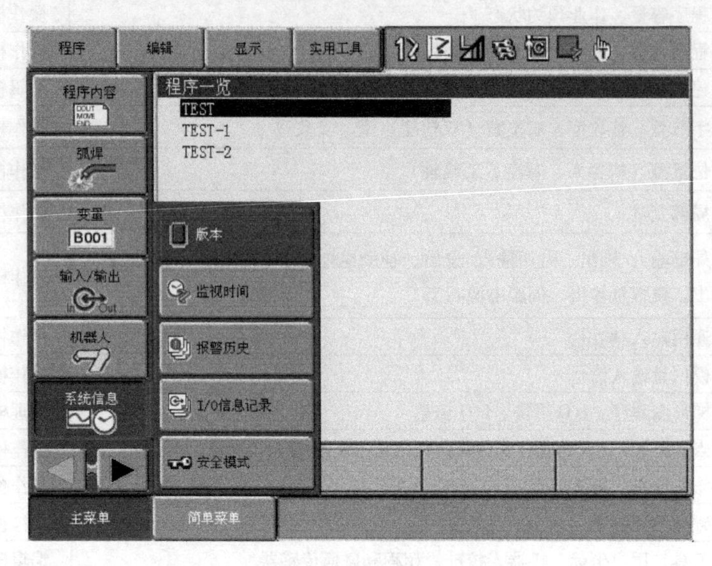

图 8.2-6　系统信息子菜单显示页面

2）用光标移动键选定［安全模式］子菜单，示教器将显示安全模式设定对话框，将光标定位于安全模式输入框。

3）按操作面板上的【选择】键，输入框将出现图 8.2-7 所示的安全模式选择栏；此时，可根据需要，调节光标、选择安全模式。

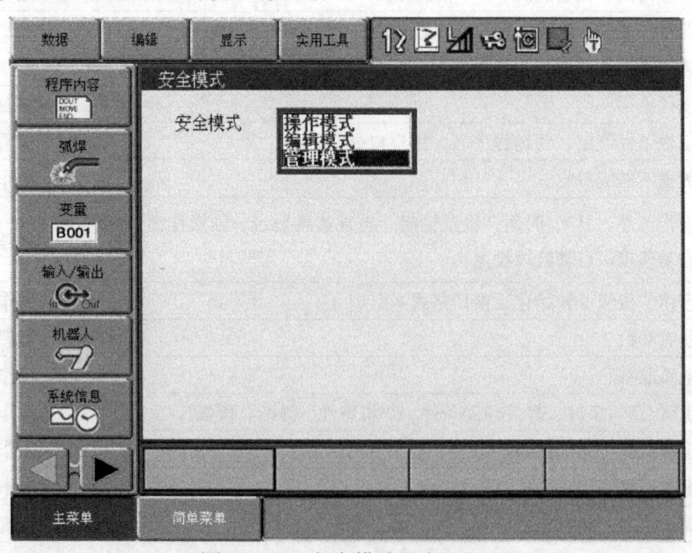

图 8.2-7　安全模式选择页面

4）当操作者需要选择编辑模式、管理模式时，示教器将显示图 8.2-8 所示的“用户口令”输入页面。

5）根据所需的安全模式，通过操作面板输入用户口令，并利用【回车】键确认。DX100 出厂时，编辑模式的初始口令为“00000000”，管理模式的初始口令为“99999999”，当输入的口令和所选择的安全模式一致时，系统将进入所选的安全模式。

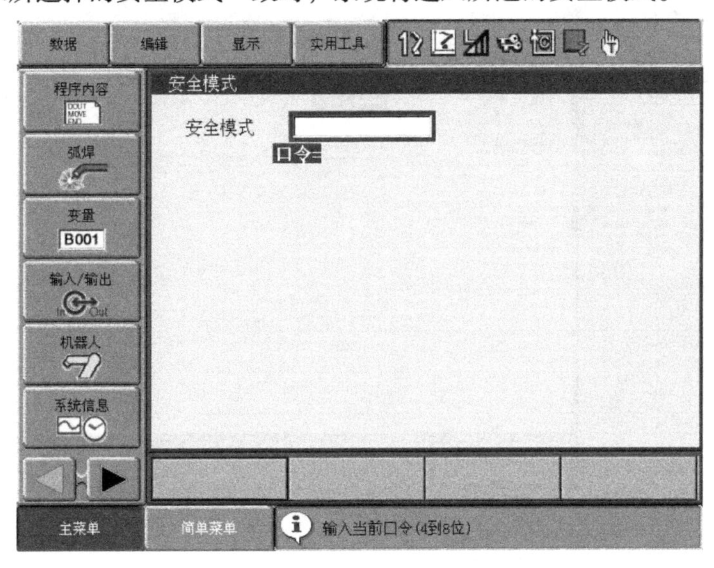

图 8.2-8　用户口令输入页面

3. 更改用户口令

为了保护系统的程序和参数，防止误操作引起的故障，调试、维修人员在完成系统调试或维修后，一般需要对系统出厂时的安全模式初始设定口令进行更改。安全模式的用户口令设定可在主菜单［设置］下进行，其操作步骤如下。

1）利用主菜单［▶］扩展键，显示扩展主菜单［设置］并选定，示教器显示图 8.2-9 所示的设置子菜单。

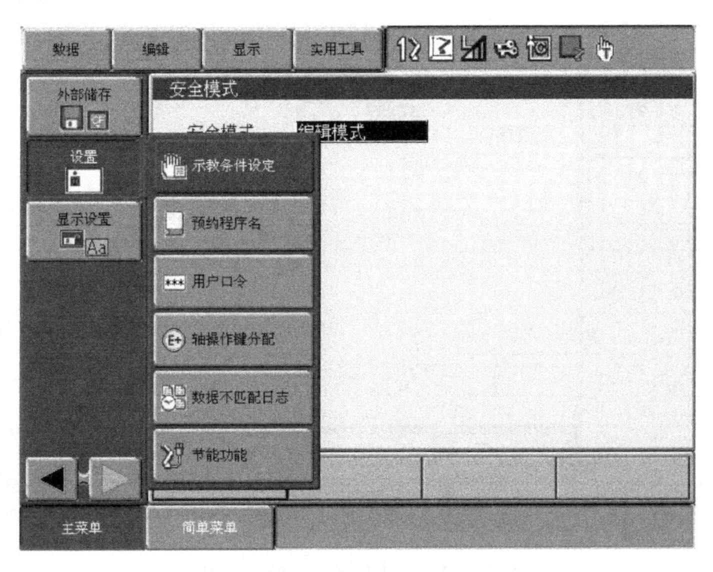

图 8.2-9　设置主菜单显示页面

2）用光标选定子菜单［用户口令］，示教器将显示图 8.2-10 所示的用户口令设定页面。

图 8.2-10　用户口令设定页面

3）用光标移动键，选定需要修改口令的安全模式，信息显示框将显示“输入当前口令（4 到 8 位）”。

4）输入安全模式原来的口令，并按操作面板的【回车】键。如果原口令输入准确，示教器将显示图 8.2-11 所示的新口令设定页面，信息显示框将显示“输入当前口令（4 到 8 位）”。

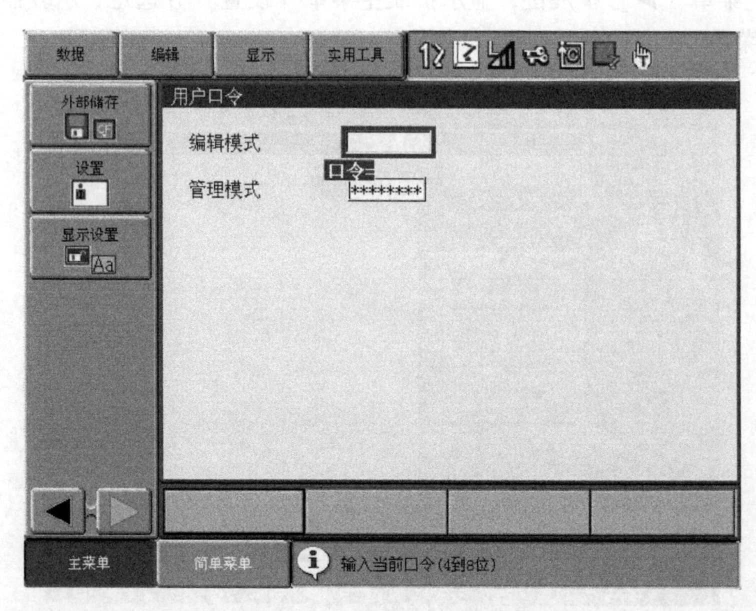

图 8.2-11　用户新口令输入页面

5）输入安全模式新的口令，并按操作面板的【回车】键确认后，新用户口令将生效。

8.3 机器人的点动操作

8.3.1 控制组及坐标系选择

1. 控制组及选择

工业机器人系统的组成形式多样。在复杂系统上，电气控制系统可能需要同时控制多个机器人，或者，需要控制除机器人本体外的其他辅助运动轴。为此，进行点动操作或程序运行时，需要通过选择“控制组”，来选定运动对象。

DX100系统的控制组分为“机器人”、“基座轴”、“工装轴”3组，控制组的定义如图8.3-1所示。

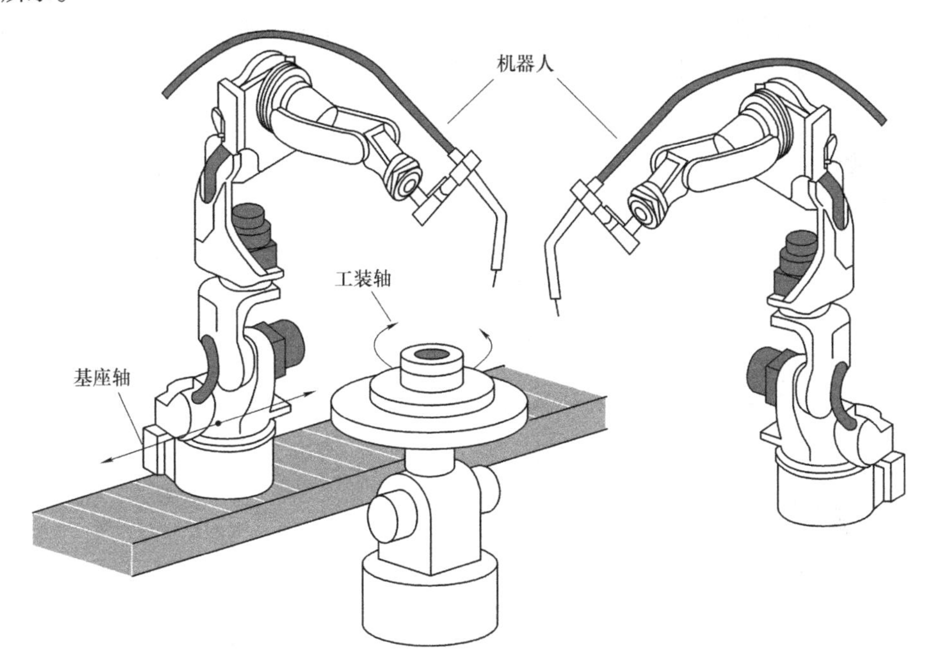

图8.3-1 DX100系统的控制组

1）机器人。机器人控制组用于多机器人控制系统的机器人选择，DX100系统多用于单机器人系统的控制，因此，机器人控制组一般选择为“机器人1”。机器人控制组一旦选定，操作者便可通过示教器，控制对应机器人本体上的腰回转（S轴）、上/下臂摆动（U/L轴）、手腕回转与摆动（R/B/T轴）等坐标轴的运动。

2）基座轴。基座轴是控制机器人本体整体移动的辅助坐标轴。DX100系统可选择的基座轴包括平行X/Y/Z轴的独立直线移动（RECT－X/RECT－Y/RECT－Z）、XY/XZ/YZ平面上的二维直线运动（RECT－XY/RECT－XZ/RECT－YZ）及XYZ三维空间上的直线运动（RECT－XYZ）3类；基座轴最大可配置8轴。

3）工装轴。工装轴是控制工装（工件）运动的辅助坐标轴。DX100系统可选择的工装轴包括360°回转轴（回转1）、摆动轴（回转2）及直线运动轴（通用）3类；工装轴最大可配置24轴。

通过基座轴、工装轴的运动，可实现机器人、工件的整体位置移动，故又称变位器。在DX100系统上，基座轴、工装轴统称“外部轴”，它们可通过同时按示教器操作面板上的“【转换】+【外部轴切换】”按键选定；如同时按“【转换】+【机器人切换】”按键，则可以选定机器人本体运动轴。

2. 坐标系

工业机器人的点动操作是通过操作面板上的运动方向键手动控制机器人本体坐标轴在指定方向移动的操作。DX100系统的点动操作可以在“示教（TEACH）”模式下进行。进行点动运动前，首先需要选定工业机器人本体的坐标系，才能确定操作面板上的运动方向键所对应的运动轴和运动方向。

多关节型工业机器人的运动复杂多样，系统一般可选择多种坐标系来控制机器人本体的轴运动。在DX100系统上，机器人可使用的坐标系有图8.3-2所示的关节坐标系、直角坐标系、圆柱坐标系、工具坐标系、用户坐标系5种。

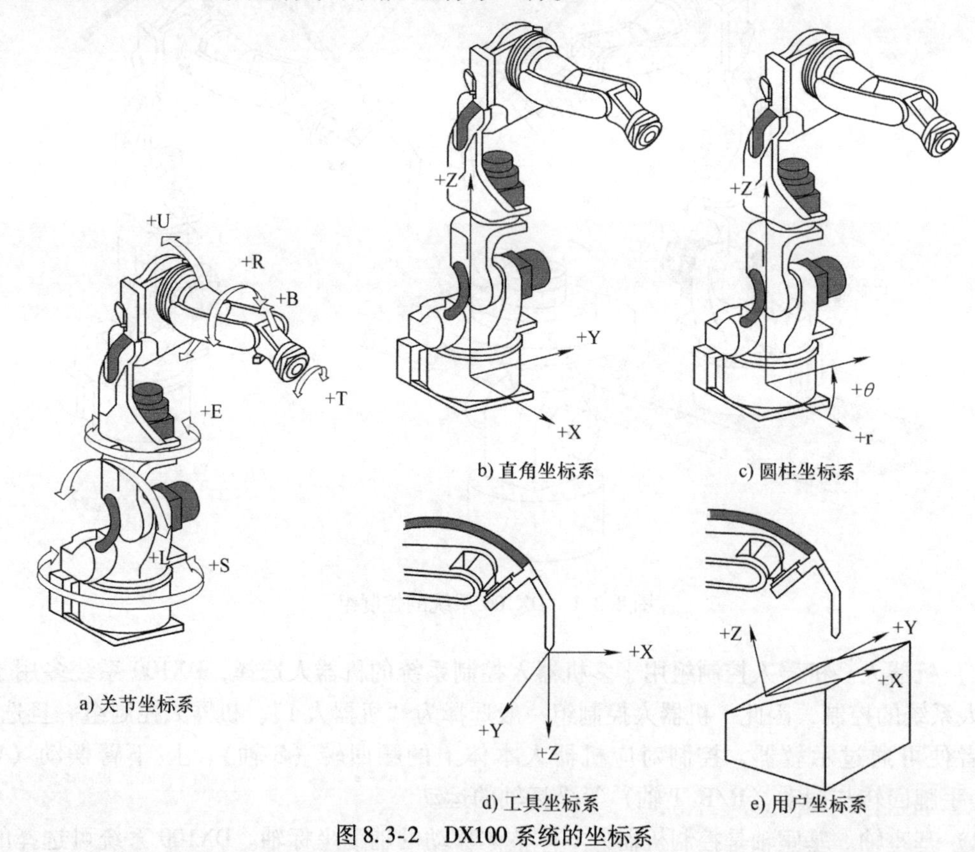

图8.3-2　DX100系统的坐标系

1）关节坐标系。关节坐标系是与机器人本体关节运动轴一一对应的基本坐标系，例如，对于常用的6轴机器人，其腰回转为S轴、下臂摆动为L轴、上臂摆动为U轴、手腕回转为R轴、腕摆动为B轴、手回转为T轴；对于7轴机器人，则可能增加下臂回转轴E等。选择关节坐标系时，可对机器人的每一关节进行独立的定位或回转、摆动操作。

2）直角坐标系。直角坐标系是机器人本体上的虚拟笛卡儿坐标系。选择直角坐标系时，机器人可通过 X/Y/Z 坐标来指定手腕基准点（工具安装基准点，又称参考点）的位置，或通过若干个关节轴的合成运动，使得手腕基准点沿 X、Y、Z 轴进行直线运动。

3）圆柱坐标系。圆柱坐标系由平面极坐标运动轴 r、θ 和上下运动轴 Z 构成。极坐标的角度 θ 直接由腰回转轴 S 控制；半径 r 和上下 Z 的运动需要通过若干关节轴的运动合成。选择圆柱坐标系时，可以通过半径、高度和转角来指定或改变手腕基准点位置。

4）工具坐标系。工具坐标系是直接指定和改变末端执行器端点（工具端点）位置的坐标系，它是以工具端点为原点、以工具接近工件的有效方向为 Z 轴正向的虚拟笛卡儿坐标系。选择工具坐标系时，机器人可通过工具坐标 X/Y/Z 来指定工具端点位置，或通过若干个关节轴的合成运动，使得工具端点沿工具坐标系的 X、Y、Z 轴进行直线运动。

5）用户坐标系。用户坐标系是以工件为基准、可直接指定和改变末端执行器端点（工具端点）位置的坐标系，它通常是以工件的安装平面为 XY 平面、以工具离开工件的方向为 Z 轴正向的虚拟笛卡儿坐标系。选择用户坐标系时，机器人可通过用户坐标 X/Y/Z 来指定工具端点位置，或通过若干个关节轴的合成运动，使得工具端点沿用户坐标系的 X、Y、Z 轴进行直线运动。

工具坐标系、用户坐标系是控制工具端点的坐标系，因此，它们与工具的形状密切相关，在使用多工具的机器人上，需要设定多个工具坐标系和用户坐标系。DX100 系统最大可设定工具坐标系和用户坐标系均为 63 个。

3. 坐标系选择

为了能够按照不同的要求来控制机器人本体的运动，进行点动操作前，首先要选定工业机器人本体的坐标系，确定操作面板上的运动方向键所对应的运动轴和运动方向。在 DX100 系统上，坐标系的选择方法如图 8. 3-3 所示，操作步骤如下。

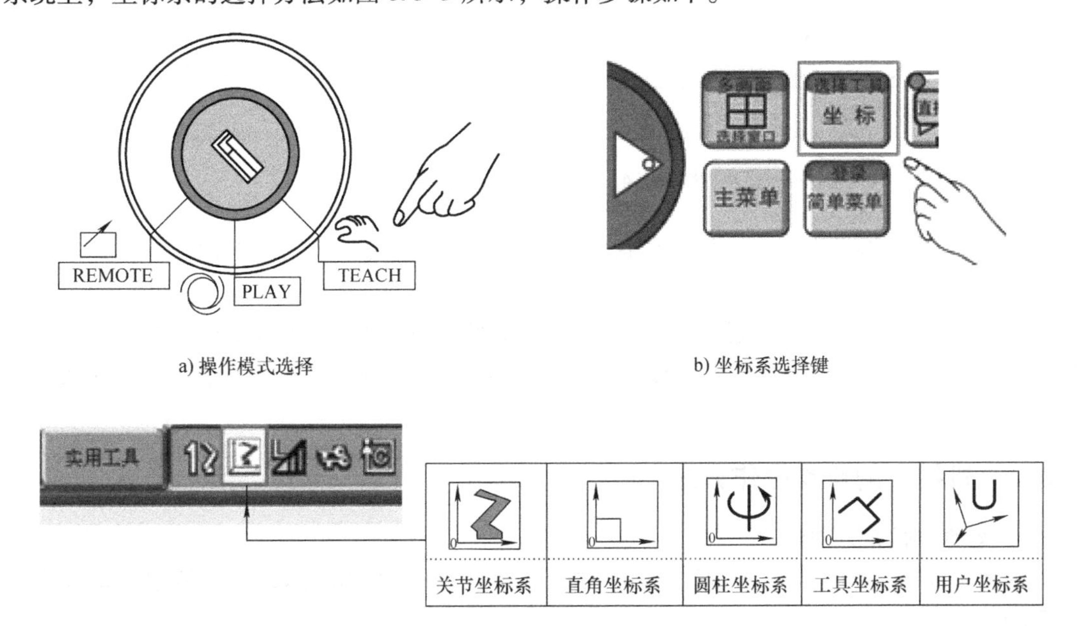

a) 操作模式选择

b) 坐标系选择键

c) 坐标系显示图标

图 8. 3-3 坐标系的选择操作

1）示教器的操作模式转换开关选择【示教（TEACH）】模式。

2）对于多机器人控制系统或带有外部轴的控制系统，通过同时按示教器操作面板上的"【转换】+【机器人切换】"键，或"【转换】+【外部轴切换】"键，选定机器人或运动轴，并通过显示器上的状态栏显示确认。

3）重复按示教器操作面板上的【选择工具/坐标】键，可进行机器人的关节坐标系→直角坐标系→圆柱坐标系→工具坐标系→用户坐标系→关节坐标系→……的循环变换。根据操作需要，选择所需的坐标系，并通过显示器的状态栏图标确认。

4）工具坐标系与工具的形状密切相关，对于使用多工具的机器人，在选定工具坐标系后，需要同时按操作面板上的"【转换】+【选择工具/坐标】"键，显示图8.3-4所示的工具选择页面，然后，利用光标移动键选定所需要的工具号。工具号选定后，可同时按操作面板上的"【转换】+【选择工具/坐标】"键，返回原显示页面。

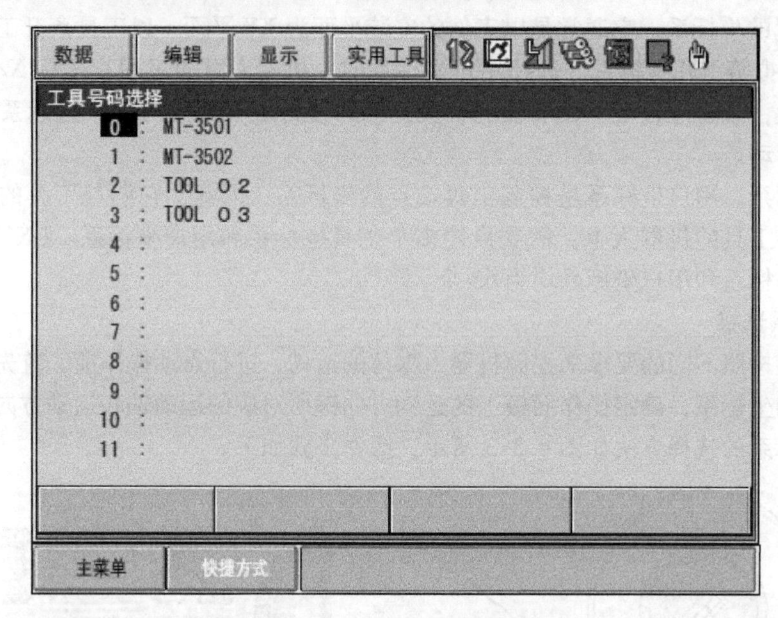

图8.3-4　工具坐标系选择页面

5）用户坐标系与工具、工件的形状密切相关，对于使用多个用户坐标系的机器人，在选定用户坐标系后，需要同时按操作面板上的"【转换】+【选择工具/坐标】"键，显示图8.3-5所示的用户坐标系选择页面，然后，利用光标移动键选定所需要的用户坐标号。用户坐标号选定后，可同时按操作面板上的"【转换】+【选择工具/坐标】"键，返回原显示页面。

8.3.2　机器人的点动操作方法

1. 运动方式和方向键

垂直串联多关节工具（末端执行器）作业点在机器人本体的运动，包括定位运动和定向运动2类。

在6~7轴垂直串联结构的机器人上，改变手腕基准点或工具（末端执行器）端点位置的运动称为定位。机器人的定位一般可通过机身上的腰回转轴S、下臂摆动轴L、上臂摆动

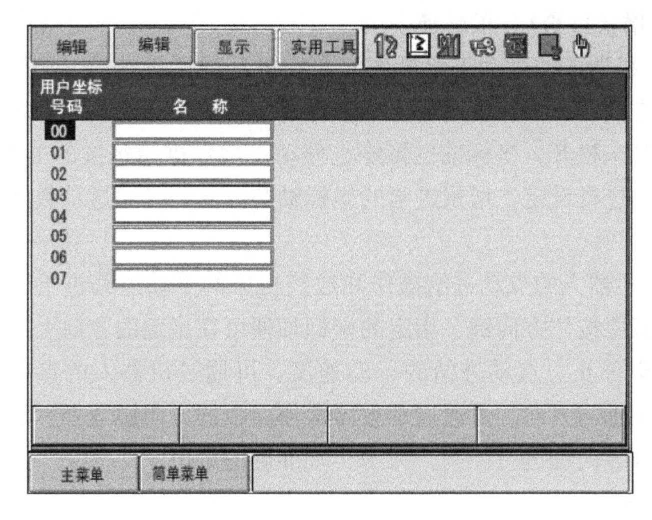

图 8.3-5 用户坐标系选择页面

轴 U 的合成运动实现，这部分机构称为机器人的定位机构。而机器人手腕上的回转轴 R、摆动轴 B 和手回转轴 T，以及 7 轴机器人上的下臂回转轴 E，则是用来改变作业工具（末端执行器）姿态的运动轴，这部分机构称为定向机构。

在图 8.3-6 所示的 DX100 系统示教器上，操作面板左侧的 6 个方向键【X－/S－】~【Z＋/U＋】一般用于机器人的点动定位操作；右侧的 6 个方向键【X－/R－】~【Z＋/T＋】一般用于改变作业工具姿态的点动定向操作。左下方的【E－】、【E＋】键，在 7 轴垂直串联结构的机器人上，用于下臂回转轴 E 的点动定向操作；在 6 轴机器人上，可用于第 8 基座轴或工装轴的点动定位操作。右下方的【8－】、【8＋】键，一般用于第 8 基座轴或工装轴的点动定位操作。

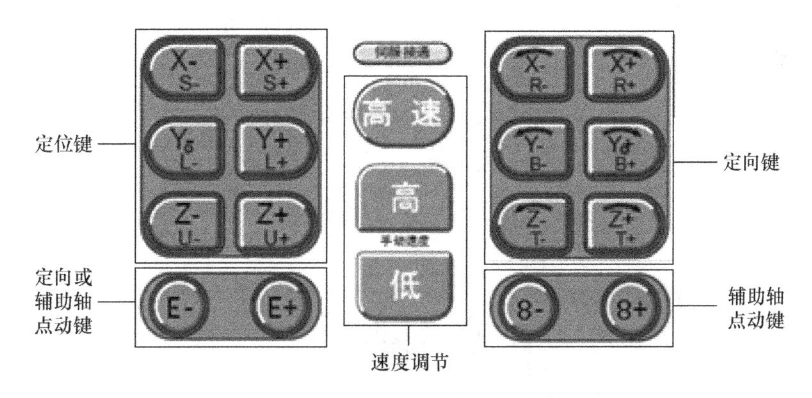

图 8.3-6 DX100 的点动操作键

2. 进给方式和速度调节

面板中间部分的【高速】、【高】、【低】键，用于点动进给方式变换和进给速度的调节。按速度调节键【高】或【低】，可改变坐标轴的点动进给方式和点动进给速度。重复按速度调节键【高】，可进行“微动（增量进给）”→“低速点动”→“中速点动”→“高速点动”的转换；重复按速度调节键【低】，可进行“高速点动”→“中速点动”→“低速点动”→“微动（增量进给）”的转换。

1）微动进给。机器人的微动进给操作和数控机床的增量进给（INC）相同。选择微动进给时，每按一次方向键，可使指定的坐标轴在指定方向上移动指定的增量距离；运动距离到达后，即使方向键未松开，坐标轴也将停止移动。增量进给每次的增量距离和运动速度，可通过机器人的参数进行设定；增量进给的坐标轴与方向，可通过示教器操作面板的方向键选择。

2）点动进给。机器人的点动进给操作和数控机床的手动连续进给（JOG）相同。选择点动进给操作时，只要按住方向键，指定的坐标轴便可在指定的方向上进行连续的移动；松开方向键，轴运动即停止。点动进给的运动速度，可通过机器人的参数设定高、中、低 3 档；点动进给的坐标轴与方向，可通过示教器操作面板的方向键选择；点动进给的移动距离只能通过按下和松开方向键进行控制，无法实现准确的定位。

3. 机器人点动操作

机器人本体的点动操作可通过关节坐标系的轴运动实现。关节坐标系是与机器人关节一一对应的基本坐标系，其运动控制最为简单和方便。选择关节坐标系时，操作者可对机器人本体的所有运动轴进行简单、直观的操作，而无须考虑定位、定向运动。

选择关节坐标系时，操作面板的点动定位键和定向键均可用于点动操作，方向键和机器人运动轴及方向的对应关系如图 8.3-7 所示，点动操作的步骤如下。

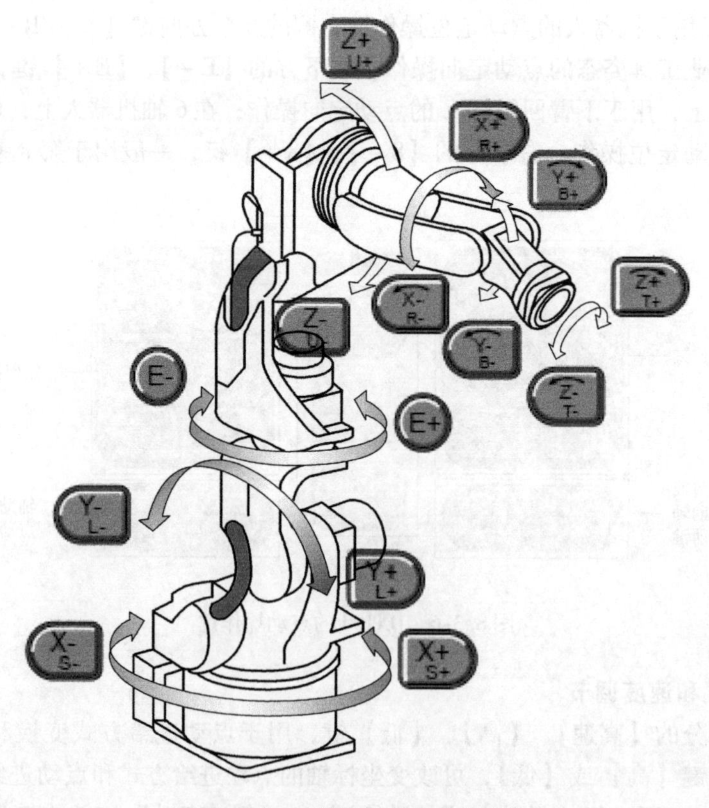

图 8.3-7　关节坐标系的点动操作

1）将示教器的操作模式转换开关选择为【示教（TEACH）】模式。

2）通过同时按示教器操作面板上的“【转换】 + 【机器人切换】”键，选定机器人本体运动轴，并通过显示器上的状态栏显示确认。

3）重复按示教器操作面板上的【选择工具/坐标】键，直至关节坐标系被选择、显示器的状态栏显示关节坐标系图标。

4）按速度调节键【高】或【低】，选定坐标轴初始的点动进给方式或点动运行速度。

5）确认机器人运动范围内无操作人员及可能影响机器人正常运动的其他无关器件。

6）按操作面板的【伺服准备】键，接通伺服驱动器主电源；主电源接通后，【伺服接通】指示灯闪烁。

7）轻握示教器背面的【伺服 ON/OFF】开关、启动伺服，伺服驱动后，操作面板上的【伺服接通】指示灯亮。

8）按方向键，对应的坐标轴即进行指定方向的运动。当同时按不同轴的多个方向键时，多个轴可同时运动。

9）点动运动期间，可通过同时按速度调节键改变点动进给方式和进给速度；如果同时按方向键和【高速】键，指定轴将以点动快速的速度移动，点动快速速度可通过机器人的参数进行设定。

4. 变位器点动操作

如果机器人系统装备有变位器，通过变位器的运动可以进行机器人本体或工件的整体移动。在 DX100 系统上，用于机器人本体变位的运动轴称为“基座轴”，其最大可配置的轴数为 8 轴；用于工件变位的运动轴称为“工装轴”，其最大可配置的轴数为 24 轴。基座轴和工装轴通称“外部轴”，它们可通过 DX100 系统的［设置］主菜单操作予以配置，基座轴可以为平行于 X、Y、Z 的直线轴，工装轴可以为回转轴、摆动轴或直线轴。

变位器的点动操作，可在示教器选定控制组后，通过操作面板左侧的定位方向键控制其移动。3 轴以下的基座轴或工装轴的点动，可通过操作面板左侧的定位方向键操作；第 4 ~ 8 基座轴或工装轴的点动，可通过操作面板右侧的定向方向键及【+E】/【-E】、【+8】/【-8】键操作。3 轴以下的基座轴或工装轴的定位方向键和变位器运动的对应关系如图 8.3-8 所示，点动操作的步骤如下。

1）将示教器的操作模式转换开关选择为【示教（TEACH）】模式。

2）通过同时按示教器操作面板上的“【转换】 + 【外部轴切换】”键，选定机器人基座轴或工装轴，并通过显示器上的状态栏显示确认。

3）按速度调节键【高】或【低】，选定坐标轴初始的点动进给方式或点动运行速度。

4）确认机器人运动范围内无操作人员及可能影响机器人正常运动的其他无关器件。

5）按操作面板的【伺服准备】键，接通伺服驱动器主电源；主电源接通后，【伺服接通】指示灯闪烁。

6）轻握示教器背面的【伺服 ON/OFF】开关启动伺服，伺服驱动后，操作面板上的【伺服接通】指示灯亮。

7）按方向键，对应的坐标轴即进行指定方向的运动。

8）点动运动期间，可通过同时按速度调节键改变点动进给方式和进给速度；如果同时按方向键和【高速】键，指定轴将以点动快速的速度移动，点动快速速度可通过机器人的

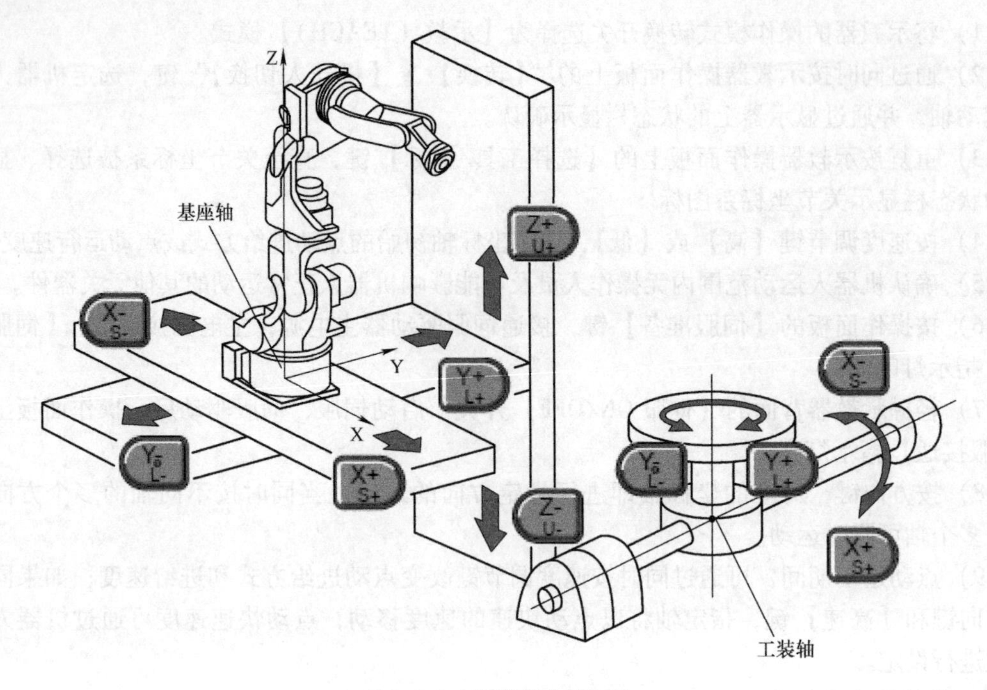

图 8.3-8　变位器点动操作

参数进行设定。

8.3.3　本体的点动定位

1. 操作步骤

机器人本体的点动定位操作是利用方向键，手动改变手腕基准点位置的操作。在垂直串联结构机器人上，手腕基准点可通过机器人本体上的虚拟直角坐标系、圆柱坐标系指定。

选择直角坐标系、圆柱坐标系进行基准点定位点动操作时，机器人可通过机身上的腰回转轴 S 和上下臂摆动轴 U/L 的合成运动，使手腕基准点沿指定轴、指定方向运动；而作业工具（末端执行器）的姿态保持不变。

机器人在直角坐标系、圆柱坐标系的点动定位操作，可通过示教器操作面板左侧的 6 个点动方向键【X－/S－】~【Z＋/U＋】进行，点动进给同样可选择微动（增量进给）和点动两种方式，点动操作的基本步骤如下。

1）将示教器的操作模式转换开关选择为【示教（TEACH）】模式。

2）通过同时按示教器操作面板上的“【转换】＋【机器人切换】”键，选定机器人本体运动轴，并通过显示器上的状态栏显示确认。

3）重复按示教器操作面板上的【选择工具/坐标】键，直至直角坐标系或圆柱坐标系被选择、显示器的状态栏显示直角坐标系或圆柱坐标系图标。

4）按速度调节键【高】或【低】，选定坐标轴初始的点动进给方式或点动运行速度。

5）确认机器人运动范围内无操作人员及可能影响机器人正常运动的其他无关器件。

6）按操作面板的【伺服准备】键，接通伺服驱动器主电源；主电源接通后，【伺服接通】指示灯闪烁。

7）轻握示教器背面的【伺服 ON/OFF】开关启动伺服，伺服驱动后，操作面板上的【伺服接通】指示灯亮。

8）按方向键，对应的坐标轴即进行指定方向的运动。当同时按不同轴的多个方向键时，多个轴可同时运动。

9）点动运动期间，可通过同时按速度调节键改变点动进给方式和进给速度；如果同时按方向键和【高速】键，指定轴将以点动快速的速度移动，点动快速速度可通过机器人的参数进行设定。

选择直角坐标系、圆柱坐标系进行手腕基准点定位点动操作时，示教器操作面板左侧的定位键与运动轴、运动方向的对应关系如下。

2. 直角坐标系点动

选择直角坐标系进行点动定位操作时，示教器操作面板上的方向键【X－/S－】~【Z＋/U＋】，用于机器人手腕基准点沿 X、Y、Z 轴直线移动控制。操作面板的点动定位方向键和机器人运动的对应关系如图 8.3-9 所示，同时按不同轴的多个方向键时，多个轴可同时运动。

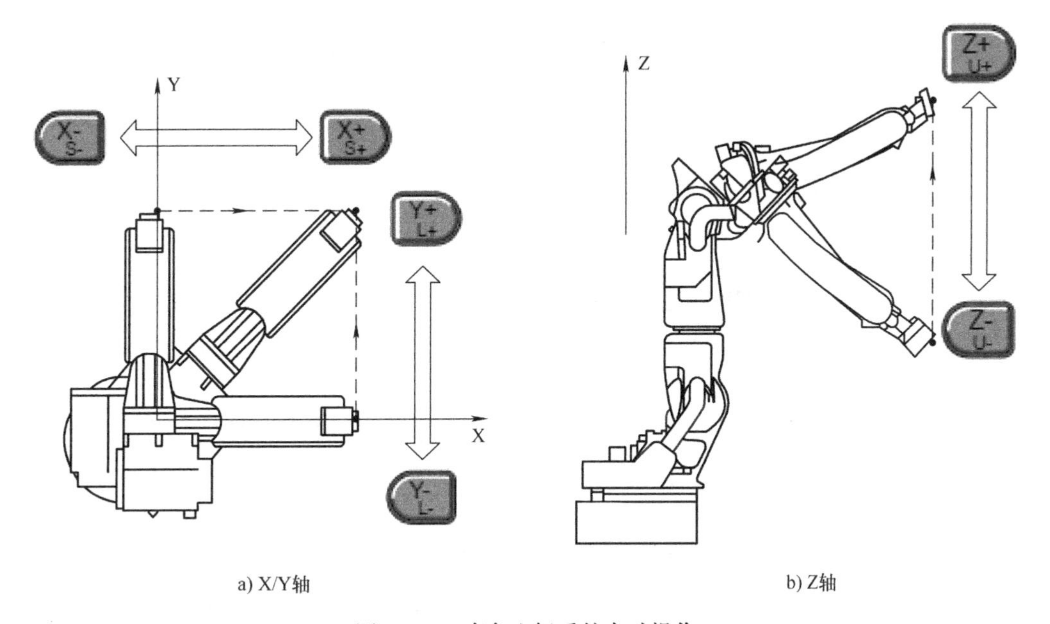

图 8.3-9　直角坐标系的点动操作

3. 圆柱坐标系点动

选择圆柱坐标系进行机器人点动定位操作时，可通过示教器操作面板上的方向键【X－/S－】~【Z＋/U＋】，使得机器人的手腕基准点绕机器人的中心线回转，或沿半径方向、上下方向进行直线移动；同时按不同轴的多个方向键时，多个轴可同时运动。

圆柱坐标系点动操作时，示教器操作面板的点动定位方向键和机器人 θ 轴、r 轴运动的对应关系如图 8.3-10 所示；Z 轴点动进给由方向键【Z＋/U＋】、【Z－/U－】控制，进给运动与图 8.3-9b 所示的直角坐标系相同。

圆柱坐标系的 θ 轴点动回转进给由方向键【X＋/S＋】、【X－/S－】控制，逆时针为正向，运动直接通过腰回转轴 S 实现；沿半径方向的 r 轴点动进给，由方向键【Y＋/L＋】、【Y－/L－】控制，正向运动时半径增加；进给运动需要通过上下臂摆动轴 U/L 的合成

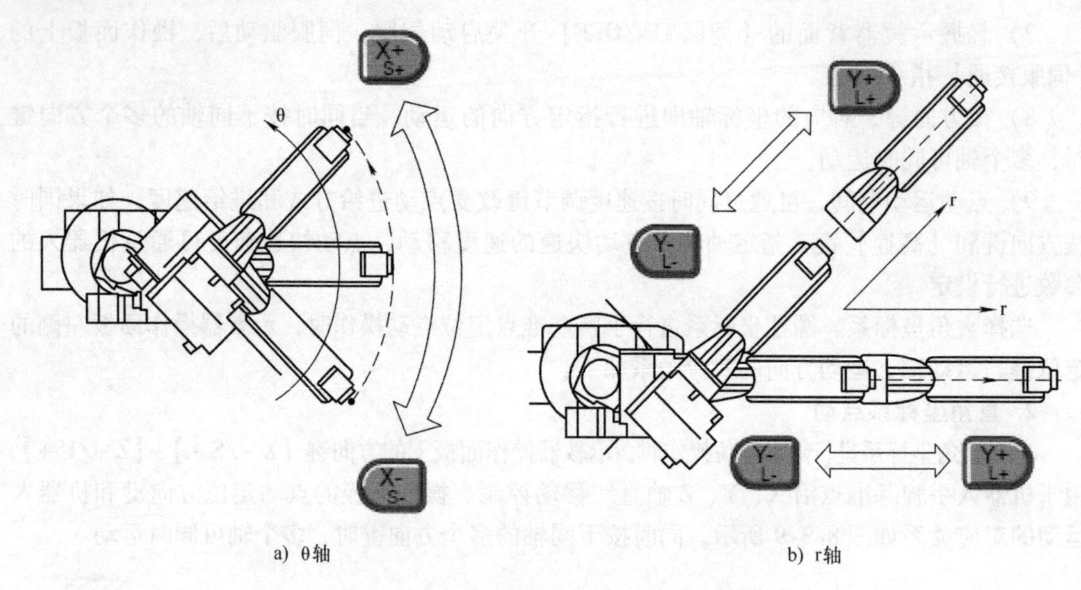

图 8.3-10　圆柱坐标系的 θ/r 轴点动操作

实现。

8.3.4　工具的点动定位

1. 基本步骤

机器人工具的点动定位操作是利用定位方向键，手动改变工具（末端执行器）端点位置的操作。在垂直串联结构机器人上，工具端点的位置可通过用户设定的机器人工具坐标系、用户坐标系指定。

选择工具坐标系、用户坐标系进行工具端点定位点动操作时，机器人可通过机身上的腰回转轴 S 和上下臂摆动轴 U/L 的合成运动，使工具端点沿指定轴、指定方向运动；而作业工具（末端执行器）的姿态保持不变。

机器人在工具坐标系、用户坐标系的点动定位操作，可通过示教器操作面板左侧的 6 个点动方向键【X－/S－】～【Z＋/U＋】进行，点动进给同样可选择微动（增量进给）和点动两种方式，点动操作的基本步骤如下。

1）将示教器的操作模式转换开关选择为【示教（TEACH）】模式。

2）通过同时按示教器操作面板上的“【转换】＋【机器人切换】”键，选定机器人本体运动轴，并通过显示器上的状态栏显示确认。

3）重复按示教器操作面板上的【选择工具/坐标】键，直至工具坐标系或用户坐标系被选择、显示器的状态栏显示工具坐标系或用户坐标系图标。

4）同时按操作面板上的“【转换】＋【选择工具/坐标】”键，显示工具或用户坐标系选择页面（见图 8.3-4、图 8.3-5），然后，利用光标移动键选定所需要的工具号或用户坐标号。工具号、用户坐标号选定后，可同时按操作面板上的“【转换】＋【选择工具/坐标】”键，返回原显示页面。

5）按速度调节键【高】或【低】，选定坐标轴初始的点动进给方式或点动运行速度。

6）确认机器人运动范围内无操作人员及可能影响机器人正常运动的其他无关器件。

7）按操作面板的【伺服准备】键，接通伺服驱动器主电源；主电源接通后，【伺服接通】指示灯闪烁。

8）轻握示教器背面的【伺服 ON/OFF】开关启动伺服，伺服驱动后，操作面板上的【伺服接通】指示灯亮。

9）按方向键，对应的坐标轴即进行指定方向的运动。当同时按不同轴的多个方向键时，多个轴可同时运动。

10）点动运动期间，可通过同时按速度调节键改变点动进给方式和进给速度；如果同时按方向键和【高速】键，指定轴将以点动快速的速度移动，点动快速速度可通过机器人的参数进行设定。

进行工具坐标系、用户坐标系工具端点定位点动操作时，示教器操作面板左侧的定位键与运动轴、运动方向的对应关系如下。

2. 工具坐标系点动

选择工具坐标系进行点动定位操作时，可通过示教器操作面板上的方向键【X－/S－】~【Z＋/U＋】，使得机器人的工具端点沿 X、Y、Z 轴直线移动。工具坐标系的 X、Y、Z 轴运动通过腰回转轴 S、上下臂摆动轴 U/L 的合成实现，示教器操作面板的点动定位方向键和机器人运动的对应关系如图 8.3-11 所示。如同时按不同轴的多个方向键时，多个轴可同时运动。

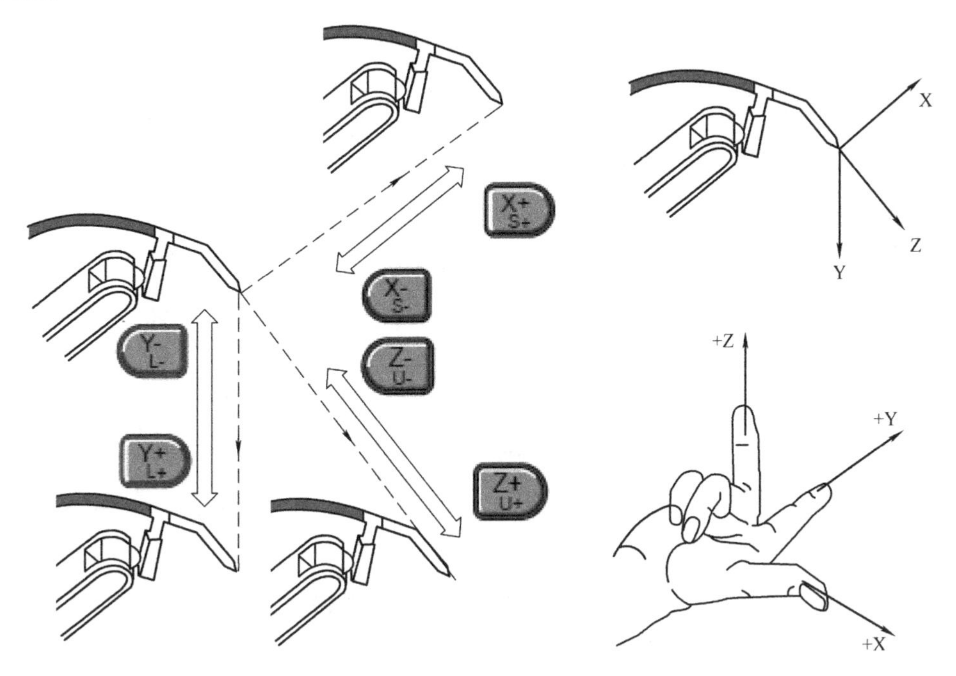

图 8.3-11 工具坐标系的点动操作

机器人的工具坐标系是以工具端点为原点、以工具接近工件的有效方向为 Z 轴正向的虚拟笛卡儿坐标系；坐标系的 XY 平面垂直于 Z 轴；X、Y 轴的方向符合右手定则。

工具坐标系与工具形状密切相关，不同的工具需要设定不同的工具坐标系。DX100 系统最大可使用63种工具、设定63个工具坐标系。进行工具坐标系点动定位操作时，需要通过同时按操作面板上的“【转换】+【选择工具/坐标】”键，在显示的工具选择页面上，选定机器人当前所使用的工具号。

3. 用户坐标系点动

用户坐标系的点动定位操作和工具坐标系的点动定位操作类似，它同样可通过腰回转轴S、上下臂摆动轴U/L的合成运动，使机器人的工具端点进行X、Y、Z轴直线移动，但两者的坐标原点位置和坐标轴方向有所不同。

用户坐标系的原点可设定在机器人动作范围内的任意位置，并呈任意角度倾斜。为了便于操作和编程，在一般情况下，用户坐标系是以工件的安装平面为XY平面、以工具离开工件的方向为Z轴正向的虚拟笛卡儿坐标系，X、Y、Z轴的方向符合右手定则。

用户坐标系的设定与工件的安装形式、工具的形状、运动要求等因素有关，不同的工件、不同的工具、不同的运动要求，需要设定不同的用户坐标系。DX100系统最大可设定与63种工具对应的63个用户坐标系。进行用户坐标系点动定位操作时，同样需要通过同时按操作面板上的“【转换】+【选择工具/坐标】”键，在所显示的用户坐标系选择页面上，选定机器人当前所使用的用户坐标系号。

进行用户坐标系点动定位操作时，示教器操作面板上的方向键和机器人运动的对应关系如图8.3-12所示。同时按不同轴的多个方向键时，多个轴可同时运动。

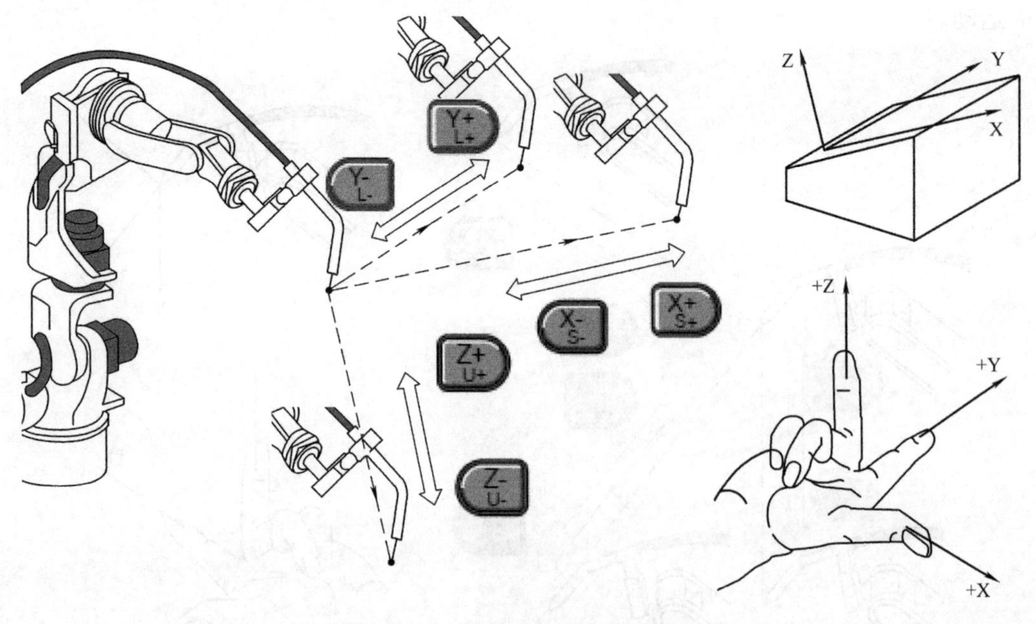

图8.3-12　用户坐标系的点动操作

8.3.5　工具的点动定向

1. 定向方式

改变机器人工具（末端执行器）姿态的运动称为定向。6轴垂直串联机器人的工具定向，可通过手腕回转轴R、摆动轴B和手回转轴T的运动实现；在7轴机器人上，下臂回转轴 E（第 7 轴）也可用于定向控制。

工业机器人的定向有“控制点保持不变”和“变更控制点”两种运动方式。所谓控制点，就是末端执行器（工具）的作业端点，在 DX100 系统上，它可通过选择编辑模式，在［机器人］主菜单下进行设定。

（1）控制点保持不变定向

控制点保持不变的定向运动如图 8.3-13 所示，这是一种工具端点位置保持不变、只改变工具姿态的操作。执行这一操作，可使得机器人上所安装的工具围绕作业端点进行回转运动。

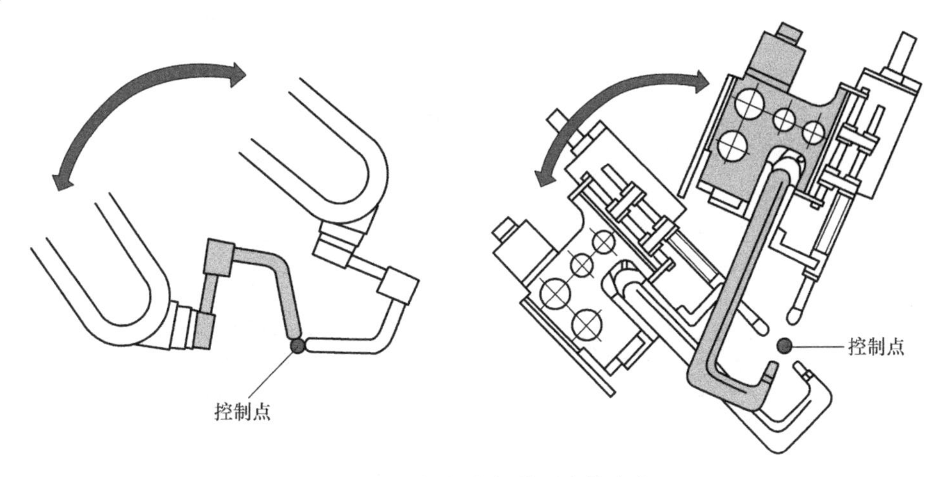

图 8.3-13　控制点保持不变的定向

在 7 轴机器人上，还可通过下臂回转轴 E（第 7 轴）的运动，进一步实现图 8.3-14 所示的工具姿态和控制点均保持不变的机身摆动运动。

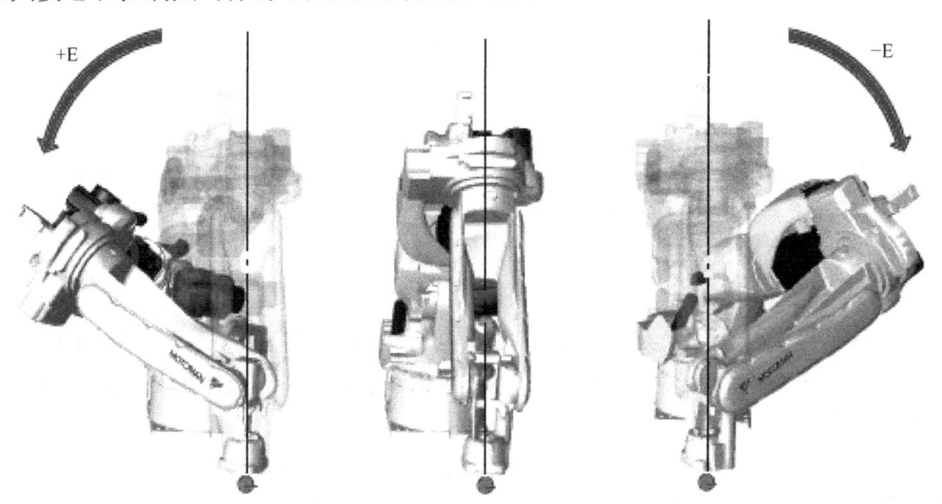

图 8.3-14　7 轴机器人的机身摆动

（2）变更控制点定向

变更控制点的定向运动是一种同时改变工具端点位置和姿态的操作。执行变更控制点定向操作，可使得机器人根据所选择的作业端点，进行如图 8.3-15 所示的回转运动。

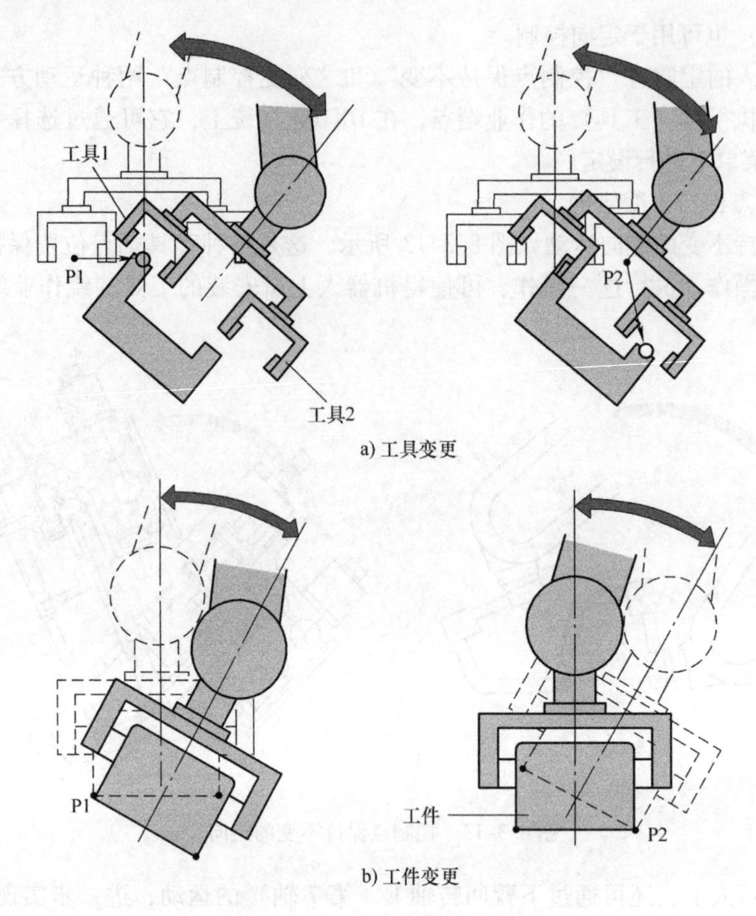

a) 工具变更

b) 工件变更

图 8.3-15 变更控制点的定向

图 8.3-15a 为机器人安装有 2 把工具时，变更工具控制点的定向运动。如使用控制点为 P1 的工具 1，机器人将进行图 8.3-15a 左图所示的 P1 点定向运动；如使用控制点为 P2 的工具 2，机器人将进行图 8.3-15a 右图所示的定向运动。

图 8.3-15b 为机器人安装有 1 把工具但工件上设定有 2 个控制点时的定向运动。如选择 P1 点为控制点，机器人将进行图 8.3-15b 左图所示的定向运动；如选择 P2 点为控制点，机器人将进行图 8.3-15b 右图所示的定向运动。

2. 坐标系与操作键

机器人的定向操作实际上是以控制点为原点所进行的手腕绕 X、Y、Z 轴的回转运动，因此，它除了不能在关节坐标系上执行外，在直角坐标系、圆柱坐标系、工具坐标系和用户坐标系上均可进行。

机器人的点动定向操作可通过示教器操作面板右侧的定向方向键进行，在不同的坐标系上，方向键和机器人运动的对应关系如图 8.3-16 所示，手腕回转方向符合右手定则。

3. 操作步骤

机器人的控制点定向点动操作是利用方向键，手动改变工具姿态的操作，它可通过示教器操作面板右侧的点动定向方向键进行，点动进给同样可选择微动（增量进给）和点动两种方式，点动操作的基本步骤如下。

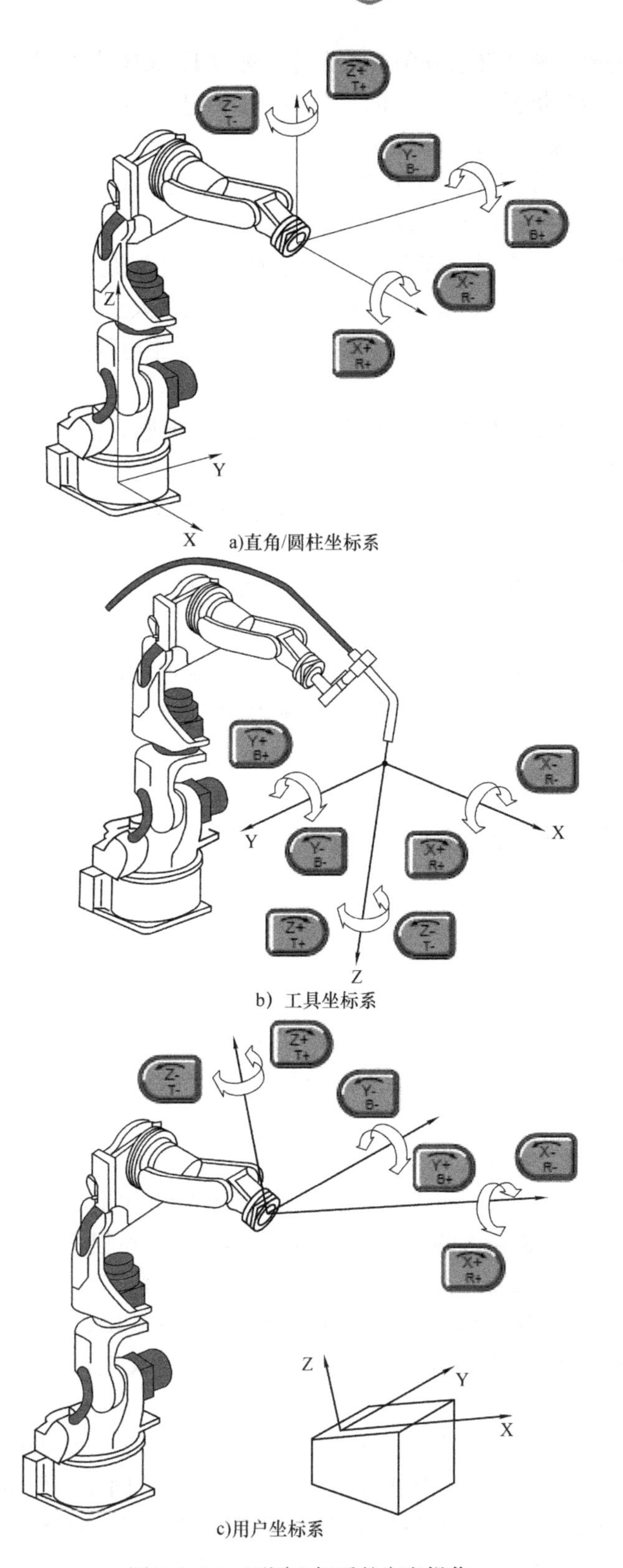

a)直角/圆柱坐标系

b) 工具坐标系

c)用户坐标系

图8.3-16　不同坐标系的定向操作

1）将示教器的操作模式转换开关选择为【示教（TEACH）】模式。

2）通过同时按示教器操作面板上的“【转换】+【机器人切换】”键，选定机器人本体运动轴，并通过显示器上的状态栏显示确认。

3）重复按示教器操作面板上的【选择工具/坐标】键，选择除关节坐标系外的其他坐标系，显示器的状态栏显示直角坐标系或圆柱坐标系图标。

4）按速度调节键【高】或【低】，选定坐标轴初始的点动进给方式或点动运行速度。

5）确认机器人运动范围内无操作人员及可能影响机器人正常运动的其他无关器件。

6）按操作面板的【伺服准备】键，接通伺服驱动器主电源；主电源接通后，【伺服接通】指示灯闪烁。

7）轻握示教器背面的【伺服 ON/OFF】开关启动伺服，伺服驱动后，操作面板上的【伺服接通】指示灯亮。

8）按定向方向键，手腕即进行规定方向的定向回转运动。当同时按不同轴的多个方向键时，多个轴可同时运动。

9）如果需要进行变更控制点的定向运动，可通过同时“【转换】+【坐标】”键，在显示的工具选择页面上进行控制点的变更。

10）点动运动期间，可通过同时按速度调节键改变点动进给方式和进给速度；如果同时按方向键和【高速】键，指定轴将以点动快速的速度移动，点动快速速度可通过机器人的参数进行设定。

8.4 机器人的示教编程

8.4.1 程序与编程

1. 程序形式

由于技术方面的原因，目前企业所使用的工业机器人，仍以第一代的示教再现机器人为主，这种机器人没有分析和推理能力，不具备智能性，机器人的全部行为需要由人对其进行控制。

工业机器人是一种能够独立运行的自动化设备，为了保证机器人能根据作业任务的要求，完成所需要的动作，就必须将作业要求以控制系统能够识别的命令形式，事先告知机器人，这些命令的集合就是机器人的作业程序，简称程序，编写程序的过程称为编程。

由于多种原因，工业机器人目前还没有统一的标准编程语言。例如，安川公司使用 INFORM III 语言编程，而 ABB 公司的机器人编程语言称为 RAPID，FANUC 公司的编程语言称为 KAREL，KUKA 公司的编程语言称为 KRL 等，从这一意义上说，现阶段工业机器人的程序还不具备通用性。

利用不同编程语言所编制的程序，在程序格式、命令形式、编辑操作上虽然有所区别，但其程序的结构、命令的功能及程序编制的基本方法类似。例如，程序都由程序名、命令、结束标记组成；对于点定位（又称关节插补）、直线插补、圆弧插补运动，安川机器人的移动命令分别为 MOVJ、MOVL、MOVC，而 ABB 机器人则为 MoveJ、MoveL、MoveC 等。因此，只要掌握了一种机器人的编程方法，其他机器人的编程也较为容易。本章将以安川机器人编程为例，来介绍程序的基本编制方法。

2. 编程方法

第一代机器人的程序编制方法通常有示教编程（在线编程）和离线编程两种。

（1）示教编程

示教编程是通过作业现场的人机对话操作，完成程序编制的一种方法。所谓示教就是操作者对机器人所进行的作业引导，它需要由操作者按照实际作业要求，通过人机对话，一步一步地告知机器人需要完成的动作；这些动作可以通过控制系统，以命令的形式记录与保存；示教操作完成后，将生成完整的程序。如果机器人自动执行示教操作生成的程序，便可重复示教操作的全部动作，这一过程称为“再现”。

示教编程需要有专业知识和作业经验的操作者，在机器人的作业现场完成，故又称在线编程。示教编程简单易行，所编制的程序正确性高，机器人动作安全可靠，它是目前工业机器人最为常用的编程方法，特别适合于自动生产线等的重复作业机器人编程。

示教编程的不足是程序编制需要通过对机器人的实际操作完成，程序编制离不开作业现场，编程的时间较长，特别是对于精度要求较高的复杂运动轨迹，很难通过操作者的手动操作进行示教，故而，对于作业要求变更快、运动轨迹复杂的机器人，一般使用离线编程。

（2）离线编程

离线编程是通过编程软件直接编制程序的一种方法。离线编程不仅可以进行运动轨迹离线计算、直接编制程序，而且还可以利用虚拟的机器人现场，通过对程序进行三维仿真运行，验证程序的正确性。

离线编程可以在计算机上直接进行，其编程效率高，且不影响机器人的现场作业，故适合于作业要求变更快、运动轨迹复杂的机器人的编程。离线编程需要配备机器人生产厂家提供的专门离线编程软件，如安川公司的 MotoSim EG、FANUC 公司的 ROBOGUIDE、ABB 公司的 RobotStudio、KUKA 公司的 Sim Pro 等。离线编程的步骤一般包括几何建模、空间布局、运动规划、动画仿真等，所生成的程序需要经过编译，下载到机器人，并通过试运行进行确认。由于离线编程涉及编程软件的操作和使用问题，不同公司的软件差异较大，本书不再对其进行专门的介绍。

3. 程序结构

采用 DX100 系统的安川机器人程序结构如图 8. 4-1 所示，程序由程序名、命令和结束标记 3 部分组成。

1）程序名。程序名是程序的识别标记。机器人可以根据不同的作业要求，通过不同的程序控制其运行，程序名就是用来区别不同程序的标记。在 DX100 系统上，程序名可以由最多 32（半角）个英文字母、数字、汉字或字符组成；如需要，还可以对程序名附加 32 个字符的注释。在同一系统中，程序名具有唯一性，它不能重复定义。

2）命令。命令是程序的主要组成部分，它用来控制机器人的运动和作业。在程序中，每一条命令均以“行号”开始，一条命令占用一行。行号代表命令的执行次序，直接利用示教器编程时，行号由系统自动生成。

机器人的程序命令一般分基本命令和作业命令两大类。基本命令是控制机器人本体动作的命令，在采用相同控制系统的机器人上，基本命令可以通用；作业命令是控制执行器（工具）动作的命令，它与机器人的用途有关，不同机器人有所区别。例如，在 DX100 系统

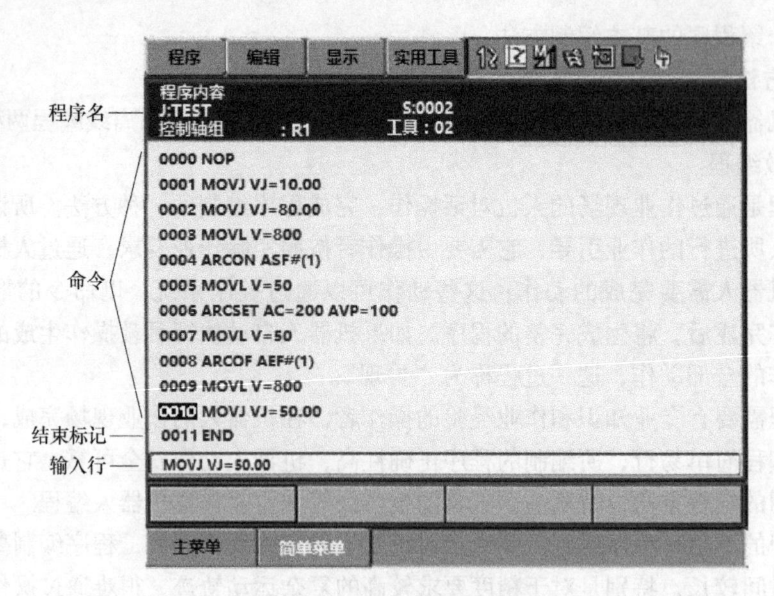

图 8.4-1　DX100 的程序结构

上，基本命令有移动命令、输入/输出命令、控制命令、平移命令、运算命令 5 类，作业命令分为通用（加工）、搬运、弧焊、点焊 4 类；每一类又有若干功能不同的命令可供选择，如移动命令可以是点定位 MOVJ（关节插补）、直线插补 MOVL、圆弧插补 MOVG、自由曲线插补 MOVS、直线增量进给 IMOV 命令等，作业命令可以是控制工具的启动、停止的 TOOLON、TOOLOF 命令，或设定焊接条件的 ARCSET 命令、启动焊接（引弧）的 ARCON 命令、关闭焊接（息弧）的 ARCOF 命令等。

3）结束标记。表示程序的结束。DX100 系统的结束标记为控制命令 END。

4. 程序实例

由于机器人的命令众多，且与用途有关，限于篇幅，本书将不再对机器人的全部命令功能、编程格式进行详细介绍。

以下将以配套安川 DX100 系统的弧焊机器人，进行图 8.4-2 所示焊接作业程序为例，对相关命令及示教编程的方法进行简要说明。

图 8.4-2 所示的机器人焊接作业程序一般如下。

```
TEST                          // 程序名
0000 NOP                      // 空操作命令，无任何动作
0001 MOVJ VJ = 10.00          // P0→P1 点定位、移动到程序起点，速度倍率为 10%
0002 MOVJ VJ = 80.00          // P1→P2 点定位、调整工具姿态，速度倍率为 80%
0003 MOVL V = 800             // P2→P3 点直线插补，速度为 800cm/min
0004 ARCONASF#（1）           // P3 点引弧、启动焊接，焊接条件由引弧文件 1 设定
0005 MOVL V = 50              // P3→P4 点直线插补焊接，移动速度为 50cm/min
0006 ARCSET AC = 200 AVP = 100 // P4 点修改焊接条件，电流为 200A、电压为 100%
0007 MOVL V = 50              // P4→P5 点直线插补焊接，移动速度为 50cm/min
0008 ARCOF AEF#（1）          // P5 点息弧、关闭焊接，关闭条件由息弧文件 1 设定
0009 MOVL V = 800             // P5→P6 点插补移动，速度为 800cm/min
```

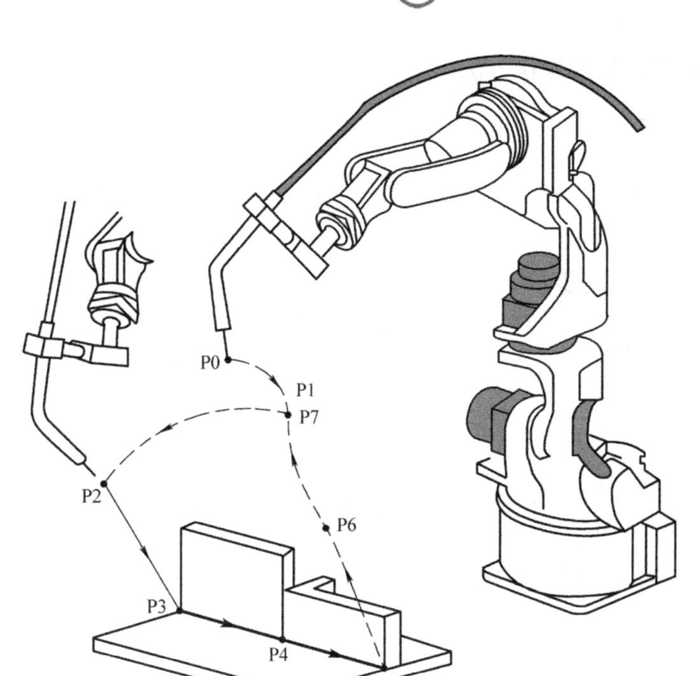

图 8.4-2 焊接作业动作图

```
0010 MOVJ VJ=50.00              // P6→P7 点定位（关节插补），速度倍率为 50%
0011 END                        // 程序结束
```

以上程序中的命令 MOVJ 为关节坐标系的点定位移动命令（关节插补命令），它可以通过关节的摆动，将控制点移动到目标位置，命令对运动的轨迹无要求。机器人定位命令与数控机床的定位指令的区别是：首先，机器人定位命令中无定位目标位置 P1、P2 等的坐标值，这一目标位置需要由操作者通过现场示教操作给定；第二，定位速度以关节最大移动速度倍率的形式定义，如命令 VJ=10.00 代表倍率为 10% 等；此外，还可根据需要通过 PL、ACC/DEC 等参数，指定定位精度（位置等级）、加/减速倍率等。

命令 MOVL 为直线插补命令，它可通过多个关节的合成运动，将控制点以规定的速度移动到目标位置，运动轨迹为连接起点和终点的一条直线。直线插补的终点位置同样需要由操作者通过现场示教操作给定，移动速度可通过 V=800 等形式指定；直线插补命令也可通过 PL、CR、ACC/DEC 等参数，指定定位精度（位置等级）、转角半径、加/减速倍率等。

命令 ARCON ASF#（1）、ARCSET AC=200 AVP=100、ARCOF AEF#（1）为弧焊作业命令。弧焊作业需要明确焊机所使用的保护气体、焊丝、焊接电流和电压、引弧/息弧时间等焊接特性，这些作业条件可用文件的形式编制后，通过 ASF#（1）、AEF#（1）方式引用，也可以直接以 AC=200 AVP=100 形式设定。

由上述程序实例可见，机器人程序中的命令实际上并不完整，程序输入时需要对命令中所缺的定位目标位置、直线插补终点坐标等参数进行补充，这些都需要通过示教编程时的现场人机对话操作完成。

机器人的示教编程一般按示教准备、命令输入、程序编辑等步骤进行，下面将以上述程序为例，来介绍示教编程的操作方法。

8.4.2 示教准备操作

在进行示教编程前，需要先完成程序的创建、程序名输入等准备工作，DX100 系统的操作步骤如下。

1）按表 8.4-1 所示的步骤，完成开机操作、选定操作主菜单。

表 8.4-1 示教编程的准备操作步骤

步骤	操作与检查	操作说明
1		确认机器人符合开机条件，接通系统总电源
2		复位控制柜、示教器及辅助控制装置、操作台上的急停按钮，解除急停
3		将示教器上的操作模式选择开关置“示教【TEACH】”模式
4		按【伺服准备】键，接通伺服主电源，【伺服接通】指示灯闪烁
5		按【主菜单】键，选择示教器操作主菜单 用光标调节键，将光标定位到［程序内容］（或菜单［程序］）上，按【选择】键选定、显示子菜单

2）用【选择】键选定主菜单［程序内容］，示教器将显示图 8.4-3 所示的子菜单。

3）用光标调节键，将光标定位到子菜单［新建程序］上，按【选择】键选定。

4）［新建程序］子菜单选定后，示教器将显示图 8.4-4 所示的新建程序登录和程序名输入页面。

图 8.4-3　程序内容子菜单显示页面

5）纯数字的程序名可直接通过示教器的操作面板输入；如程序名中包含字母、字符，可按选页键【返回/翻页】，使示教器显示图 8.4-5 所示的字符输入软键盘显示页面，并进行如下操作。

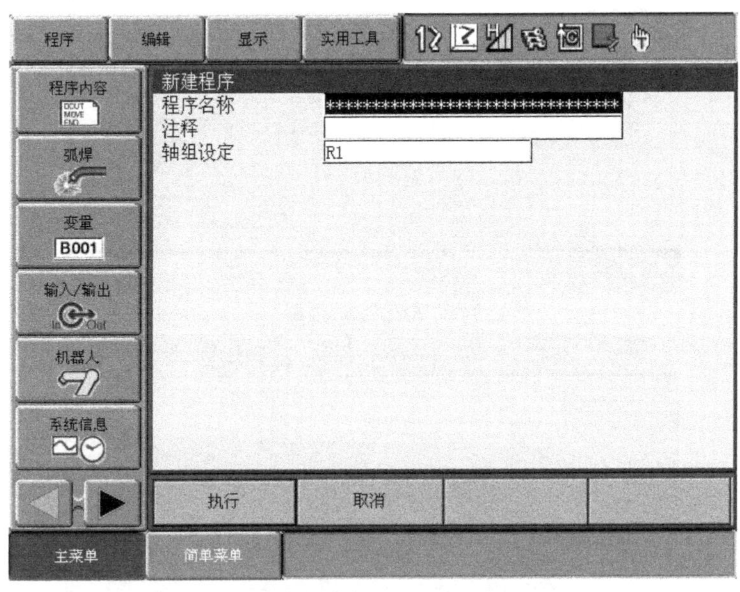

图 8.4-4　新建程序登录和程序名输入页面

6）按操作面板的【区域】键，使光标定位到数字/字母、符号输入区。当程序名中包含小写字母、字符时，可通过光标定位，选择数字/字母输入区的大/小写转换键［CapsLook ON］，进一步显示图 8.4-6a 所示的小写字母输入页面，或者，选择数字/字母输入区的符号输入切换键［SYMBOL］，显示图 8.4-6b 所示的符号输入页面。

7）输入页面选定后，可通过光标移动操作，选定需要输入的数字、字母或符号，并通过【选择】键输入。例如，对于程序名 TEST 的输入，可选择图 8.4-5 所示的输入页面后，

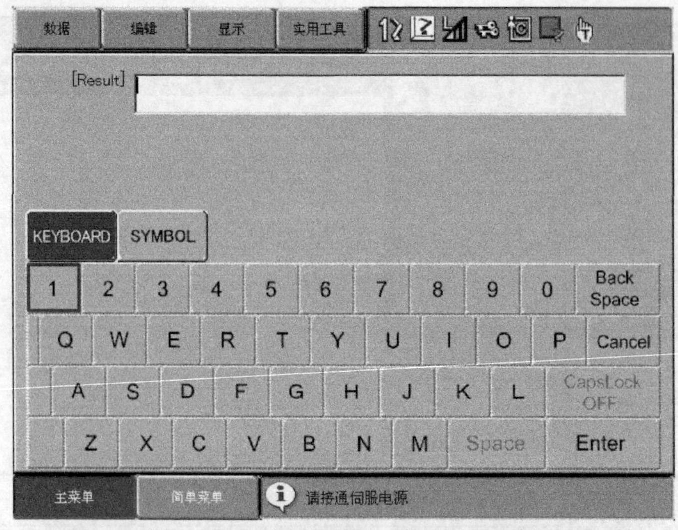

图 8.4-5　数字、字母、符号输入页面

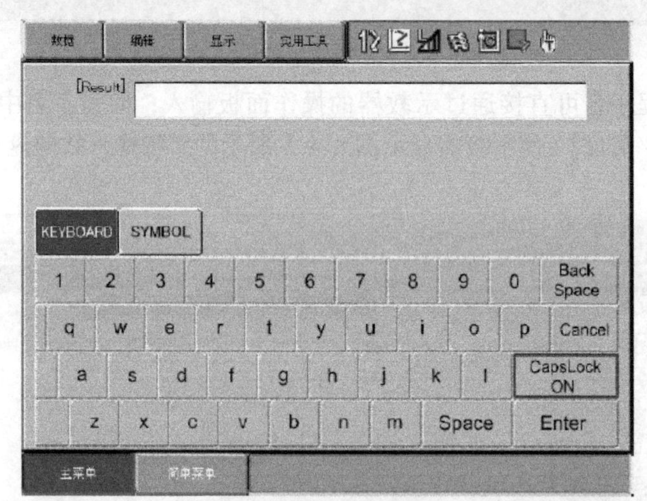

a) 小写字母输入页面

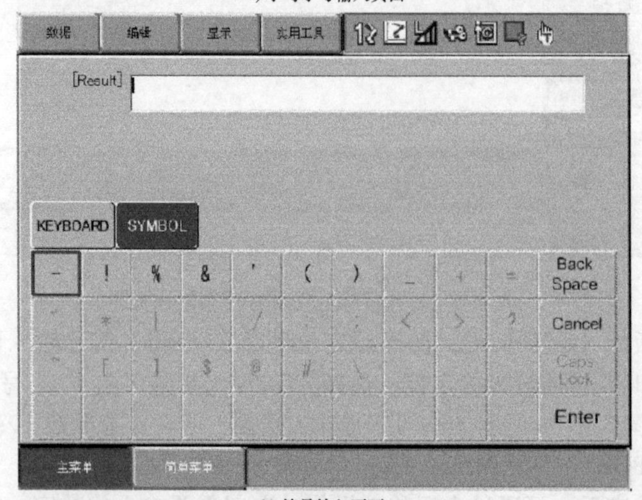

b) 符号输入页面

图 8.4-6　小写字母及符号输入页面

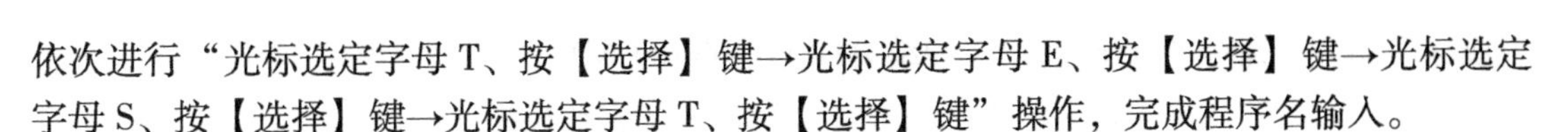

依次进行“光标选定字母 T、按【选择】键→光标选定字母 E、按【选择】键→光标选定字母 S、按【选择】键→光标选定字母 T、按【选择】键”操作，完成程序名输入。

DX100 系统的程序名最大允许为 32（半角）或 16（全角）个字符，已输入的字符可在图 8.4-7 所示的［Result］栏显示。

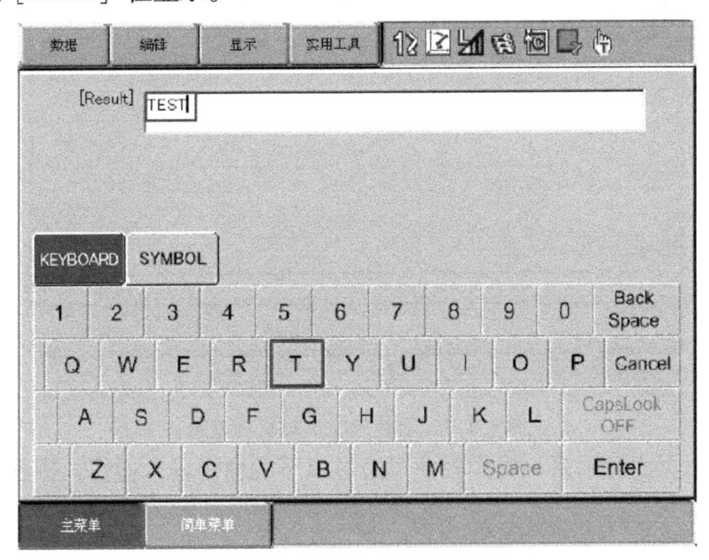

图 8.4-7　程序名输入结果显示

如文字输入错误，可按操作面板的【清除】键，删除所有的输入文字；再次按【清除】键，则可关闭字符输入显示软键盘，返回程序登录页面。

8）程序名输入完成后，按操作面板的【回车】键，程序名“TEST”即被输入，示教器显示图 8.4-8 所示的程序登录页面。

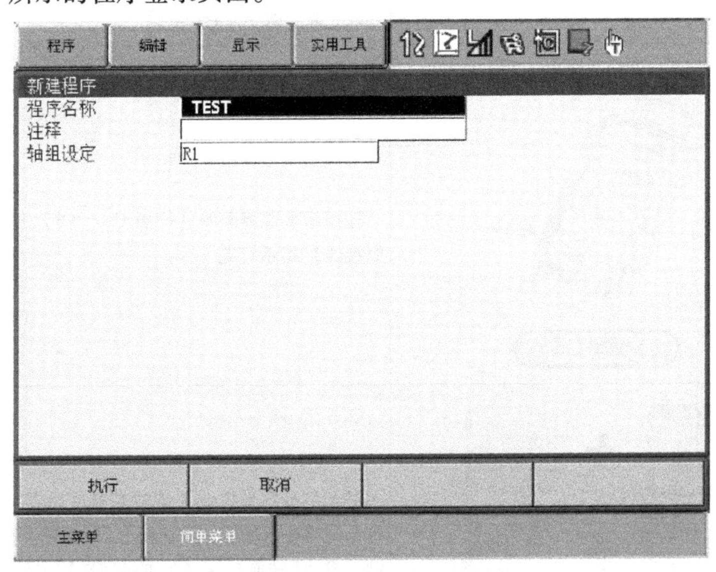

图 8.4-8　程序登录页面

9）将光标定位到程序登录页面操作键显示区的［执行］键上，按示教器操作面板上的【选择】键，执行程序登录操作，显示器将显示图 8.4-9 所示的示教程序编辑页面，并自动生成程序的开始命令“0000 NOP”和结束标记“0001 END”。

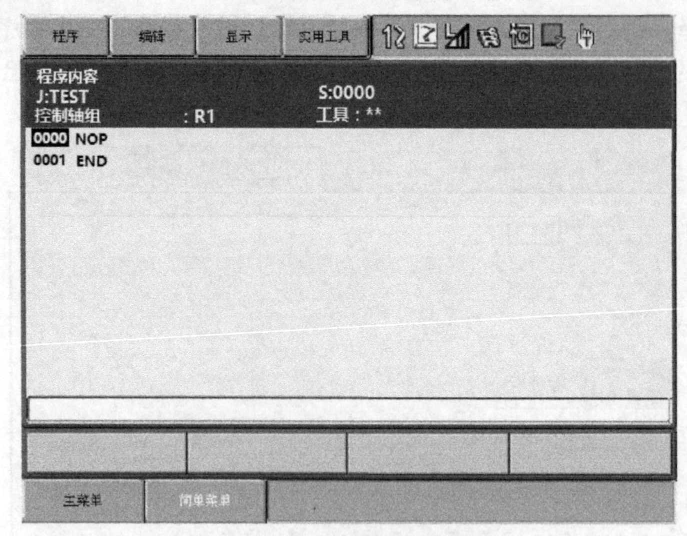

图 8.4-9　示教程序编辑页面显示

示教程序编辑页面显示后，操作者便可通过以下的命令输入操作，按程序要求输入机器人命令。

8.4.3　移动命令输入操作

移动命令的输入必须在伺服启动时进行。以图 8.4-1、图 8.4-2 所示的示例程序为例，DX100 系统的示教编程移动命令输入的操作步骤如下。

1. 作业前的移动命令输入

1）按表 8.4-2，输入机器人从开机位置 P0，向程序起点 P1 移动的定位命令。

表 8.4-2　P0 到 P1 定位命令输入操作步骤

步骤	操作与检查	操作说明
1	伺服接通	轻握示教器背面的【伺服 ON/OFF】开关，启动伺服，【伺服接通】指示灯亮
2	转换 + 机器人切换 转换 + 外部轴切换 控制轴组 : R1	对于多机器人控制系统或带有变位器（外部轴）的控制系统，同时按示教器操作面板上的“【转换】+【机器人切换】”键，或“【转换】+【外部轴切换】”键，选定控制轴组

（续）

步骤	操作与检查	操作说明
3	工具选择 坐标	按示教器操作面板上的【选择工具/坐标】键，选定坐标系。重复按【选择工具/坐标】键，可进行机器人的关节坐标系→直角坐标系→圆柱坐标系→工具坐标系→用户坐标系→关节坐标系→……的循环变换
4	转换 + 工具选择 坐标	对于使用多工具的机器人，同时按操作面板上的“【转换】+【选择工具/坐标】”键，显示工具选择页面；然后，用光标移动键选定所需要的工具号 工具号选定后，同时按操作面板上的“【转换】+【选择工具/坐标】”键，返回原显示页面
5	X- S- X+ S+ Y- L- Y+ L+ Z- U- Z+ U+ E- E+	按照8.3节的点动操作步骤，用操作面板的点动定位键，将机器人由图8.4-2所示的开机位置P0，移动到程序起始位置P1 示教编程时，移动指令要求的只是终点位置，它与点动操作时的移动轨迹、坐标轴运动的前后次序无关
6	插补方式 => MOVJ VJ=0.78	按操作面板上的【插补方式】（或【插补】）键，输入缓冲行将显示关节插补指令MOVJ
7	0000 NOP 0001 END 选择	用光标移动键，将光标调节到程序行号0000上，按操作面板的【选择】键，选定命令输入行
8	=> MOVJ VJ=0.78	用光标移动键，将光标定位到命令行的速度倍率上

（续）

步骤	操作与检查	操作说明
9	转换 + ［光标键］ => MOVJ VJ=10.00	同时按【转换】键和光标向上键【↑】，速度倍率将上升（最大值为 100.00%）；如同时按【转换】键和光标向下键【↓】，则速度倍率下降 根据程序要求，将速度倍率调节至 10.00（10%）
10	回车 0000 NOP 0001 MOVJ VJ=10.00 0002 END	按操作面板的【回车】键输入，机器人由 P0 向 P1 的定位命令 MOVJ VJ = 10.00 将被输入到程序行 0001 上

2）按表 8.4-3，调整机器人的工具位置和姿态；输入从程序起点 P1 向接近作业位置的定位点 P2 移动的定向命令。

表 8.4-3　P1 到 P2 定向命令输入操作步骤

步骤	操作与检查	操作说明
1	X- S- / X+ S+ Y- L- / Y+ L+ Z- U- / Z+ U+ E- / E+	按照 8.3 节的点动操作步骤，用操作面板的点动定位键，将机器人由图 8.4-2 所示的程序起始位置 P1，移动到接近作业位置的定位点 P2
2	X- R- / X+ R+ Y- B- / Y+ B+ Z- T- / Z+ T+ 8- / 8+	如需要，按照 8.3 节的点动操作步骤，用操作面板的点动定向键，调整工具姿态 示教编程时，移动指令要求的只是终点位置，它与点动操作时的移动轨迹、坐标轴运动的前后次序无关

（续）

步骤	操作与检查	操作说明
3～6	插补方式 转换 + ○ => MOVJ VJ=80.00	操作方法同表 8.4-2 的步骤 6～9。 通过【插补方式】（或【插补】）键、【转换】键＋光标【↑】/【↓】键，输入命令 MOVJ VJ = 80.00
7	回车 0000 NOP 0001 MOVJ VJ=10.00 0002 MOVJ VJ=80.00 0003 END	按操作面板的【回车】键输入，机器人由 P1 向 P2 的定向命令 MOVJ VJ = 80.00 将被输入到程序行 0002 上

3）按表 8.4-4，输入从接近作业位置的定位点 P2 向作业开始位置 P3 移动的直线插补命令。

表 8.4-4　P2 到 P3 直线插补命令输入操作步骤

步骤	操作与检查	操作说明
1	X- S- / X+ S+ Y- L- / Y+ L+ Z- U- / Z+ U+ E- / E+	保持 P2 点的工具姿态不变，按照 8.3 节的点动操作步骤，用操作面板的点动定位键，将机器人由图 8.4-2 所示的接近作业位置的定位点 P2，移动到作业开始点 P3
2	插补方式 => MOVL V=66	按操作面板上的【插补方式】（或【插补】）键数次，直至输入缓冲行将显示直线插补指令 MOVL
3	○ 0000 NOP 0001 MOVJ VJ=10.00 0002 MOVJ VJ=80.00 0003 END 选择	用光标移动键，将光标调节到程序行号 0003 上，按操作面板的【选择】键，选定命令输入行

（续）

步骤	操作与检查	操作说明
4	=> MOVL V=66	用光标移动键，将光标定位到命令行的直线插补速度显示值上
5	转换 + => MOVL V=800	同时按【转换】键和光标向上键【↑】，直线移动速度将上升；如同时按【转换】键和光标向下键【↓】，则速度下降 根据程序要求，将速度调节至800cm/min
6	回车 0000 NOP 0001 MOVJ VJ=10.00 0002 MOVJ VJ=80.00 0003 MOVL V=800 0004 END	按操作面板的【回车】键输入，机器人由P2向P3的直线插补移动命令 MOVL V=800 将被输入到程序行0003上

2. 作业时的移动命令输入

机器人从P3→P4、P4→P5点的移动为焊接作业的直线插补运动。按程序的次序，P3→P4点的移动命令“0005 MOVL V=50”，应在完成P3点的作业命令“0004 ARCON ASF#（1）”输入后进行；而P4→P5点的移动命令“0007 MOVL V=50”，则应在完成P4点的作业命令“0006 ARCSET AC=200 AVP=100”输入后进行。但是，实际编程时也可先完成所有移动命令的输入，然后，通过程序编辑的命令插入操作，增补作业命令“0004 ARCON ASF#（1）”、“0006 ARCSET AC=200 AVP=100”。

移动命令“0005 MOVL V=50”、“0007 MOVL V=50”的输入方法，与P2→P3点的直线插补命令“0003 MOVL V=800”相同。由于示教编程时，移动命令所要求的只是P4点、P5点的终点位置值，因此，在进行机器人点动定位时，机器人的移动轨迹、坐标轴运动的前后次序等均可根据需要选择。此外，为了避免移动过程中可能产生的碰撞，进行P3→P4、P4→P5点动定位操作时，一般应先将焊枪退出工件加工面，然后，从安全位置进行P4点、P5点的定位。

3. 作业后的移动命令输入

机器人在P5点结束焊接、焊机关闭（息弧）命令“0008 ARCOF AEF#（1）”输入完成后，需要通过移动命令“0009 MOVL V=800”、“0010 MOVJ VJ=50.00”退出作业位置，重新移动到程序起点P1（即P7点）。按程序的次序，P5→P6点、P6→P7点的移动命令应在完成P5点的作业命令“0008 ARCOF AEF#（1）”输入后进行，但实际编程时也可先输入移动命令，然后，通过程序编辑的命令插入操作，增补作业命令“0008 ARCOF AEF# (1)”。

移动命令“0009 MOVL V = 800”为直线插补命令，其输入方法与P2→P3点的直线插补命令“0003 MOVL V = 800”相同；移动命令“0010 MOVJ VJ = 50.00”为点定位（关节插补）命令，其输入方法与P0→P1点的定位命令“0001 MOVJ JV = 10.00”相同。通过8.5.4节的“点重合”编辑操作，还可使退出点P7和起始点P1重合。

8.4.4 作业命令输入操作

当机器人完成作业前的移动命令输入，到达图8.4-2所示的作业开始点P3后，需要输入弧焊作业命令。

输入作业命令时，操作者应根据机器人的作业要求，进行作业条件设定或事先编制相应的作业条件文件。例如，弧焊机器人可通过引弧条件文件ASF、息弧条件文件AEF，设定焊机所使用的保护气体、焊丝、焊接电流和电压、引弧时间、息弧时间等焊机及焊接加工特性参数。用于机器人的作业命令与机器人用途有关，有关作业命令的功能、作业条件的设定要求、作业条件文件的编辑方法等，可参见安川公司提供的手册。

在图8.4-2所示的焊接程序上，焊接启动命令ARCON、焊接关闭命令ARCOF的作业条件是以引弧条件文件ASF、息弧条件文件AEF的形式指定；焊接过程中，在P4点对焊接条件进行了部分更改，这些作业命令在DX100系统上的输入操作步骤如下。

1. 焊接启动命令的输入

1）按表8.4-5，输入机器人在作业起点P3上的焊接启动（引弧）命令ARCON。

表8.4-5 P3点的焊接启动命令输入操作步骤

步骤	操作与检查	操作说明
1	7 8 引弧 9 送丝 4 5 熄弧 6 退丝 1 定时器 2 气体 3 电流电压 0 参考点 · - 电流电压	按弧焊机器人示教器操作面板上的弧焊专用键【引弧】，输入焊接启动命令ARCON 本步操作也可通过以下方法进行： ① 按操作面板上的【命令一览】键，使示教器显示全部命令选择对话框 ② 在显示的命令选择对话框中，通过光标调节键、【选择】键，选择［作业］→［ARCON］命令
2	回车 ARCON	按操作面板的【回车】键输入，输入缓冲行将显示ARCON命令
3	选择	按操作面板的【选择】键，使示教器显示ARCON命令的详细编辑页面

2）ARCON 命令的编辑页面显示如图 8. 4-10 所示，在该页面上，将光标调节到“未使用”输入栏上。

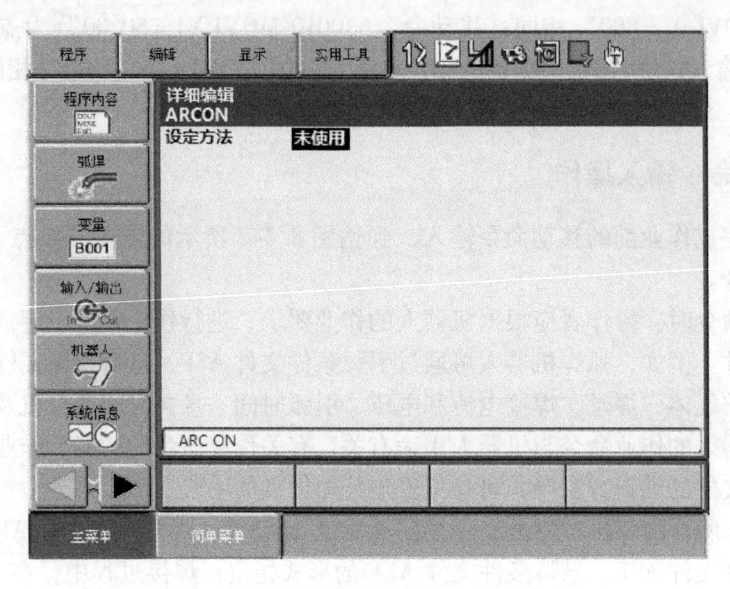

图 8. 4-10　ARCON 命令编辑页面

3）按操作面板的【选择】键，系统将显示图 8. 4-11 所示的焊接特性设定对话框，当焊接作业条件以引弧条件文件的形式设定时，应在对话框中选定“ASF# ( )”。

图 8. 4-11　焊接特性设定对话框显示

4）设定方法选定后，系统将显示图 8. 4-12 所示的文件选择页面。在该页面中，将光标调节到文件号上，按【选择】键，选定文件号输入操作。

5）文件号输入选择后，系统将显示图 8. 4-13 所示的引弧文件号输入对话框，在对话框中，用数字键输入文件号，按【回车】键输入文件号。

6）再按【回车】键输入命令，输入缓冲行将显示命令“ARCON ASF# (1)”。

7）再按【回车】键，作业命令“0004 ARCON ASF# (1)”将被插入到程序中。

2. 焊接条件修改命令输入

机器人焊接到达 P4 点后，需要通过作业命令“0006 ARCSET AC = 200 AVP = 100”修改焊接条件，该命令的输入操作步骤如下。

1）按操作面板上的【命令一览】键，示教器右侧将显示图 8. 4-14 所示的命令一览表。

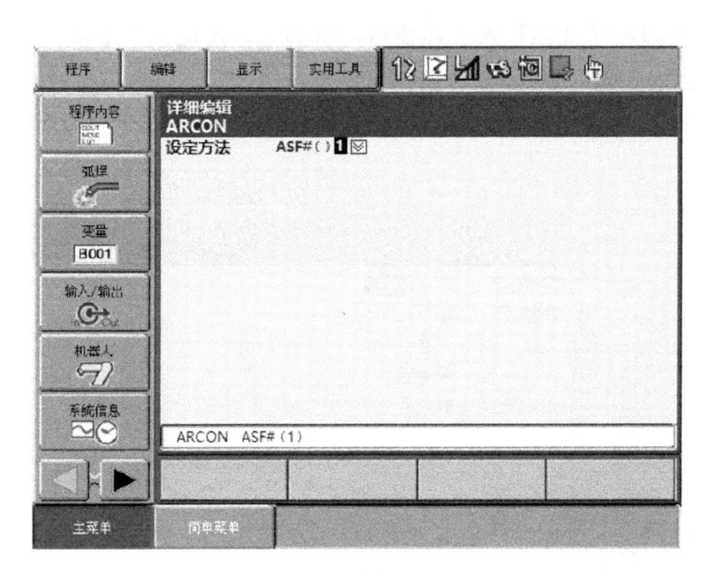

图 8.4-12 文件选择页面

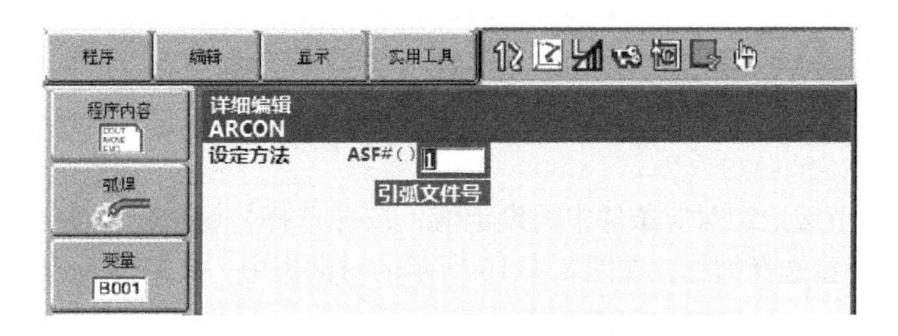

图 8.4-13 引弧文件号输入对话框

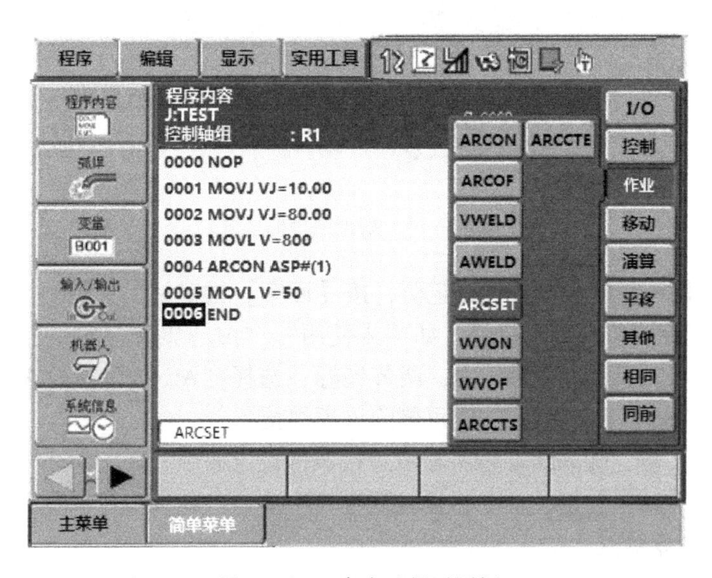

图 8.4-14 命令选择对话框

2）用光标调节键和【选择】键，在命令一览表上依次选定［作业］→［ARCSET］，输入缓冲行将显示命令“ARCSET”。

3）按操作面板的【选择】键，示教器将显示图 8.4-15 所示的 ARCSET 命令编辑页面。

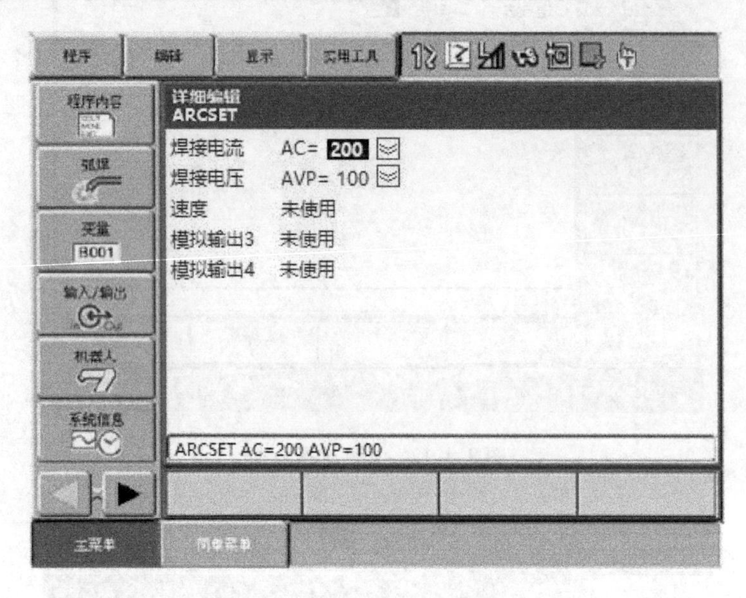

图 8.4-15　ARCSET 命令编辑页面

4）用光标调节键选定对应条件中的设定值，按【选择】键选定。对于部分命令，还可以通过选定数据类型选择框，在图 8.4-16 所示的对话框中，改变输入数据的类型。

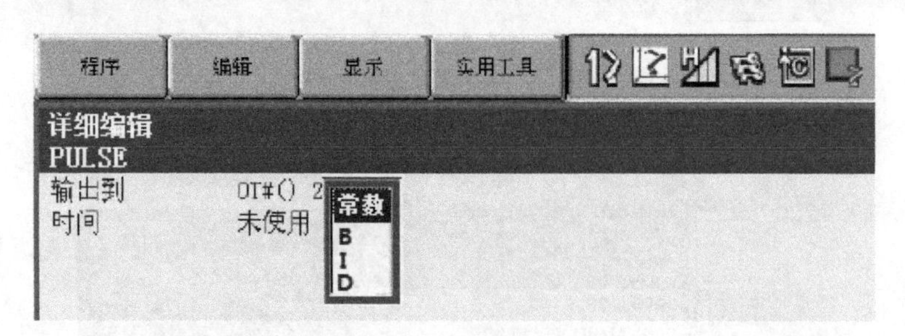

图 8.4-16　数据类型的修改

5）用数字键输入新的焊接条件设定值，按【回车】键确认。如需要添加、修改或删除焊接条件，可将光标定位到输入位置（如“未使用”、“AC＝200”等），按【选择】键选定后，即可在图 8.4-17 所示的对话框中，调节光标、选择“AC　＝”或“ASF#（）”，添加、修改焊接条件；如选择“未使用”，则可删除该项焊接条件。

6）按【回车】键，输入缓冲行将显示焊接条件设定命令。

7）如再次按【回车】键，命令将输入到程序中。

3. 焊接关闭命令输入

机器人完成焊接、到达 P5 点后，需要通过命令“0008 ARCOF AEF#（1）”关闭焊机（息弧）、结束焊接作业。焊接关闭命令 ARCOF 的输入操作方法、命令编辑显示页面等，均

图 8.4-17 修改焊接条件的显示

与前述的焊接启动（引弧）命令 ARCON 相似，操作步骤简述如下。

1）按弧焊机器人示教器操作面板的弧焊专用键【5/息弧】，然后按【回车】键输入焊接关闭命令 ARCOF；或者，按操作面板上的【命令一览】键，在显示的机器人命令一览表中，用光标调节键和【回车】键选定［作业］→［ARCOF］输入 ARCOF 命令。

2）按操作面板的【选择】键，使示教器显示 ARCOF 命令的编辑页面。

3）在 ARCOF 命令编辑页面上，用光标调节键选定“设定方法”输入栏。

4）按操作面板的【选择】键，显示焊接特性设定对话框，当焊接关闭条件以息弧条件文件的形式设定时，在对话框中选定“AEF#（）”，示教器显示息弧文件选择页面。

5）在息弧文件选择页面上，将光标调节到文件号上，按【选择】键选择文件号输入操作，在息弧文件号输入对话框中，用数字键输入文件号，按【回车】键输入。

6）再按【回车】键输入命令，输入缓冲行将显示命令“ARCOF AEF#（1）”。

7）再按【回车】键，作业命令“0008 ARCOF AEF#（1）”将被插入到程序中。

8.5 命令编辑和程序试运行

8.5.1 移动命令的编辑

在程序编制完成后或示教编程过程中，可通过命令的插入、删除、修改等操作，对所编制的程序进行编辑。DX100 系统常用的程序编辑操作如下。

1. 程序的选择

命令编辑既可对当前的程序进行，也可对存储在系统中的其他程序进行，在命令编辑前，应通过如下操作，先选定需要编辑的程序。

1）操作模式选择【示教（TEACH）】。

2）选择主菜单［程序内容］（或菜单［程序］）。

3）编辑当前程序时，可直接选择主菜单［程序内容］（或菜单［程序］），在显示的图8.5-1a所示的子菜单页面，用光标调节键、【选择】键选定子菜单［程序内容］。

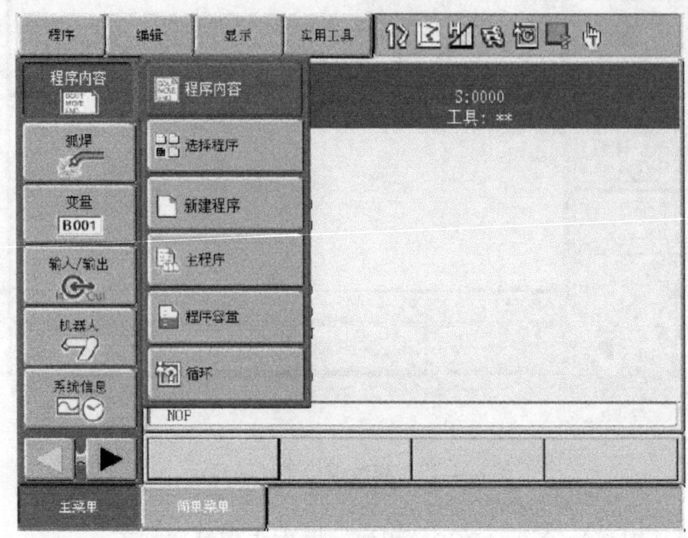

a) 编辑当前程序

b) 编辑其他程序

图8.5-1　编辑程序的选择

编辑其他程序时，则选择子菜单［程序选择］，在显示的图8.5-1b所示的程序一览表页面上，用光标调节键、【选择】键选定需要编辑的程序名（如TEST等）。

程序选定后，示教器便可显示所选择的编辑程序，操作者可对其进行命令的插入、删除、修改等操作。对于移动命令的编辑，同样必须在伺服启动后进行，其编辑步骤如下。

2. 移动命令的插入

在已有的程序中插入移动命令的操作步骤见表8.5-1。

表8.5-1　插入移动命令的操作步骤

步骤	操作与检查	操作说明
1	0006 MOVL V=276 0007 TIMER T=1.00 0008 DOUT OT#(1) ON 0009 MOVJ VJ=100.0	用光标调节键，将光标定位到需要插入命令前一行的“行号”上 例如，需要在行“0006”之后插入移动命令时，光标定位到行号“0006”上

（续）

步骤	操作与检查	操作说明
2	X- S- X+ S+ Y- L- Y+ L+ Z- U- Z+ U+ E- E+ 插补方式 转换 + => MOVL V=558	启动伺服，利用示教编程同样的方法，移动机器人到定位点；然后，通过操作【插补方式】键、【转换】键+光标【↑】/【↓】键，输入需要插入的命令，如 MOVL V=558 等 注：移动命令的插入必须在伺服启动后进行
3	插入 插入	按【插入】键，按键上的指示灯亮 注：如果移动命令需要插入到程序的最后，则无须按【插入】键
4	回车 ① 插入位置在“下一程序点前” 0006 MOVL V=276 0007 TIMER T=1.00 0008 DOUT OT#(1) ON 0009 MOVL V=558 0010 MOVJ VJ=100.0 ② 插入位置在“光标行的后面” 0006 MOVL V=276 0007 MOVL V=558 0008 TIMER T=1.00 0009 DOUT OT#(1) ON 0010 MOVJ VJ=100.0	按【回车】键，移动命令被插入 如插入点后的命令为作业命令，可通过选择主菜单【设置】→子菜单［示教条件设定］，对移动命令的插入位置进行如下设定： ① 选择“插入位置在下一程序点前”，移动命令被插入到下一条移动命令 0009 MOVJ VJ=100.0 前，行号自动设定为0009 ② 选择“插入位置在光标行的后面”，移动命令直接插入在光标行后，行号自动设定为0007
5	回车	按【回车】键，结束插入操作

3. 移动命令的删除

在已有的程序中删除移动命令的操作步骤见表 8.5-2。

表 8.5-2 删除移动命令的操作步骤

步骤	操作与检查	操作说明
1	0003 MOVL V=138 0004 MOVL V=558 0005 MOVJ VJ=50.00	用光标调节键，将光标定位到需要删除的移动命令的“行号”上 例如，需要删除命令“0004 MOVL V=558”时，光标定位到行号 0004 上

（续）

步骤	操作与检查	操作说明
2	修改 → 回车 或 前进	① 如光标闪烁，代表机器人现行位置和光标行的位置不一致，需进行如下操作，修改机器人位置： 按【修改】键→【回车】键；或按【前进】键，机器人移动到光标行位置 ② 如光标保持亮，代表现行位置和光标行位置一致，可直接进行下一步操作，删除移动命令
3	删除　删除	按【删除】键，按键上的指示灯亮
4	回车　0003 MOVL V=138 0004 MOVJ VJ=50.00	按【回车】键，结束删除操作。指定的移动命令被删除

4. 移动命令的修改

对已有程序中的移动命令进行修改时，可根据需要修改的内容，按照表 8.5-3 所示的操作步骤进行。

表 8.5-3　修改移动命令的操作步骤

修改内容	步骤	操作与检查	操作说明
再现速度修改	1	0003 MOVL V=138 0004 MOVL V=558 0005 MOVJ VJ=50.00	用光标调节键，将光标定位到需要修改的移动命令上
	2	选 择　=> MOVL V=558	按【选择】键，输入缓冲行显示移动命令
	3	=> MOVL V=558	光标定位到再现速度上
	4	转换 +	同时按【转换】键 + 光标【↑】/【↓】键，修改再现速度
	5	回车	按【回车】键，结束修改操作

（续）

修改内容	步骤	操作与检查	操作说明
程序点修改	1	0003 MOVL V=138 0004 MOVL V=558 0005 MOVJ VJ=50.00	用光标调节键，将光标定位到需要修改的移动命令的“行号”上
	2	X- S- X+ S+ Y- L- Y+ L+ Z- U- Z+ U+ E- E+ X- R- X+ R+ Y- B- Y+ B+ Z- T- Z+ T+ 8- 8+	利用示教编程同样的方法，移动机器人到新的位置上
	3	修改 修改	按【修改】键，按键上的指示灯亮
	4	回车	按【回车】键，结束修改操作。新的位置将作为移动命令的程序点
插补方式修改	移动命令中的插补方式不能进行单独修改，修改插补方式需要将机器人移动到程序点上、记录位置，然后，通过删除移动命令、插入新命令的方法修改		
	1	0003 MOVL V=138 0004 MOVL V=558 0005 MOVJ VJ=50.00	用光标调节键，将光标定位到需要修改的移动命令的“行号”上
	2	前进	按【前进】键，机器人自动移动到光标行的程序点上
	3	删除 删除	按【删除】键，按键上的指示灯亮
	4	回车	按【回车】键，删除原移动命令

（续）

修改内容	步骤	操作与检查	操作说明
插补方式修改	5	插补方式 转换 +	按照示教编程同样的方法，通过【插补方式】（或【插补】）键、【转换】键+光标【↑】/【↓】键，输入新的移动命令
	6	插入　插入	按【插入】键，按键上的指示灯亮
	7	回车	按【回车】键，结束修改操作。新的移动命令被输入，命令的程序点保持不变

5. 移动命令的恢复

移动命令被编辑后，如发现所进行的编辑存在错误，可通过恢复（还原）操作，放弃所进行的编辑操作，重新恢复为编辑前的程序。

移动命令的恢复对最近的5次编辑操作（插入、删除、修改）有效，即使在程序编辑过程中，机器人通过【前进】键、【后退】键、【试运行】键等操作，系统仍能够恢复移动命令。但是，如果程序编辑后，进行过“再现”操作，或者，编辑完成后进行了其他程序的编辑操作，则不能再恢复为编辑前的程序。

进行移动命令恢复操作时，应在下拉菜单【编辑】中，调节光标，将图8.5-2中的［删除程序的还原功能］选项设定为“无效”。

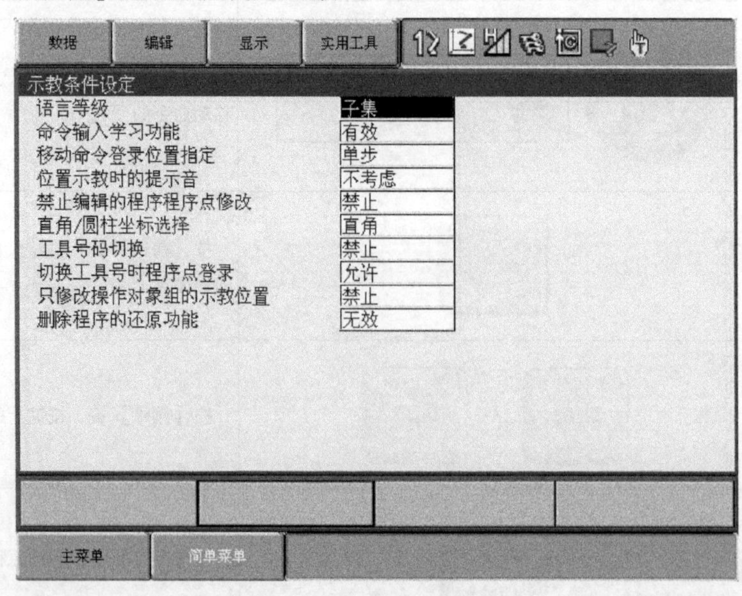

图8.5-2　程序还原功能的设定

恢复移动命令的操作步骤见表8.5-4。

表8.5-4 恢复移动命令的操作步骤

步骤	操作与检查	操作说明
1	辅助 恢复(UNDO) 重做(REDO)	按操作面板的【辅助】键，显示编辑恢复对话框
2	选择	选择［恢复（UNDO）］，按【选择】键，恢复最近一次编辑操作 选择［重做（REDO）］，按【选择】键，放弃最近一次恢复操作

8.5.2 其他命令的编辑

1. 命令的插入

如果要在已有的程序中，插入除移动命令外的其他命令，其操作步骤见表8.5-5。

表8.5-5 插入其他命令的操作步骤

步骤	操作与检查	操作说明
1	0006 MOVL V=276 0007 TIMER T=1.00 0008 DOUT OT#(1) ON 0009 MOVJ VJ=100.0	用光标调节键，将光标定位到需要插入命令前一行的“行号”上
2	命令一览 或 7；8 引弧；9 送丝；4；5 熄弧；6 退丝；1 定时器；2 气体；3 电流电压；0 参考点；.；- 电流电压 选择	① 按操作面板的【命令一览】键，使示教器显示命令选择对话框 ② 在显示的命令选择对话框中，通过光标调节键、【选择】键，选择需要插入的命令 注：作业命令可直接按示教器操作面板上的作业专用键输入
3	回车	按操作面板【回车】键，输入命令

（续）

步骤	操作与检查		操作说明
4	① 无需修改的命令	插入 → 回车	不需要修改附加项的命令，可直接按操作面板【插入】键→【回车】键，插入命令
	② 只需要修改数值的命令	PULSE OT#(1)	将光标定位到需要修改的数值项上
		转换 + 光标 或 选择　输出号　PULSE OT# 1	同时按【转换】键和光标【↑】/【↓】键，修改数值。或按【选择】键，在对话框中直接输入数值
		回车	按操作面板【回车】键完成数值修改
		插入 → 回车	按操作面板【插入】键→【回车】键，插入命令
	③ 需要编辑附加项的命令	光标　选择	将光标定位到命令上，按【选择】键显示“详细编辑”页面
		程序　编辑　显示 详细编辑 PULSE 输出到　OT#()　2 时间　未使用	按8.4.4节ARCSET命令编辑同样的操作方法，在“详细编辑”页面，对附加项进行修改，或者选择“未使用”取消附加项
		回车	按操作面板【回车】键完成附加项修改
		插入 → 回车	按操作面板【插入】键→【回车】键，插入命令

2. 命令的删除

如果要在已有的程序中，删除除移动命令外的其他命令，其操作步骤见表 8.5-6。

表 8.5-6 删除其他命令的操作步骤

步骤	操作与检查	操作说明
1	0020 MOVL V=138 0021 PULSE OT#(2) T=I001 0022 MOVJ VJ=100.00	用光标调节键，将光标定位到需要删除的命令“行号”上
2	删除	按【删除】键，选择删除操作
3	回车 0021 MOVL V=138 0022 MOVJ VJ=100.00 0023 DOUT OT#(1) ON	按操作面板【回车】键完成命令删除

3. 命令的修改

如果要在已有的程序中，修改除移动命令外的其他命令，其操作步骤见表 8.5-7。

表 8.5-7 修改其他命令的操作步骤

步骤	操作与检查	操作说明
1	0020 MOVL V=138 0021 PULSE OT#(2) T=I001 0022 MOVJ VJ=100.00	用光标调节键，将光标定位到需要修改的命令“行号”上
2	命令一览 选择	按操作面板的【命令一览】键，显示命令选择对话框，并通过光标调节键、【选择】键选择需要修改的命令
3	回车	按操作面板【回车】键，选择命令
4	转换 选择	按“命令的插入”同样的方法，修改命令附加项
5	回车	按操作面板【回车】键完成命令修改
6	修改 → 回车	按操作面板【修改】键→【回车】键，完成命令修改操作

8.5.3 连续移动和暂停命令编辑

1. 连续移动命令

机器人在执行非作业定位命令时，对点的定位精度要求实际上不高，为提高效率，可通过移动命令编辑，使有停顿的点到点定位成为图 8.5-3a 所示的连续运动。

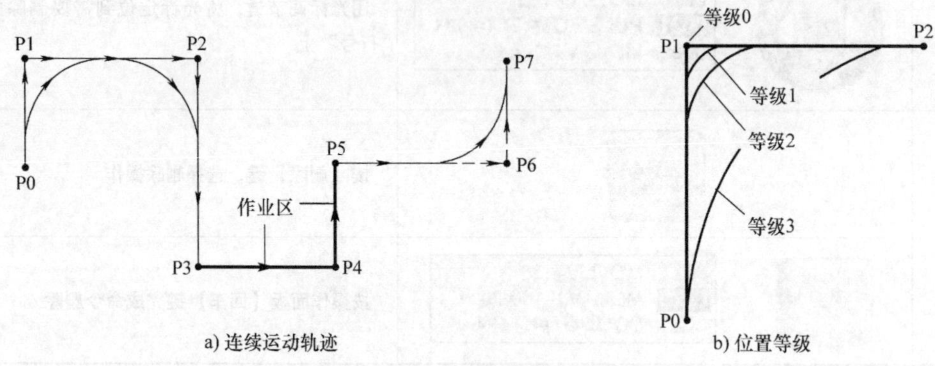

图 8.5-3 连续定位运动

在 DX100 系统上，点到点定位的连续运动可通过图 8.5-3b 所示的“位置等级（PL）”的设定实现，位置等级的设定值范围为 0 ~ 8，等级 0 为准确定位；位置等级设定越大，移动命令对定位点的精度要求就越低，运动连续性就越好。

位置等级标记可通过选择示教器下拉菜单［编辑］，生效“位置等级标记有效”选项后，直接在输入移动命令时设定及在程序中显示，带位置等级标记的移动命令格式为

MOVJ VJ = 50.00 PL = 5

位置等级的输入和编辑操作步骤如下。

1）将光标定位于输入缓冲行的移动命令上。

2）按【选择】键，示教器显示图 8.5-4 所示的移动命令详细编辑页面。

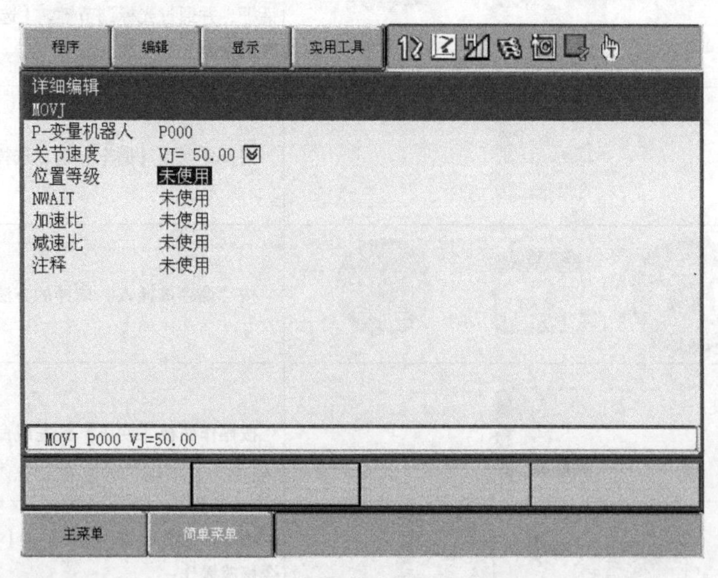

图 8.5-4 移动命令详细编辑页面

3）光标定位到位置等级设定项“未使用”上，按【选择】键，示教器显示图8.5-5所示的位置等级输入对话框。

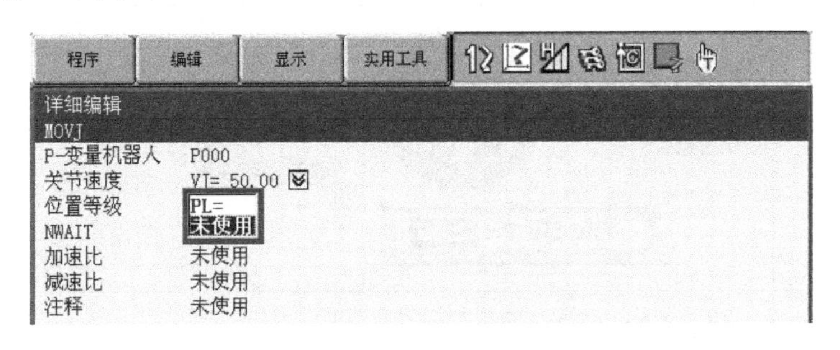

图8.5-5 位置等级输入对话框

4）调节光标、选定位置等级设定选项“PL =”。

5）输入所需的位置等级值后，按【回车】键完成命令输入或编辑操作。

利用同样的方法，还可对移动命令进行加速比、减速比等选项的设定。

2. 程序暂停命令

通过程序暂停命令，机器人可暂停运动，等待外部执行器完成相关动作。在DX100系统上，程序暂停命令通过定时器命令实现，该命令的输入操作步骤见表8.5-8。

表8.5-8 程序暂停命令的编辑步骤

步骤	操作与检查	操作说明
1	0006 MOVL V=276 0007 TIMER T=1.00 0008 DOUT OT#(1) ON 0009 MOVJ VJ=100.0	用光标调节键，将光标定位到需要插入定时命令前一行的“行号”上
2	7　8 引弧　9 送丝 4　5 熄弧　6 退丝 1 定时器　2 气体　3 电流电压 0 参考点　.　- 电流电压	按示教器操作面板上的专用键【定时器】，输入定时命令TIMER 本步操作也可通过以下方法进行： ① 按操作面板上的【命令一览】键，使示教器显示全部命令选择对话框 ② 在显示的命令选择对话框中，通过光标调节键、【选择】键，选择［控制］→［TIMER］命令
3	回车　TIMER T=3.00	按操作面板【回车】键，选择命令，输入缓冲行显示命令TIMER
4	TIMER T=3.00	移动光标到暂停时间值上

（续）

步骤	操作与检查		操作说明
5	① 定时值的修改	转换 + TIMER T= 2.00	同时按【转换】键和光标【↑】/【↓】键，修改暂停时间值
	② 定时值的输入	选择 时间= TIMER T 3.00	按【选择】键，在显示的对话框中直接输入定时时间值
6	插入 → 回车		按操作面板【插入】键→【回车】键，插入命令

以上是机器人常用的命令编辑操作方法，在实际系统上，还通过程序的编辑操作进行程序删除、重命名，或程序段剪切、复制、粘贴及反转粘贴、轨迹反向粘贴等操作。

8.5.4 程序点检查、点重合及试运行

1. 程序点确认

所谓程序点就是移动命令的定位点。程序点确认是通过机器人执行移动命令，检查和确认定位点位置的操作。由于程序点检查可对任意移动命令进行（如圆弧插补、自由曲线插补的中间点移动命令等），因此，这一操作通常不能用来检查程序的运动轨迹。

程序点确认操作既可从程序起始命令开始，对每一条移动命令进行依次检查，也可对程序中的任意一条移动命令进行单独检查，或者，从指定的移动命令开始，依次向下或向上进行检查。如果需要，还可通过同时按操作面板上的【前进】键和【联锁】键，连续执行机器人的全部命令，但后退时只能执行移动命令。

DX100 系统的程序点确认操作需要在【示教（TEACH）】操作模式下进行，操作前同样需要启动伺服。程序点确认操作步骤见表 8.5-9。

表 8.5-9 程序点确认操作步骤

步骤	操作与检查	操作说明
1	0003 MOVL V=800 0004 ARCON ASF#(1) 0005 MOVL V=50 0006 ARCSET AC=200 AVP=100	用光标调节键，将光标定位到需要检查定位点的移动命令上

（续）

步骤	操作与检查	操作说明
2	高 手动速度 低	按手动速度【高】/【低】键，设定移动速度 注：手动高速对【后退】键操作无效（后退只能使用低速）
3	前进 或 后退	按操作面板的【前进】键或【后退】键，可检查下一条或上一条移动命令的定位点
4	前进 + 联锁	同时按【前进】键和【联锁】键，可连续执行所有命令，但后退时不能执行非移动命令

示教程序的运动轨迹检查，可以通过再现模式的“检查运行”方式进行。检查运行一旦选定，系统将不执行引弧等作业命令，以便操作者检查程序的定位点及运动轨迹。有关内容可参见8.6节。

2. 定位点重合

在重复作业的机器人，当机器人完成作业后的退出点和作业开始点重合时，可避免不必要的运动，提高程序的可靠性和作业效率。

在DX100系统上，定位点（又称程序点）重合命令可通过对移动命令的编辑实现，例如，在图8.4-1、图8.4-2的示例程序中，为了机器人作业完成后的退出点P7和作业开始点P1重合，命令编辑的操作步骤见表8.5-10。

表8.5-10 程序点重合命令的编辑步骤

步骤	操作与检查	操作说明
1	0000 NOP 0001 MOVJ VJ=10.00 0002 MOVJ VJ=80.00 0003 MOVL V=800 0004 ARCON ASF#(1)	用光标调节键，将光标定位到以目标位置作为定位点的移动命令上，如0001 MOVJ VJ=10.00
2	前进	按操作面板的【前进】键，使机器人自动运动到该命令的定位点P1
3	0007 MOVL V=50 0008 ARCOF AEF#(1) 0009 MOVL V=800 0010 MOVJ VJ=50.00 0011 END	用光标调节键，将光标定位到需要进行定位点重合编辑的移动命令上，如0010 MOVJ VJ=50.00 如两条移动命令的定位点（程序点）不重合，光标开始闪烁

（续）

步骤	操作与检查	操作说明
4	修改 ➡ 回车	按操作面板【修改】键→【回车】键，命令 0010 MOVJ VJ = 50.00 的定位点 P7，被修改成与命令 0001 MOVJ VJ = 10.00 的定位点 P1 重合

定位点重合命令的编辑操作，只能改变定位点的位置数据，而不能改变移动命令的插补方式和移动速度。

3. 程序试运行

试运行是利用示教模式，模拟机器人再现运行的功能。通过程序的试运行，不仅可检查程序点，也可检查程序的运动轨迹。

程序试运行可连续执行移动命令，也可通过同时操作“【试运行】+【联锁】”键，连续执行其他基本命令。但是，为了运行安全，程序试运行时，机器人的移动速度将被限制在系统参数设定的“示教最高速度”之内；试运行时也不能执行引弧、息弧等作业命令；此外，如选择了“【试运行】+【联锁】”键运行，则【试运行】键必须始终保持，一旦松开【试运行】键，机器人动作将立即停止。

DX100 系统的程序试运行操作需要在【示教（TEACH）】操作模式下进行，操作前同样需要启动伺服。程序试运行操作步骤如下。

1）操作模式选择【示教（TEACH）】。

2）选定需要进行试运行的程序，程序的选择方法可参见 8.5.1 节。

3）按操作面板的【试运行】键，机器人连续执行移动命令，如在操作【试运行】键时，【联锁】键被按下，可同时执行程序的其他基本命令。联锁试运行时，【试运行】键必须始终保持，但【联锁】键可以在启动后松开。

如果需要，DX100 系统还可通过“机械锁定运行”，在禁止机器人移动命令的情况下，对其他命令的执行情况进行检查。选择机械锁定运行后，可在示教模式下，通过操作【前进】键、【后退】键，执行程序中除移动命令外的其他命令。机械锁定运行需要在下拉菜单［实用工具］、子菜单［特殊运行］中，将“机械锁定运行”选项设定为“有效”。机械锁定运行一旦被选定，即使切换到【再现】模式仍将保持有效；解除机械锁定运行功能需要通过再现操作模式下的［特殊运行］→［解除全部设定］操作并关闭系统电源后才能实现。

8.6 程序的再现

8.6.1 主程序的登录与调用

机器人的程序再现运行就是系统自动执行示教程序的过程，简称再现。需要再现的程序，既可通过程序编辑同样的方法选定，也可将其作为主程序登录。程序作为主程序登录后，其调用比普通调用更简单，故可用于经常重复作业的场合。

1. 主程序登录

主程序的登录需要在示教操作模式下进行，其操作步骤如下。

1）示教器操作模式选择【示教（TEACH)】。

2）用光标调节键、【选择】键，选择主菜单［程序内容］、子菜单［主程序］，示教器显示图8.6-1a所示的主程序编辑页面。

3）光标定位于主程序编辑框，按【选择】键，显示图8.6-1b所示的主程序编辑选项。

a) 主程序编辑页面

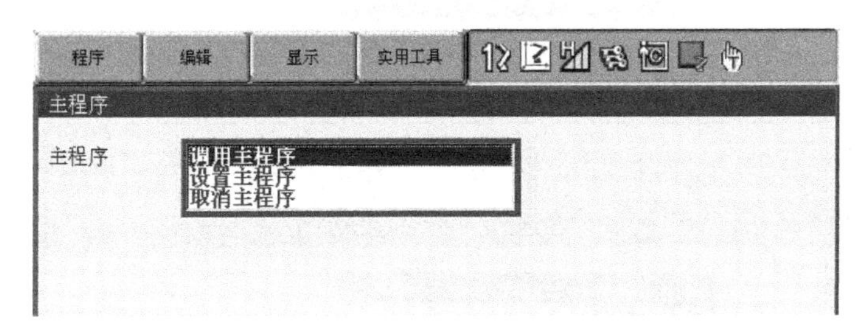

b) 主程序编辑选项

图8.6-1　主程序编辑显示

4）调节光标、选定“设置主程序”选项，示教器将显示图8.6-2a所示的系统现有的程序一览表。

5）用光标调节键、【选择】键选定程序，该程序将被作为主程序登录，示教器显示图8.6-2b所示的登录页面。

2. 主程序调用

登录的主程序可在示教操作模式或再现操作模式下，通过主程序编辑选项或下拉菜单［程序］调用，其操作方法如下。

（1）主程序编辑选项调用

1）用光标调节键、【选择】键，选择主菜单［程序内容］、子菜单［主程序］，示教器将显示图8.6-3a所示的已登录主程序编程页面。

2）将光标定位于主程序编辑框“TEST－1”上，按【选择】键，示教器将显示图8.6-

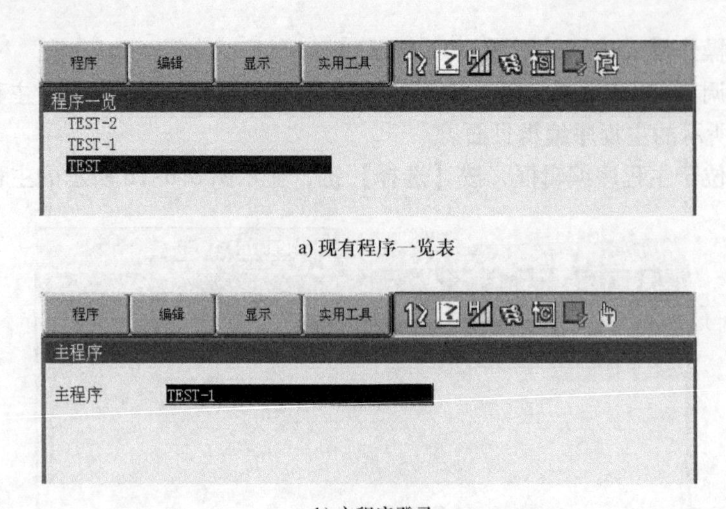

a) 现有程序一览表

b) 主程序登录

图 8.6-2　主程序登录

3b 所示的主程序 TEST－1 编辑选项。

3）用光标调节键选择“调用主程序”，按【选择】键调用主程序。

a) 已登录主程序编程页面

b) 主程序编辑选项

图 8.6-3　主程序的主菜单调用

（2）下拉菜单调用

1）用光标调节键、【选择】键，在主菜单［程序内容］下，选择［程序内容］或［程序选择］选项。

2）用光标调节键、【选择】键，选择下拉菜单［程序］，示教器将显示图 8.6-4 所示的程序编程页面。

3）用光标选定子菜单［调用主程序］，按【选择】键调用主程序。

8.6.2　再现的显示与设定

1. 再现显示

在 DX100 系统上，当示教器操作模式选择【再现（PLAY）】并选定再现程序后，如选

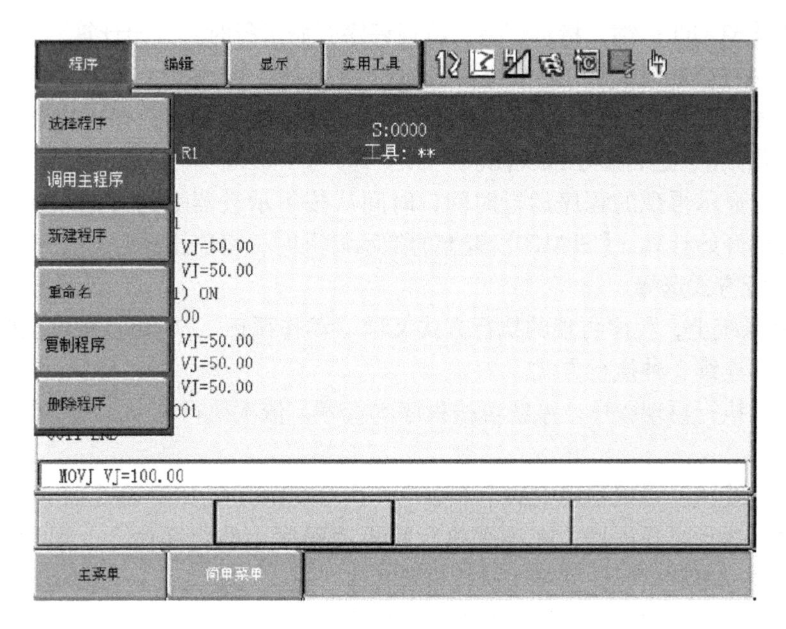

图 8.6-4 程序编程页面

择主菜单［程序内容］，示教器将显示图 8.6-5 所示的再现运行页面。

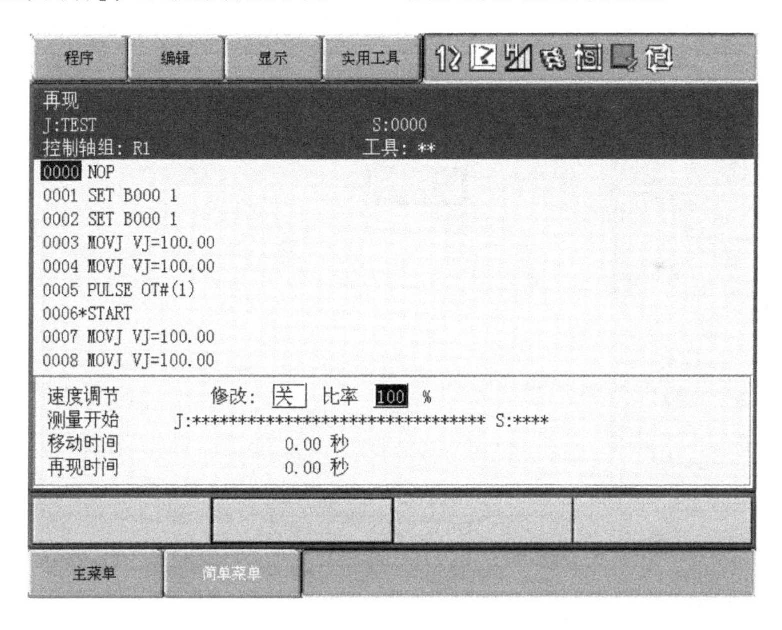

图 8.6-5 再现程序显示页面

再现运行页面的上方为程序内容显示，当系统运行再现程序时，光标指向正在执行的命令行，随后显示的程序命令将随着程序的执行而更新。

再现运行页面的下方为程序执行状态显示，含义如下。

速度调节：显示速度倍率的修改情况及当前的倍率值。

测量开始：显示系统计算“再现时间”的测量起始点。在通常情况下，再现时间从按下示教器上的【START】键、指示灯亮、再现程序开始运行时刻开始计算。

移动时间（或循环时间）：显示机器人执行移动命令的时间（移动时间）或作业时间（循环时间）。循环时间显示，可通过光标调节键、【选择】键，选择下拉菜单［显示］→子菜单［循环周期］，进行显示或关闭。

再现时间：显示再现的程序运行时间，时间从按下示教器上的【START】键、再现程序开始运行时刻开始计算，【START】键上的指示灯灭时，将停止计时。

2. 程序执行方式选择

在 DX100 系统上，程序再现的执行方式又称“动作循环”，它可以根据实际需要，选择单步、单循环和连续 3 种执行方式。

单步：单步执行再现程序。系统可按程序的行号，依次执行命令；每一条命令执行完成后，自动停止。

单循环：连续执行再现程序中的全部命令，当系统执行到 END 命令后，自动停止。

连续：循环执行再现程序，在连续执行完再现程序中的全部命令、到达 END 命令后，系统将自动回到程序起始行，并再次执行再现程序，直至操作者停止再现运行。

程序再现的执行方式可通过如下操作进行设定。

1）操作模式选择【再现（PLAY）】。

2）用光标调节键、【选择】键选择主菜单［程序内容］→子菜单［循环］后，在示教器显示的图 8.6-6 所示“指定动作”编辑框中，调节光标、选定程序执行方式。

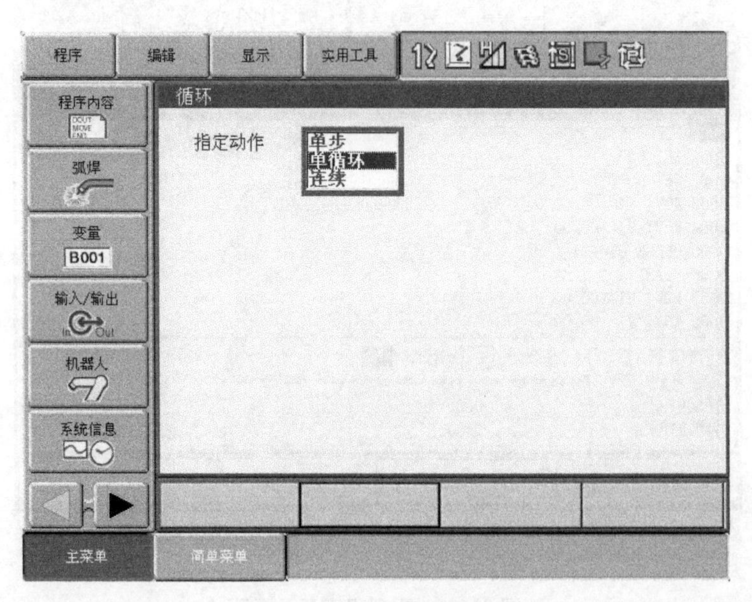

图 8.6-6　程序执行方式选择

如果系统的安全模式选择为“管理模式”，系统还可以通过如下设定操作，自动选择程序执行方式。

1）用光标调节键、【选择】键，选择主菜单［系统信息］→子菜单［安全模式］，将系统的安全模式设定为“管理模式”。安全模式选择的具体操作步骤可参见 8.2.2 节。

2）用光标调节键、【选择】键，选择主菜单［设置］→子菜单［操作条件设定］，示教

器显示图8.6-7a所示的操作条件设定页面。在该设定页面，可以根据需要，设定示教器操作模式切换为再现、示教、远程、本地及电源接通时系统自动选择的程序执行方式。

3）根据需要，选择相应设定项目的编辑框、按【选择】键，显示图8.6-7b所示的程序执行方式选择对话框。

4）调节光标、选定所需的程序执行方式。例如，当“切换为再现模式的循环模式”选项选择“单循环”时，只要示教器的操作模式切换到【再现（PLAY）】模式，再现程序执行时便可选择“单循环”方式；如选择“无”，则程序将按照原操作模式（如示教）的执行方式不变。

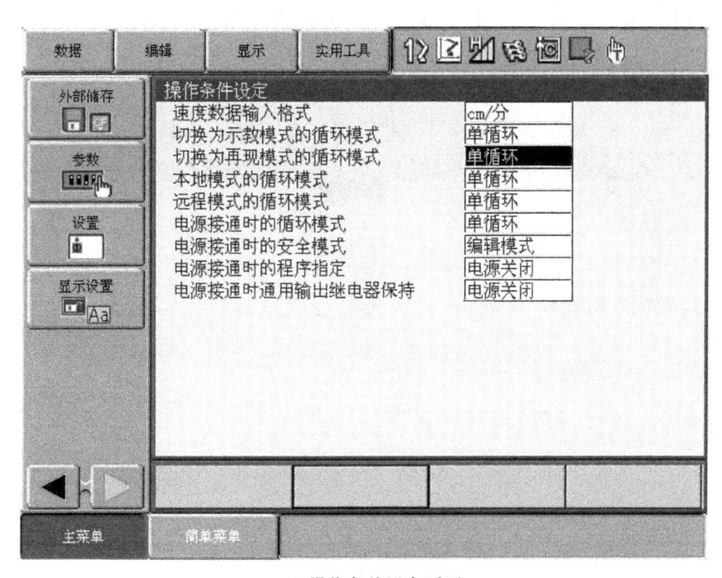

a) 操作条件设定页面

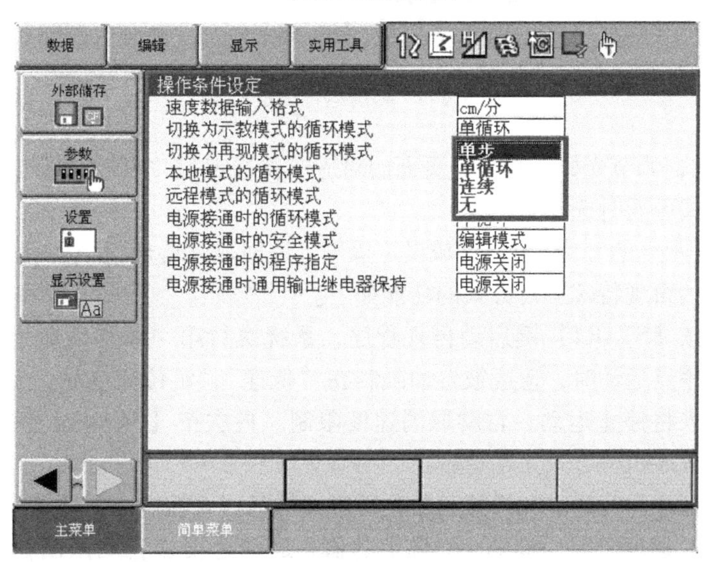

b) 程序执行方式选择

图8.6-7 操作条件的设定

在图8.6-7a所示的操作条件设定页面，还可根据需要，通过“速度数据输入格式”设定选项，将直线插补等移动命令的速度单位设定为 mm/s 或 cm/min；或通过“电源接通时的安全模式”设定选项，将开始时的安全模式自动设定为“编辑模式”等。

3. 特殊运行方式的设定

在 DX100 系统上，程序再现还可以选择低速启动、限速运行、空运行、机械锁定运行、检查运行等特殊的运行方式。

特殊运行方式的设定操作如下。

1）选择【再现（PLAY）】操作模式。

2）选定再现程序、选择主菜单［程序内容］，示教器显示再现运行页面。

3）通过光标调节键、【选择】键，选择下拉菜单［实用工具］→子菜单［特殊运行］，示教器显示图 8.6-8 所示的特殊运行设定页面。

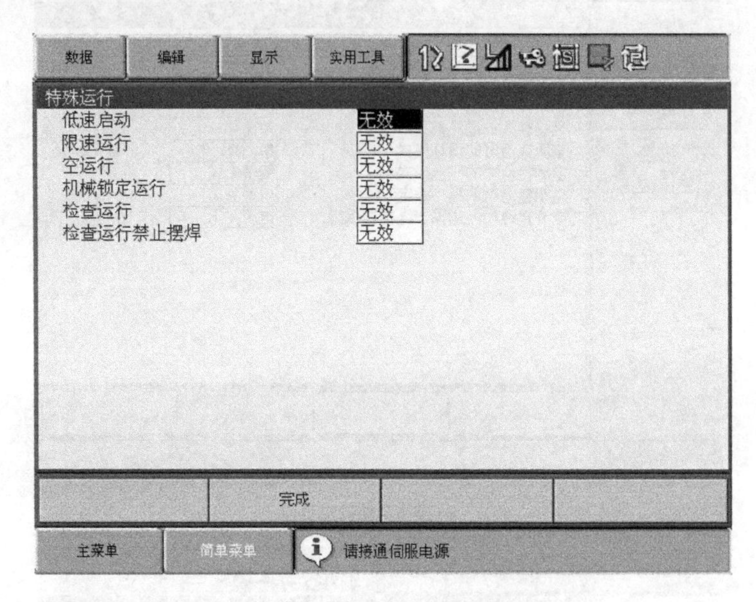

图 8.6-8　特殊运行设定页面

4）根据要求，调节光标，将设定页面的对应选项选定为“有效”或“无效”；如需要，多种特殊运行方式可同时选择。

5）按操作显示区的［完成］，完成设定操作，返回显示再现程序显示页面。

DX100 系统的再现特殊运行方式的功能如下。

低速启动：按【START】键启动再现程序，系统执行第一条移动命令、机器人由初始位置向第一个程序点运动时，速度被自动限制在“低速”；定位完成后，无论选定何种程序执行方式，机器人将停止运动、自动取消速度限制。再次按【START】键，机器人按照程序速度、所选的程序执行方式正常运行。

限速运行：程序运行时，如果移动命令所定义的机器人控制点运动速度超过了机器人参数“限速运行最高速度（S1CxG000）”设定的值，运动速度被自动限制在“限速运行最高速度”；小于限速运行最高速度的移动命令，按照程序定义的速度正常运行。

空运行：程序运行时，程序中的全部移动命令均以机器人参数“空运行速度（S1CxG001）”设定的速度运动，这种运行方式对于低速作业频繁的程序，可加快程序检查速度，但需要注意运动速度提高后的运行安全。

机械锁定运行：程序运行时，禁止执行机器人的移动命令，其他命令正常执行。机械锁定运行方式一旦选定，即使转换操作模式，它仍然保持有效。机器人进行机械锁定运行后，系统的位置和机器人的实际位置将不同，因此，机械锁定运行功能的解除，必须通过“解除全部设定”操作、关闭系统电源的操作才可解除。

检查运行：程序运行时，不执行引弧等作业命令，它可以用于程序的运动轨迹检查。

检查运行禁止摆焊：在焊接机器人上，该设定可用来禁止检查运行时的摆焊运动。

再现特殊运行方式可以通过以下操作一次性解除。

1）选择【再现（PLAY）】操作模式。

2）选定再现程序、选择主菜单［程序内容］，示教器显示再现运行页面。

3）通过光标调节键、【选择】键，选择下拉菜单［编辑］→子菜单［解除全部设定］，示教器显示操作提示信息“所有特殊功能的设定被取消”。

4）关闭系统电源。

8.6.3 程序的再现运行

机器人的示教程序再现运行，可在【再现（PLAY）】或【远程（REMOTE）】操作模式下进行，两种运行方式的区别在于程序的启动方式有所不同：【再现（PLAY）】模式的程序运行通过示教器的【START】键启动；【远程（REMOTE）】模式的程序运行通过I/O单元上的外部启动信号启动，示教器的【START】键无效。

1. 程序的启动和暂停

DX100系统的示教程序再现，可按照表8.6-1所示的操作步骤启动或暂停。

表8.6-1 程序再现运行的操作步骤

步骤	操作与检查	操作说明
1	ON OFF	确认机器人符合开机条件，接通系统总电源
2	EMERGENCY STOP	复位控制柜、示教器及辅助控制装置、操作台上的急停按钮，解除急停
3	REMOTE PLAY TEACH	将示教器上的操作模式选择开关置“【再现（PLAY）】”模式

（续）

步骤	操作与检查	操作说明
4		按【伺服准备】键，接通伺服主电源，【伺服接通】指示灯亮
5		按【主菜单】键，选择操作主菜单 用光标调节键、【选择】键，选定再现运行程序或主程序，并选择再现运行页面显示 按照 8.6.2 节的操作步骤，根据需要，检查、设定程序运行方式和再现特殊运行方式
6		按操作面板的【START】键，启动再现程序 程序自动运行时，按键上的指示灯亮；程序暂停或机器人出现急停、系统报警等情况时，指示灯灭
7		再现运行可通过以下方式停止： ① 按示教器的【HOLD】键，暂停程序运行 ② 通过安全单元的 EX HOLD 信号，暂停程序运行 ③ 切换示教器操作模式 ④ 执行 PAUSE 命令 程序停止时，按键上的指示灯亮
8		程序暂停结束、安全单元的 EX HOLD 信号恢复后，按操作面板的【START】键，可再次启动再现程序

2. 运动速度的调节

在程序再现运行过程中，可以随时调节机器人的运动速度倍率。运动速度的倍率调节范围为编程速度的 10% ~150%，速度调节的操作步骤如下。

1）用光标调节键、【选择】键选择下拉菜单［实用工具］→子菜单［速度调节］，示教器显示图 8.6-9 所示的速度倍率调节页面。

2）将光标定位于速度调节栏的“修改”输入框，根据需要，按【选择】键，在输入框选择“开”或“关”。输入框选择“关”时，速度倍率调节仅对本次运行有效；选择“开”时，速度倍率调节的结果被保存，速度调节对今后的再现运行仍有效。

3）将光标定位于速度调节栏的“比率”输入框，同时按【转换】键和光标【↑】/【↓】键，修改速度倍率；或按【选择】键，直接输入倍率值。

速度倍率的调节对程序中尚未执行的移动命令均有效，但在以下情况下，速度倍率调节被自动撤销。

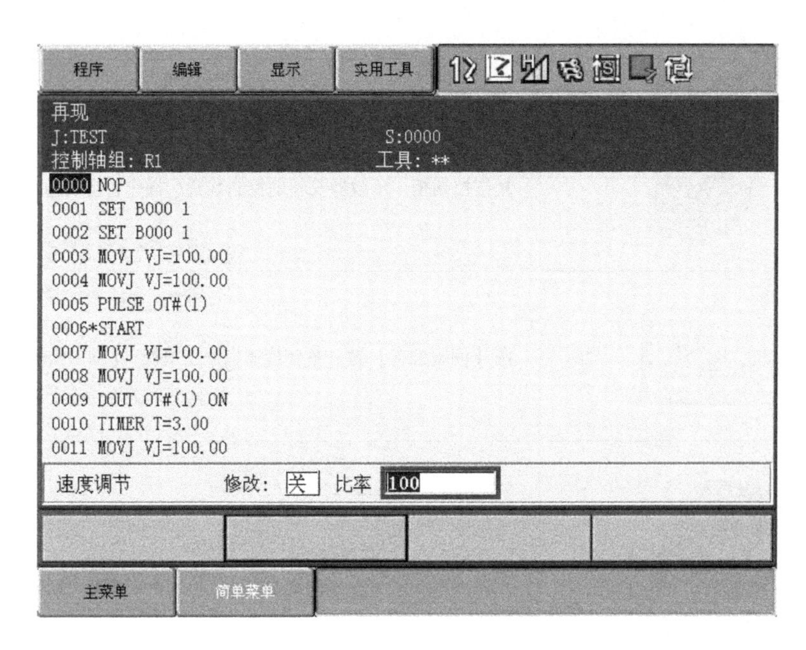

图 8.6-9　速度倍率调节页面

①“修改”输入框选择“关”，程序运行结束、执行 END 指令时。

② 用光标调节键、【选择】键，再次选择下拉菜单［实用工具］→子菜单［速度调节］时。

③ 执行 SPEED 命令设定速度的移动命令时。

④ 再现特殊运行方式选择“空运行”时。

⑤ 再现特殊运行方式选择“限速运行”，修改后的速度超过机器人参数“限速运行最高速度（S1CxG000）”设定值时。

⑥ 修改后的速度超过系统参数设定的最高或最低运行速度时。

⑦ 操作模式切换至【示教（TEACH）】或【远程（REMOTE）】时。

⑧ 系统出现报警、急停或电源被关闭时。

3. 急停与重新启动

当再现运行过程中出现紧急情况时，可随时通过示教器或控制柜上的【急停】键，直接切断伺服驱动器主电源，使系统进入紧急停止状态。

急停状态解除后，可通过表 8.6-2 所示的操作，重新启动程序再现运行。

表 8.6-2　急停后的重新启动操作步骤

步骤	操作与检查	操作说明
1	ON OFF	确认机器人符合开机条件，接通系统总电源

（续）

步骤	操作与检查	操作说明
2	EMERGENCY STOP	复位控制柜、示教器及辅助控制装置、操作台上的急停按钮，解除急停
3	伺服准备	按【伺服准备】键，重新接通伺服主电源，【伺服接通】指示灯亮
4	伺服接通	轻握示教器背面的【伺服 ON/OFF】开关启动伺服，【伺服接通】指示灯亮
5	选择 前进	用光标调节键、【选择】键，选定重新启动命令 在确保安全的前提下，按操作面板的【前进】键，使机器人移动到重新启动的定位点
6	START	按操作面板的【START】键，重新启动再现程序

4. 系统报警与重新启动

再现运行过程中如果出现系统报警，程序运行将立即停止，并自动显示图 8.6-10 所示的报警显示页面。如果系统同时出现一个显示页无法显示的多个报警时，可同时按【转换】键和光标【↑】/【↓】键，滚动页面、显示其他报警。

系统出现报警时，示教器只能进行显示切换、模式转换、报警解除和急停操作。当显示被切换时，可通过选择主菜单［系统信息］→子菜单［报警］，恢复报警显示页。

如果系统出现的是操作类轻微故障，可在故障排除后，调节光标到操作区的［复位］上，按操作面板上的【选择】键，直接清除报警。

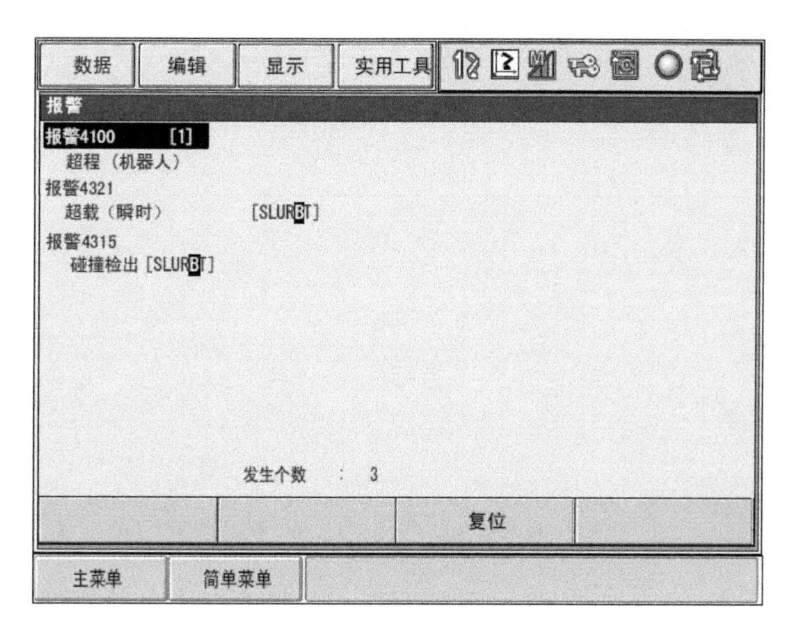

图 8.6-10　系统报警显示页面

当系统出现重大故障时，系统将自动切断伺服驱动器主电源，进入急停状态。操作者需要在排除故障后，通过急停操作同样的方法，重新启动程序再现运行；或者，在关闭系统电源、更换硬件后，重新启动系统。

以上是机器人使用过程中的简单日常操作，如果需要全面地应用机器人，还需要对机器人的控制系统的功能、命令格式及编程要求、系统参数等内容有深入的了解，并能够进行机器人坐标系、工具、干涉区、碰撞检测、ARM 控制等系统应用设定，同时，还需要掌握不同用途机器人的作业命令、作业参数设定、作业文件编制方法；对于调试、维修人员，则还需要掌握示教器设定、系统硬件配置设定、I/O 信号设定与检查、系统备份等更多的操作、调试和维修方法等。